电子技术专业系列

U0659799

"十四五"职业教育国家规划教材

电子产品制作工艺与检测

主 编 廖 芳

副主编 熊增举 朱薇娜

主 审 梁 超

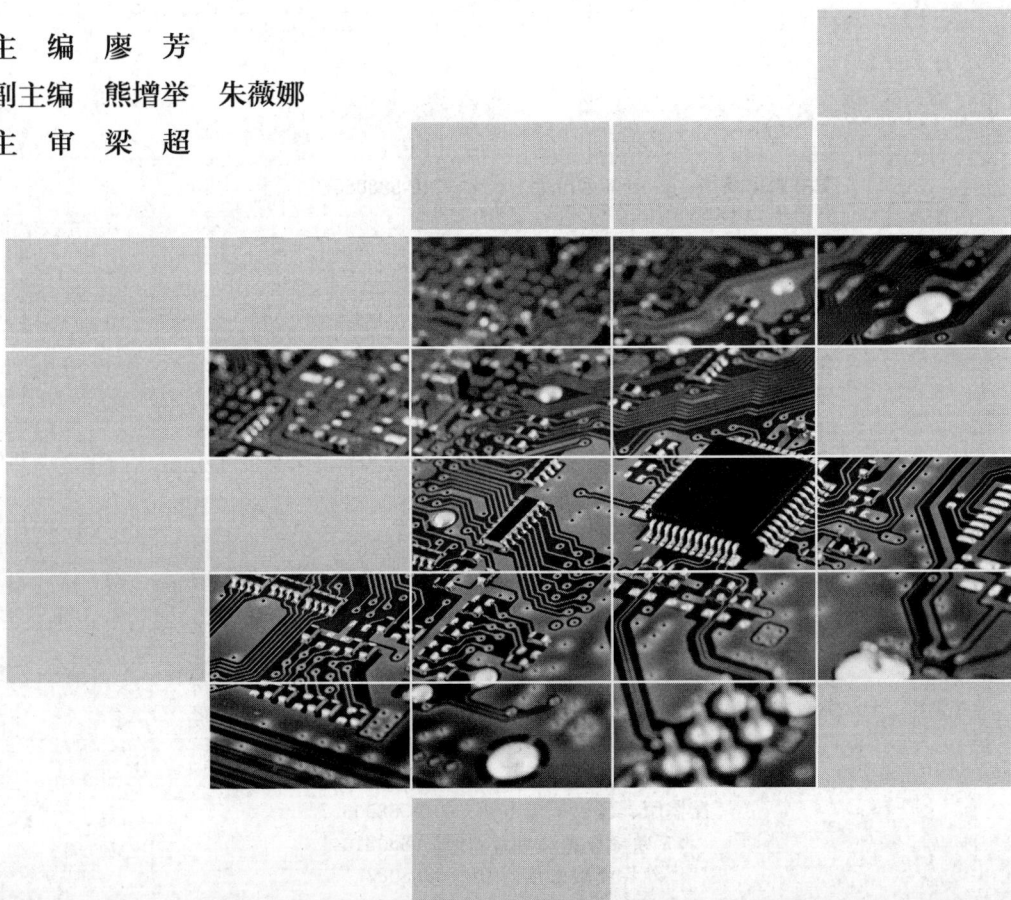

北京师范大学出版集团
BEIJING NORMAL UNIVERSITY PUBLISHING GROUP
北京师范大学出版社

图书在版编目(CIP)数据

电子产品制作工艺与检测 / 廖芳主编. —1版. —北京：北京师范大学出版社，2024.7

（"十四五"职业教育国家规划教材）

ISBN 978-7-303-29638-5

Ⅰ.①电… Ⅱ.①廖… Ⅲ.①电子工业－产品－生产工艺－高等职业教育－教材②电子工业－产品－检测－高等职业教育－教材 Ⅳ.①TN05②TN06

中国国家版本馆 CIP 数据核字(2023)第 238336 号

图书意见反馈：gaozhifk@bnupg.com   010-58805079
营销中心电话：010-58802755   58800035

出版发行：北京师范大学出版社   www.bnupg.com
　　　　　北京市西城区新街口外大街 12-3 号
　　　　　邮政编码：100088
印　　刷：保定市中画美凯印刷有限公司
经　　销：全国新华书店
开　　本：787 mm×1092 mm   1/16
印　　张：19.75
字　　数：442 千字
版　　次：2024 年 7 月第 1 版
印　　次：2024 年 7 月第 1 次印刷
定　　价：49.00 元

策划编辑：周光明　　　　　　　责任编辑：周光明
美术编辑：焦　丽　　　　　　　装帧设计：焦　丽
责任校对：陈　民　　　　　　　责任印制：马　洁　赵　龙

内容简介

党的二十大报告指出：要把技能人才作为第一资源来对待，特别是要将高技能人才纳入高层次人才进行统一部署。《电子产品制作工艺与检测》教材就是围绕培养"电子产品制作工艺与检测"的高技能型人才进行的教材编写。教材内容分解为以下 7 个教学项目讲授：常用电子元器件及其检测、手工焊接工艺、电子产品制作的准备工艺、自动焊接技术、电子整机装配与拆卸、电子整机调试、电子整机的检验与防护，并配备了 17 个技能操作训练项目，使读者能够更快、更好地掌握该教材的知识并及时转化为实际技能。

该教材采用任务驱动式的教学模式，在每个教学项目前，提出了"项目背景""项目任务"、进行了"项目任务分解"、指出了"项目教学导航"；每个教学项目结束时，配有项目学习的归纳总结及自我测试，用于检测学习效果，书末还给出了自我测试的参考答案供参考。

教材的第 2 版新增了教学案例、思政资源、主要知识点及操作视频、试卷题库等内容，采用扫描二维码的方式可随时多方位学习。

本教材是"十四五"职业教育国家规划教材，可作为电子信息类专业的技能性教学，也可用作电子大赛的基础培训教材，或供电子行业的工程技术人员参考。

教学案例

试卷题库

前　言

　　《电子产品制作工艺与检测》是一本实践性很强的技能性专业教材，教材以培养电子行业的高等技能型人才为宗旨，强调理论与实践的结合、教材与实际的结合，注重电子产品及电路等方面的制作工艺与检测等方面的知识传授，达到电子制作工艺实际技能培养的目的。本教材根据电子制造业、电路设计与制版、现代电子设备的检测与维修等就业岗位群的实际需要，同时考虑电子类专业"1＋X"职业技能的知识技能和电子竞赛等方面的要求，采用项目任务的方式进行编写；教材内容包括了电子产品制作的完整的工艺过程、电子产品制作中的检测方法和技巧。

　　本教材的主要特点：

　　1. 本教材以"项目导向、任务驱动、教—学—做三位一体"的教学理念来构建教材格式。以电子产品制作工艺与检测作为"项目导向"，以电子产品的装配、调试、检测、维护等主要岗位工作任务为驱动，分解教学任务，确定教学单元，进行化整为零、由浅入深、强化训练的教材结构的设计；同时教材融入了党的二十大精神及思政元素，弘扬中国的杰出科学家，提倡大国"工匠精神"，彰显为国效力的国家栋梁，符合国家高等职业教育的教育方针。

　　2. 本教材为学校、行业和企业共同合作完成。电子行业、企业提供电子产品制作工艺与检测方面的新技术、新工艺、新知识、新手段；学校教师运用高职教学的新理念，结合电子技能竞赛和电子类相关的"1＋X职业技能"的知识要点确定教材内容，并组织编写教材。使教材内容源于实践，又高于实践。

　　3. 本教材强调电子产品制作工艺与检测方面的实际技能的培养。教材精选了17个相关的技能操作项目穿插在项目任务中，供学生进行实练操作，及时、有效地将理论知识转化为实际操作技能，强化了学生的动手操作能力。

　　4. 本教材的结构安排新颖、独特。教材中的每个教学项目前，提出了"项目背景""项目任务"，进行了"项目任务分解"，分解出各任务的"知识点"和"技能技巧"，并配备了大量的操作图片，有利于帮助学生理解和吸收，有利于学生有条理、有重点地学习；每个教学项目中给出了"项目教学导航"，有利于教师的教学和指导，有利于整本教材内容的融会贯通；每个教学项目结束时，配备有项目学习的归纳总结及自我测试，用于检测学习效果，书末还给出了自我测试的参考答案。

　　5. 本教材采用纸质教材、PPT课件、生产情景视频、微课、短视频、教学案例等多种展现形式，便于教师结合生产实际形象直观地教学，提高学生的学习兴趣，便于学生复习或自学；同时课程建设了相应的《电子产品制作工艺与实训》网络教学平台，

可满足线上、线下教学的需要。

教学建议：

由于《电子产品制作工艺与检测》是一本实践性很强的技能性教材，在教学中，理论教学宜采用电子课件与板书相结合的方式进行；实践教学宜采用课堂实训、集中实训、第二课堂的形式进行。

教学课时分配采用理论课时：实践课时＝1：2的比例进行教学。具体的课堂教学课时分配参考表如表1所示。

表1　教学课时分配参考表

教学内容	理论课时	实践课时	总课时	备　注
项目一 常用电子元器件及其检测	8	12	20	
项目二 手工焊接工艺	3	8	11	另加12课时的课外实训（第二课堂）
项目三 电子产品制作的准备工艺	4	8	12	另加8课时的课外实训（第二课堂）
项目四 自动焊接技术	3	0	3	
项目五 电子整机装配与拆卸	3	2	5	另加4课时的课外实训（第二课堂）
项目六 电子整机调试	6	28	34	另加20课时的课外实训（第二课堂）
项目七 电子整机的检验与防护	3	2	5	另加4课时的课外实训（第二课堂）
合计	30	60	90	

本教材由江西信息应用职业技术学院廖芳、梁超、熊增举、朱薇娜老师完成。其中廖芳教授担任本教材的主编，梁超老师担任主审，熊增举、朱薇娜老师担任副主编。廖芳老师完成了项目一、项目二、项目七和前言、自我测试参考答案的编写以及教材的统稿工作，熊增举老师完成项目四、项目六的编写，朱薇娜老师完成项目三、项目五的编写。第2版新增的教学案例、思政资源、主要知识点及操作视频等内容均由廖芳、熊增举、朱薇娜老师共同完成，采用扫描二维码的方式可以方便快捷地直观学习。在教材编写过程中，得到南昌欧赛牡光电有限公司莫钊技术总监、中兴软件技术（南昌）有限公司朱程铭工程师等行业技术人员提供的技术支持与帮助，在此表示衷心感谢。

由于编者水平和经验有限，书中难免有错误和不妥之处，敬请读者批评指正。请您把对本教材的建议和意见告诉我们，便于今后的修订和完善。谢谢！

E-mail：0791-853228245@qq.com

编　者

目　录

项目一　常用电子元器件及其检测

>>> 项目背景

习近平总书记强调，"素质教育是教育的核心，教育要注重以人为本、因材施教，注重学用相长、知行合一"，"促进学生德智体美劳全面发展"。对于电子类专业学生来说，掌握常用电子元器件及其检测技能是基本的职业素质。

>>> 项目任务

学会识别常用电子元器件，了解常用电子元器件的特点和用途，熟练掌握用万用表检测电子元器件的好坏。通过多种直观教学和动手操作，培育学生的学习爱好和逻辑思维能力。

>>> 项目任务分解

1. 电阻、电容、电感元件的外观识别、主要技术参数与检测；
2. 半导体器件的引脚识别、主要特性与检测；
3. 开关件、接插件、熔断器及电声器件的外观识别、作用与检测；
4. 表面安装元器件的外观特点和种类。

>>> 项目教学导航

选用一套超外差收音机或其他电子产品的整机及套件，展示构成电子产品整机的元器件外形结构，初步了解电子元器件与电子产品的关联关系，由此引入电子元器件及其检测的教学，配合实训 1～实训 5，将电子元器件及其检测的理论知识及时转化为实际技能。

电子元器件是构成电子产品的基本组成单元，是电子制作的基本要素。图 1.1 所示为构成超外差收音机的各种元器件的外形结构图，含有电阻、电容、中周、电位器、变压器、二极管、三极管、天线线圈、电池、扬声器等电子元器件。

电子元器件的种类很多，通常有以下几种分类形式。

（1）按元器件的用途、特点，可分为电阻、电容、电感、变压器、半导体分立元器件、集成电路、开关件、接插件、熔断器以及电声器件等。

（2）按安装工艺，可分为传统的通孔插件元器件 THC（Through Hole

图 1.1　构成超外差收音机的各种元器件的外形结构图

Component)、表面安装元件 SMC、表面安装器件 SMD。

（3）按元器件的使用性质，可分为有源元器件和无源元器件两大类。有源元器件的特点是：必须有电源才能支持其工作，且输出取决于输入信号的变化，如三极管、场效应管、集成电路等均为有源元器件。无源元器件的特点是：无论电源、信号如何变化，它们都有各自独立、不变的性能特性，如电阻、电容、电感、开关件、接插件、熔断器等均属于无源元器件。通常，把有源元器件称为器件，把无源元器件称为元件。

学习电子元器件的主要性能、特点，正确识别、选用电子元器件，学会使用万用表检测电子元器件的性能与好坏，是制作、调试和维修电子产品过程中不可缺少的重要环节。

▶ 任务一　万用表及其使用

万用表也称为三用表、多用表、复用表，是一种多功能、多量程的测量仪表，是电子技术工作者最常用的测量仪表。一般万用表可用于测量直流电流、交流电流、直流电压、交流电压、电阻、晶体管共射极电流放大系数和音频电平等；有的还可以测量电容量、电感量等。同时，万用表也是检测各种元器件好坏的常用工具。

根据万用表的结构和显示方式的不同，万用表可分为"指针式万用表"和"数字式万用表"两种。

知识点 1.1.1　指针式万用表的功能结构

指针式万用表又称为模拟式万用表，可以用于测量直流电流、直流电压、交流电压、电阻、晶体管共射极电流放大系数等电路参数。下面以 MF-47 型指针式万用表为例，介绍指针式万用表的面板结构和使用方法。

1. 万用表的面板结构

指针式万用表面板上主要有：表头（包括指针和刻度盘）、机械调零旋钮、功能转换开关、表笔插孔和欧姆调零旋钮。图 1.2 所示为 MF-47 型指针式万用表的面板结构图。

（1）表头。

万用表的表头是用于显示测量数据的。表头上的表

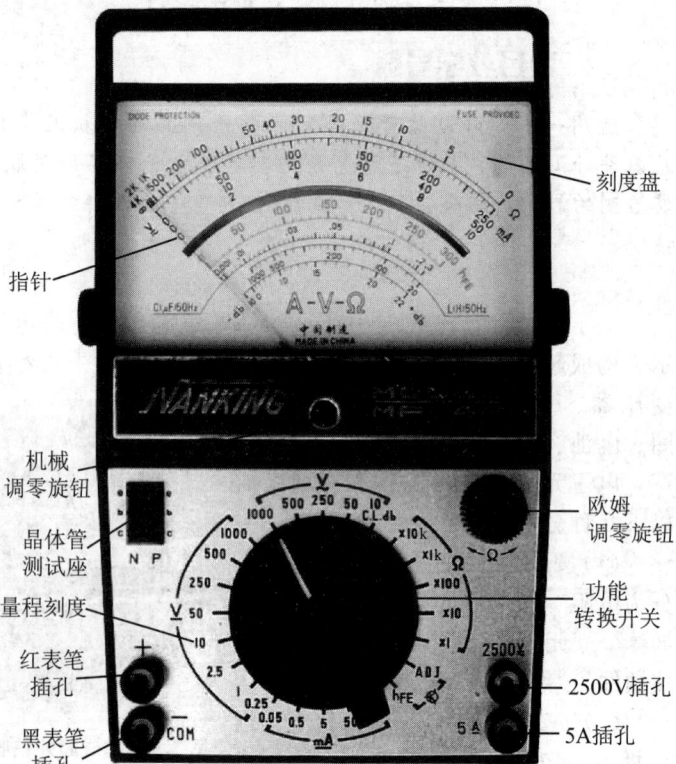

图 1.2　MF-47 型指针式万用表结构图

盘印有多条刻度线，其中右端标有"Ω"的是电阻刻度线，其右端为零，左端为∞。符号"－"或"DC"表示直流刻度读数，"～"或"AC"表示交流刻度读数，"$\simeq$"表示交流和直流共用的刻度线。电阻刻度值分布是不均匀的，电压、电流测量刻度为均匀刻度。

（2）机械调零旋钮。

表头的下端设有机械调零旋钮，用以校正指针读数。在测量之前，先使用螺丝刀调节万用表的机械调零旋钮（指针定位螺丝），使万用表指针指示在刻度盘最左端电流为零的位置，避免测量时带来的读数误差。

（3）功能转换开关。

万用表的功能转换开关是一个多挡位的旋转开关，用来选择测量项目和量程。如：测量直流电流——将功能转换开关的箭头位置对准"mA"；测量直流电压——"V"；测量交流电压——"V"；测量电阻——"Ω"。不同的测量项目可以划分为几个不同的量程。

（4）表棒及表棒插孔。

万用表的表棒分为红、黑两只。使用时将红表棒插入万用表的"＋"极插孔，黑表棒插入"－"极插孔。

（5）欧姆调零旋钮。

在测量电阻之前，将红、黑表棒的金属杆短接，万用表指针右偏转到刻度盘右端的零欧姆刻度处，若指针不在零欧姆刻度处，则需调节电阻调零旋钮，使指针落在零欧姆刻度处，以保证电阻测量读数的准确性。

2. 万用表的使用注意事项

万用表使用前，应将万用表水平放置，将表棒插入表孔，然后检查万用表的指针是否停在表盘左端的零位，如有偏离，可用小螺丝刀调节表头上的机械调零旋钮，使表针指零；然后将功能转换开关旋到相应的项目和量程上即可。

万用表使用后，应拔出表笔，将选择开关旋至"OFF"挡或旋至交流电压最大量程挡；若长期不用，应将表内电池取出，以防电池电解液渗漏，腐蚀内部电路。

技能技巧1　指针式万用表的使用技巧

1. 万用表测电阻的方法和步骤

选择量程 → 欧姆调零 → 测量 → 读数

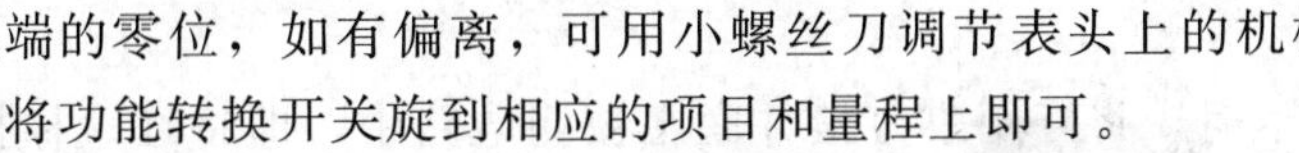

图1.3　万用表测电阻的方法和步骤框图

（1）选择量程。

将红表棒插入万用表的"＋"极插孔，黑表棒插入"－"极插孔；估计被测电阻的阻值，调节功能转换开关，选择合适的电阻倍率挡位。

通常的电阻（倍率）挡位分为：×1，×10，×100，×1k，×10k等，合适的电阻挡位是指在测量中，万用表的指针指示在刻度盘中间1/3的位置范围，这时的读数比较精确。

（2）欧姆调零。

注意：电阻测量时，每变换一次欧姆挡的倍率，都必须重新进行欧姆调零。

（3）测量。

测量电阻时，用左手握持电阻，右手用握筷子的姿势握住表棒的绝缘端，将表棒的金属杆与电阻的引脚良好接触。测量时注意：手不能同时触及电阻的两金属引脚，以免人体电阻并入被测电阻，影响电阻的测量精度。

（4）读数。

从刻度盘最上端的欧姆刻度上读取指针指向的数据（刻度示值），则被测电阻的大小为

$$被测电阻值＝刻度示值×倍率（\Omega）$$

注意：读数时，视线应与表盘垂直，即实际指针与刻度盘上的镜中指针重合，才能正确地读取刻度示值。

2. 万用表测直流电压的方法

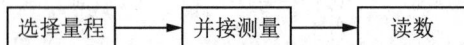

选择量程 → 并接测量 → 读数

图 1.4 万用表测电压的方法和步骤框图

（1）选择合适的量程。

在测量≤1000V 的电压时，将红表棒插入"＋"极插孔，黑表棒插入"－"极插孔；估计被测电压的大小，将调节功能转换开关拨到小于但最接近测量值的 V 量程，这时的读数比较精确。若测量为 2500V≥测量值＞1000V 的电压，则将红表棒插入面板右下角的 2500V 表棒插孔中，黑表棒插入"－"极插孔；将调节功能转换开关拨到 1000V 量程即可。

（2）测量。

测量直流电压时，将万用表直接并联在被测电路中，即将红表棒接被测电压的高电位端，黑表棒接被测量电压的低电位端进行测量。

（3）读数。

根据表头刻度盘上标有"V"符号的刻度线上指针所指数字，读出刻度示值，并结合功能转换开关所指的量程值、刻度盘上的最大刻度值（即电压满刻度偏转值），计算出被测直流电压的大小为

$$被测直流电压＝\frac{刻度示值}{满刻度偏转值}×量程$$

3. 万用表测直流电流的方法

选择量程 → 串接测量 → 读数

图 1.5 万用表测电流的方法和步骤框图

（1）选择量程。

在测量≤500mA 的电流时，将红表棒插入"＋"极插孔，黑表棒插入"－"极插孔；估计被测电流的大小，将调节功能转换开关拨到小于但最接近测量值的电流量程，这时的读数比较精确。若测量 5A≥测量值＞500mA 的电流，则将红表棒插入面板右下角的 5A 表棒插孔中，黑表棒插入"－"极插孔；将调节功能转换开关拨到 500mA 电流量

程即可。

（2）串接测量。

测量直流电流时，将万用表串接在被测电路中，即将被测电路断开，红表棒接被测电路的高电位端，黑表棒接被测量电路的低电位端进行测量。

（3）读数。

根据刻度盘上标有"mA"符号的刻度线上指针所指数字，读出刻度示值，并结合功能转换开关所指的量程值，刻度盘上的最大刻度值（即电流满刻度偏转值），读取并计算出被测直流电流的大小为

$$被测直流电流 = \frac{刻度示值}{满刻度偏转值} \times 量程$$

4. 万用表测交流电压的方法

测交流电压的方法与测量直流电压相似，不同的在于交流电没有正、负极性之分，所以测量交流时，表棒也就不需分正、负。读数方法与上述的测量直流电压的读法一样，只是刻度示值是根据刻度盘上标有"$\underset{\sim}{V}$"符号的刻度线上的指针位置读取。

知识点 1.1.2　数字式万用表的功能结构

以 VC890C 数字万用表为例，介绍数字式万用表的使用方法。图 1.6 所示为 VC890C 数字万用表的面板结构图。

数字式万用表可以用来测量直流电流、交流电流、直流电压、交流电压、电阻、电容等电路参数。与指针式万用表相比，数字式万用表具有可以直接从显示屏上读出被测量的数据，而不需要进行数据换算的优点，但数字万用表有时测量的数据稳定性不高，难以读出稳定、准确的数据。

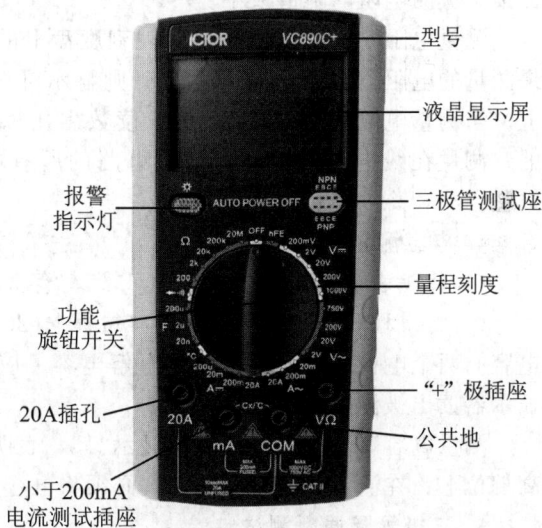

图 1.6　VC890C 数字万用表面板结构图

技能技巧 2　数字式万用表的使用技巧

数字式万用表测量各种电路参数的方法和步骤如下。

1. 电压测量的方法和步骤

（1）将黑表笔插入"COM"插孔，红表笔插入"V/Ω"插孔。

（2）测量直流电压时，将量程开关转至相应的直流电压挡位（V —）上；测量交流电压时，将量程开关转至相应的交流电压挡位（V～）上。然后将测试表笔直接并接在被测电路上，则万用表的显示器立即显示出被测电压的大小与极性（测量交流电压不显示极性，读出的数据为交流电压的有效值）。

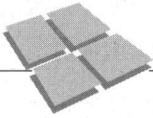

测量电压时注意：若无法估计被测电压的范围，则测量时应将量程开关转到最高的挡位，然后根据显示值转至相应挡位上；如果屏幕显示"1"，表明已超过量程范围，须将量程开关转换到较高的电压挡位上。

2. 电流测量的方法和步骤

(1)将黑表笔插入"COM"插孔，红表笔插入"mA"插孔中(被测电流≤200mA)，或红表笔插入"20A"插座中(被测电流≤20A)。

(2)测量直流电流时，将量程开关转至相应的 DCA 挡位上；测量交流电流时，将量程开关转至相应的 ACA 挡位上。然后将被测电路断开，测试表笔串接在被测电路上，则万用表的显示器立即显示出被测电流的大小与极性(测量交流电流不显示极性，读出的数据为交流电流的有效值)。

测量电流时注意：若无法估计被测电流的范围，则测量时应将量程开关转到最高的挡位，然后根据显示值转至相应挡位上；如果屏幕显示"1"，表明已超过量程范围，须将量程开关转换到较高的电流挡位上；在测量 20A 电流时，万用表内部的测量电路易发热，如长时间测量会影响测量精度甚至损坏仪表。

3. 电阻测量

(1)将黑表笔插入"COM"插孔，红表笔插入"V/Ω"插孔。

(2)将量程开关转至相应的电阻量程上，然后将两表笔并接在被测电阻上。从显示器读出被测电阻的阻值大小。

测量电阻时注意：数字万用表刻度盘上的电阻刻度，为该量程的最大指示值。如果测量的电阻值超过所选量程值，则显示屏会显示"1"，这时应将开关转至较高挡位上；当测量电阻值超过 1MΩ 时，读数需几秒后才能稳定，这在测量高电阻时是正常的；测量在线电阻时，应将被测电路的所有电源切断、将所有电容放电之后，才可进行。

4. 电容测量

(1)将黑表笔插入"COM"插孔，红表笔插入"mA"插孔。

(2)将量程开关转至相应的电容量程上(20n、或 2μ、或 200μ)，两表笔并接在被测电容的两个电极引脚上；若测量电解电容，应将红表笔接在被测电容的"+"极端；从显示器读出被测电容的容量大小。

测量电容时注意：如果屏幕显示"1"，表明已超过量程范围，须将量程开关转至较高挡位上；在测试电容容量之前，必须将电容充分地放电，以防止损坏仪表。

5. 二极管及通断测试

(1)将黑表笔插入"COM"插孔，红表笔插入"V/Ω"插孔。

(2)将量程开关转至二极管测试挡"$\rightarrow\!\!\vdash$"，并将表笔并接到待测试的二极管，读数为二极管正向压降的近似值；

(3)将表笔连接到待测线路的两点，如果两点之间电阻值低于约 70Ω，则内置蜂鸣器发声。

6. 三极管 h_{FE} 测量

(1)将量程开关置于 h_{FE} 挡。

(2)决定所测晶体管为 NPN 或 PNP 型，将发射极、基极、集电极分别插入测试相应的插孔，即可从显示屏上读出三极管的 h_{FE} 数值。

▶任务二　电子元器件检测中常用工具及其使用

电子元器件检测时，有时需要使用一些工具辅助，如螺钉旋具、钟表起子、无感起子等。下面对检测用辅助工具的名称、外形结构、特点及用途作一简要介绍。

知识点 1.2.1　手动螺钉旋具

螺钉旋具也称为螺丝刀，俗称改锥或起子，多用于紧固或拆卸螺钉。在元器件检测时，螺钉旋具用于调整可调元件(如：微调电阻、可变电容、中周等)的调节范围。

螺钉旋具有多种形式，根据螺钉旋具的头部形状不同可分为：一字形、十字形两类螺钉旋具；根据螺钉旋具旋转动力不同又分为：手动、电动、风动、自动等形式。使用时，应根据螺钉的大小、规格、类型、使用场合和紧固的松紧程度、可调元件调节螺钉的头部大小，选用不同规格的螺钉旋具。

常用的手动螺钉旋具如图 1.7 所示，是用于手工装拆(旋转)一字形和十字形的机螺钉、木螺钉和自攻螺钉等。

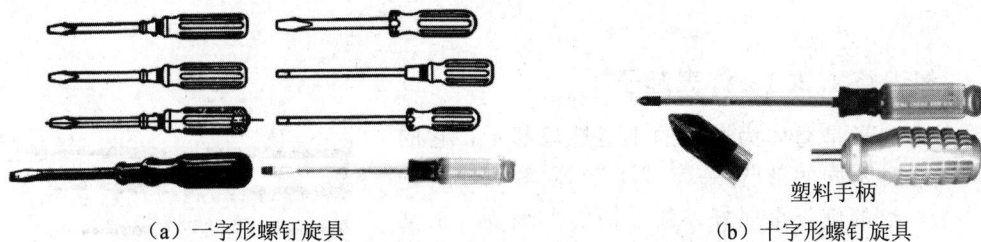

（a）一字形螺钉旋具　　　　　　　　（b）十字形螺钉旋具

图 1.7　常用的手动螺钉旋具外形结构图

螺钉旋具有多种规格尺寸供选用，常用的一字形螺钉旋具的规格如表 1.1 所示。

表 1.1　常用一字形螺钉旋具　　　　　　　　　　（单位：mm）

公称尺寸	全长		公称尺寸	全长		公称尺寸	全长	
	木柄	塑料柄		木柄	塑料柄		木柄	塑料柄
50×3		100	150×4	235	220	100×6	210	190
65×3		115	50×5	135	120	125×6	235	215
65×3		125	65×5	150	135	150×7	270	250
75×3		125	75×5	160	145	200×8	335	310
100×3	185	170	200×5	285	270	250×9	400	370

知识点 1.2.2　机动螺钉旋具

常用的机动螺钉旋具分为电动和风动两大类(分别称为电批和风批)，适合在大批量流水线上使用。电批和风批的外形结构如图 1.8 所示。

电批具有体积小、重量轻、使用方便的特点，特别适用于小型电子整机产品如电

视机、手机、仪器仪表等的小规格螺钉的装拆。但电批在工作时，会产生电磁干扰。

风批必须配备空压机，需要安装高压气管等管路才能使用，其体积大、噪声大，但不会产生电磁干扰。对干扰有特别要求的场合，宜采用风批，而不宜采用电批。

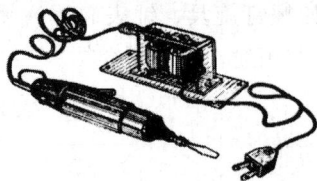

(a) 小型电批的外形图   (b) 风批的外形图   (c) 机动螺钉配套的旋杆

图 1.8　电批和风批的外形结构

自动螺钉旋具(自动螺丝刀、自动改锥)的外形如图 1.9 所示，适用于旋动头部带槽的机螺钉和木螺钉。自动螺钉旋具通过调节开关的不同位置，完成顺旋、倒旋和同旋三种动作，具有达到

图 1.9　自动螺钉旋具的外形

一定力矩时自动停止的特点，减轻了操作者的劳动强度，提高了生产效率，特别适合在批量生产及要求一致性好的条件下使用。

知识点 1.2.3　钟表起子

钟表起子是通体为金属的小型螺丝起子，它的端头有各种不同的形状(一字或十字等)和大小，手柄为带竖纹的细长金属杆，其手柄的上端装有活动的圆形压板，如图 1.10 所示。

图 1.10　钟表起子

钟表起子主要用于小型或微型螺钉的装拆，有时也用于小型可调元件的调整。使用时，用食指按压住圆形压板，用大拇指和中指旋转手柄即可装拆小螺钉。由于钟表起子的通体为金属，因此使用时要特别注意安全用电，必须断电操作。

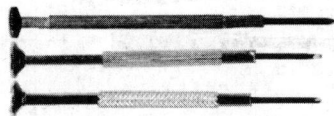

知识点 1.2.4　无感起子

无感起子如图 1.11 所示，是用非磁性材料(如有机玻璃或胶木等非金属材料)制成的，用于调整高频谐振回路中电感与电容的大小。使用无感起子，可避免由于金属体及人体感应现象对高频回路产生影响，确保高频电路顺利、准确地调整。例如：可用于收音机和电视机等的高中频谐振回路、电感线圈、微调电容器、磁帽、磁芯的调整，会获得满意的调试效果。

图 1.11　无感起子

常用的无感起子多用尼龙棒制造，或由顶部镶有不锈钢片的塑料压制而成，频率较高时应选用尼龙棒制成的无感旋具；频率较低时，可选用头部镶有不锈钢片的无感旋具。

知识点 1.2.5　集成电路起拔器

集成电路 IC 起拔器是一种从电路板上拔取(拆卸)IC 的工具，如图 1.12 所示。

图 1.12　集成电路起拔器

▶任务三　电阻及其检测

当电流通过导体时，导体对电流呈现的阻碍作用称为电阻。电阻的符号用字母"R"表示。电阻的基本单位是欧姆(Ω)，常用单位有千欧($k\Omega$)、兆欧($M\Omega$)、吉欧($G\Omega$)等，各单位之间的关系为：

$$1k\Omega = 10^3\Omega,\ 1M\Omega = 10^6\Omega,\ 1G\Omega = 10^9\Omega$$

电阻是电子产品中不可缺少且用量最大的元件。电阻是耗能元件，它吸收电能并把电能转换成其他形式的能量。

常用电阻的外形结构如图 1.13 所示。

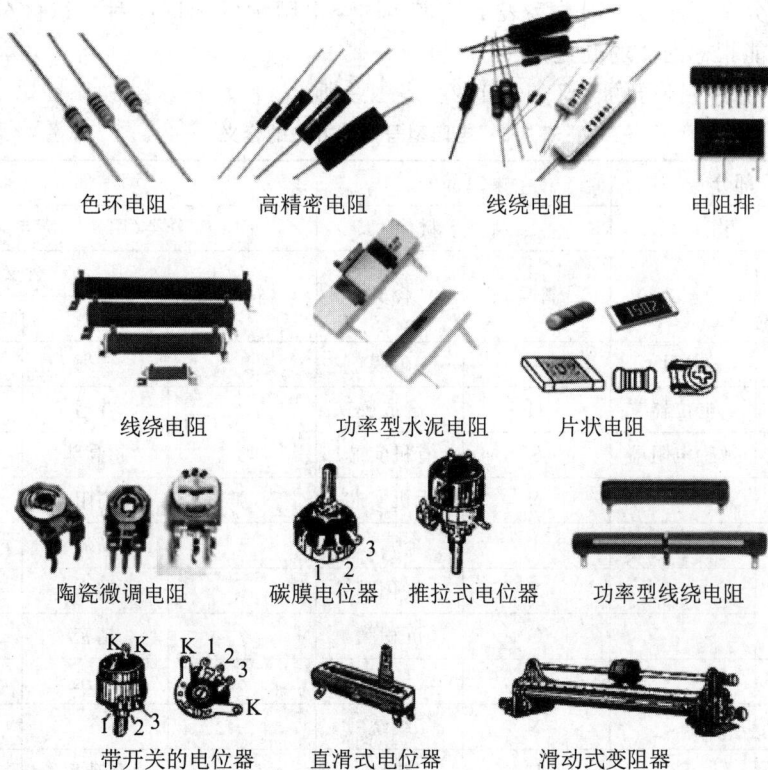

色环电阻　　　　高精密电阻　　　　线绕电阻　　　　电阻排

线绕电阻　　　　功率型水泥电阻　　　　片状电阻

陶瓷微调电阻　　　碳膜电位器　　　推拉式电位器　　　功率型线绕电阻

带开关的电位器　　　直滑式电位器　　　滑动式变阻器

图 1.13　常用电阻的外形结构

知识点 1.3.1　电阻的分类

在电路中，电阻主要有分压、分流、负载(能量转换)等作用，用于稳定、调节、控制电路中电压或电流的大小。电阻的常用电路符号如图 1.14 所示。

普通固定电阻　　带开关电位器　　可变电阻器　　电位器

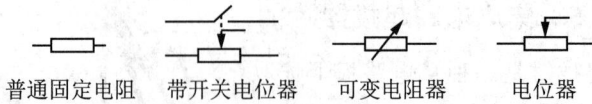

图 1.14　电阻的常用电路符号

电阻的种类有很多，其命名方法及分类方式如下。

1. 电阻的命名方法

国产电阻型号的命名是由主称、材料、分类和序号 4 个部分组成的，如图 1.15 所示。

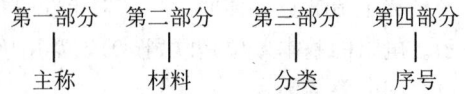

第一部分——主称：用字母表示，表示产品的名称。

第二部分——材料：用字母表示，表示电阻体的组成材料。

第三部分——分类：用数字或字母表示，表示产品的特点、用途。

第四部分——序号：用数字表示，表示同类电阻中的不同品种，以区分电阻的外形尺寸和性能指标的微弱变化等。

电阻型号中各部分的含义如表 1.2、表 1.3 所示。

第一部分　　第二部分　　第三部分　　第四部分

主称　　　材料　　　分类　　　序号

图 1.15　国产电阻型号的命名

表 1.2　电阻型号命名方法的含义

第一部分		第二部分		第三部分		
主　称		材　料		分类（用途、特点）		
符号	含义	符号	含义	符号	含义	
					电阻	电位器
R	电阻	T	碳膜	1	普通	普通
W	电位器	H	合成膜	2	普通	普通
M	敏感电阻器	S	有机实芯	3	超高频	—
		N	无机实芯	4	高阻	—
		J	金属膜	5	高温	—
		Y	氧化膜	6	精密	—
		C	沉积膜	7	精密	精密
		I	玻璃釉膜	8	高压	
		X	线绕	9	特殊函数	
		R	热敏	G	高功率	—
		G	光敏	T	可调	—
		Y	压敏	X	—	小型
				W	—	微调
				D	—	多圈
				L		测量用

表 1.3　敏感电阻型号命名方法的含义

材料		分类				
符号	含义	符号	含义			
			负温度系数	正温度系数	光敏电阻	压敏电阻
F	负温度系数热敏材料	1	普通	普通		碳化硅
Z	正温度系数热敏材料	2	稳压	稳压		氧化锌
C	磁敏材料	3	微波			氧化锌
G	光敏材料	4	旁热		可见光	
L	力敏材料	5	测温	测温	可见光	
Q	气敏材料	6	微波		可见光	
S	湿敏材料	7	测量			
Y	压敏材料					

例 1.1　指出 RT11 及 WHX2 的含义。

解：RT11 为普通碳膜电阻；WHX2 为合成膜小型电位器。

2. 电阻的分类

按电阻的制作材料和工艺，可分为金属膜电阻、碳膜电阻、线绕电阻等。

按电阻的数值能否变化，可分为固定电阻、微调电阻、电位器等。微调电阻和电位器统称为可变电阻，其中，微调电阻的阻值变化范围小，电位器的阻值变化范围大。

按电阻的用途，可分为热敏电阻、光敏电阻、分压电阻、分流电阻等。

按电阻的安装方式，可分为通孔插装电阻、表面贴装电阻等。通孔插装电阻体积较大，电路板必须钻孔才能安置元件；表面贴装电阻是一种无引线或有极短引线的小型标准化电阻，其体积小，电路板不需钻孔、元件直接放置在电路板上焊接即可。

常用电阻的性能、特点如表 1.4 所示。

表 1.4　常用电阻的性能、特点

电阻名称	电阻的性能、特点
碳膜电阻	稳定性高，噪声低，应用广泛；阻值范围：$1\Omega \sim 10M\Omega$
金属膜电阻	体积小，稳定性高，噪声低，温度系数小，耐高温，精度高，但脉冲负载稳定性差；阻值范围：$1\Omega \sim 620M\Omega$
线绕电阻	稳定性高，噪声低，温度系数小，耐高温，精度很高，功率大（可达 500W），但高频性能差，体积大，成本高；阻值范围：$0.1\Omega \sim 5M\Omega$
金属氧化膜电阻	除具有金属膜电阻的特点外，它比金属膜电阻的抗氧化性和热稳定性高，功率大（可达 50kW），但阻值范围小，主要用来补充金属膜电阻器的低阻部分；阻值范围：$1\Omega \sim 200k\Omega$
合成实芯电阻	机械强度高，过负载能力较强，可靠性较高，体积小，但噪声较大，分布参数（L、C）大，对电压和温度的稳定性差；阻值范围：$4.7\Omega \sim 22M\Omega$
合成碳膜电阻	电阻阻值变化范围宽，价廉，但噪声大，频率特性差，电压稳定性低，抗湿性差，主要用来制造高压高阻电阻器；阻值范围：$10\Omega \sim 10^6 M\Omega$

续表

电阻名称	电阻的性能、特点
线绕电位器	稳定性高，噪声低，温度系数小，耐高温，精度很高，功率较大（达 25W），但高频性能差，阻值范围小，耐磨性差，分辨力低，适用于高温大功率电路及作精密调节的场合；阻值范围：$4.7\Omega \sim 100\text{k}\Omega$
合成碳膜电位器	稳定性高，噪声低，分辨力高，阻值范围宽，寿命长，体积小，但抗湿性差，滑动噪声大，功率小，该电位器为通用电位器，广泛用于一般电路中；阻值范围：$100\Omega \sim 4.7\text{M}\Omega$
金属膜电位器	分辨力高、耐高温、温度系数小、动噪声小、平滑性好，该电位器适合高功率场合使用；阻值范围：$100\Omega \sim 1\text{M}\Omega$

知识点 1.3.2　固定电阻的主要性能参数

电阻是电子产品中不可缺少的电路元件，使用时应根据其性能参数来选用；检测时，也是以电阻的性能参数为标准来判断电阻元件的好坏。

电阻的主要性能参数包括：标称阻值、允许偏差、额定功率和温度系数。

1. 标称阻值

电阻的标称阻值是指电阻器上所标注的阻值。国标规定了一系列阻值作为电阻值取用的标准，表 1.5 所示即为通用电阻的标称阻值系列。

电阻取用的标称阻值为表 1.5 所列数值$\times 10^n$（n 取整数）。以 E_{12} 系列中的标称值 1.2 为例，它所对应的电阻的标称阻值可为：0.12Ω，1.2Ω，12Ω，120Ω，$1.2\text{k}\Omega$，$12\text{k}\Omega$，$120\text{k}\Omega$ 和 $1.2\text{M}\Omega$ 等。

表 1.5　通用电阻的标称阻值系列

标称系列名称	允许偏差	电阻的标称阻值
E_{24}	Ⅰ 级　$\pm 5\%$	1.0, 1.1, 1.2, 1.3, 1.5, 1.6, 1.8, 2.0, 2.2, 2.4, 2.7, 3.0, 3.3, 3.6, 3.9, 4.3, 4.7, 5.1, 5.6, 6.2, 6.8, 7.5, 8.2, 9.1
E_{12}	Ⅱ 级　$\pm 10\%$	1.0, 1.2, 1.5, 1.8, 2.2, 2.7, 3.3, 3.9, 4.7, 5.6, 6.8, 8.2
E_6	Ⅲ 级　$\pm 20\%$	1.0, 1.5, 2.2, 3.3, 4.7, 6.8

当 E 取不同数值时，其允许偏差和标称阻值也各不相同。如 E_6 系列的标称值只有 6 项，1.0，1.5，2.2，3.3，4.7，6.8，其允许偏差为 20%；而 E_{12} 系列的标称值有 12 项，1.0，1.2，1.5，1.8，2.2，2.7，3.3，3.9，4.7，5.6，6.8，8.2，其允许偏差为 10%。即电阻的允许偏差越小，精度越高，则电阻的标称值数项越多。

2. 允许偏差

标称阻值与实际阻值之间允许的最大偏差范围称为电阻的允许偏差，又称电阻的允许误差。

$$电阻的允许偏差 = \frac{标称阻值 - 实际阻值}{标称阻值} \times 100\%$$

通常允许偏差是用百分比来表示的，但有时也可用文字符号表示，如表 1.6 所示。允许偏差既可以是对称的，也可以是不对称的。

表 1.6　无源器件允许偏差的文字符号表示

文字符号	对　称　偏　差											不对称偏差		
	H	U	W	B	C	D	F	G	J	K	M	R	S	Z
允许偏差（%）	±0.01	±0.02	±0.05	±0.1	±0.2	±0.5	±1	±2	±5	±10	±20	+100 −10	+50 −20	+80 −20

通用电阻的允许误差与精度等级存在一定的对应关系，例如：±0.5%—005、±1%—01（或 00）、±2%—02（或 0）、±5%—Ⅰ级、±10%—Ⅱ级、±20%—Ⅲ级，如表 1.7 所示。允许偏差小于±1%的电阻称为精密电阻。电阻的精度越高，价格也就越贵。

表 1.7　允许偏差与精度等级的对应关系

允许偏差	允许偏差与精度等级的对应关系					
允许偏差	±0.5%	±1%	±2%	±5%	±10%	±20%
精度等级	005	01	02	Ⅰ级	Ⅱ级	Ⅲ级

3. 额定功率

电阻的额定功率也称为电阻的标称功率，它是指：在产品标准规定的大气压（90～106.6kPa）和额定温度（−55℃～+70℃）下，电阻长期工作所允许承受的最大功率，其单位为瓦（W）。

不同类型的电阻，其额定功率的范围也不同。线绕电阻器的额定功率系列为：1/20W、1/8W、1/4W、1/2W、1W、2W、4W、8W、10W、16W、25W、40W、50W、75W、100W、150W、250W、500W；非线绕电阻器额定功率系列为：1/20W、1/8W、1/4W、1/2W、1W、2W、5W、10W、25W、50W、100W。在电子产品中，常用的电阻标称功率有：1/8W（0.125W）、1/4W（0.25W）、1/2W（0.5W）、1W、2W、3W、5W、10W 等，其中 1/8W 和 1/4W 的电阻最常用。

电阻标称（额定）功率在电路图中的表示方法如图 1.16 所示。

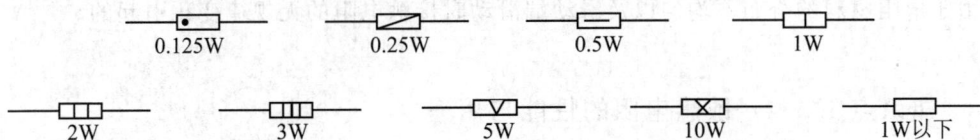

图 1.16　电阻标称（额定）功率在电路图中的表示方法

电阻的功率越大，其体积越大，价格越高，线绕电阻器的功率相对更大些。在使用过程中，若电阻的实际功率超过额定功率，会造成电阻过热而烧坏。因而实际使用时，选取的额定功率值一般为实际计算值的 1.5～3 倍。

4. 温度系数

温度每变化 1℃时，引起电阻的相对变化量称为电阻的温度系数，用 α 表示，即

$$\alpha = \frac{R_2 - R_1}{R_1(t_2 - t_1)}$$

上式中，R_1、R_2 分别为温度 t_1、t_2 时的阻值。

温度系数 α 可正、可负。温度升高，电阻值增大，称该电阻具有正的温度系数；温度升高，电阻值减小，称该电阻具有负的温度系数。温度系数越小，电阻的温度稳定度越高。

知识点 1.3.3 可变电阻的主要性能指标

可变电阻包括微调电阻和电位器两类。

1. 微调电阻和电位器的异同

（1）相同点。

从结构上来看，微调电阻和电位器都具有三个引脚，其中两个引脚是固定端，另一个引脚是滑动端。

（2）不同点。

从外形结构看，微调电阻的体积小，阻值的调节需要使用工具（螺钉旋具）进行；电位器的体积相对来说更大些，滑动端带有手柄，使用时可根据需要直接用手调节。从作用功能上来说，微调电阻一般是在电路的调试阶段进行电路参数的调整，一旦电子产品调整定型后，微调电阻就无须再调整了；电位器主要用于电子产品的使用调节，是方便用户使用设置的，如收音机的音量电位器等。

2. 可变电阻的主要性能指标

（1）标称阻值。

标称阻值是指标注在可变电阻外表面上的阻值，是可变电阻两个固定引脚之间的阻值，调节可变电阻的滑动端，可以使可变电阻滑动端与固定端之间的阻值在 0Ω 和标称阻值之间连续变化。

（2）额定功率。

额定功率是指两个固定端之间允许消耗的最大功率。

（3）滑动噪声。

滑动噪声是指调节滑动端时，滑动端触点与电阻体的滑动接触所产生的噪声。它是由于电阻材料的分布不均匀以及滑动端滑动时接触电阻的无规律变化引起的。

知识点 1.3.4 敏感电阻的性能与用途

敏感电阻是指对温度、光通量、电压、湿度、气体、压力、磁通量等物理量敏感的特殊电阻。常用的敏感电阻有热敏电阻、光敏电阻、湿敏电阻、压敏电阻、气敏电阻和磁敏电阻等。

敏感电阻的符号是在普通电阻的符号中加了一条斜线，并在旁标注敏感电阻的类型，如：θ、u 等。敏感电阻常用于自动化控制系统、遥测遥感系统、智能化系统中。

1. 热敏电阻

热敏电阻是一种对温度特别敏感的电阻，当温度变化时其电阻值会发生显著的变化。热敏电阻上的标称阻值一般是指温度在 25℃ 时实际电阻值。热敏电阻的外形结构及电路符号如图 1.17 所示。

（a）外形结构　　　　　　　　　　　　　（b）电路符号

图 1.17　热敏电阻的外形结构及电路符号

　　按温度系数分，热敏电阻可分为负温度系数（电阻值与温度变化成反比）的热敏电阻 NTC 和正温度系数（电阻值与温度变化成正比）的热敏电阻 PTC。负温度系数的热敏电阻 NTC 常用于稳定电路的工作点，正温度系数的热敏电阻 PTC 在家电产品中应用较广泛，如用于冰箱和电饭煲的温控器中。

2. 光敏电阻

　　光敏电阻是一种利用光电效应的半导体材料制成、且对光通量敏感的电阻元件。在无光照时，光敏电阻的阻值较高；光照加强，光敏电阻的阻值会明显下降。光敏电阻的外形结构和电路符号如图 1.18 所示。

（a）外形结构　　　　　　　　　　　　　（b）电路符号

图 1.18　光敏电阻的外形结构和电路符号

　　光敏电阻常用于光电自动控制系统中，如大型宾馆、商场的自动门，自动报警系统等。

3. 湿敏电阻

　　湿敏电阻器是一种对环境湿度敏感的元件，它的电阻值能随着环境的相对湿度变化而变化。湿敏电阻器一般由基体、电极和感湿层等组成，如图 1.19（a）所示；湿敏电阻的外形结构及电路符号如图 1.19（b）（c）所示。

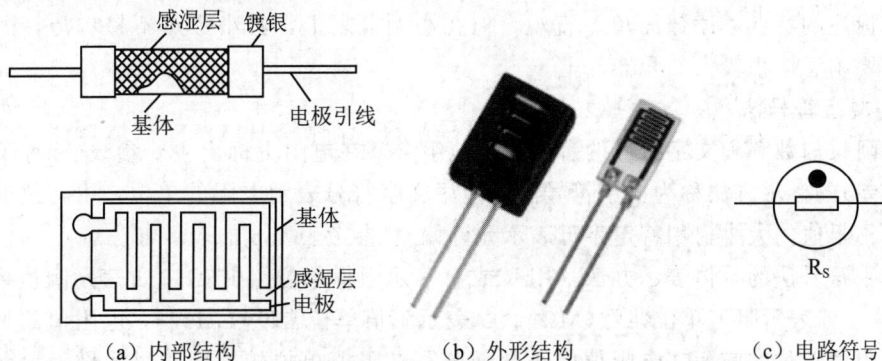

（a）内部结构　　　　　　　（b）外形结构　　　　　　（c）电路符号

图 1.19　湿敏电阻的内部结构、外形结构及电路符号

湿敏电阻器广泛应用于洗衣机、空调器、录像机、微波炉等家用电器，在工业、农业等方面作湿度检测、湿度控制用。工业上常用的湿敏电阻主要有氯化锂湿敏电阻、有机高分子膜湿敏电阻。

4. 压敏电阻

压敏电阻是一种对电压敏感的电阻元件，主要有碳化硅和氧化锌压敏电阻。当加在该元件上的电压低于标称电压值时，其阻值无穷大；当加在该元件上的电压高于标称电压值时，其阻值急剧减小。压敏电阻的外形结构及电路符号如图 1.20 所示。

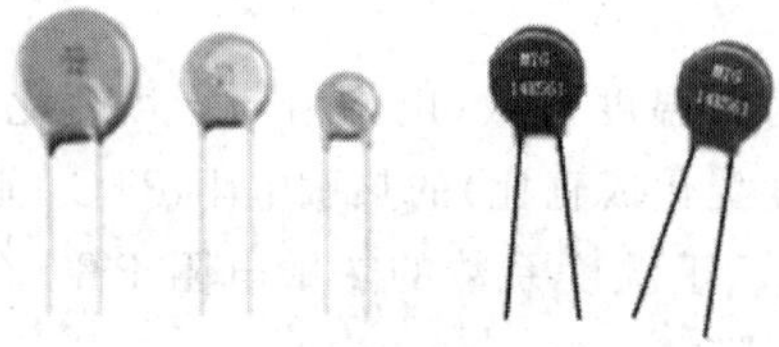

（a）外形结构 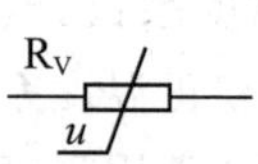　　　　　　　　（b）电路符号

图 1.20　压敏电阻的外形结构及电路符号

压敏电阻常常和保险丝配合，并联在电路中使用，当电路出现过压故障（超出额定值）时，压敏电阻值急剧减小（出现短路现象），电路中的电流急剧增加，电路中的保险丝自动熔断，起到保护电路的作用。

压敏电阻在电路中，常用于电源过压保护和稳压。

知识点 1.3.5　电阻的标注方法

将电阻的主要参数（标称阻值、允许偏差等）标注在电阻外表面上的方法称为电阻的标注方法。电阻常用的标注方法有：直标法、文字符号法、数码表示法和色标法 4 种。

1. 直标法

用阿拉伯数字和文字符号在电阻上直接标出标称阻值，用百分数标出允许偏差的标注方法称为直标法。若电阻上未标注偏差，则默认为 ±20% 的误差。功率较大的电阻还会在电阻上标出额定功率的大小。

如图 1.21 所示为直标法标注的电阻，该电阻的标称阻值为 2.7kΩ，允许偏差为 ±10%。

直标注的特点：读数简单、直观，但在小型电阻上，其小数点不易看清，因而该方法主要用于体积较大的元器件上。

2. 文字符号法

用阿拉伯数字和文字符号两者有规律地组合，在电阻上标出主要参数（标称阻值和允许偏差）的标示方法称为文字符号法。即用文字符号表示电阻的单位，用阿拉伯数字表示标称阻值的大小，用特定字母表示允许偏差（参考表 1.6 的表示方法）。

文字符号法的具体表示办法：用 R 或 Ω 表示阻值单位欧姆（Ω）、k 表示阻值单位千欧（kΩ）、M 表示阻值单位兆欧（MΩ）、G 表示阻值单位吉欧（GΩ）等，电阻值的整数部分写在阻值单位的前面，电阻值的小数部分写在阻值单位的后面；用字母表示允许偏差放在阻值的后面。

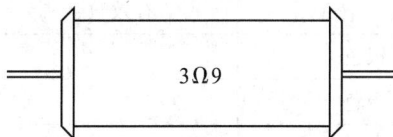

如图 1.22 所示为电阻器的文字符号法，其电阻值为 3.9Ω，没有标注偏差符号，说明允许偏差为±20%。

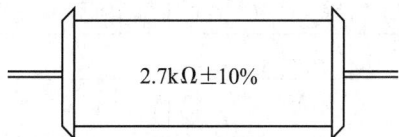

2.7kΩ±10%	3Ω9

图 1.21　电阻器的直标法　　　　图 1.22　电阻器的文字符号法

文字符号法的特点：标注清楚，识读方便。

例 1.2　用文字符号法表示 0.51Ω、5.1Ω、5.1kΩ、5.1MΩ、5.1×10^{9}Ω 等电阻的阻值大小。

解：0.51Ω 的文字符号表示为 R51；

5.1Ω 的文字符号表示为 5R1 或 5Ω1；

5.1kΩ 的文字符号表示为 5k1；

5.1MΩ 的文字符号表示为 5M1；

5.1×10^{9}Ω 的文字符号表示为 5G1。

在电路图上，常用的简便电阻值标注方法是：阻值在 1000Ω 以下的电阻，可不标"Ω"的符号；阻值在 1kΩ 以上、1MΩ 以下的电阻，其阻值后只需加"k"的符号；1MΩ 以上的电阻，其阻值后只需加"M"的符号。例如，82Ω 的电阻可简写为 82；6800Ω 的电阻可简写为 6.8k 或 6k8；3600 000Ω 的电阻可简写为 3.6M 或 3M6。

3. 数码表示法

用三位数码表示电阻阻值、用相应字母表示电阻允许偏差（如表 1.6 所示）的方法称为数码表示法。

具体表示方法为：按从左到右的顺序，第一、第二位数码（阿拉伯数字）为电阻的有效值，第三位数码为 10 的倍率（即"0"的个数），电阻的单位是 Ω。偏差用字母表示（参考表 1.6 的表示方法），放在最后一位数码的后面。

数码表示法的特点：用较少的数字和字母表示电阻的主要参数，标志清楚，但识读标称阻值时需进行简单的计算；该方法适用于体积较小的电阻，如表面贴装电阻，或用于进口元器件上。

需要注意的是：

（1）标注为 000 或 0 的电阻，其电阻值为 0Ω，是一根跳线电阻。

（2）一些精密贴片电阻会采用四位数码表示电阻阻值。

例 1.3　解释 182J、395K、6804D 所表示的电阻的含义。

解：182J 的标称阻值为 $18×10^2=1.8kΩ$，J 表示该电阻的允许误差为±5%；

395K 的标称阻值为 $39×10^5=3.9MΩ$，K 表示该电阻的允许误差为±10%。

6804D 的标称阻值为 $680×10^4=6.8MΩ$，D 表示该电阻的允许误差为±0.5%，这是一个精密电阻。

4. 色标法

用不同颜色的色环表示电阻的标称阻值与允许偏差的标注方法称为色码标注法，简称色标法，亦称色环法。用色标法表示的电阻称为色环电阻，不同的色环其含义不同，

如表 1.8 所示。

表 1.8　色环含义

颜色	有效数字	乘数	允许偏差（%）
银色	—	10^{-2}	±10
金色	—	10^{-1}	±5
黑色	0	10^0	—
棕色	1	10^1	±1
红色	2	10^2	±2
橙色	3	10^3	—
黄色	4	10^4	—
绿色	5	10^5	±0.5
蓝色	6	10^6	±0.25
紫色	7	10^7	±0.1
灰色	8	10^8	—
白色	9	10^9	+50，−20
无色	—	—	±20

常用的色标法有四色标法和五色标法两种，如图 1.23 所示。色环电阻的具体含义规定如下。

四色标法规定为：第一、第二环是有效数字，第三环是乘数，第四环是允许偏差。

五色标法规定为：第一、第二、第三环是有效数字，第四环是乘数，第五环是允许偏差。

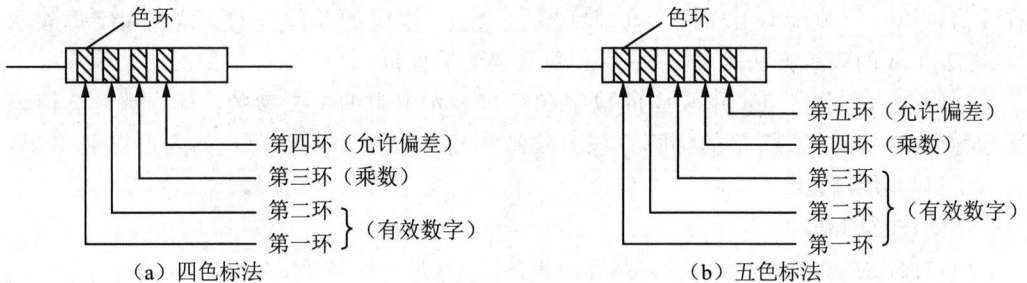

图 1.23　电阻常用的色标法

四环电阻通常为普通电阻，其阻值误差相对较大，一般误差为±5%、±10% 或±20%。五环电阻通常为精密电阻，其阻值误差相对较小，一般误差为±0.1%、±0.25%、±1% 以及±2%。

通常用不同的背景颜色来区别电阻的不同种类，即浅色（浅棕、浅蓝或浅绿色）背景为碳膜电阻，红色背景为金属膜或金属氧化膜电阻，深绿色背景为线绕电阻。

注意：读色码的顺序规定为，更靠近电阻引线的色环为第一环，离电阻引线远一些的色环为最后的环（即偏差环）。

色标法的特点：标志清楚，安装的方向性灵活，可以在任意角度看清色环、读出阻值，但需要记住各种颜色对应的数值及偏差。这种标注方式常用在小型电阻上。目前，色环电阻占领了电阻元件的主流地位。

例 1.4   如图 1.24 所示，读出色环电阻标志的参数。

解：由表 1.8 可知，图 1.22 中，银色只代表误差，不能表示有效数字，因而棕色为第一环，银色是最后一环，由此得出该色环电阻的有效数字色环是棕(1)、黑(0)，乘数环是红环($\times 10^2$)，误差环是银环($\pm 10\%$)，即该色环电阻为 $10 \times 10^2 = 1k\Omega$，误差为 $\pm 10\%$。

例 1.5   用色环法表示 8200Ω，误差 $\pm 0.5\%$ 的电阻。

解：误差 $\pm 0.5\%$ 的电阻属于精密电阻，需要用五色环法表示，根据表 1.8 的色环颜色规定可

图 1.24   例 1.4 的图

知，8200Ω 的电阻用"灰红黑棕"表示阻值大小，用绿色表示误差。因而，8200Ω $\pm$ 0.5% 的电阻色环是"灰红黑棕绿"。

技能技巧 3   固定电阻的检测

元器件的检测是电子制作中的一项基本技能，检测的目的是：测试元器件的相关参数，判断元器件是否正常。

对电阻的检测，主要是检测其阻值及其好坏。

1. 固定电阻的检测方法

使用万用表测量固定电阻的实际阻值，将测量值和标称值进行比较，计算出电阻的实际偏差、并与允许偏差比较，从而判断电阻是否出现短路、断路、老化(实际阻值与标称阻值相差较大的情况)等故障现象，是否能够正常工作。

测量时，应避免两个手同时接触被测电阻的两根引脚，或两手触及万用表表棒的金属部分，以免人体电阻并入被测电阻影响测量的准确性。

为了提高测量精度，应根据被测电阻标称值的大小来选择量程。测量时，指针式万用表的指针指示值尽可能落到靠近满刻度的 1/3 或略偏右边的位置为佳。

色环电阻的阻值虽然能以色标法来确定，但在使用时最好还是用万用表测试一下其实际的阻值，并判断其误差。

2. 固定电阻的检测步骤

(1)外观检查。

查看电阻引脚有无脱落及松动的现象，有无烧焦、异味，从外表排除电阻的断路故障。

(2)在路检测。

若需要对电阻在路(即电阻器仍然焊在电路中)检测时，首先要断开电路中的电源，并将被检测的电阻从电路中焊下来(至少焊开一个头)，然后再进行测量，以免电路中的其他元件对测试产生影响，造成测量误差。若测量值远远大于标称值，则可判断该电阻出现断路或严重老化的现象，即电阻器已损坏。

(3)断路检测。

即将电阻从电路中断开检测的方法。若测量的电阻值基本等于标称值,说明该电阻正常;若测量的电阻值接近于零,说明电阻短路;若测量的电阻值远大于标称值,说明该电阻已老化或损坏;若测量的电阻值趋于无穷大,该电阻已断路。

技能技巧4　可变电阻的检测

1. 可变电阻的检测方法

使用万用表测量可变电阻两个固定引脚与滑动端之间的阻值,以及某一固定引脚与滑动端之间的阻值。通过测量,可以判断可变电阻是否出现短路、断路、老化及调节障碍等故障现象,进而判断是否还能够正常工作。

可变电阻的故障发生率比普通电阻高得多,其主要故障表现为:接触不良——元件与电路时断时续;磨损严重(老化)——使可变电阻的实际阻值远大于标称值;元件断路——分为引脚断开和过流烧断两种情况;调节障碍——调节不顺畅,调节测量时万用表指针指示的电阻值出现跳变现象。

2. 可变电阻的检测步骤

(1)检测可变电阻的电阻值。

可变电阻的电阻值即为可变电阻两固定引脚1、3之间的电阻值,应等于标称值。测量时,将万用表调到电阻挡,将表棒接到可变电阻两固定引脚1、3端,如图1.25所示。若测量值远大于或远小于标称值,说明可变电阻已经损坏。

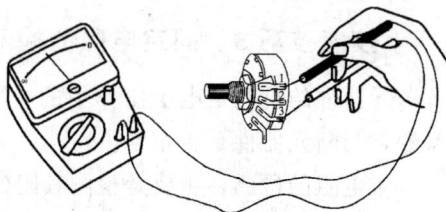

图1.25　检测可变电阻的电阻值

(2)检测可变电阻可调范围及调节功能。

测量时,将万用表调到电阻挡,将表棒接到可变电阻固定引脚端1(或3)和滑动端2,缓慢调节可变电阻的滑动端(转动旋柄),看看旋柄转动是否平滑灵活,测量滑动端2和某一固定端1之间的阻值,观察其电阻值的变化情况。正常时,万用表指针所示电阻值应该是连续平稳地从零渐变到标称值;若出现万用表的

图1.26　检测可变电阻可调范围及调节功能

表针跳动或数值突变的情况,说明可变电阻出现接触不良的故障。若滑动端和固定端之间的阻值远大于标称值,或为无穷大,说明元件内部有断路现象。检测可变电阻可调范围及调节功能示意图如图1.26所示。

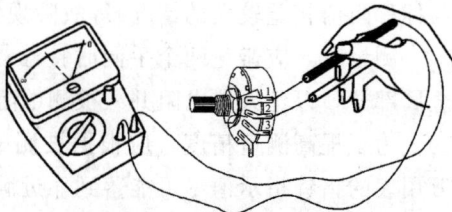

(3)检查带开关的电位器。

不仅要检测电位器的电阻值、可调范围及调节功能,还要检测电位器的开关是否灵活,开关通、断时"喀哒"声是否清脆,并听一听电位器内部的接触点和电阻体摩擦的声音,如有"沙沙"声,说明质量不好。带开关的电位器有5个引脚,其中1、2、3端为电位器端,4、5端为开关端,带开关电位器的检测如图1.27所示。

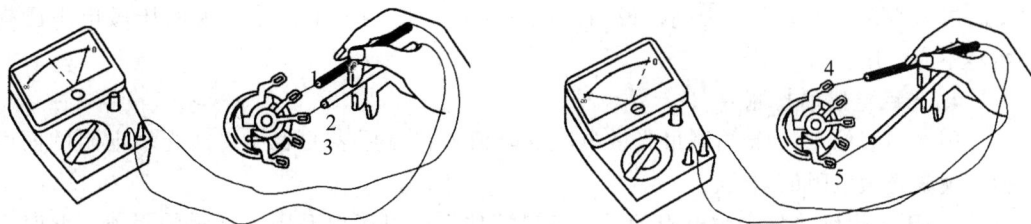

（a）带开关电位器电阻值、可调范围及调节功能的检测　　　　（b）带开关电位器开关部分的检测

图 1.27　带开关电位器的检测

技能技巧 5　敏感电阻的检测方法

敏感电阻的种类很多，这里仅介绍热敏电阻、压敏电阻和光敏电阻好坏的检测方法。

1. 正温度系数热敏电阻（PTC）的检测

检测时，用万用表电阻挡检测热敏电阻的阻值。

（1）常温检测。

在常温（25℃）时，将万用表表棒的金属部分接触 PTC 热敏电阻的两引脚，测出其实际阻值，并与标称阻值相对比，二者相差在 $\pm 2\Omega$ 内即为正常。若实际阻值与标称阻值相差过大，则说明其性能不良或已损坏。

（2）加温检测。

在常温测试正常的基础上，即可进行加温检测。将一热源（如已经加热的电烙铁）靠近 PTC 热敏电阻对其加热，同时用万用表检测其电阻值是否随温度的升高而增大。若电阻值随温度的升高而增大，则说明热敏电阻正常；若阻值无变化，则说明其性能变劣，不能继续使用。注意不要将热源与 PTC 热敏电阻靠得过近或直接接触热敏电阻，防止将其烫坏。

2. 负温度系数热敏电阻（NTC）的检测

用万用表测量 NTC 热敏电阻的方法与测量 PTC 热敏电阻的方法相似。

（1）常温检测。

在常温（25℃）时，将万用表的表棒接触 NTC 热敏电阻的两引脚，测出其实际阻值，并与标称阻值相对比，二者相差在 $\pm 2\Omega$ 内即为正常。实际阻值若与标称阻值相差过大，则说明其性能不良或已损坏。因 NTC 热敏电阻对温度很敏感，故检测时不要用手捏住热敏电阻体，以防止人体温度对测试结果产生影响。

（2）加温检测。

在常温测试正常的基础上，即可进行加温检测。将一热源（如已经加热的电烙铁）靠近 NTC 热敏电阻对其加热，同时用万用表检测其电阻值是否随温度的升高而降低。若电阻值随温度的升高而降低，则说明 NTC 热敏电阻正常；若阻值无变化，则说明其性能不良，不能继续使用；注意不要将热源与 NTC 热敏电阻靠得过近或直接接触热敏电阻，防止将其烧坏。

3. 压敏电阻的检测

用万用表的 $R \times 1k$ 挡测量压敏电阻两引脚之间的正、反向绝缘电阻。正常时，正、

反向电阻均趋于无穷大，否则，说明漏电流大。若所测电阻很小，说明压敏电阻已损坏，不能使用。

4. 光敏电阻的检测

用万用表的 $R \times 1k$ 挡测量光敏电阻的阻值。将万用表的表棒接触光敏电阻的两引脚，观察光敏电阻的阻值。

（1）用一黑纸片将光敏电阻的透光窗口遮住，此时读出万用表指示的阻值。此时光敏电阻的阻值越大（接近无穷大），说明光敏电阻性能越好；若此值很小或接近零，说明光敏电阻已烧穿或损坏，不能再继续使用。

（2）将一光源对准光敏电阻的透光窗口，此时万用表的指针应有较大幅度的摆动，阻值明显减小。此值越小说明光敏电阻性能越好。若此值很大甚至是无穷大，表明光敏电阻内部开路损坏，也不能再继续使用。

（3）光源对准光敏电阻的透光窗口时，用小黑纸片在光敏电阻的透光窗上部晃动，使光敏电阻间断受光。光敏电阻正常时，万用表指针应随黑纸片的晃动而左右摆动；若万用表指针始终停在某一位置不随纸片晃动而摆动，说明光敏电阻已经损坏。

▶ 任务四　电容及其检测

广义地说，由绝缘材料（介质）隔开的两个导体即构成一个电容。电容是一种能储存电场能量的元件，在电路中主要起耦合、旁路、隔直、调谐回路、滤波、移相、延时等作用，其在电路中的使用频率仅次于电阻。

常用电容的外形结构如图 1.28 所示。

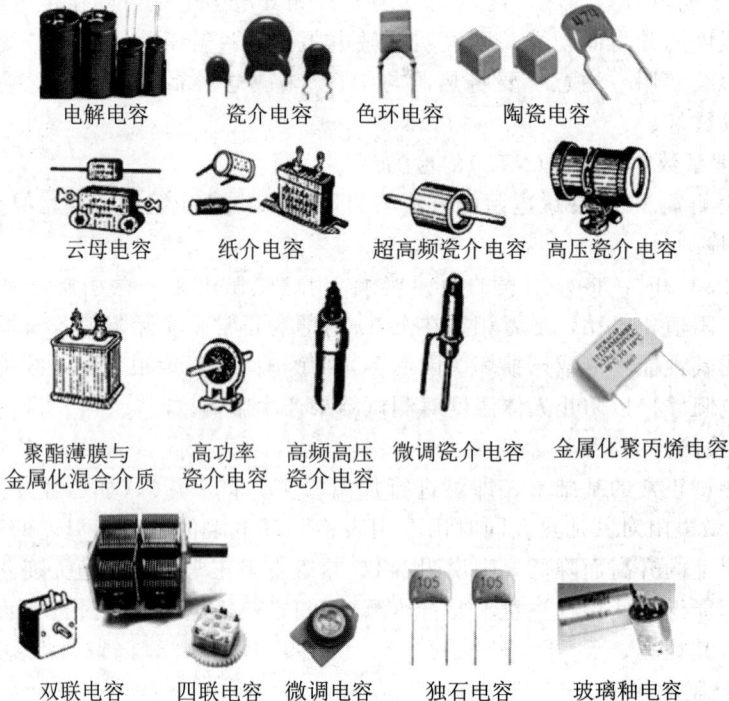

电解电容　　瓷介电容　　色环电容　　陶瓷电容

云母电容　　纸介电容　　超高频瓷介电容　　高压瓷介电容

聚酯薄膜与　　高功率　　高频高压　　微调瓷介电容　　金属化聚丙烯电容
金属化混合介质　　瓷介电容　　瓷介电容

双联电容　　四联电容　　微调电容　　独石电容　　玻璃釉电容

图 1.28　常用电容的外形结构

知识点 1.4.1　电容的分类和命名方法

电容在电路中的符号用字母"C"表示，其基本单位是法拉"F"，常用单位有：μF、nF、pF（$\mu\mu F$）等，各单位之间的关系为：

$$1\mu F=10^{-6}F,\ 1nF=10^{-9}F,\ 1pF=1\mu\mu F=10^{-12}F$$

电容的电路符号如图1.29所示。

一般符号　　极性电容　　可变电容　　微调电容　　双联同轴可变电容

图 1.29　常用电容的电路符号

1. 电容的分类

(1)按构成电容的介质材料，电容可分为：陶瓷电容、涤纶电容、纸介电容、电解电容等。

(2)按电容器的容量能否变化，电容可分为：固定电容、微调电容、可变电容等。微调电容的电容量变化范围较小，常用于电路调试阶段进行电路参数的调整；可变电容的电容值变化范围较大，常用于电子产品的使用调节，是方便用户使用设置的，如收音机的电台变换等。

(3)按有无极性可分为：电解电容(有极性电容)和无极性电容。电解电容的电容量较大，但绝缘电阻相对较小；工作时，其"＋"极要接在电路的高电位端，"－"极要接在电路的低电位端。无极性电容的绝缘电阻相对较大，其耐压高，但电容量相对较小。

(4)按用途可分为：耦合电容、滤波电容、旁路电容、调谐电容等。其中，高频旁路电容常采用陶瓷电容器、云母电容器、玻璃釉电容器、涤纶电容器；低频旁路电容常采用纸介电容器、陶瓷电容器、铝电解电容器、涤纶电容器；滤波电容常采用铝电解电容器、纸介电容器、复合纸介电容器、液体钽电容器等；调谐电容常采用陶瓷电容器、云母电容器、玻璃釉电容器、聚苯乙烯电容器；高频耦合电容常采用陶瓷电容器、云母电容器、聚苯乙烯电容器；低频耦合电容常采用纸介电容器、陶瓷电容器、铝电解电容器、涤纶电容器、固体钽电容器。

一些常用电容的性能、特点、用途如表1.9所示。

表 1.9　一些常用电容的性能、特点

电容名称	容量范围	额定工作电压	主要性能特点
聚酯涤纶电容	40pF～4μF	63～630V	容量范围小，漏电小，体积小，重量轻，耐热耐湿，稳定性差；通常使用在对稳定性和损耗要求不高的低频电路中
聚苯乙烯电容	10pF～1μF	100～30kV	稳定性好，低损耗，体积较大；通常使用在对稳定性和损耗要求较高的电路中

电容名称	容量范围	额定工作电压	主要性能特点
玻璃膜电容	10pF～0.1μF	63～400V	性能稳定，损耗小，耐高温（2000℃）；主要在脉冲、耦合、旁路等电路中使用
金属膜电容	0.01～100F	400V	体积小，容量较大，击穿后有自愈能力；广泛用于仪器、仪表、电视机及家用电器线路中起直流脉动、脉冲和交流降压作用，特别适用于各种类型的节能灯和电子整流器
纸介电容	1 000pF～0.1F	160～400V	损耗大，体积大，容量范围小，成本低。一般用在低频电路中（低于3MHz的频率）
陶瓷电容	2pF～0.047F	160～500V	漏电小，损耗低，耐高温，性能稳定，容量小，体积小；广泛应用于各种小型电子设备中
云母电容	4.7pF～30 000pF	250～7 000V	耐压高，耐高温，损耗小，性能稳定，容量小，体积小、具有自愈性能和防爆功能；适用于高频振荡、脉冲等要求较高的电路
独石电容	0.5pF～1F	耐压高	体积小，性能稳定，可靠性高，耐高温，耐压高，耐湿性好。广泛应用于电子精密仪器和各种小型电子设备作谐振、耦合、滤波、旁路
聚苯乙烯电容	100pF～0.01F	63～250V	漏电小，损耗小，性能稳定，精密度较高，具有负温度系数、绝缘电阻高达100GΩ、极低泄漏电流等特点。适用于各类精密测量仪表、汽车收音机、工业用接近开关、高精度的数/模转换电路等场合
铝电解电容	0.47～10000μF	6.3～450V	体积小，容量大，损耗大，漏电大；主要用于电源滤波、低频耦合、去耦、旁路等场合
钽电解电容	0.1～20 000F	3～450V	有极性电容，电容量大，容量误差小，寿命长，体积小，损耗、漏电小于铝电解电容；在要求高的电路中代替铝电解电容

2. 电容的命名方法

国产电容的命名方法与电阻的命名方法类似，由名称、材料、分类和序号四部分组成。电容的主称用字母"C"表示，用字母表示电容的组成材料，用数字或字母表示其分类代号，具体表示如表1.10所示。

表1.10 电容的材料、分类代号及其含义

材料		分类				
符号	含义	符号	含义			
			瓷介电容	云母电容	电解电容	有机电容
B	聚苯乙烯等非极性有机薄膜	1	圆片	非密封	箔式	非密封
BF	聚四氟乙烯非极性有机薄膜	2	管形	非密封	箔式	非密封

续表

材料			分类				
				含义			
符号	含义	符号	瓷介电容	云母电容	电解电容	有机电容	
C	高频陶瓷	3	叠片	密封	烧结粉液体	密封	
H	纸膜复合	4	独石	密封	烧结粉固体	密封	
I	玻璃釉	5	穿心	—	—	穿心	
J	金属化纸	6	支柱	—	—	—	
L	聚酯涤纶有机薄膜	7	—	—	无极性	—	
O	玻璃膜	8	高压	高压	—	高压	
Q	漆膜	9	—	—	特殊	特殊	
T	低频陶瓷	10	—	—	卧式	卧式	
Y	云母	11	—	—	立式	立式	
Z	纸介	12	—	—	—	无感式	
A	钽电解质	G	高功率				
D	铝电解质	W	微调				
N	铌电解质						

例 1.6 说明 CC1-250V-2200 和 CD1-100-200μ-K 的含义。

解：CC1-250V-2200 为高频陶瓷圆片电容，其耐压值为 250V，容量为 2200pF，允许误差未标，说明误差为±20%；

CD1-100-200μ-K 为箔式铝电解圆片电容，其耐压值为 100V，容量为 200μF，允许误差为±10%。

知识点 1.4.2 电容的主要性能参数

电容的主要性能参数包括：标称容量、允许偏差、额定工作电压与击穿电压、绝缘电阻。

1. 标称容量

电容的标称容量是指在电容上所标注的容量。通常，电容的容量为几皮法(pF)到几千微法(μF)。

2. 允许偏差

电容的允许偏差是指实际容量和标称容量之间所允许的最大偏差范围。

$$电容的允许偏差 = \frac{标称容量 - 实际容量}{标称容量} \times 100\%$$

允许偏差一般分为 3 级：Ⅰ级±5%，Ⅱ级±10%，Ⅲ级±20%。精密电容器的允许误差较小，而电解电容器的允许误差较大。用文字符号(字母)表示偏差时，其字母符号含义可参照表 1.6 所示。

常用电容器的精度等级和电阻器的表示方法类似。其对应关系为：D-005 级一±0.5%，F-01 级一±1%、G-02 级一±2%、J-Ⅰ级一±5%、K-Ⅱ级一±10%、M-Ⅲ级一±20%、Ⅳ级一（+20%/−10%）、Ⅴ级一（+50%/−20%）、Ⅵ级一（+50%/−30%）。

3. 额定工作电压与击穿电压

电容的额定工作电压又称电容的耐压，它是指电容器长期安全工作所允许施加的最大直流电压。电容常用的耐压系列值为：1.6V、6.3V、10V、16V、25V、32V*、40V、50V、63V、100V、125V*、160V、250V、300V*、400V、450V*、500V、1000V 等，其中带 * 号的电压仅为电解电容的耐压值。对于结构、介质、容量相同的器件，耐压值越高，体积越大。

当电容两极板之间所加的电压达到某一数值时，电容就会被击穿，该电压叫作电容的击穿电压。

电容的耐压通常为击穿电压的一半。在使用中，实际加在电容两端的电压应小于额定电压；在交流电路中，加在电容上的交流电压的最大值不得超过额定电压，否则，电容会被击穿。

通常电解电容的容量较大（μF 量级），但其耐压相对较低，极性接反后耐压更低，很容易击穿损坏。所以在使用中一定要注意电解电容的极性连接和耐压要求。

4. 绝缘电阻

电容的绝缘电阻是指电容两极板之间的电阻，也称为电容的漏电阻。绝缘电阻越大，漏电越小，电容的性能越好。理想情况下，电容的绝缘电阻应为无穷大。在实际应用中，无极性电容的绝缘电阻一般在 $10^8 \sim 10^{10}\Omega$；电解电容的绝缘电阻通常小于无极性电容，一般在 200kΩ～500kΩ，若小于 200kΩ，说明漏电严重、不能使用。

知识点 1.4.3 电容的标注方法

电容的标注方法主要有：直标法、文字符号法、数码表示法和色标法四种。

1. 直标法

用阿拉伯数字和文字符号在电容器上直接标出主要参数（标称容量、额定电压、允许偏差等）的标注方法称为直标法。若电容器上未标注偏差，则默认为±20%的误差。当电容器的体积很小时，有时仅标注标称容量一项。如：10μF/50V 就是电容直标法的表示方法。

用直标法标注电容器的容量时，有时电容器上不标注单位。对于容量大于1的无极性电容器，其容量单位为 pF；对于容量小于1的电容器，其容量单位为 μF。如某电容器上标注的内容是 4700，则表示容量为 4700pF；若某电容器上标注的内容是 0.1，则表示容量为 0.1μF。

2. 文字符号法

用阿拉伯数字和文字符号或两者有规律的组合，在电容器上标出其主要参数的标示方法称为文字符号法。

该方法表示电容标称容量的具体规定为：用文字符号表示电容的单位（n 表示 nF、

P 表示 pF、用 R 或 μ 表示 μF 的），电容容量（用阿拉伯数字表示）的整数部分写在电容单位的前面，小数部分写在电容单位的后面；凡为整数（一般为 4 位），又无单位标注的电容，其单位默认为 pF，凡用小数、又无单位标注的电容，其单位默认为 μF。

例 1.7　用文字符号法表示 5.6μF、0.22pF、0.1μF、3300pF 等电容的主要参数。

解：5.6μF 的文字符号表示为 $5\mu6$ 或表示为 5R6；

0.22pF 的文字符号表示为 P22；

0.1μF 的文字符号表示为 R1 或表示为 $\mu1$；

3300pF 的文字符号表示为 3n3 或表示为 3300。

3. 数码表示法

用 3 位数码表示电容容量，用文字符号表示偏差的方法称为数码表示法。数码按从左到右的顺序，第一、第二位数码为有效数，第三位数码为乘数（即零的个数），电容量的单位是 pF。偏差的表示如表 1.6 所示。

注意：用数码表示法来表示电容器的容量时，若第三位数码是"9"时，则表示 10^{-1}，而不是 10^9。

例如：标注为 223 的电容，其容量为 $22\times10^3=22000$(pF)$=22$(nF)。标注为 569 的电容，其容量为 $56\times10^{-1}=5.6$(pF)。

4. 色标法

用不同颜色的色环或色点表示电容器主要参数的标注方法称为色标法。在小型电容器（如贴片电容）上用得比较多。色标法的具体含义与电阻器类似，不同色环的含义可参照表 1.8 所示的规定。

对于立式电容器（其两根引脚线方向同向），色环电容器的识别顺序是沿电容的顶部向引脚方向读数，即顶部为第一环，靠引脚的是最后一环。

对于卧式电容器（如贴片电容），其色环顺序的标志方法与色环电阻类似。

例如：

(1) 三色环电容的颜色顺序为：绿、棕、红，则表示其容量为 51×10^2pF$=$ 5100pF，允许偏差没有标注，说明其允许误差 $\geqslant20\%$；

(2) 四色环电容的颜色顺序为：黄、紫、橙、银，则前三色环表示其容量为 $47\times$ 10^3pF$=47000$pF$=0.047\mu$F，第四色环银色表示其允许偏差为 $\pm10\%$；

(3) 五色环电容的颜色顺序分别为：红、红、黑、黄、棕，则前四环表示其容量为 $220\times10^4=2200000$pF$=2.2\mu$F，第五色环棕色表示其允许偏差为 $\pm1\%$。五色环电容为精密电容。

技能技巧 6　电容容量的检测

电容容量检测的简单方法为：选用万用表 R×10k 挡，测量电容两引脚之间的电阻值，从而定性地判断电容容量的大小。

注意：测量时，不能同时用手接触被测电容的两引脚或万用表两表棒的金属部分，以免人体电阻并在电容的两端，引起测量误差。

测量时，可选用指针式万用表或数字万用表进行测量。

1. 指针式万用表检测电容容量的大小

对于≥5000pF 的电容器，可以用指针式万用表的最高电阻挡来测量并定性地判别电容量的大小。具体操作是：将指针式万用表的两表棒分别接在电容器的两个引脚上，这时，可见万用表指针有一个先快速右摆、然后慢慢左摆的摆动过程；这种现象是电容器的充、放电过程。电容器的容量越大，充、放电现象越明显，指针摆动范围越大，指针复原的速度也越慢。指针式万用表测量、判断电容的大小如图 1.30 所示。

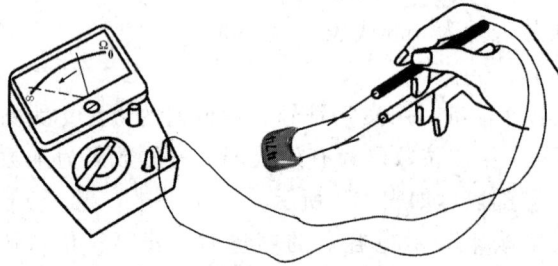

图 1.30　指针式万用表测量、判断电容的大小

在检测较小容量的电容时，要反复调换被测电容两引脚，才能明显地看到万用表指针的摆动。

2. 数字万用表检测电容容量的大小

对于 5000pF 以下容量的电容器，由于其容量小，充电电流小，很难看到指针式万用表指针摆动现象，这时可直接选用具有测量电容功能的数字万用表进行测量。

使用数字万用表的电容挡可以直接测量电容的容量大小。对于 5000pF 以下容量的电容器，这种测量方法是最佳的。

技能技巧 7　电容故障检测、判断

电容较电阻出现故障的概率大，检测也较复杂。

1. 电容的常见故障

电容的常见故障包括：开路故障、击穿故障和漏电故障。电容出现故障后，即失去电容的作用，就不能再使用了。

(1)开路故障，是指电容的引脚在内部断开的情况。表现为电容两电极端的电阻无穷大，且无充、放电作用的故障现象。

(2)击穿故障，是指电容两极板之间的介质绝缘性被破坏，介质变为导体的情况。表现为电容两电极之间的电阻趋于零的故障现象。

(3)漏电故障，是指电容内部的介质绝缘性能变差，导致电容的绝缘电阻变小、漏电流过大的故障现象。当电容使用时间过长、电容受潮或介质的质量不良时，易产生漏电现象。

2. 电容故障的检测方法与步骤

(1)固定电容故障的检测与判断。

对电容故障的检测，可采用指针式万用表进行。检测时，可选用万用表 R×10k

挡，用两表笔分别任意接电容的两个引脚测量电容器。同样，测量时，不能同时用手接触被测电容的两引脚或万用表两表棒的金属部分，以免引起测量误差。

使用指针式万用表测量≥5000pF 的电容器时，正常的电容器会出现万用表指针有一个先快速右摆，然后慢慢左摆、最后停止不动的过程，最终万用表指针所指即为电容的绝缘电阻，通常该电阻读数很大（电阻值趋于无穷大）。

测量电容时，若万用表的指针不摆动（电阻值趋于无穷大），说明电容已开路；若万用表指针向右摆动至零欧姆后，指针不再复原，则说明电容被击穿；若万用表指针向右摆动后，指针有少量复原（电阻值较小），则说明电容有漏电现象，指针稳定后的读数即为电容的漏电电阻值。

（2）微调电容和可变电容的故障检测。

检测的内容和方法是：微调电容和可变电容调节性能的好坏、电容各引脚之间绝缘电阻的大小，由此判定电容的好坏。

微调电容和可变电容调节性能好坏的检测方法：缓慢旋转可变电容的转轴（动片），正常时，旋转应十分平滑，不存在时松时紧甚至卡、滞的现象。

绝缘电阻具体的测试方法：把指针式万用表调到最高电阻挡，将两表棒接在定片和动片之间，测试其电阻值。调节可变电容的转轴，观察万用表的指针变化和读数，若出现指针跳动的现象，说明该可变电容在指针跳动的位置有碰片故障。可变电容的定片和动片之间的电阻正常时，应在 $10^8 \sim 10^{10}\,\Omega$ 或以上；若测量电阻较小，说明定片和动片之间有短路故障。指针式万用表检测可变电容的示意图如图 1.31 所示。

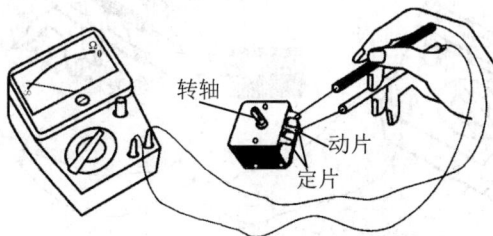

图 1.31　指针式万用表检测可变电容

技能技巧8　电解电容的检测

电解电容是一种有极性的电容，这里介绍电解电容的极性识别与检测、电解电容好坏的判断。

1. 电解电容的极性识别

电解电容的极性识别方法通常有外表观察法和万用表检测法两种方法。

（1）外表观察法。

外表观察法是指从电解电容的外表面上观察，判断电解电容的正、负极性的方法。

通常在电解电容的外壳上会标注"＋"或"－"极性符号，对应"＋"号（"－"号）的是电容的正（负）极端；或根据电解电容引脚的长短来判断，长引脚为正极性引脚，短引脚为负极性引脚。

（2）万用表检测法。

万用表检测法是指用指针式万用表测量电容的电阻，根据电阻的大小及指针偏转情况来判断电解电容的正、负极性的方法。

测量时，把指针万用表调到最高电阻挡 R×10k 或 R×100k，将黑表棒接电解电容的假设"正"极性端，将红表棒接电解电容的假设"负"极性端，测出电阻值；将表棒反接，再测一次；电阻大的一次黑表棒接的是电解电容的正极，由此判断出电解电容器的"正、负"极性。指针式万用表测量电解电容的正向、反向电阻大小示意图如图1.32及图1.33 所示。

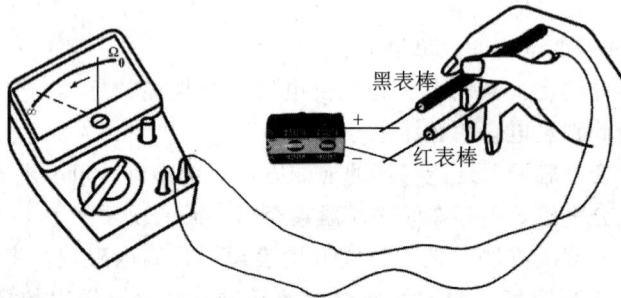

图1.32 指针式万用表测量电解电容的正向电阻大小

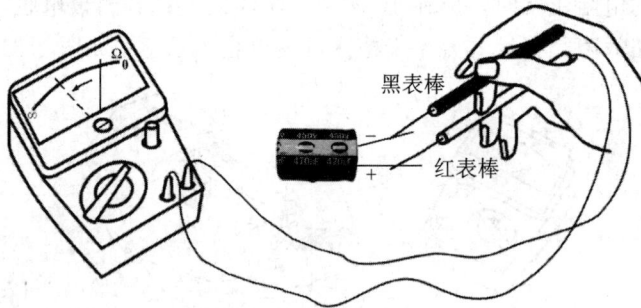

图1.33 指针式万用表测量电解电容的反向电阻大小

2. 电解电容好坏的判断

使用指针式万用表检测电解电容好坏的方法与检测无极性电容好坏的方法相似，即使用指针式万用表测量电解电容的电阻，根据电阻的大小及指针偏转情况来判断电解电容的好坏。不同之处在于，检测时电解电容的漏电阻稍小一些。

检测判断方法：把万用表调到最高电阻挡 R×10k 或 R×100k，将黑表棒接电解电容的"正"极性端，将红表棒接电解电容的"负"极性端，测试电解电容的电阻，万用表指针稳定后的读数即为电解电容的漏电阻大小。

检测过程中，若万用表指针有一个快速右摆，然后慢慢左摆的过程，且万用表指针的电阻读数很大（几百千欧以上），则说明电解电容性能良好；若万用表的指针不摆动（电阻值趋于无穷大），则说明电解电容已开路；若万用表指针向右摆动至零欧姆后，指针不再复原，则说明电解电容被击穿；若万用表指针向右摆动后，指针有少量复原（电阻值较小），则说明电容有漏电现象，电解电容性能欠佳。电解电容出现击穿、断路、性能欠佳时，即失去了电容效应，就不能再使用。

▶**任务五　电感和变压器及其检测**

知识点 1.5.1　电感及其分类

电感是一种利用自感作用进行能量传输的元件，是一种存储磁能的元件。在电路中电感具有耦合、滤波、阻流、补偿、调谐等作用。

电感的种类很多，常见的分类形式有以下几种。

(1)按电感量是否变化可分为：固定电感、可调电感和微调电感等。

(2)按导磁性质可分为：空心电感、磁心线圈电感、铜心线圈电感等。

(3)按用途可分为：扼流线圈电感、天线线圈电感、振荡线圈电感、偏转线圈电感等。

(4)按绕线结构可分为：单层线圈电感、多层线圈电感、蜂房式线圈电感等。

常用电感的外形结构如图 1.34 所示。

空心电感　　　　环形电感　　　　可调电感

工字形电感　　　贴片电感　　　　色环电感

多层贴片电感　　固定电感　　　　磁珠电感

图 1.34　常用电感的外形结构

电感的电路符号用字母"L"表示，基本单位是亨利(H)，常用单位有 mH、μH 等，它们之间的换算关系为

$$1mH=10^{-3}H,\ 1\mu H=10^{-6}H$$

电感的电路符号如图 1.35 所示。

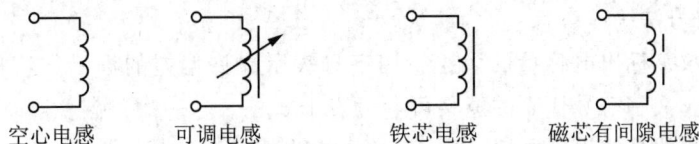

空心电感　　　可调电感　　　铁芯电感　　　磁芯有间隙电感

图 1.35　电感的电路符号

知识点 1.5.2　电感的主要性能参数和标注方法

1. 电感的主要性能参数

电感的主要性能参数包括：标称电感量、感抗、品质因数、分布电容、直流电阻。

（1）标称电感量 L。

标称电感量 L 是反映电感线圈自感应能力的物理量。电感量 L 是线圈本身的固有特性，其大小与线圈的形状、结构和材料有关。

（2）感抗 X_L。

感抗 X_L 是指电感线圈对交流电路的阻碍作用，X_L 的大小与频率 f 和电感量 L 成正比，感抗的单位为：欧姆（Ω）。

$$X_L = \omega L = 2\pi f L$$

直流状态下，由于频率 $f=0$，所以其感抗为零。

（3）品质因数 Q。

电感线圈中，储存能量与消耗能量的比值称为电感的品质因数，也称 Q 值；具体表现为线圈的感抗（ωL）与线圈的损耗电阻（R）的比值。线圈的 Q 值愈高，回路的损耗愈小。Q 值的大小通常为 $50 \sim 300$，一般谐振电路要求电感的 Q 值高一些，以便获得更好的选择性。

$$Q = \frac{\omega L}{R}$$

（4）分布电容。

电感线圈的分布电容是指线圈的匝数之间形成的一种电容效应，这些电容的作用可以看成是一个与线圈并联的等效电容。低频时，分布电容对电感的工作没有影响；高频时，分布电容会改变电感的性能，使线圈的 Q 值减小，稳定性变差。因而线圈的分布电容越小越好。

（5）直流电阻。

电感线圈的直流电阻亦称为电感线圈的直流损耗电阻 R，其值通常在几欧至几百欧之间，可以用万用表的欧姆挡直接测量出来。

2. 电感的标注方法

电感的标注方法与电阻器、电容器相似，也有直标法、文字符号法和色标法。

（1）直标法。

将标称电感和允许偏差用数字直接标注在电感线圈外壳上的标注方法叫直标法。如电感线圈外壳上标有 $20\mu H \pm 10\%$，表明电感线圈的电感量为 $20\mu H = 20 \times 10^{-6} H$，允许误差为 $\pm 10\%$。

（2）文字符号法。

用阿拉伯数字标出电感量的大小、用字母表示允许偏差的标示方法称为电感的文字符号标注法。文字符号代表的意义可参考表 1.6。

文字符号法的具体表示办法：用 H 表示亨利（H）、m 表示毫亨（mH）、μ 表示微亨

（μH）等，电感量的整数部分写在电感单位的前面，电感量的小数部分写在电感单位的后面；用字母表示允许偏差放在电感量的后面。

例如：电感线圈外壳上标有 4m7J，表示该电感线圈的电感量为 $4.7\text{mH} = 4.7 \times 10^{-3}\text{H}$、允许误差为 $\pm 5\%$。

（3）色标法。

在电感线圈的外壳上，使用颜色环或色点表示其主要参数的方法称为色标法。

各颜色环所表示的数字与色环电阻的标志方法相同，可参阅前述电阻的色标法。采用这种方法标注的电感亦称为色码电感。

色码电感多为小型固定高频电感线圈。

技能技巧9　电感的检测

电感的检测，主要是检测其直流损耗电阻及判断其好坏。

1. 电感直流电阻的检测

使用万用表 $R \times 1$ 或 $R \times 10$ 挡测量电感线圈的电阻，电感线圈的直流损耗电阻通常在几欧与几百欧之间。

2. 电感的性能检测

一般采用先外观检查、后万用表测试的方法进行。

外观检查主要是查看线圈有无生锈、发霉、断线、线圈松散或烧焦的情况，若无此现象，再用万用表检测电感线圈的直流损耗电阻。若测得线圈的电阻远大于标称值或趋于无穷大，则说明电感断路；若测得线圈的电阻远小于标称阻值，则说明线圈内部有短路故障。

知识点1.5.3　变压器及其分类

变压器是一种利用互感原理来传输能量的元件，是由初级线圈、次级线圈和铁芯（磁芯）构成。变压器具有变压、变流、变阻抗、耦合、匹配、隔离等主要作用。

常用变压器的分类如下。

（1）按相数可分为：单相变压器（用于单相负载）和三相变压器（用于三相系统的升压或降压）。

（2）按冷却方式可分为：干式变压器、油浸式变压器。干式变压器依靠空气对流进行冷却，一般用于局部照明、电子线路等小容量变压器；油浸式变压器依靠油作冷却介质，如油浸自冷、油浸风冷、油浸水冷、强迫油循环等。

（3）按绕组形式可分为：双绕组变压器、多绕组变压器、自耦变电器。

（4）按用途可分为：电力变压器、电子变压器、仪用变压器、整流变压器、耦合变压器等。

（5）按工作频率可分为：高频变压器、中频变压器、音频变压器等。

（6）按导磁性质可分为：空心变压器、铁芯变压器、磁芯变压器等。

常用变压器的外形结构如图 1.36 所示。

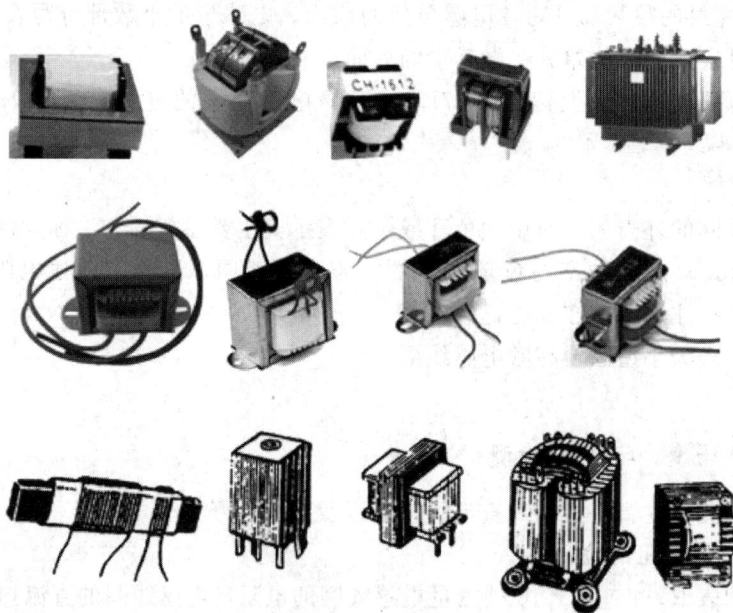

图 1.36 常用变压器的外形结构

变压器的电路符号如图 1.37 所示。

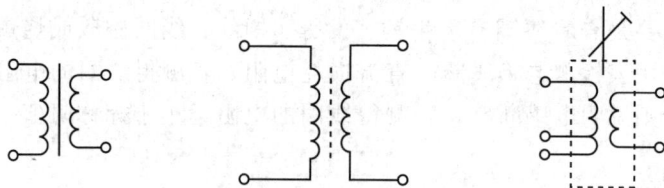

图 1.37 变压器的电路符号

知识点 1.5.4 变压器的主要性能参数

变压器的主要性能参数包括：变压比、额定功率、效率、绝缘电阻。

(1)变压比 n。

变压比 n 是指变压器的初级电压 U_1 与次级电压 U_2 的比值，或初级线圈匝数 N_1 与次级线圈匝数 N_2 比值。

$$n=\frac{U_1}{U_2}=\frac{N_1}{N_2}$$

上式中，当 $n>1$，即 $N_1>N_2$ 时，$U_1>U_2$，该变压器为降压变压器。当 $n<1$，即 $N_1<N_2$ 时，$U_1<U_2$，该变压器为升压变压器。

(2)额定功率 P。

额定功率 P 是指变压器在规定的频率和电压下能长期工作，而不超过规定温升时次级输出的功率。变压器额定功率 P 的单位为 VA(伏安)，而不用 W(瓦特)表示。这是因为变压器额定功率中含有部分无功功率。

（3）效率 η。

效率 η 是指变压器的输出功率 P_o 与输入功率 P_i 的（百分）比值。

$$\eta = \frac{P_o}{P_i} \times 100\%$$

一般来说，变压器的容量（额定功率）越大，其效率越高；容量（额定功率）越小，效率越低。例如：变压器的额定功率为 100W 以上时，其效率可达 90% 以上；变压器的额定功率为 10W 以下时，其效率只有 60%～70%。

（4）绝缘电阻。

变压器的绝缘电阻是指变压器各绕组之间以及各绕组对铁芯（或机壳）之间的绝缘电阻。由于绝缘电阻很大，一般使用兆欧表测量其绝缘阻值。

若绝缘电阻过低，会使仪器和设备外壳带电，造成工作不稳定、不安全，严重时可能将变压器绕组击穿烧毁，甚至对人身造成伤害。

技能技巧 10　变压器的检测

变压器的检测内容主要有：变压器的电气连接情况检测、绝缘电阻的测量。

1. 变压器的电气连接情况检测

检测变压器之前，先了解该变压器的连线结构。变压器的检测方法与电感大致相同，使用万用表 R×1 或 R×10 挡测量变压器各引脚之间的电阻。在变压器引脚没有电气连接的地方，其电阻值应为无穷大；有电气连接之处，有其规定的直流电阻（可查资料得知）。

2. 绝缘电阻的测量

变压器绝缘电阻的测量，主要是测量各绕组之间以及绕组和铁芯之间的绝缘电阻。一般使用 500V 或 1000V 的兆欧表（摇表）进行测量。

▶任务六　分立半导体器件及其检测

知识点 1.6.1　半导体器件的基本知识

由半导体材料制成的器件称为半导体器件。常用的半导体器件包括半导体二极管、桥堆、晶体三极管（双极型三极管）、晶闸管和场效应管（单极型三极管）、集成电路等。

半导体器件自 20 世纪 50 年代问世以来，由于其具有体积小、功能多、重量轻、耗电量小、成本低等诸多优点，因而在电子产品中得到了广泛运用。

按国家标准 GB 249—74 的规定，国产半导体分立器件二极管及三极管的型号命名由 5 部分组成；而半导体分立器件可控整流管（晶闸管）、体效应器件、雪崩管、场效应器件、半导体特殊器件、复合管、PIN 型管、激光器件、阶跃恢复管等器件的型号命名只由第三、第四、第五部分组成。国产半导体分立器件的型号命名如图 1.38 所示，其具体含义如表 1.11 所示。

第一部分　第二部分　第三部分　第四部分　第五部分

```
用汉语拼音字母表示规格号
用阿拉伯数字表示器件的序号
用汉语拼音字母表示器件的类别
用汉语拼音字母表示器件的材料与极性
用数字表法器件的电极数目
```

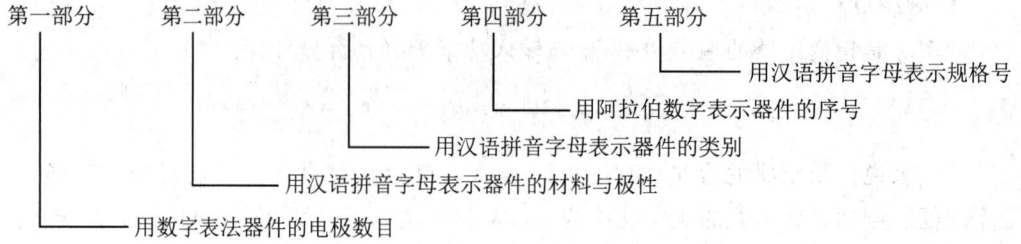

图 1.38　国产半导体分立器件的型号命名

表 1.11　国产半导体分立器件型号的命名意义

第一部分		第二部分		第三部分		第四部分	第五部分
用数字表示器件的电极数目		用汉语拼音字母表示器件的材料和极性		用汉语拼音字母表示器件的类别		用数字表示器件的序号	用汉语拼音字母表示规格号
符号	意义	符号	意义	符号	意义		
2	二极管	A B C D	N 型锗材料 P 型锗材料 N 型硅材料 P 型硅材料	P V W C Z L S N U K	普通管 微波管 稳压管 变容管 整流管 整流堆 隧道管 阻尼管 光电器件 开关管		
3	三极管	A B C D E	PNP 型锗材料 NPN 型锗材料 PNP 型硅材料 NPN 型硅材料 化合物材料	X G D A U K	低频小功率管($f_a<3MHz$，$P_c<1W$) 高频小功率管($f_a \geqslant 3MHz$，$P_c<1W$) 低频大功率管($f_a<3MHz$，$P_c \geqslant 1W$) 高频大功率管($f_a \geqslant 3MHz$，$P_c \geqslant 1W$) 光电器件 开关管		
				T Y B J	可控整流管(晶闸管) 体效应器件 雪崩管 阶跃恢复管		
				CS BT FH PIN JG	场效应器件 半导体特殊器件 复合管 PIN 型管 激光器件		

国外进口的半导体器件的命名方法与国产器件的命名方法不同。因而，在选用进口器件时，应查阅相关的技术资料。

例 1.8 标志 2CW21、3DG6 的符号代表什么含义？

解： 由表 1.11 可知，2CW21 为 N 型硅材料稳压二极管；3DG6 为 NPN 型硅材料高频小功率三极管。

知识点 1.6.2 二极管的概念

二极管由一个 PN 结、两根电极引线以及外壳封装构成。二极管的最大特点是：单向导电性。常用二极管的外形结构如图 1.39 所示。

图 1.39 常用二极管的外形结构

二极管的主要作用有开关、稳压、整流、检波、光/电转换等。常用二极管的电路符号如图 1.40 所示。

二极管的一般符号　发光二极管　光电二极管　稳压二极管　变容二极管

图 1.40 常用二极管的电路符号

二极管的种类很多，常见的分类方式如下。

(1)按材料可分为：硅二极管、锗二极管。

(2)按结构可分为：点接触型二极管、面接触型二极管。

(3)按用途可分为：开关二极管、检波二极管、稳压二极管、整流二极管、变容二极管、发光二极管等。

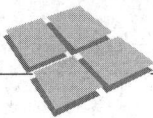

技能技巧 11　二极管的极性判别

二极管有两个电极：阴极（负极"－"）和阳极（正极"＋"），其判别方法有外观判别法、万用表检测判别法。

1. 外观判别二极管的极性

二极管的极性符号一般都会标注在其外壳上。如图 1.41(a)所示，二极管的图形符号直接画在其外壳上，由此可直接看出二极管的正、负极；如图 1.41(b)所示的二极管，其外壳上用色点（白色或红色）做了标注的（属于点接触型二极管），除少数二极管（如 2AP9、2AP10 等）外，一般标记色点的这端为正极；如图 1.41(c)所示的二极管，其外壳上用色环做了标注的，就是二极管的负极端；若二极管引线是同向引出的，如图 1.41(d)所示的圆柱形金属壳形二极管，则靠近外壳突出标记的引脚为正极；如图 1.41(e)所示的塑封二极管，面对其正面，则左边引脚为正极。

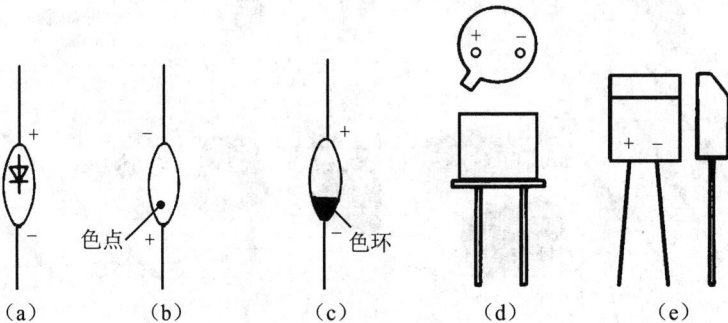

图 1.41　二极管的引脚极性

2. 万用表检测判断二极管的极性

准确判断二极管极性的方法是：使用万用表来检测判断二极管的极性。检测原理是根据二极管的单向导电性（正向电阻小，反向电阻大）的特点来进行的。

测量时，选用指针式万用表的 R×100 或 R×1k 挡进行测量。R×1 挡的电流太大，容易烧坏二极管，R×10k 挡的内电源电压太大，易击穿二极管。

注意：指针式万用表内电源的正极与万用表的"－"插孔连通，内电源的负极与万用表的"＋"插孔连通。

万用表检测二极管的具体操作方法是：将万用表的两表棒分别接在二极管的两个电极上，读出测量的阻值；然后将表棒对换，再测量一次，记下第二次阻值。根据测量电阻小的那次的表棒接法（称之为正向连接），判断出与黑表棒连接的是二极管的正极，与红表棒连接的是二极管的负极。

技能技巧 12　二极管的性能检测

二极管的性能可分为性能良好、击穿、断线、性能欠佳四种情况，只有在性能良好的状态下，二极管才可以正常使用；其他三种状况下，二极管均不能使用。

二极管性能好坏一般是通过万用表的检测来进行的。

具体操作方法：使用万用表测量二极管的正、反向电阻时，若二极管的正、反向电阻值相差很大（数百倍以上），则说明该二极管性能良好；若两次测量的阻值都很小，则说明二极管已经被击穿；若两次测量的阻值都很大（→∞），则说明二极管内部已经断路；若两次测量的阻值相差不大，则说明二极管性能欠佳。在二极管击穿、短路或性能欠佳时就不能使用了。

注意：由于二极管的伏安特性是非线性的，因此使用万用表的不同电阻挡测量二极管的直流电阻会得出不同的电阻值；电阻的挡位越高，测出二极管的电阻越大。实际使用时，流过二极管的电流会较大，因而二极管呈现的电阻值会更小些。

技能技巧 13　特殊类型的二极管及其检测

1. 稳压二极管

稳压二极管又称硅稳压二极管，简称稳压管。稳压二极管工作在反向击穿区，具有稳定电压的作用，即通过稳压管的电流变化很大时（$I_{Zmin} \sim I_{Zmax}$），稳压管两端的电压变化很小（ΔU_z）。常用于电源电路中作稳压或其他电路中作基准电压。稳压二极管的外形结构、电路符号及伏安特性曲线如图 1.42 所示。

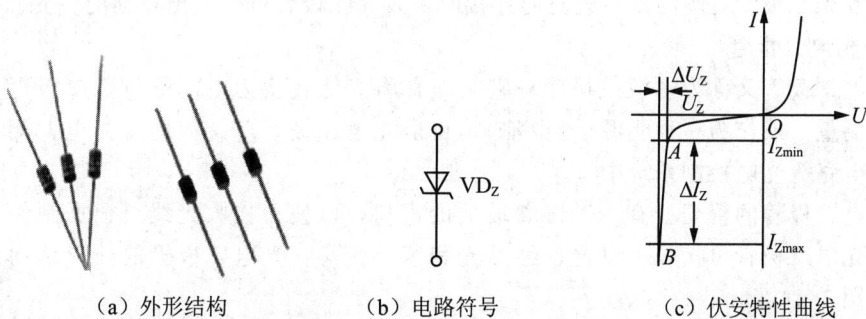

（a）外形结构　　　　　（b）电路符号　　　　　（c）伏安特性曲线

图 1.42　稳压二极管的外形结构、电路符号和伏安特性曲线

对稳压二极管的检测主要包括：稳压二极管的判定及稳压二极管性能的好坏。

稳压二极管判定的测量。先使用指针式万用表的 R×1k 挡测量稳压二极管的正、反向电阻，这时测得其反向电阻是很大的；此时，将万用表转换到 R×10k 挡，如果出现反向电阻值减小很多的情况，则该二极管为稳压二极管；如果反向电阻基本不变，说明该二极管是普通二极管，而不是稳压二极管。

稳压管性能好坏的测量。其操作判定方法与普通二极管相同。

注意：稳压二极管在电路中应用时，必须串联限流电阻，避免稳压二极管进入击穿区后，电流超过其最大稳定电流 I_{Zmax} 而被烧毁。

2. 发光二极管

发光二极管简称 LED，是一种将电能转换成光能的特殊二极管，是一种新型的冷光源，常用于电子设备的电平指示、模拟显示及照明等场合。

发光二极管的外壳是透明的,外壳的颜色表示了它的发光颜色。目前发光二极管可以发出红、橙、黄、绿4种可见光。发光二极管的外形结构及电路符号如图1.43所示。

（a）外形结构　　　　　　　　　　（b）电路符号

图 1.43　发光二极管外形结构及电路符号

发光二极管工作在正向区域,其正向导通(开启)工作电压高于普通二极管。不同颜色的发光二极管其开启电压不同,如:红色发光二极管的导通电压为 $1.6\sim1.8V$,黄色发光二极管的导通电压为 $2.0\sim2.2V$,绿色发光二极管的导通电压为 $2.2\sim2.4V$。外加正向电压越大,LED发光越亮,但使用中应注意,外加正向电压不能使发光二极管超过其最大工作电流(串联限流电阻来保证),以免烧坏管子。

发光二极管的检测方法:由于发光二极管也具有单向导电性,其正、反向电阻均比普通二极管大得多,因而测量时要使用万用表的 R×10k 挡检测。在测量发光二极管的正向电阻时,可以看到该二极管有微微的发光现象。若将一个 1.5V 的电池串联在万用表和发光二极管之间测量,则正向连接时,发光二极管就会发出较强的亮光。

3. 光电二极管

光电二极管又称为光敏二极管,它是一种将光能转换为电能的特殊二极管,可用于光的测量,或作为一种能源(光电池)。目前光电二极管广泛应用于光电检测、遥控盒报警电路等光电控制系统中。

光电二极管的管壳上有一个嵌着玻璃的窗口,以便于接收光线。根据制作材料的不同,光电二极管可接收可见光、红外光和紫外光等。光电二极管的外形结构和电路符号如图1.44所示。

（a）外形结构　　　　　　　　　　（b）电路符号

图 1.44　光电二极管的外形结构和电路符号

光电二极管工作在反向工作区。无光照时,光电二极管与普通二极管一样,反向电流很小(一般小于 $0.1\mu A$),反向电阻很大(几十兆欧以上);有光照时,反向电流明显增加,反向电阻明显下降(几千欧至几十千欧)。即反向电流(称为光电流)与光照成正比。

光电二极管的检测方法与普通二极管基本相同。不同之处是:在有光照和无光照两种情况下,其反向电阻相差很大;若测量结果相差不大,则说明该光电二极管已损坏或该二极管不是光电二极管。

知识点 1.6.3　桥堆的概念

1. 桥堆的概念

桥堆是由 4 只二极管构成的桥式电路。桥堆对外有 4 个引脚，标有"～"符号的两根引脚是接在交流输入电压端的，这两个引脚可以互换使用；另两个引脚标有"＋""－"符号，是用于接输出负载的，其中"＋"极端是输出直流电压的高电位端，"－"极端是输出直流电压的低电位端，这两个引脚是不能互换使用的。

桥堆主要在电源电路中作整流用。通常整流电流越大，桥堆的体积越大。常见的桥堆外形结构如图 1.45 所示。

图 1.45　桥堆的外形结构　　　　　图 1.46　桥堆的内部电路符号

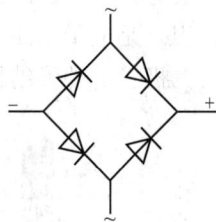

桥堆的内部电路连接如图 1.46 所示。

2. 半桥堆的概念

半桥堆由 2 只二极管串联构成，对外有 3 个引脚，两个半桥堆可连接构成一个桥堆。半桥堆的内部有两种连接方式，如图 1.47 所示。

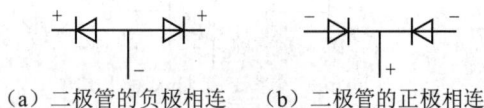

（a）二极管的负极相连　　（b）二极管的正极相连

图 1.47　半桥堆的连接图

技能技巧 14　桥堆的检测

1. 桥堆或半桥堆的故障现象

桥堆或半桥堆的常见故障有：开路故障和击穿故障。

(1)开路故障。当桥堆或半桥堆的内部有 1 只或 2 只二极管开路时，整流输出的直流电压明显降低的故障。

(2)击穿故障。若桥堆或半桥堆中有 1 只二极管被击穿，则会造成交流回路中的保险管烧断、电源发烫甚至烧坏的故障。

2. 桥堆的检测

桥堆的检测，主要是检测、判断其性能好坏。检测原理是：使用万用表测量桥堆或半桥堆中每一个二极管的正、反向电阻，由此判断桥堆的好坏。

检测方法为：将万用表的两个表棒分别接在桥堆或半桥堆相邻两个引脚间的二极管上，测量其正、反向电阻。对于桥堆有 4 对相邻的引脚，即要测量 4 次正、反向电阻；对于半桥堆：有 2 对相邻的引脚，即要测量 2 次正、反向电阻。在上述测量中，若有一次或一次以上出现二极管的正、反向电阻阻值为无穷大的情况，则说明桥堆或半桥堆出现断路故障；若有一次或一次以上出现二极管的正、反向电阻阻值趋于零的情况，则说明桥堆或半桥堆出现击穿故障。若出现断路或击穿现象时，则该桥堆或半桥堆已损坏。

知识点 1.6.4　晶体三极管的概念

晶体三极管(简称三极管)由两个 PN 结(发射结和集电结)、三根电极引线(基极、发射极和集电极)以及外壳封装构成的。三极管除具有放大作用外，还能起电子开关、控制等作用，是电子电路与电子设备中广泛使用的基本元件。

常用三极管的外形结构和电路符号如图 1.48 所示。

(a)三极管的外形结构

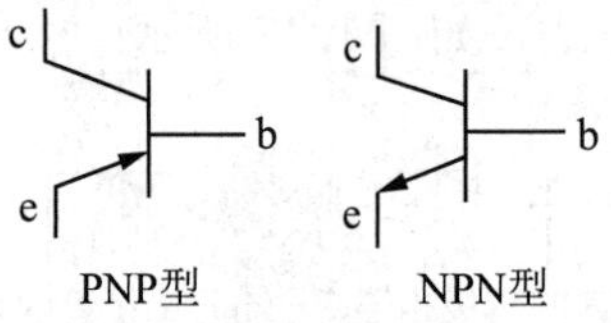

PNP型　　NPN型

(b)三极管的电路符号

图 1.48　常用三极管的外形结构和电路符号

三极管的类型很多，常用的分类方式如下。

(1)按制作材料可分为：硅三极管、锗三极管。

(2)按组成结构可分为：NPN 型三极管、PNP 型三极管。

(3)按工作频率可分为：高频管、低频管。

(4)按功率可分为：大功率三极管、中功率三极管和小功率三极管。通常装有散热片的三极管或金属外壳的三极管是中功率或大功率的三极管。

(5)按封装形式可分为：金属封装的三极管、塑料封装三极管。

(6)按用途可分为：放大管、开关管、检波管等。

技能技巧 15   三极管引脚的极性判别

三极管引脚的极性判别通常有两种方法：外观判别法和万用表检测法。

1. 外观判别三极管的引脚极性

(1)金属封装三极管的引脚判断。

如图 1.49 所示为金属封装三极管的外形结构，其特点是，散热快，有小功率管也有大功率管。

小功率三极管   大功率三极管

图 1.49   金属封装三极管

金属封装三极管有圆柱形外壳(多为小功率管)及异性结构(多为大功率管)两种情况。

若金属封装三极管为纯圆柱形外壳时，其 B、C、E 三个引脚呈等腰三角形排列，如图 1.50(a)所示。三极管引脚判别时，将引脚面对读者，三角形的顶脚为基极 B，基极 B 左边的引脚为发射极 E，另一引脚为集电极 C。

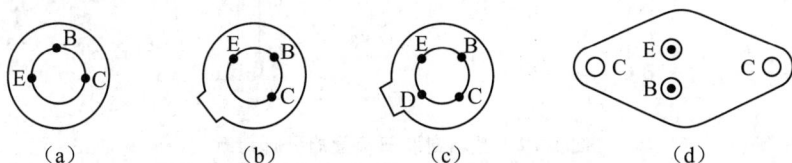

(a)   (b)   (c)   (d)

图 1.50   金属封装三极管的引脚判断

若金属封装三极管为圆柱形外壳、三个引脚，并有一个突出标记时，其 B、C、E 三个引脚呈等腰三角形排列，如图 1.50(b)所示。三极管引脚的判别有两种方式：第一种方式是将引脚面对读者，三角形的顶脚为基极 B，基极 B 左边的引脚为发射极 E，另一引脚为集电极 C；也可从外壳突出标记开始，顺时针的引脚分别为发射极 E、基极 B 和集电极 C。

若金属封装三极管为圆柱形外壳、四个引脚，并有一个突出标记时，如图 1.50(c)所示，其四个引脚分别为基极 B、发射极 E、集电极 C 和一个接地引脚 D。三极管引脚判别时，将引脚面对读者，D 处于三极管边沿凸出部分的位置，与三极管的外壳连接，从外壳突出标记开始，顺时针的引脚分别为发射极 E、基极 B 和集电极 C。

图 1.50(d)显示的是大功率三极管，它只有两个引脚(B、E)。判断其引脚的方法为：将管脚对着观察者，使两个引脚位于左侧，则上引脚为发射极 E、下引脚为基极 B，管壳为集电极 C。

(2)塑料封装三极管的引脚判断。

塑料封装三极管简称塑封管，其外形结构如图 1.51 所示。

（a）无散热片的塑封管　　　　（b）有金属散热片的塑封管

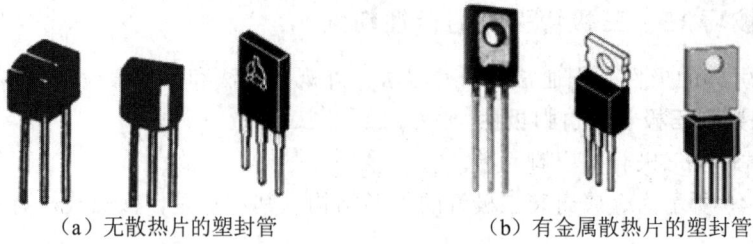

图 1.51　塑料封装三极管

塑封管的外形基本有两种：有金属散热片（为中功率或大功率管）和无散热片（小功率管），其引脚判断方法如下。

无散热片的塑封管，如图 1.52(a)所示的三极管，判断其引脚的方法为：将其管脚朝下，顶部切角对着观察者，则从左至右排列为：发射极 E、基极 B 和集电极 C。

有金属散热片的塑封管，如图 1.52(b)所示的三极管，判断其引脚的方法为：将管脚朝下，将印有型号的一面对着观察者，散热片的一面为背面，则从左至右排列为：基极 B、集电极 C、发射极 E。

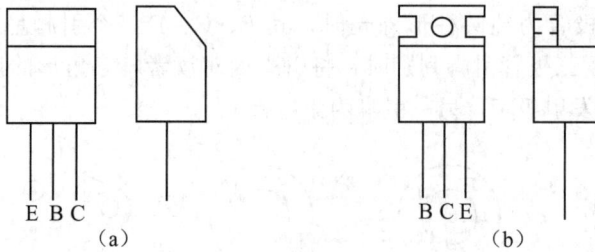

E B C　　　　　　B C E
（a）　　　　　　　（b）

图 1.52　塑料封装三极管的引脚判断

（3）其他封装三极管的引脚判断。

如图 1.53 所示是几种微型三极管的外形图。图 1.53(a)所示的三极管，在判断引脚时，将球面对着观察者，引脚放置于中、下部，其引脚排列的规律如图 1.53(a)所示。

如图 1.53(b)所示的三极管，在判断引脚时，将球面对着观察者，引脚朝下，则从左到右依次为：基极 B、集电极 C、发射极 E。

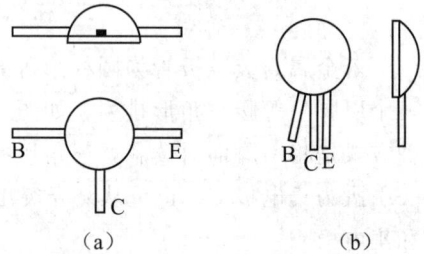

B　　E　　　　B C E
　C
（a）　　　　　（b）

图 1.53　其他封装三极管的引脚判断

2. 万用表检测三极管的引脚极性与管型

用指针式万用表检测三极管的引脚极性与管型时，选用指针式万用表的 R×100 或 R×1k 电阻挡。

检测步骤：先找出三极管的基极 B 并判断三极管的管型，然后区分集电极 C 和发射极 E。

（1）基极 B 及三极管管型的判断。

测量时，先假定一个基极引脚，将红表棒接在假定的基极上，黑表棒分别依次接到其余两个电极上，测出的电阻值都很大（或都很小）；然后将表棒对换，即黑表棒接在假定的基极上，红表棒分别依次接到其余两个电极上，测出的电阻值都很小(或都很大)。若满足这个条件，则说明假定的基极是正确的，而且该三极管为 NPN 型管(或 PNP 型管)。如果得不到上述结果，那假定就是错误的，必须换一个电极为假定的基极进行重新测试，直到满足条件为止。

(2)集电极 C 和发射极 E 的区分。

在测试完三极管的基极和管型后，可根据图 1.54 测试区分集电极 C 和发射极 E。若三极管为 NPN 型管，测试电路如图 1.54(a)所示。在步骤(1)中，已经确定基极 B。因而对另两个电极，一个假设为集电极 C，另一个假设为发射极 E；在 C、B 之间接上人体电阻(即用手捏紧 C、B 两电极，但不能将 C、B 两电极短接)代替电阻 R_B，并将黑表棒(对应万用表内电源的正极)接 C 极，红表棒(对应万用表内电源的负极)接 E 极，测量出 C、E 之间的等效电阻，记录下来；然后按前一次对 C、E 相反的假设，再测量一次。比较两次测量结果，以电阻小的那一次为假设正确(因为 C、E 之间的电阻小，说明三极管的放大倍数大，假设就正确)。

若三极管为 PNP 型管，测试电路如图 1.54(b)所示。测量时，只需将红表棒接 C 极，黑表棒接 E 极即可。

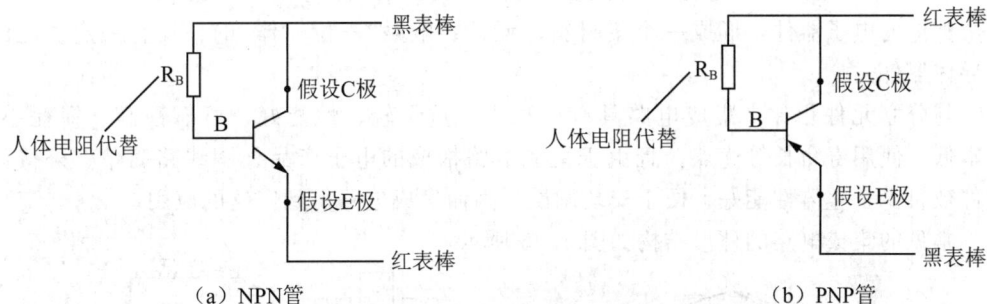

(a) NPN管　　　　　　　　　　　　　　　　(b) PNP管

图 1.54　区分三极管集电极 C 和发射极 E 的测试电路

技能技巧 16　晶体三极管性能的检测

晶体三极管性能的检测主要是指对三极管穿透电流 I_{CEO} 的测试及晶体三极管好坏的检测与判断。

1. 三极管穿透电流 I_{CEO} 的测试

穿透电流 I_{CEO} 是一个反映三极管温度特性的重要参数，I_{CEO} 大，或 I_{CEO} 随温度的变化而变化明显，说明三极管的热稳定性差。

I_{CEO} 的检测方法：对于 NPN 型管来说，将黑表棒接 C 极，红表棒接 E 极，测量 C、E 之间的电阻值。一般来说，锗管 C、E 之间的电阻为几千欧至几十千欧，硅管为几十千欧至几百千欧。

如果测试 C、E 之间的电阻值太小，说明 I_{CEO} 太大；如果电阻值接近零，表明三极管已经被击穿；如果电阻值无穷大，表明三极管内部开路。再用手捏紧管壳，利用体温给三极管加温，若电阻明显减小，即 I_{CEO} 明显增加，说明管子的热稳定性差，受温度影响大，则该三极管不能使用。

对于 PNP 型管来说，只需将红表棒接 C 极，黑表棒接 E 极测量即可。

2. 三极管好坏的检测与判断

检测方法为：用万用表的 R×100 或 R×1k 电阻挡测量三极管两个 PN 结的正、反向电阻的大小，根据测量结果，判断三极管的好坏。

(1)若测得三极管 PN 结的正、反向电阻都是无穷大，则说明三极管内部出现断路现象。

(2)若测得三极管的任意一个 PN 结的正、反向电阻都很小，则说明三极管有击穿现象，该三极管不能使用。

(3)若测得三极管任意一个 PN 结的正、反向电阻相差不大，则说明该三极管的性能变差，已不能使用。

▶ 任务七　集成电路的识别及其检测

知识点 1.7.1　集成电路的分类及封装形式

集成电路简称 IC(Integrated Circuit)，它是将半导体分立器件(二极管、三极管及场效应管等)、电阻、小电容以及电路的连接导线都集成在一块半导体硅片上，封装成一个整体的电子器件，形成一个集材料、元件、电路"三位一体"的、具有一定功能的半导体器件。

与分立元件相比，集成电路具有体积小、重量轻、性能好、可靠性高、损耗小、成本低、使用寿命长等优点，且由于集成电路构成的电子产品外围线路简单、外接元器件数目少、整体性能好、便于安装调试，因而集成电路得到广泛的应用。

常见的集成电路的外形结构如图 1.55 所示。

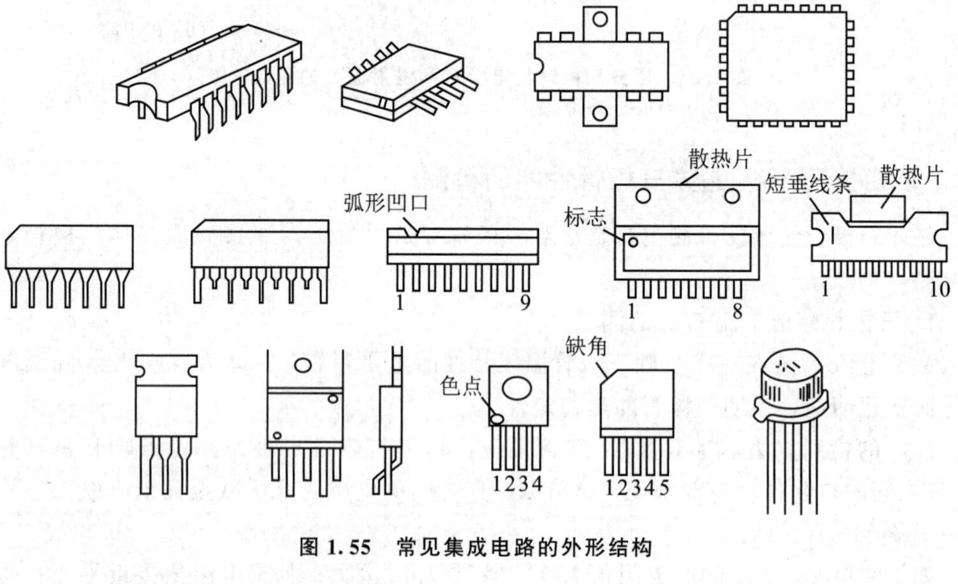

图 1.55　常见集成电路的外形结构

1. 集成电路的分类

(1)按处理信号的特征可分为：模拟集成电路、数字集成电路。

(2)按集成度可分为：小规模集成电路 SSIC(集成度为 100 个元件以内或 10 个门电

路以内)、中规模集成电路 MSIC(集成度为 100～999 个元件或 10～99 个门电路)、大规模集成电路 LSIC(集成度为 1000～99999 个元件或 100～9999 个门电路以上)、超大规模集成电路 VLSIC(集成度为 10 万个元件以上或 1 万个门电路以上)。

(3)按集成电路的封装形式可分为:圆形金属封装集成电路、单列直插式封装集成电路、双列直插式封装集成电路、四列扁平式封装集成电路等。

(4)按有源器件类型可分为:双极型集成电路、MOS 型集成电路、双极型-MOS 型集成电路。

2. 集成电路的封装技术

集成电路的封装,就是把硅片上的电路管脚,用导线接引到外部接头处,以便与其他器件连接。封装的作用是:固定、密封、安放、保护芯片及增强电热性能等,而且还通过芯片上的接点,将芯片内部电路与外部电路连接起来。

集成电路芯片的封装技术包括:DIP、QFP 和 PFP、PGA、BGA、CSP 到 MCM 等,封装技术越来越先进,芯片封装适用频率越来越高,耐温性能越来越好,引脚数越来越多,引脚间距越来越小,质量越来越轻,可靠性越来越高等。

(1)DIP 双列直插形式封装。

这种封装主要是小规模的集成电路采用的封装形式,其引脚数一般低于 100 个。DIP 封装技术的形式主要有:单层陶瓷双列直插式 DIP、多层陶瓷双列直插式等,如图 1.56 所示。

图 1.56　DIP 双列直插形式封装

DIP 是最普及的插装型封装,主要适用于 PCB(印制电路板)的穿孔焊接。

DIP 封装的主要特点为:易于布线,操作简便。

(2)QFP/PFP(四方扁平式封装/塑料扁平式封装)。

该封装方式主要是大规模或超大型集成电路采用的封装形式,其引脚数一般在 100 个以上。QFP 封装的形状通常是正方形,而 PFP 的形状随意,如图 1.57 所示,主要适合用 SMT 表面安装技术在 PCB 电路板上进行布线安装。

图 1.57　四方扁平式封装

QFP/PFP 封装的主要特点是:可靠性高、操作方便,适合用于高频电路。

(3)PGA 插针网格阵列封装。

PGA 插针网格阵列封装形式是在芯片底面排列成方阵行的插针,这些插针就可以插入或焊接到电路板上对应的插座中,在安装的时候,将芯片直接插入专用的 PGA 插座即可,如图 1.58 所示。PGA 封装的芯片非

图 1.58　PGA 插针网格阵列封装

常适合于需要频繁插拔的应用场合，常用于微处理器的封装。

PGA 封装的主要特点是：安装操作简单，封装形式可靠性高；封装面积比值更小，适用于更高的频率。

(4)BGA 球栅阵列封装

BGA 球栅阵列封装形式是为了满足芯片的发展的需要而发展起来的一种新的封装方式。BGA 封装的芯片，其引脚数多，且它们之间的间距增大，组装中使用共面焊接。20 世纪 90 年代以来，随着芯片集成封装技术的进步，以及生产设备的不断提升，硅单芯片集成度有了很大程度的提升，引脚数急剧增加，功耗也随之增大，因此，对集成电路封装要求就更加严格。BGA 球栅阵列封装如图 1.59 所示。

图 1.59 BGA 球栅阵列封装

BGA 封装的主要特点是：体积更小、散热性能和电性能更好、信号在传输中延迟减小、使用频率高、芯片的可靠性高。

(5)CSP 芯片级封装。

CSP 是芯片级封装，它不是单独的某种封装形式，而是芯片面积与封装面积可以相比时的芯片级封装，其芯片封装外形尺寸进一步减小。CSP 芯片级封装今后将快速发展，将被大量应用于数字电视、移动通信、无线网络等领域。

CSP 封装的主要特点是：芯片组的引脚可以随着需求的不同不断增加，信号传输速度大大提高，芯片面积与封装面积之比超过 1∶1.14，已经相当接近 1∶1 的理想情况；信号的衰减减少，芯片的抗干扰、抗噪性也得到大幅提升。

技能技巧 17　集成电路引脚的分布规律及识别方法

集成电路的引脚较多，每个引脚的功能各不相同，最少的只有 3 个引脚，最多的可达 100 多个引脚。这些引脚都按一定的规律排列，如：圆形金属壳封装、双列直插式封装、塑料或陶瓷扁平式封装、塑料或陶瓷单列直插式封装、四列扁平式封装、四列直插式封装等引脚排列。每一个集成电路的引脚排列都有一定的分布规律，其第一引脚上通常会有一个标记。对于不同封装形式的集成电路，其引脚的排列方式不同，识别时，首先找出集成电路的定位标记，定位标记一般为管键、色点和定位孔等，然后识别引脚的排列。具体操作如下。

(1)圆形金属封装集成电路的引脚排列。将该集成电路的引脚朝上，从标记开始，顺时针方向依次读出引脚读数(即 1，2，3，…)，如图 1.60(a)所示。

(2)双列扁平陶瓷封装或双列直插式封装集成电路的引脚排列。找出该集成电路的标记，将有标记的这一面对着观察者，最靠近标记的引脚为 1 号引脚，然后从 1 脚开始，逆时针方向依次为引脚的顺序读数，如图 1.60(b)所示。

(3)单列直插式封装集成电路的引脚排列。找出该集成电路的标记，将集成电路的引脚朝下、标记朝左，则从标记开始，从左到右依次为引脚 1，2，3，…，如图 1.60(c)所示。

（4）四列扁平封装或四列直插式封装集成电路的引脚排列。找出该集成电路的标记，将集成电路的引脚朝下，最靠近标记的引脚为 1 号引脚，然后从 1 脚开始，逆时针方向依次为引脚的顺序读数，如图 1.60(d)所示。

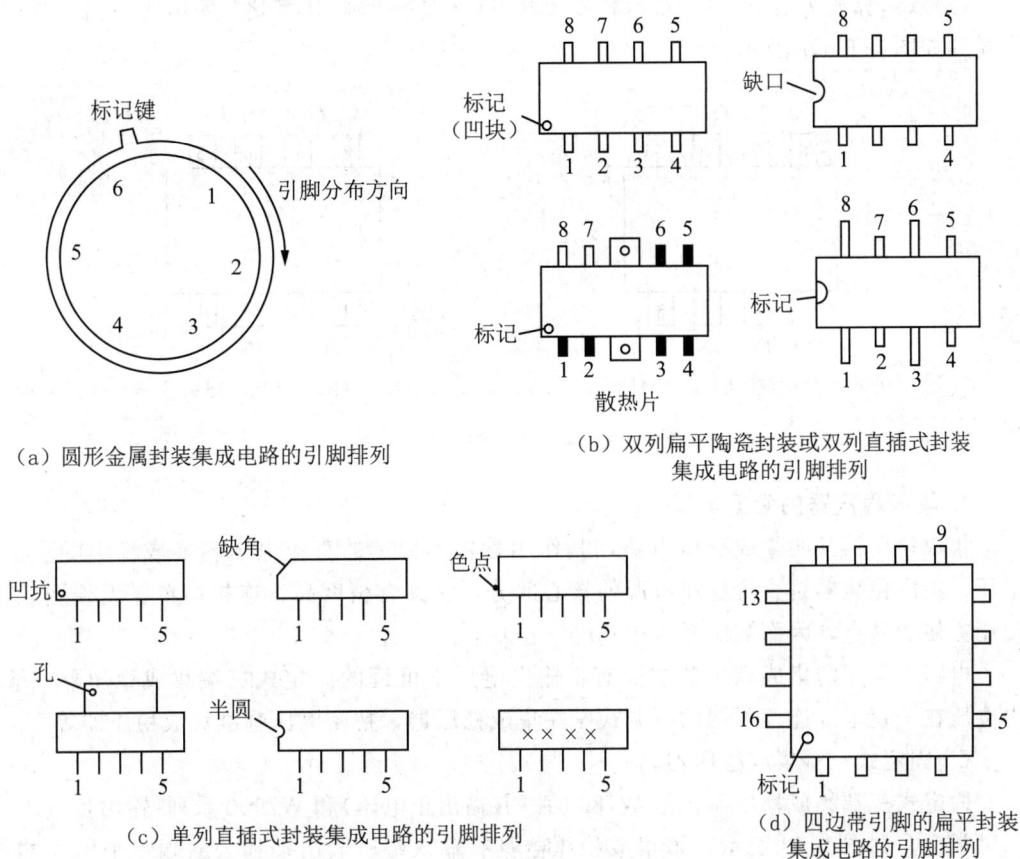

（a）圆形金属封装集成电路的引脚排列

（b）双列扁平陶瓷封装或双列直插式封装
集成电路的引脚排列

（c）单列直插式封装集成电路的引脚排列

（d）四边带引脚的扁平封装
集成电路的引脚排列

图 1.60　集成电路的引脚识别

知识点 1.7.2　常用模拟集成电路芯片介绍

模拟集成电路是产生、放大、处理、加工随时间连续变化的模拟电信号的集成电路。它具有工作频率范围较宽（从直流到高频电信号），电路信号较小（输出级除外），内部器件、结构复杂，电路功能强大等特点，是现代电子产品电路不可缺少的器件。常用的模拟集成电路有：集成运算放大器、集成稳压器、音响/电视电路、接口电路及非线性电路等。下面介绍一些常用集成电路的类型。

1. 集成运算放大器的常见类型

集成运算放大器（简称"运放"）是由许多电子元件组成的，具有高电压增益、高输入电阻、低输出电阻的直接耦合的模拟集成电路，具有很大开环增益和深度负反馈的直流放大器。集成运算放大器常用于电路运算、信号大小的比较、模拟信号转换为数字信号等场合，是自动控制电路中最常用的单元电路。

(1)通用型单运算放大器 F007(μA741)或 8FC7。单运算放大器 F007(μA741)是一个 8 引脚(端)的集成电路,其引脚排列如图 1.61(a)所示。8FC7 也是一个 8 引脚(端)的集成电路,其中 1、5、8 为空脚,其他引脚和 F007(μA741)相同。

(2)双运算放大器 F353。双运算放大器 F353 是一个 8 引脚(端)的集成电路,其引脚排列如图 1.61(b)所示。

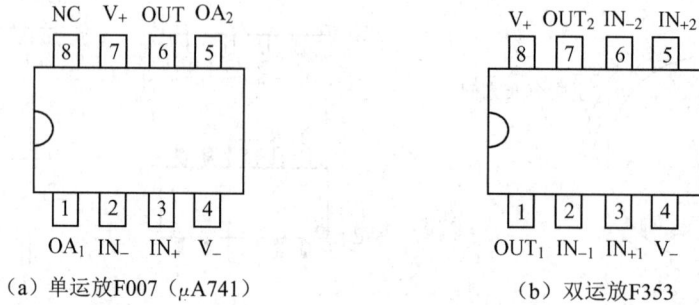

(a)单运放F007(μA741)　　　　　　　(b)双运放F353

图 1.61　集成运放的引脚排列图

2. 集成稳压器的常见类型

集成稳压器又叫集成稳压电路,其作用是将不稳定的直流电压转换成稳定的直流电压。集成稳压器是直流稳压电源的核心部分,它具有精度高、连接简单、无须调试、使用方便的特点,因而被广泛应用。

电路中常用的集成稳压器主要有:输出电压不可调的固定式三端集成稳压器,输出电压在一定范围连续可调的可调式三端集成稳压器,精密电压基准集成稳压器等。

(1)固定式三端集成稳压器。

固定式三端集成稳压器包括 W7800 系列(输出正电压)和 W7900 系列(输出负电压)两种类型,如图 1.62 所示。该集成稳压器具有输入端、输出端和公共端三个引脚端,在使用中,W7800 和 W7900 系列不须外接元件,且其内部设置了过流保护、芯片过热保护及调整管安全工作区保护电路,使用方便,安全可靠。

固定式三端集成稳压器芯片又分为 W78L00(W79L00)、W78M00(W79M00)和 W7800(W7900)三种,主要区别在于它们的输出电流的大小不同,如表 1.12 所示。W7800 系列的输入、输出电压性能特性如表 1.13 所示。

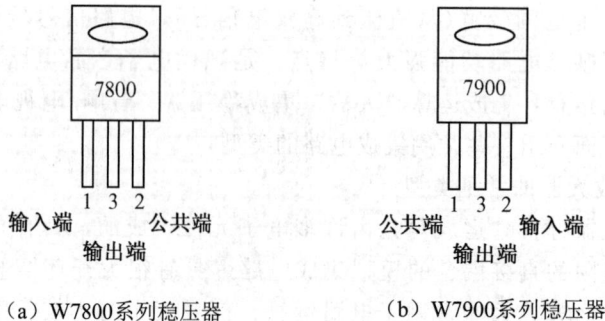

(a)W7800系列稳压器　　　　　　　(b)W7900系列稳压器

图 1.62　固定式三端集成稳压器引脚示意图

表 1.12　固定式三端集成稳压器不同类型的输出电流的区别

类型的型号	输出电流 I_o(A)
W78L00(W79L00)	0.1
W78M00(W79M00)	0.5
W7800(W7900)	1.5

表 1.13　W7800 系列的输入、输出电压性能

稳压器型号	输出电压(V)	输入电压(V)	最大输入电压(V)	最小输入电压(V)
W7805	5	10	35	7
W7806	6	11	35	8
W7809	9	14	35	11
W7812	12	19	35	14
W7815	15	23	35	18
W7818	18	26	35	21
W7824	24	33	40	27

(2)可调式三端集成稳压器。

可调式三端集成稳压器包括 W317(正电源)和 W337(负电源)两种类型,该集成稳压器具有输入端、输出端和调整端三个引脚端,如图 1.63 所示。W317(W337)稳压器为悬浮式结构,其内部设置了有关保护电路,工作安全可靠。W317/W337 稳压器的性能如表 1.14 所示。

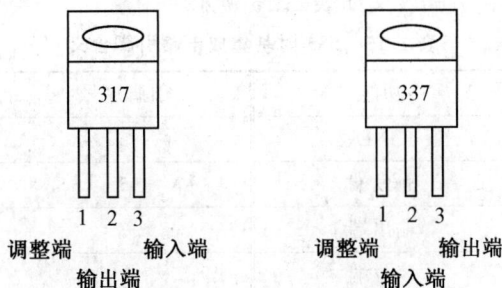

图 1.63　可调式三端集成稳压器

表 1.14　W317(W337)稳压器的性能

性能参数名称		性能指标
输出电压可调范围	W317	1.2～35 V
	W337	1.2～35 V
基准电压		1.25 V
输出电流		0.5～1.5 A

续表

性能参数名称	性能指标
最小负载电流	5mA
纹波抑制比	65dB
输出噪声	0.003%
输入与输出的最大电压差	40V

3.555 时基集成电路

555 时基集成电路是一种采用双极型工艺制造的单时基 8 引脚集成电路。该集成电路可组成脉冲发生器、方波发生器、定时电路、振荡电路和脉宽调制器等电路,用途广泛。555 时基集成电路的引脚排列如图 1.64 所示。

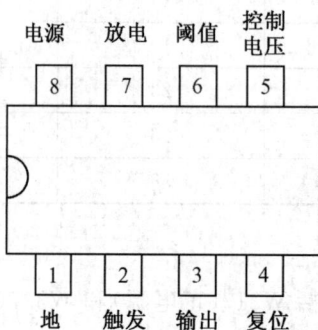

图 1.64　555 时基电路引脚排列图

(1)555 时基集成电路的引脚含义。

555 时基集成电路各引脚含义如表 1.15 所示。

表 1.15　555 时基集成电路引脚含义

引脚序号	功能	引脚序号	功能
1	GND	5	控制电压
2	触发端	6	阈值端
3	输出端	7	放电端
4	复位端	8	$+V_{CC}$

(2)555 时基集成电路的性能指标。

电源工作范围:$U_{CC}=5\sim18V$,可与数字电路、集成运放兼容。

最大输出电流:200mA。

最高工作频率:300kHz。

最大功率损耗:600mW。

知识点 1.7.3　常用数字集成电路芯片介绍

数字集成电路是处理、加工在时间和幅值上离散变化的数字信号的集成电路。由于常用的数字信号是用二值信息(即 0 和 1)来表示的，因而数字集成电路具有电路结构及电路状态简单、电路抗干扰能力强、工作可靠性高、功耗低、成本低、通用性强、保密性好等特点。

数字集成电路有多种形式，根据导电方式的不同，可分为双极性 TTL、DTL、HTL 等集成电路和单极性 CMOS、JFET 等集成电路；根据用途可分为：加法器、编/译码器、存储器电路、微处理器电路等。下面介绍部分最常用的 TTL 系列和 CMOS 系列数字集成电路的芯片类型和用途。

1. TTL 系列数字集成电路的介绍

TTL 电路是一种由"双极型晶体管-晶体管"组成的数字集成门电路，是电流控制器件。它具有结构简单、开关速度快、带负载能力强、抗干扰能力强、功耗适中的特点。TTL 电路为正逻辑系统，其高电平("1")一般为 3.6V、低电平("0")一般为 0.2～0.35V。

TTL 门电路有 54 系列和 74 系列两种，54 系列的工作温度范围为 -55℃～+125℃，74 系列的工作温度范围为 0℃～+70℃。TTL 系列门电路的型号含义如表 1.16 所示。

表 1.16　TTL 系列门电路的型号含义

TTL 门电路的系列名称	TTL 系列门电路的型号含义
54/74××	早期的标准系列，工作频率达 20MHz
54/74H××	高速系列，54/74 系列的改进型，其静态功耗大
54/74L××	低功耗系列
54/74S××	超高速肖特基系列(抗饱和型)，速度较快，但品种较少
54/74LS××	低功耗、肖特基系列，工作频率达 50MHz，速度快(4ns 左右)，功耗低(1mW 左右)
54/74AS××	先进的超高速肖特基系列，速度更快(1.5ns 左右)
54/74ALS××	先进的低功耗肖特基系列
54/74HC××	高速系列，其速度与 TTL 或 LSTTL 门电路相当，其功耗低、工作电压范围大
54/74HCT××	与 TTL 兼容的高速系列

2. CMOS 系列数字集成电路的型号含义

CMOS 系列数字集成电路是互补对称场效应管集成电路，是电压控制器件。它具有输入阻抗大(>100MΩ)、功率损耗低(25～100μW)、抗干扰能力强、扇出能力强、电源电压范围宽(3～18V)、品种多、成本低等优点。

常用的 CMOS 系列集成电路有 4000 系列、4500 系列。

3. 常用的 TTL 系列和 CMOS 系列数字集成电路的对比使用

TTL 电路的速度快，传输延迟时间短(5～10ns)，但是功耗大；CMOS 电路的速度慢，传输延迟时间长(25～50ns)，但功耗低。CMOS 电路本身的功耗与输入信号的脉冲频率有关，频率越高，功耗越大，工作时芯片会越热，这是正常现象。

目前，数字集成电路使用较多的 TTL 系列和 CMOS 系列可以对比起来使用。

（1）门电路。

常用的门电路类型如表 1.17 所示。

表 1.17　常用的门电路类型

系列名称对照		门电路类型
74 系列 TTL 集成电路	CMOS4000 系列集成电路（CC、CD 或 TC 系列）	
LS00	4011	2 输入端 4 与非门
LS02	4001	2 输入端 4 或非门
LS04	4069	6 反相器
LS08	4081	2 输入端 4 与门
LS32	4071	2 输入端 4 或门
LS86	4070	2 输入端 4 异或门

（2）组合集成电路。

常用的组合集成电路类型如表 1.18 所示。

表 1.18　常用的组合集成电路类型

集成电路的型号代码	组合集成电路名称（用途）
74LS138	3 线-8 线译码器（多路分配器）
74LS151	8 选 1 数据选择器（多路转换器）
74LS153	双 4 线-1 线数据选择器（多路转换器）
74LS147	10 线-4 线数据选择器（多路转换器）
74LS90	异步二-五-十进制计数器
74LS163	8 位串入/并出移位寄存器
74LS192	同步十进制双时钟可逆计数器
74LS194	4 位双向移位寄存器
74LS161	4 位二进制同步计数器
74LS183	双全加器
74LS47、74LS48	4 线-七段译码器/驱动器

技能技巧 18　集成电路的检测和拆卸方法

1. 集成电路的检测方法

常用的集成电路芯片检测方法有：电阻检测法、电压检测法、波形检测法和替代法。其中电阻检测法是一种断电检测的方法，电压检测法和波形检测法属于通电检测法。

（1）电阻检测法。

使用万用表测量集成电路芯片各引脚对接地引脚的正、反向电阻，并与参考资料或与另一块同类型的、好的集成电路比较，从而判断该集成电路的好坏。这是集成电路芯片未接入外围电路时常用的一种检测方法。直流电阻比较法可以对不同机型、不同结构的集成电路进行检测。

(2)电压检测法。

当集成电路芯片接入外围电路并通电时，可采用电压检测法测试集成电路芯片的好坏。具体操作方法是：使用万用表的直流电压挡，测量集成电路芯片各引脚对地的电压，将测出的结果与该集成电路芯片参考资料所提供的标准电压值进行比较，从而判断是该集成电路芯片有问题，还是集成电路芯片的外围电路有问题。电压检测法是检测集成电路的常用方法。

(3)波形检测法。

集成电路芯片通电后，从集成电路的输入端输入一个标准信号，再用示波器检测集成电路输出端的输出信号是否正常，若有输入而无输出，一般可判断为该集成电路损坏。

(4)替代法。

替代法是指用一块好的、同类型的集成电路芯片替代可能出现问题的集成电路芯片，然后进行通电测试的方法。该方法的特点是：直接、见效快；但拆焊麻烦，且易损坏集成电路和印制电路板。

若集成电路芯片采用先安装集成电路插座、再插入集成电路的安装方式时，替代法就成为最简便而快速的检测方法了。

在集成电路实际检测中，可以将各种集成电路的检测方法结合起来，灵活运用。

2. 集成电路的拆卸方法

集成电路安装时，常采用直接焊接在电路板上，或先安装集成电路插座、再插入集成电路的安装方式。在电路检修时，后一种安装方式可使用集成电路起拔器拆卸集成电路芯片；而直接焊接在电路板上的集成电路拆卸起来很困难，若拆卸不好还会损坏集成电路及印制电路板。

下面介绍几种拆卸直接焊接在电路板上的集成电路的方法。

(1)吸锡器吸锡拆卸法。

使用吸锡器吸锡拆卸集成电路是一种常用的专业方法，使用的工具为吸、焊两用电烙铁。拆卸集成电路时，只要将加热的两用烙铁头放在被拆卸集成电路引脚的焊点上，待焊点熔化后锡便会被吸入吸锡器内，待全部引脚上的焊锡吸完后，集成电路便可方便地从印制电路板上取下。

(2)医用空心针头拆卸法。

使用医用8~12号空心针头，针头的内径正好能套住集成块引脚为宜。操作时，一边用电烙铁熔化集成电路引脚上的焊点，一边用空心针头套住引脚旋转，等焊锡凝固后拔出针头，这样引脚便会和印制电路板完全分开。待各引脚按上述办法与印制电路板脱开后，集成电路便可轻易拆下。

(3)多股铜线吸锡拆卸法。

取一段多股芯线，用钳子拉去塑料外皮。将裸露的多股铜丝截成70~100mm的线段备用，并将导线的两端头稍稍拧几转，均匀地平摊，使其平整且不会松散；然后用酒精松香溶液均匀地浸透裸露的多股铜丝并晒干。线上的松香不要过多，以免污染印

制电路板。

拆卸集成块时，将上述处理过的裸线压在集成块的焊脚上，并压上加热后的电烙铁(一般以 45～75W 为宜)。此时，焊脚处焊锡迅速熔化，并被裸线吸附。待集成电路引脚上的焊锡被裸线吸收干净，焊脚即与印制电路板分离，集成电路就可拆卸下来。

由于集成电路的引脚多且排列密集，在更换集成电路块时，一定要注意焊接质量和焊接时间，避免电烙铁烫坏集成电路。

知识点 1.7.4 集成电路的使用注意事项

(1)使用集成电路时，其各项电性能指标(电源电压、静态工作电流、功率损耗、环境温度等)应符合规定要求。集成电路的引脚位置不能插错。

(2)在电路的设计安装时，应使集成电路远离热源；对输出功率较大的集成电路应采取有效的散热措施。不能带电焊接或插拔集成电路。

(3)进行整机装配焊接时，一般最后对集成电路进行焊接；手工焊接时，一般使用 20～30W 的电烙铁，且焊接时间应尽量短(少于 10s)；避免由于焊接过程中的高温而损坏集成电路。

(4)正确处理好集成电路的空脚。不能擅自将空脚接地、接电源或悬空，悬空易造成误动作，破坏电路的逻辑关系，也可能感应静电造成集成电路击穿，因而应根据各集成电路使用的实际情况对集成电路的空脚进行处理(接地或接电源)。

CMOS 电路是电压控制器件，它的输入阻抗很大，对干扰信号的捕捉能力很强。所以，不用的管脚不要悬空，要接上拉电阻或者下拉电阻，给它一个恒定的电平。

TTL 是电流控制器件，悬空时输入端接高电平。

(5)MOS 集成电路使用时，应特别注意防止静电感应击穿。对 MOS 电路所用的测试仪器、工具以及连接 MOS 块的电路，都应进行良好的接地；存储时，必须将 MOS 电路装在金属盒内或用金属箔纸包装好，以防止外界电场对 MOS 电路产生静电感应将其击穿。

▶任务八 表面安装元器件

表面安装元器件(SMT 元器件)又称为贴片元器件，或称片状元器件，它是一种无引线或有极短引线的小型标准化的元器件。SMT 元器件的常用引脚形状如图 1.65 所示。

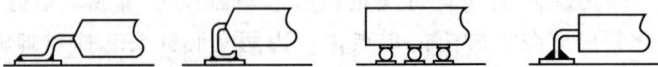

图 1.65 SMT 元器件的常用引脚形状示意图

目前，表面安装元器件主要用于计算机、移动通信设备、程控交换机、电子测量仪器、数码相机、彩色电视机、录像机、VCD、DVD、航空航天等电子产品中。目前，世界发达国家电子产品的贴片元器件 SMC 和 SMD 的使用率已达到 70% 以上，全球平均使用率也达到 40% 以上。

常用表面安装元器件的外形结构如图 1.66 所示。

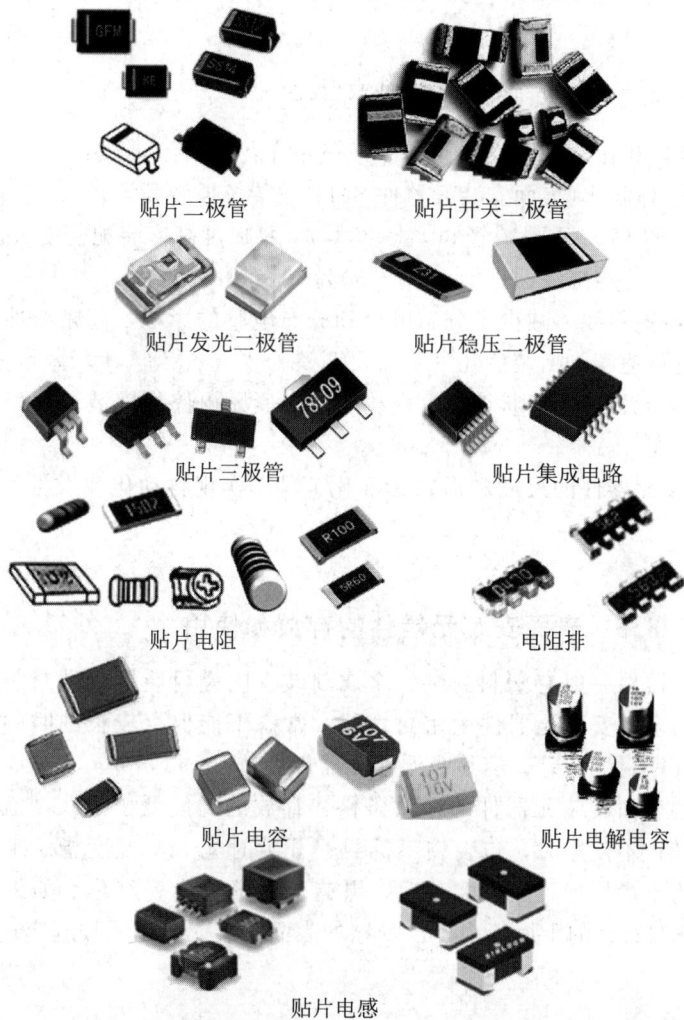

贴片二极管　　　　　　贴片开关二极管

贴片发光二极管　　　　贴片稳压二极管

贴片三极管　　　　　　贴片集成电路

贴片电阻　　　　　　　电阻排

贴片电容　　　　　　　贴片电解电容

贴片电感

图 1.66　部分常用表面安装元器件的外形结构

知识点 1.8.1　表面安装元器件的分类

表面安装元器件的主要分类方式有如下几种。

(1)按贴片元件的外形可分为：圆柱形、薄片矩形和扁平异形等。

(2)按元器件的品种可分为：片状电阻器、片状电容器、片状电感器、片状敏感元件、小型封装半导体器件和基片封装的集成电路等。

(3)按元件的性质可分为：表面安装元件 SMC(Surface Mount Component)也称为无源元件(包括电阻、电容、电感、滤波器、谐振器等)、表面安装器件 SMD(Surface Mount Device)也称为有源器件(包括半导体分立元件、晶体振荡器和集成电路等)、机电元件(包括开关、继电器、连接器和微电机等)几类。

(4)按使用环境可分为：非气密性封装器件和气密性封装器件。非气密性封装器件

对工作温度的要求一般为 0℃～70℃。气密性封装器件的工作温度范围可达到 −55℃～+125℃。气密性器件价格昂贵，一般使用在高可靠性产品中。

知识点 1.8.2　表面安装元器件的特点

与传统元器件相比，表面安装元器件具有的特点主要有以下几点。

(1)尺寸小、体积小(表面安装元器件 SMT 是传统插装元器件 THC 体积的 20%～30%)、重量轻(比 THC 重量减轻 60%～80%)、集成度高、装配密度大。

(2)成本低(仅为传统元器件的 30%～50%)。

(3)无引线或短引线，减少了分布电容和分布电感的影响，高频特性好，有利于提高使用频率和电路速度，贴装后几乎不需要调整。

(4)表面安装元器件的形状简单、结构牢固、紧贴电路板安装，因而其抗震性能很好、工作可靠性高。

(5)表面安装元器件的尺寸和形状标准化，易于实现自动化和大批量生产，生产成本低。

知识点 1.8.3　表面安装元器件的存放和使用

表面安装元器件一般有塑料封装、金属封装、陶瓷封装等几种封装形式。金属封装、陶瓷封装的表面安装元器件的密封性好，常态下能保存较长的时间。塑料封装的表面安装元器件密封性较差，容易吸湿使元器件失效。

塑料封装的表面安装元器件的存放条件：存放的温度低于 40℃、湿度小于 60%，注意防静电处理；不使用时，包装袋不拆封；开封时先观察湿度指示卡，当湿度标记为黑蓝色时，为干燥标记，湿度上升后，黑蓝色逐渐变为粉红色。如果拆封后不能用完，应存放在 RH20% 的干燥箱内，已受潮的表面安装元器件要按规定进行去潮烘干处理后才能使用。

▶任务九　LED 数码管及其检测

LED(Light Emitting Diode)数码管又称为数码显示器，是用于显示数字、字符的器件，广泛用作数字仪器仪表、数控装置、计算机等的数显器件。目前应用最多的是七段数码显示器。数码显示器有不同的发光颜色，如发出红、黄、蓝、绿、白或七彩等。

知识点 1.9.1　LED 数码管的结构及使用

LED 数码管(LED Segment Displays)是由 8 个发光二极管封装在一起，组成"8"字形的半导体器件，对外有 8 个引脚，包括 7 个数码引脚和 1 个小数点引脚。这些数码发光段分别用字母 a、b、c、d、e、f、g 来表示，小数点用字母 dp 表示。当数码管特定的段加上电压后，这些特定的数段就会发亮，可以显示 0～9 共 10 个不同的数码。

LED 数码管的外形结构和数码发光段的表示位置如图 1.67 所示。

（a）外形结构　　　　（b）数码发光段的表示位置

图 1.67　LED 数码管的外形结构和数码发光段的表示位置

如图 1.68(a)为 LED 七段数码管的引脚排列图，其中 1，2，4，6，7，9，10 七个引脚为数码管的 7 个不同的发光段，第 5 脚为小数点 dp 脚，第 3 脚和第 8 脚连通使用。

七段数码显示器有共阳极和共阴极两种方式。

当数码管的发光段(a，b，c，d，e，f，g，dp)的阳极连接在一起(公共阳极"⊕")且通过限流电阻 R 接到电路的高电位端(+V_{cc})，而其阴极端作为输入信号端，这种连接方式称为共阳极连接方式，如图 1.68(b)所示。若 a～dp 中某个阴极端接低电位时，相应的发光段就会发光。

当数码管的发光段(a，b，c，d，e，f，g，dp)的阴极连接在一起(公共阴极"⊖")，通过限流电阻 R 接到电路的低电位端(地端"⊥")，而其阳极端作为输入信号端，这种连接方式称为共阴极连接方式，如图 1.68(c)所示。若 a～dp 中某个阳极引脚接高电位时，相应的发光段就会发光。

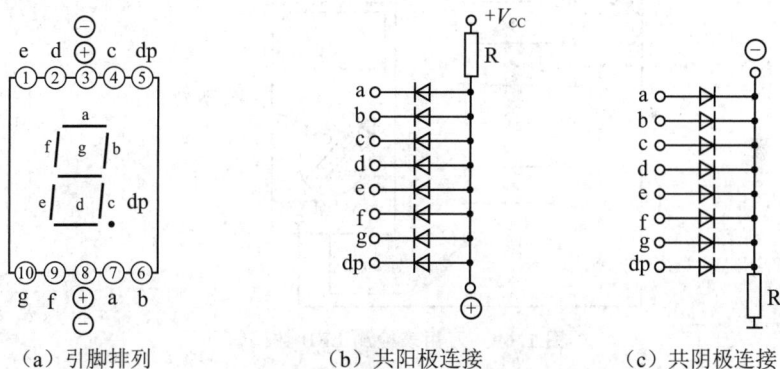

（a）引脚排列　　　　（b）共阳极连接　　　　（c）共阴极连接

图 1.68　LED 数码管的连接方式

知识点 1.9.2　LED 数码管的主要特点

LED 数码管是一种将电能转化为可见光和辐射能的发光器件，其主要特点如下。

(1)工作电压低、功耗小、耐冲击，但工作电流稍大(几毫安至几十毫安)，能与 CMOS、ITL 电路兼容。

(2)发光响应时间极短($<0.1\mu s$)，高频特性好，单色性好，亮度高，工作可靠。

(3)体积小，重量轻，耐振动，抗冲击，性能稳定可靠。

(4)成本低，使用寿命长(使用寿命在 10 万小时以上，甚至可达 100 万小时)。

技能技巧 19　LED 数码管的检测和故障检测

1. LED 数码显示器的检测

首先外观观察，LED 数码管外观必须是颜色均匀、无局部变色及无气泡等，如外表正常，再用数字万用表作进一步检测。

检测原理如下。

LED 数码管是由 8 个发光二极管段组合而成的，因而检测的原理是测试这 8 个发光二极管的好坏和发光程度，由此判断该数码管的好坏。

检测方法如下。

以共阴数码管为例，介绍用数字万用表检测 LED 数码管的方法。

测试时，将数字万用表置于二极管挡位，二极管的黑表棒与 LED 数码管的共阴极端 O 点相接，然后用红表棒依次去触碰数码管的其他各阳极引脚，如图 1.69 所示。正常时，红表棒触到哪个阳极引脚，则该引脚对应的发光段就会发光；若红表棒触动某个阳极引脚后，所对应的发光段不亮，则说明该发光段已经损坏，即该 LED 数码管已损坏。

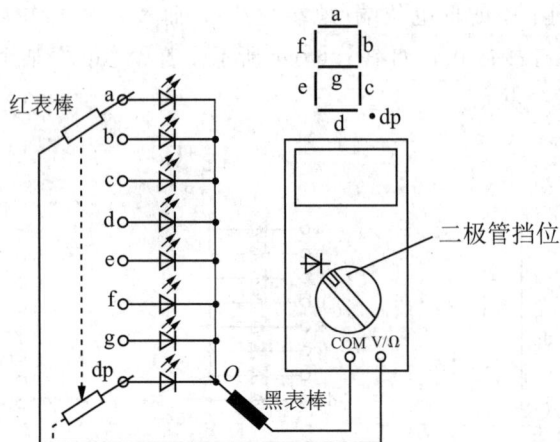

图 1.69　万用表检测 LED 数码管

2. LED 数码显示器的故障判断

(1)检测时，若数码管的发光段发光暗淡，说明器件已老化，发光效率太低。

(2)检测时，若数码管的发光显示光段残缺不全，说明数码管已局部损坏，数码管不能再使用了。

▶任务十　其他常用电子元器件的检测

电子产品中，常用的电子器件包括：开关、接插件、熔断器、电声器件。

知识点 1.10.1　开关件的分类及主要性能参数

在电子设备中，开关是起电路的接通、断开或转换作用的，它是组成电路不可缺少的一部分。如图 1.70 所示为部分常用开关的外形结构。

轻触按键开关　　　船型按键开关

钮子开关

编码拨动开关　　　拨动开关

继电器开关

图 1.70　部分常用开关的外形结构

1. 开关件的分类

开关的种类很多，常见的分类方式有以下几种。

(1)按控制方式可分为：机械开关(如按键开关、拉线开关等)、电磁开关(如继电器开关等)、电子开关(如二极管、三极管构成的开关等)。

机械开关是靠人工手动来控制的，其特点是：直接、方便、使用范围广，但开关速度慢，使用寿命短。电磁开关是靠电流来控制的，其特点是：用小电流可以控制大电流或高电压的自动转换，它常用在自动化控制设备和仪器中，起自动调节、自动操作、安全保护等作用。电子开关是靠电信号来控制的，其特点是体积小、开关转换速度快、易于控制、使用寿命长。

(2)按开关的控制方式可分为：拨动开关、按键开关、旋转开关、键盘开关、光控开关、声控开关、触摸开关等。

(3)按开关触点接触的方式可分为：有触点开关(如机械开关、电磁开关等)和无触点开关(如电子开关等)。

(4)按结构可分为：单刀单掷开关、多刀单掷开关、单刀数掷开关、多刀数掷开关等，如图 1.71 所示。机械开关的活动触点称为"极"，俗称"刀"；机械开关的静触点称为"位"，俗称"掷"。

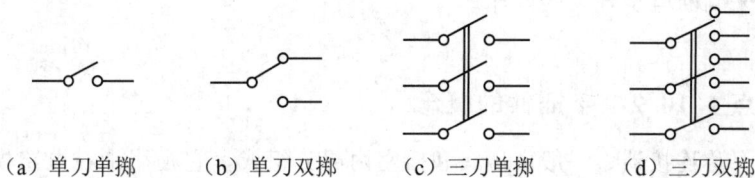

(a) 单刀单掷　　(b) 单刀双掷　　(c) 三刀单掷　　(d) 三刀双掷

图 1.71　开关的表示符号

2. 开关件的主要性能参数

(1)额定工作电压。开关的额定工作电压是指开关断开时，开关两端所承受的最大安全电压。若实际工作电压大于额定电压值，则开关会被击穿，开关因此而损坏。

(2)额定工作电流。开关的额定工作电流是指开关接通时，允许通过开关的最大工作电流。若实际工作电流大于额定电流值，则开关会因电流过大而被烧坏。

(3)接触电阻。开关的接触电阻是指开关闭合时，开关两端的电阻值。从理论上来说，开关的接触电阻应该为零。实际应用中认为，性能良好的开关，该电阻值应小于 0.02Ω。

(4)绝缘电阻。开关的绝缘电阻是指开关断开时，开关两端的电阻值。从理论上来说，开关的绝缘电阻应该为无穷大。实际应用中，具有 100MΩ 以上绝缘电阻的开关，就是性能良好的开关。

(5)开关的使用寿命。开关的使用寿命是指开关正常使用的工作次数。开关每闭合、断开一次，称为开关的一个工作次数。一般机械开关为 5000～10000 次，高质量的机械开关可达到 $5×10^4$～$5×10^5$ 次。

通常电子开关的使用寿命最长，电磁开关次之，机械开关的使用寿命最短。

技能技巧 20　开关件的检测

不同类型的开关，其检测方式不同。

(1)机械开关的检测。

使用万用表测量开关闭合时的接触电阻和开关断开时的绝缘电阻。若测得的接触电阻大于 0.5Ω，说明该开关接触不良；若测得的绝缘电阻小于几百千欧时，说明此开关存在漏电现象。开关出现接触不良现象时，开关连接点会出现"火烧红"现象；开关出现漏电现象时，开关会出现"打火"现象。开关出现漏电或接触不良现象时，就要及时更换开关，避免引起烧开关、火灾等严重后果。

(2)电磁开关(继电器)的检测。

使用万用表测量继电器的线圈电阻以及开关触点之间的接触电阻和绝缘电阻。继电器的线圈电阻一般在几十欧至几千欧，其绝缘电阻和接触电阻值与机械开关基本相同。将测量结果与标准值进行比较，即可判断出继电器的好坏。

(3)电子开关的检测。

电子开关是利用二极管的单向导电性或三极管在截止区及饱和区的工作特性来完成开关的功能。因而检测时，是通过使用万用表检测二极管的单向导电性和三极管的好坏，由此来判断电子开关的好坏。

知识点 1.10.2　接插件的概念

接插件又称连接器，一般由插头和插座两部分组成，它是用来在电路模块之间(如线路板与线路板之间、器件与电路板之间等)进行电气连接的元器件，是电子产品中用于电气连接的常用器件。

接插件有多种形式，其主要分类方式有如下几种。

(1)按结构形状来分，有矩形连接件、圆形连接件、异形连接件、IC连接件、印制电路板连接件、电缆接插件(排插)等。

(2)按使用频率分，有低频接插件、高频接插件等。低频接插件适合在100MHz以下的频率使用；高频接插件适合于100MHz以上的频率使用，常采用同轴电缆的结构，以避免信号的辐射和相互干扰。

(3)按用途来分，有电源接插件(或称电源插头、插座)、电视天线接插件、电话接插件、耳机接插件(或称耳机插头、插座)、电路板连接件等。

部分接插件的外形结构如图1.72所示。

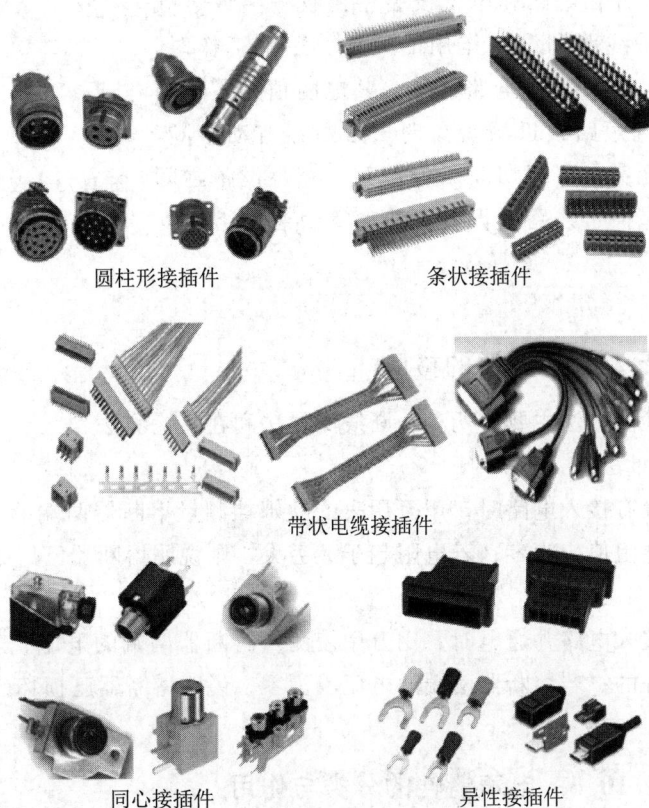

圆柱形接插件　　条状接插件

带状电缆接插件

同心接插件　　异性接插件

图1.72　部分接插件外形结构图

技能技巧21　接插件的检测

理想的接插件应该接触可靠，具有良好的导电性、足够的机械强度、适当的插拔力和很好的绝缘性，插接点的工作电压和额定电流应当符合标准，满足要求。

对接插件的检测，一般采用外表直观检查结合万用表测量检查的方式进行。通常的做法是：先进行外表直观检查，然后再用万用表进行检测。

(1)外表直观检查。

肉眼查看接插件是否有引脚相碰、引线断裂的现象；若外表检查无上述现象且需进一步检查时，再采用万用表进行测量。

(2)万用表的检测。

使用万用表测量接插件的有关电阻。其中，接插件的连通电阻值应小于 0.5Ω，否则认为接插件接触不良；接插件的断开电阻值应为无穷大。如果不符合连通电阻和断开电阻的要求，则说明接插件已损坏。

知识点 1.10.3 熔断器的作用

熔断器是一种在电路和电气设备中出现短路或过载现象时，起保护线路和设备作用的元件。正常工作时，熔断器相当于一根导线将电路连通，其电阻值为零；当电路或设备出现短路或过载现象时，熔断器自动熔断，其两端电阻为无穷大，即切断了电源和电路、设备之间的电气联系，保护了线路和设备。玻璃管封装的熔断器如图 1.73 所示。

图 1.73 玻璃管封装的熔断器

技能技巧 22 熔断器的检测

熔断器的检测方法主要有两种：断线测量法和在路检测法。

(1)断线测量法。

当熔断器没有接入电路时，用万用表的欧姆挡测量熔断器两端的电阻值。正常时，熔断器两端的电阻值应为零；若电阻趋于无穷大，则说明熔断器已熔断，不能再使用。

(2)在路检测法。

当熔断器接入电路并通电时，用万用表测量熔断器两端的电压。若测得电压为零，说明熔断器是好的；若熔断器两端的电压不为零，说明熔断器已损坏(已断开)。

知识点 1.10.4 电声器件的分类与作用

电声器件是指能够在电信号和声音信号之间相互转化的元件。常用的电声器件有：扬声器、耳机、传声器等。

1. 扬声器

扬声器俗称喇叭。其作用是：将模拟电信号转化为声音信号。扬声器的品种繁多，按工作频率可分为：低音扬声器、中音扬声器和高音扬声器等；按结构可分为：电动式(动圈式)扬声器、电磁式(舌簧式)扬声器、压电式(晶体或陶瓷)扬声器等；按形状可分为：圆形喇叭、椭圆形喇叭、圆筒形喇叭等。

常用扬声器的外形结构与电路符号如图 1.74 所示。

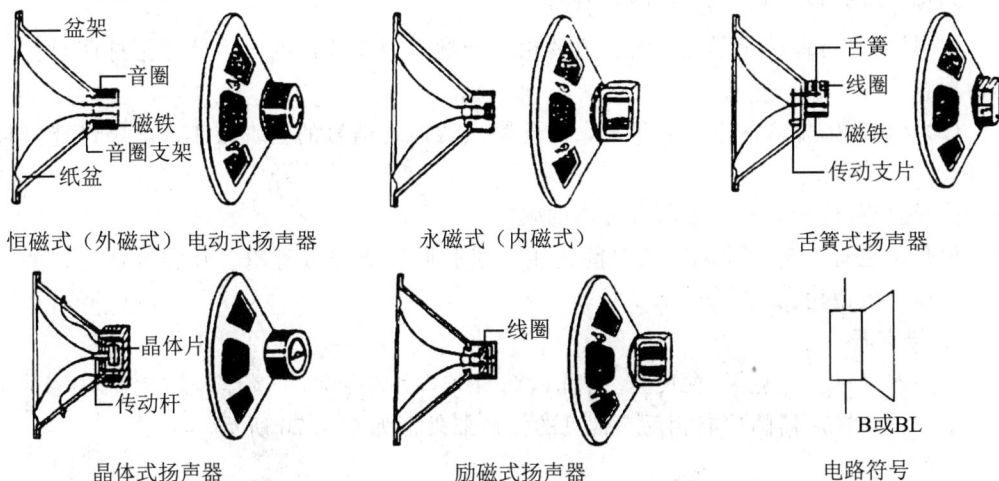

恒磁式（外磁式）电动式扬声器　　永磁式（内磁式）　　舌簧式扬声器

晶体式扬声器　　励磁式扬声器　　B或BL　电路符号

图 1.74　扬声器的外形结构与电路符号

扬声器的主要参数有标称阻抗、额定功率、频率特性等。

(1)标称阻抗。

扬声器是一个感性元件，其标称阻抗有 16Ω、8Ω、4Ω 等几种。注意：扬声器的直流电阻与其标称阻抗不同，扬声器的直流电阻总是小于其标称阻抗，直流电阻为标称阻抗的 $80\%\sim90\%$。

(2)额定功率。

扬声器的额定功率是指：在最大允许失真的条件下，允许输入扬声器的最大电功率。常用扬声器的额定功率有：0.1W、0.25W、1W、2W、3W、5W、8W、10W 等。

(3)频率特性。

扬声器对不同频率信号的稳定输出特性称为扬声器的频率响应特性，简称频率特性；通常用频率范围来表征其频率特性。高、中、低频扬声器的工作频率范围各不相同。

低频扬声器的工作频率范围为：$30Hz\sim3kHz$。

中频扬声器的工作频率范围为：$500Hz\sim5kHz$。

高频扬声器的工作频率范围为：$2kHz\sim15kHz$。

2. 耳机

耳机与扬声器一样，也是一种将模拟电信号转换为声音信号的小型电子器件。常见耳机外形如图 1.75 所示。

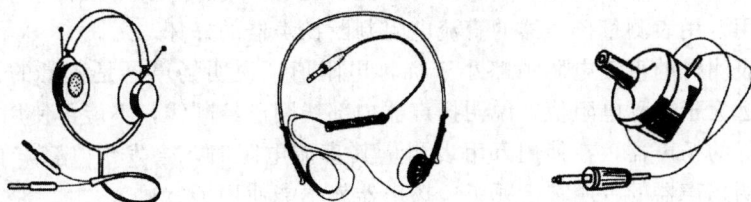

图 1.75　常见耳机外形

与扬声器相比，耳机有其独特的优点。

(1)最大限度地减小了左、右声道的相互干扰，因而耳机的电声性能指标明显优于扬声器。

(2)耳机所需输入的电信号很小，因此输出的声音信号的失真很小，电声性能指标较好。

(3)耳机的使用，不受场所、环境的限制。

但耳机也有一定的缺陷：长时间使用耳机收听，会造成耳鸣、耳痛等情况，并且只限于单个人使用。

3. 传声器

传声器又称为麦克风(MIC)，俗称话筒。其作用是：将声音信号转化为与之对应的电信号；与扬声器的功能相反。常见的传声器外形如图 1.76 所示。

图 1.76　常见的传声器外形

传声器的主要参数有：传声器的灵敏度、频率特性、输出阻抗等。

(1)灵敏度。灵敏度是指话筒将声音信号转化为电压信号的能力，用 mV/Pa(帕斯卡)或分贝(dB)表示。话筒的灵敏度越高，其传声效果越好。

(2)频率特性。传声器能输出声音信号的频率响应范围称为传声器的频率特性。常用的动圈式传声器的频率响应范围为 $100Hz \sim 10kHz$，质量优良的传声器的频率响应范围为 $20Hz \sim 20kHz$。显然，传声器的频率响应范围越宽越好。

(3)输出阻抗。传声器的输出阻抗有高阻和低阻两种。高阻阻抗为 $10 \sim 20k\Omega$，低阻阻抗为 $200 \sim 600\Omega$，常用的动圈式传声器的输出阻抗为 600Ω。

技能技巧 23　电声器件的检测

电声器件是音响设备(如：收音机、电视机、组合音响等)和音频通信产品(如：电话机、手机等)中的重要器件，其性能的好坏直接影响到音质和音响效果。

电声器件的检测主要是采用先外观检查，后万用表检测的方法进行。

(1)扬声器的检测。

首先外观检查主要是查看扬声器的外表是否完整，有无破损、变形，若外观正常，则进一步使用万用表测量扬声器的直流电阻判断扬声器的好坏。

若万用表测得的直流电阻值略小于标称电阻值，说明扬声器是正常的；若测得的直流电阻值远大于标称电阻值，说明扬声器内部线圈已经断线，不能再使用了。

性能良好的扬声器，在使用万用表测量其直流电阻时，会发出"喀嘞"的声音；若无声音，说明扬声器的音圈被卡死了，扬声器就不能使用了。

(2)耳机的检测。

首先外观检查主要是查看耳机的外表是否完整，有无断线、接头断裂等现象，若外观正常，则进一步使用万用表测量耳机线圈。

若测得的直流电阻值略小于标称电阻值，说明耳机是正常的；若测得的直流电阻值远小于标称电阻值，说明耳机内部有短路故障；若测得的直流电阻值远大于标称电阻值，说明耳机内部线圈出现断线故障；后两种情况，耳机不能再使用了。

正常的耳机，在使用万用表测量其直流电阻时，会听到"咯咯"的声音；或者用一节电池在耳机的两根线上一搭一放，会听到较响的"咯咯"声；若无声音，说明耳机已损坏。

实训 1　万用表测量直流电流和直流电压

一、实训目的

1. 熟悉模拟(指针)万用表和数字万用表的面板结构和各功能旋钮；
2. 掌握模拟(指针)万用表测量直流电流和直流电压的方法；
3. 掌握数字万用表测量直流电流和直流电压的方法；
4. 学会连接实际电路，了解电路图与实际电路的区别；
5. 熟悉直流稳压电源的使用方法。

二、实训仪器和器材

1. 实训仪表和工具：模拟(指针)万用表和数字万用表各一台，双踪稳压电源一台；一字螺丝刀一把。
2. 实训器材：电阻元件 4 个($R_1 = 100\Omega$、$R_2 = 500\Omega$、$R_3 = 2k\Omega$、$R_4 = 4k\Omega$ 的电阻各一个)，导线和接头若干，电路板一块。

三、实训内容和步骤

按图 1.77 接好电路，注意各元件的连接关系和导线的作用；将电源 U_S 设置为 6V，由双踪直流稳压电源提供；各条支路上留好测试连接点 ab、cd、ef，以便测量各支路电流。

1. 测量各电阻元件上的电压和电源电压

将万用表的功能转换开关调到直流电压挡，将万用表与被测电路并联，分别测量 U、U_1、U_2、U_3、U_4 的电压，并将测量结果记录

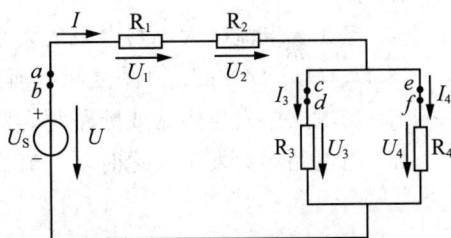

图 1.77　直流串并联电路

在表 1.19 中；比较 U、U_1、U_2、U_3、U_4 之间的关系，分析电阻的大小与电压大小的关系。

2. 测量电路中各支路电流

将万用表的功能转换开关调到直流电流挡，然后断开电路(可通过测试连接点 ab、cd、ef 断开所测电路)，将万用表分别串入相应的支路(让电流从红表棒流入、从黑表棒流出)，分别测量出各支路电流 I、I_3、I_4，并将测出的电流数据填入表 1.20 中；比较 I、I_3、I_4 之间的关系，分析电阻的大小与电流的大小有何关系。

3. 将短接线并在 R_4 两端，即使 $R_4 = 0$(相当于短路)或将 R_4 支路断开(相当于断路)，在这两种情况下，重新测量 U、U_1、U_2、U_3、U_4 和 I、I_3、I_4，并分析判断各电压电流的变化情况。

表 1.19　电压的测量数据

	$R_4=4\text{k}\Omega$	$R_4=0$	$R_4 \rightarrow \infty$	万用表的测量挡位	各电压的关系
U_1					
U_2					
U_3					
U_4					
U					

表 1.20　电流的测量数据

	$R_4=4\text{k}\Omega$	$R_4=0$	$R_4 \rightarrow \infty$	万用表的测量挡位	各电流的关系
I_3					
I_4					
I					

四、实训课时

课堂参考时数：2 学时。

五、实训报告要求

1. 使用指针万用表和数字万用表测量电流、电压有什么不同？若表棒接反会出现什么问题？

2. 电压、电流的大小与电阻的大小有何关系？

3. U、U_1、U_2、U_3、U_4 之间有何关系？I、I_3、I_4 之间有何关系？

4. 当电路中发生短路或断路时，对电路参数有何影响？

5. 当电路参数发生变化时，直流稳压电源提供的电压有何变化？

实训 2　电阻、电容、电感和变压器的识别与检测

一、实训目的

1. 熟悉电阻、电容、电感和变压器的各种外形结构，学会识读其标志方法；

2. 掌握用万用表测量电阻的阻值并计算电阻的实际偏差，判断电阻元件的好坏；

3. 学会用万用表检测判断电容容量的大小、测量电容的漏电阻及判断电容元件的好坏；

4. 学会用万用表检测并判断电感和变压器的好坏。

二、实训仪器和器材

1. 指针式万用表一台，数字万用表一台；

2. 各种不同标志方法的固定电阻(包括传统的插装电阻和表面贴片元件)、大功率 ($\frac{1}{2}$ W 以上)电阻、可变电阻(电位器及微调电阻)若干；

3. 不同标志方法和各种容量(包括容量＞5000pF)的无极性电容、电解电容、可变电容若干;

4. 电感线圈、各种变压器、中周若干。

三、实训内容及方法

1. 熟悉电阻的各种外形结构,读出不同标志方法的固定电阻的标称阻值、允许误差及其他参数值,并记录在表1.21中。

2. 用万用表测量以上电阻的阻值,并计算出其实际误差,分析实际偏差是否在允许偏差的范围内,电阻是否为合格品;用万用表检测可变电阻(电位器及微调电阻)的可调范围和好坏;将检测结果记录在表1.22中。

3. 熟悉不同类型的电容外形结构,识读电容在不同标志方法中的各参数值,并将识读结果记录在表1.23中。选择两个5000pF以上且容量不等的电容,用指针式万用表检测并判断它们的容量大小;用万用表判断电解电容的极性;将检测电容的各种结果记录在表1.23中。

4. 熟悉各种类型的电感和变压器的外形结构,识读电感和变压器在不同标志方法中各参数值,用万用表的欧姆挡检测和判断电感和变压器的好坏,并将识读和检测判断的结果记录在表1.24中。

表 1.21　电阻的识读结果

电阻的类型	电阻的标志方法	电阻的标志内容	电阻的识读结果			备注
			标称阻值	允许偏差	其他参数	

表 1.22　电阻的检测与分析

电阻的类型	阻值(或可变电阻的范围)	实际偏差	偏差分析	性能分析	判断电阻的好坏
固定电阻					
可变电阻					

表 1.23　电容的识读和检测分析结果

电容的类型	电容的标志方法	电容的识读结果			电容的绝缘电阻	性能分析	判断电容的好坏
		标称容量	允许偏差	耐压			

表 1.24　电感和变压器的识读、检测与分析

电感或变压器的名称	标志方法	标称值识读结果	万用表进行检测的结果		性能分析	判断元件的好坏
			直流损耗电阻值	器件引脚检测		

四、实训课时

课堂参考时数：4～6 学时。

五、实训报告要求

1. 测试结果分析；

2. 谈谈识读和检测电阻、电容、电感和变压器的体会、收获；

3. 指针式万用表和数字万用表检测电阻、电容、电感和变压器的异同点。

实训 3　二极管、三极管的识别与检测

一、实训目的

1. 熟悉各种二极管、三极管的外形结构和标志方法；

2. 学会用万用表测量常用二极管的极性，并判断二极管性能的好坏；

3. 学会用万用表检测三极管的引脚极性、三极管的类型并判断三极管性能的好坏。

二、实训仪器和器材

1. 万用表一台；

2. 各种类型(如普通型二极管、发光二极管、稳压二极管、光敏二极管等)、不同外形的二极管若干，性能好坏的二极管均有；

3. 各种类型(包括 NPN 型、PNP 型三极管，硅管、锗管，大功率管、小功率管等)、不同外形的三极管若干，性能好坏的三极管均有。

三、实训内容与步骤

1. 二极管的识读与检测

(1)识读二极管的外形结构和标志内容;

(2)用万用表的欧姆挡(想一想,应该用什么挡位的电阻挡?)测量、判别二极管的极性(正负极性)与好坏。将测量结果记录在表 1.25 中。

2. 三极管的识读与检测

(1)识读三极管的外形结构和标志内容;

(2)用万用表检测出三极管的基极 B(想一想,应该用万用表的什么挡位?),并判断其管型;

(3)用万用表检测判断集电极 C 和发射极 E,测量判断 I_{CEO} 的大小及其受温度的影响,判断三极管质量的好坏,将测量结果记录在表 1.26 中。

表 1.25　二极管的检测结果

器件名称	测量数据		万用表的挡位	引脚的判别	二极管的质量分析	备注
	正向电阻	反向电阻				

表 1.26　三极管的检测结果

器件名称	万用表的挡位	测量数据				三极管的管型	三极管的质量判断	备注
		发射结		集电结				
		正向电阻	反向电阻	正向电阻	反向电阻			

四、实训课时

课堂参考时数:2 学时。

五、实训报告要求

1. 使用万用表检测普通二极管、三极管时,应选择什么挡位?检测稳压二极管、发光二极管应选择什么挡位?

2. 简述使用万用表检测二极管的机理。如何根据检测结果判断二极管的好坏?

3. 简述使用万用表检测三极管好坏的步骤。如何根据检测结果判断三极管的好坏?

实训 4   集成电路的引脚识别与检测

一、实训目的

1. 熟悉常用集成电路的外形结构和标志方法;

2. 学会辨别集成电路的引脚排序;

3. 学会用电阻检测法判断集成电路的好坏。

二、实训仪器和器材

1. 万用表一个;

2. 不同类型、不同外形结构(圆形、单列直插、双列直插、四列扁平形)的集成电路若干。

三、实训内容与步骤

1. 识读集成电路的外形结构和引脚序号。

2. 用万用表的欧姆挡测量集成电路各引脚的对地电阻(正、反向电阻),由此初步判断集成电路的好坏;将测量结果记录在表 1.27 中。

表 1.27   集成电路的检测数据

器件名称 (外形特点)	测量数据														质量判断	集成电路的外形及其引脚排序	备注
	集成电路各引脚的对地电阻																
	1	2	3	4	5	6	7	8	9	10	11	12	13	14			

四、实训课时

课堂参考时数:2 学时。

五、实训报告要求

1. 谈谈集成电路引脚序号的排列特点。

2. 大功率和小功率的集成电路的区别在哪儿?

3. 集成电路各引脚对地的正、反向电阻是否一致?在什么情况下可以用电阻检测法判断集成电路的好坏?

实训 5   机械开关、接插件、熔断器及电声器件的检测

一、实训目的

1. 熟悉各种机械开关、接插件、熔断器及电声器件的外形结构和标志方法;

2. 学会用万用表检测机械开关、接插件、熔断器、电声器件(扬声器、话筒、耳机等)，并判断其好坏。

二、实训仪器和器材

1. 万用表一台；

2. 各种类型的机械开关、电磁开关、接插件、熔断器和电声器件(扬声器、话筒、耳机等)若干。

三、实训内容与步骤

1. 熟悉机械开关、电磁开关、接插件、熔断器和电声器件(扬声器、话筒、耳机等)的外形结构，并识读其标志内容；

2. 用万用表测量开关件、接插件的参数并判断它们的好坏，将测量结果记录在表1.28中；

3. 用万用表检测熔断器的电阻，判断其好坏，将检测结果和性能判断记录在表1.29中。

4. 用万用表测量电声器件的参数并判断它们的好坏，将测量结果记录在表1.30中。

表 1.28　开关件、接插件的检测数据

器件名称	测量数据			性能判断	备注
	接触电阻	断开电阻	线圈直流电阻		

表 1.29　熔断器的检测数据

器件名称	检测电阻值(Ω)	性能判断	备注

表 1.30　电声器件的检测数据

器件名称	标称电阻值	测量数据		性能判断	备注
		线圈直流电阻	万用表挡位		

四、实训课时

课堂参考时数：2 学时。

五、实训报告

1. 不同类型的开关件，其检测方法有何不同？

2. 如何检测、判断熔断器的好坏？

3. 简述电声器件的检测内容及方法。

本项目归纳总结

1. 万用表是一种多功能、多量程的测量仪表，可以直接用于测量交、直流电流，交、直流电压，电阻等电路参数，它是电子技术工作者最常用的测量仪表。根据万用表的结构和显示方式的不同，万用表可分为"指针式万用表"和"数字式万用表"两种。

2. 电子元器件检测时，需要使用一些工具（如螺钉旋具、钟表起子、无感起子等）辅助。

螺钉旋具是用于紧固或拆卸螺钉。元器件检测时，螺丝刀用于辅助测试可调元件（如调整微调电阻、可变电容、中周等）的调节性能。

钟表起子主要用于小型或微型螺钉的装拆，有时也用于小型可调元件的调整。

无感起子用于调整高频谐振回路中电感与电容的大小。

集成电路 IC 起拔器是一种从电路板上拔取（拆卸）IC 的工具。

3. 电阻是一种耗能元件，其主要作用是：分压、分流、负载（能量转换）等。电阻的主要性能参数包括：标称阻值、允许偏差、额定功率、温度系数；电阻参数的识别方法有直标法、文字符号法、数码表示法及色标法。

电阻的性能检测方法是：外观检查与万用表检测相结合。主要检测的内容包括：电阻正常还是出现短路、断路、老化等故障；电位器或可变电阻有无接触不良、磨损严重等故障；敏感电阻对敏感源是否敏感、是否老化。

4. 电容是一种储存电场能量元件，其主要作用是：耦合、旁路、隔直、调谐回路、滤波、移相、延时等。电容的主要性能参数包括：标称容量、允许偏差、额定工作电压（也称耐压）、击穿电压、绝缘电阻；电容的识别方法与电阻一样，有直标法、文字符号法、数码表示法及色标法。

电容可以采用万用表进行检测。主要检测的内容包括：电容器容量大小的判别、固定电容的断路、击穿及漏电故障的判断；微调电容和可变电容是否有短路、碰片等现象。

5. 电感是一种储存磁场能量元件。它在电路中具有耦合、滤波、阻流、补偿、调谐等作用。电感的主要性能参数包括：标称电感量、抗感、品质因数、分布电容和直流电阻等。电感的性能检测一般采用外观检查结合万用表测试的方法，主要对电感线圈的直流电阻、电感的短路和断路故障进行检测。

变压器具有变压、变流、变阻抗、耦合、匹配等主要作用。变压器的主要性能参数包括：变压比、额定功率、效率、绝缘电阻。变压器的性能检测也是采用外观检查结合万用表测试的方法，主要检测变压器的电气连接情况、绝缘电阻、线圈有无短路和断路故障等。

6. 二极管具有单向导电性。其主要作用有：开关、稳压、整流、检波、光/电转换等。对二极管的检测，主要是利用万用表进行二极管引脚极性的检测，并判断二极管是否良好、击穿、断路、老化等。

7. 桥堆是由 4 只二极管构成的桥式电路，主要在电源电路中起整流作用。检测桥堆的方法是：使用万用表检测桥堆中的每一个二极管的正、反向电阻来判断桥堆的好坏。桥堆的常见故障有开路故障和击穿故障。

8. 晶体三极管具有放大、电子开关、控制等作用。对三极管的检测，主要是利用万用表判断其引脚极性、管型及性能的好坏等。

9. 集成电路 IC 是将半导体分立器件、电阻、小电容以及电路的连接导线都集成在一块半导体硅片上，具有一定电路功能的电子器件。它具有体积小、重量轻、性能好、可靠性高、损耗小、成本低、使用寿命长等优点。对集成电路检测的目的是：判别集成电路的引脚排列及好坏；检测方法有：电阻检测法、电压检测法、波形检测法和替代法。

10. 表面安装元器件又称为贴片元器件，它是一种无引线或有极短引线的小型标准化的元器件。表面安装元器件具有体积小、重量轻、集成度高、装配密度大、可靠性高、高频特性好、抗震性能好、成本低、易于实现自动化等特点。

11. LED 数码管又称为数码显示器，是用于显示数字、字符的器件。七段数码显示器有共阴极和共阳极两种连接方式。

LED 数码管的检测分外观查看和万用表检测两步：通过检测判断数码管是否老化、是否局部损坏。

12. 开关是起电路的接通、断开或转换作用的。开关的检测方式和目的是：利用万用表检测开关的通、断阻值，来判断开关的好坏。

13. 接插件又称连接器，它是用来在机器与机器之间、线路板与线路板之间、器件与电路板之间进行电气连接的元器件。对接插件的检测目的是：判断接插件是否有引脚相碰、引线断裂、接触不良等现象。

14. 熔断器是一种用在电路和电气设备中出现短路和过载时，起保护线路和设备作用的元件。熔断器检测的主要方法有：断路检测法和在路检测法两种；检测的目的是：判断熔断器是正常还是断路。

15. 电声器件是指能够在电信号和声音信号之间相互转化的元件。常用的电声器件有：扬声器(俗称喇叭)、耳机、传声器(俗称话筒或麦克风 MIC)。其中，扬声器、耳机的作用是：将电信号转化为声音信号；传声器的作用是：将声音信号转化为与之对应的电信号。

自我测试 1

1.1　指针式万用表与数字式万用表的不同之处主要表现在哪些方面？

1.2　使用模拟式万用表测试某一电路的电流应如何操作？

1.3　使用数字式万用表测试某一电路的电压时，显示屏出现"−15V"是什么含义？

1.4　测试时，数字万用表的显示屏出现"1"的字样，是什么意思？

1.5 使用指针式万用表测量电阻时，如何提高测量的精度？

1.6 螺丝刀有何功能？常用的螺丝刀有哪些类型？

1.7 无感起子用于什么场合下？为什么？无感起子一般使用什么材料制作？

1.8 电阻在电路中有何主要作用？电阻的主要参数包括哪些？

1.9 指出下列各电阻的标注方法，说明下列各标注方法标注了电阻的哪些参数。

(1)5.1kΩ±10％　　　　　(2)47Ω±5％　　　　　　(3)3K9±20％

(4)6M8J　　　　　　　　(5)灰红棕黑棕　　　　　　(6)185K

(7)249J　　　　　　　　(8)绿蓝黄银　　　　　　　(9)1.5

1.10 固定电阻有哪些常见故障？如何检测、判断？

1.11 四环电阻和五环电阻哪一种表示的精度高？

1.12 电位器有何特点？如何用万用表检测、判断电位器的好坏？

1.13 电位器和微调电阻有何不同？

1.14 电容在电路中有何主要作用？电容有哪些主要参数？

1.15 如何使用万用表判断较大容量的电容器是否出现断路、击穿及漏电故障？

1.16 与普通电容器相比，电解电容器有什么不同？

1.17 指出下列电容的标称容量、允许偏差及识别方法。

(1)5n6　　　　　　　　(2)104k　　　　　　　　(3)2P2

(4)519k　　　　　　　　(5)R68J　　　　　　　　(6)333J

1.18 电感的主要故障有哪些？如何检测电感和变压器的好坏？

1.19 如何用万用表检测判断二极管的引脚极性及好坏？

1.20 稳压二极管稳压时，工作在哪个区域？如何用万用表检测稳压二极管的极性？如何判断稳压管的好坏？

1.21 简述发光二极管的特点及用途，用万用表检测发光二极管应选择什么挡位？

1.22 光电二极管的检测方法与普通二极管有什么不同？

1.23 什么是桥堆？有何作用？

1.24 桥堆有哪些主要故障？如何检测、判断桥堆的好坏？

1.25 如何用万用表检测三极管的引脚？

1.26 如何鉴别三极管的质量好坏？

1.27 什么是集成电路？它有何特点？

1.28 集成电路常用的检测方法有哪些？各有何特点？

1.29 什么是表面安装元器件？有何特点？

1.30 LED 数码管由哪几段发光二极管组成的？这些发光段分别用什么字母表示？LED 数码管有哪些连接方式？

1.31 开关件有何作用？如何检测其好坏？

1.32 接插件有何作用？

1.33 熔断器有何作用？如何检测其好坏？

1.34 什么是电声器件？常见的电声器件有哪些？各有何作用？

项目二 手工焊接工艺

>>> **项目背景**

在"七一勋章"颁授仪式上，习近平总书记语重心长地对在焊工岗位奉献 50 多年的艾爱国说："大国工匠，国家就需要你这样的人。"奋斗新时代、奋进新征程，在全社会大力弘扬工匠精神，营造劳动光荣的社会风尚和精益求精的敬业风气，培养更多高素质技术技能人才、能工巧匠、大国工匠，造就一支有理想守信念、懂技术

项目二视频、
案例、思政资源

会创新、敢担当讲奉献的宏大产业工人队伍，我们就一定能为实现第二个百年奋斗目标、实现中华民族伟大复兴的中国梦凝聚起磅礴力量，在新征程上再接再厉、再创辉煌。"大国工匠"必须有扎实的工匠根基。焊接工艺及技能是电子产品制作的根基之一。

>>> **项目任务**

了解电子制作中焊接的概念、类别及特点，熟练掌握手工焊接的操作要领和手工焊接技巧，学会检测焊点的质量。通过手工焊接，培育学生的劳动技能、精益求精的工匠精神。

>>> **项目任务分解**

1. 焊接及焊接材料；
2. 手工焊接工具的种类及用途；
3. 手工焊接的操作要领及工艺要求；
4. 焊点的质量要求及质量分析。

>>> **项目教学导航**

取用一套电子整机产品，打开电子整机后盖；查看万能板制作的电子整机套件的电路元件布局及独立焊点焊接、连线焊接的情况；了解良好合格焊点的大小、形状、色泽等外观情况。由此引入有关焊接的相关知识，了解手工焊接的工艺技术，通过完成实训 6~8，熟悉手工焊接工具——电烙铁的维修方法和操作要领，熟练掌握手工焊接的操作技能、技巧。

▶任务一　焊接的基本知识

任何电子产品都是由若干个电子元器件按一定的工作要求连接在一起构成的，这些元器件相互连接的技术有多种，但焊接仍然保持着主导地位。

了解焊接的相关知识，掌握手工焊接的操作要求和操作技能，是从事电子技术工作人员必须掌握的基本知识和技能。

知识点 2.1.1　焊接的概念

电子产品中的焊接是指：将导线、元器件引脚与印制电路板连接在一起的过程。焊接过程要满足机械连接和电气连接两个目的，其中，机械连接是起固定作用，而电气连接是起电气导通的作用。焊接质量的好坏，直接影响到电子产品的整机性能指标。

现代焊接技术有多种方式，如熔焊、钎焊和接触焊。

1. 熔焊

熔焊是一种加热被焊件（母材），使其熔化产生合金而焊接在一起的焊接技术。常见的熔焊有：电弧焊、激光焊、等离子焊及气焊等。

2. 钎焊

钎焊是一种在已加热的被焊件之间，熔入低于被焊件熔点的焊料，使被焊件与焊料熔为一体并连接在一起的焊接技术。常见的钎焊有：锡焊、火焰钎焊、真空钎焊等。

在电子产品的制作中，大量采用锡焊技术进行焊接。

3. 接触焊

接触焊是一种不用焊料和焊剂，即可获得可靠连接的焊接技术。常见的接触焊有：压接、绕接、穿刺等。

知识点 2.1.2　锡焊的基本条件

锡焊是使用锡合金焊料进行焊接的一种焊接形式，其焊料的熔点低于被焊件的熔点。

锡焊的焊接原理是：利用焊接工具和设备将焊件（电子元器件、电路板或导线等）和焊料共同加热到焊接温度（240～350℃），在焊件不熔化的情况下，焊料熔化并浸润焊接面，在焊接点形成金属合金层，形成牢固可靠的焊接点。

锡焊可采用手工焊接工具（如电烙铁）或自动化焊接设备完成。在电子产品的研究试制阶段、小批量生产过程，对焊点进行修复、对电子产品进行维修等方面，一般采用手工焊接工具——电烙铁进行锡焊；在电子产品的大批量生产制作过程中，常采用自动化焊接设备完成自动锡焊任务。

完成锡焊并保证焊接质量，应同时满足以下几个基本条件。

1. 被焊金属应具有良好的可焊性

可焊性是指在一定的温度和助焊剂的作用下，被焊件与焊料之间能够形成良好合金层的能力。不同的金属，其可焊性不尽相同。

不是所有的材料都可以用锡焊实现连接的，只有部分金属有较好可焊性。例如，铜及其合金、金、银、锌等具有良好的可焊性，而铸铁、铝、不锈钢、铬、钨等金属的可焊性较差。目前，常使用铜及其合金作为导线的芯线、元器件的引脚、接点及印制电路板的印制导线等；金、银的价格昂贵，一般只在有特殊要求的场合下使用；当需要焊接可焊性较差的金属时，常常采用在被焊金属表面镀锡、镀银的办法来解决可焊性问题。

2. 被焊件表面应保持清洁

当被焊件表面存在杂质(氧化物、灰尘和油污等)时，会影响焊件周围合金层的形成，极易造成虚焊、拉尖等焊接缺陷，会无法保证焊接的质量。因而在焊接前，应做好被焊件的表面清洁工作。

通常使用无水酒精来清除污垢，焊接时使用助焊剂来去除氧化物；当氧化物、污垢严重时，可先采用小刀轻刮或细砂纸轻轻打磨，然后用无水酒精清洗的方法来完成清洁工作。

3. 选择合适的焊料

焊料的成分及性能会直接影响被焊件的可焊性；焊料中的杂质同样会影响被焊件与焊料之间的连接。使用时，应根据不同的要求选择合适的焊料。

4. 选择合适的焊剂

焊剂(又称助焊剂)是用于去除被焊件表面的氧化物，防止焊接时被焊件和焊料再次出现氧化，并降低焊料表面张力的焊接辅助材料。焊剂有助于形成良好的焊点，保证焊接的质量。但若焊剂用量过多，则残余的焊剂会污染元器件和电路板；若焊剂用量太少，则助焊作用不明显。

在电子产品的锡焊工艺中，多使用松香做焊剂。

5. 保证合适的焊接温度和焊接时间

合适的焊接温度和焊接时间，是完成焊接的重要因素。焊接温度太高、焊接时间过长，易产生氧化，使焊点无光泽、不光滑，造成元器件损坏、电路板的焊盘脱落或报废等严重后果。焊接时间过短、焊接温度太低，容易形成焊点虚焊、拉尖、焊接不牢固等焊接缺陷。

焊接的温度不仅与焊接时间有关，而且与电烙铁的功率大小、环境温度及焊点的大小等因素有关。

电烙铁的功率越大、环境温度越高(如夏季)、焊点越小，则焊点的温度升高越快，因而焊接的时间应稍短些；反之，电烙铁的功率越小、环境温度越低(如冬季)、焊点越大，则焊点的温度上升慢，因而焊接的时间应稍长些。

保证焊接温度和焊接时间的有效办法是：选择功率、大小合适的电烙铁，控制焊接时间。

焊接印制电路板上的电子元器件时，一般选择 20～35W 的电烙铁；每个焊点一次焊接的时间不超过 3 秒，若 3 秒内没有完成焊接，则应停止焊接，待元器件完全冷却后，再进行第二次焊接，若仍然无法完成，则必须查找影响焊接的其他原因(常见的有焊料质量问题、清洁方面的问题等)。

▶ 任务二　焊接材料

焊接是电子产品装配中必不可少的工艺过程。完成焊接需要的材料包括：焊料、焊剂和一些其他的辅助材料(如阻焊剂、清洗剂等)。

知识点 2.2.1　常用焊料

焊料是一种熔点低于被焊金属，在被焊金属不熔化的条件下，能润湿被焊金属表面，并在接触面处形成合金层，是裸片(die)、包装(package)和电路板装配(board assembly)的连接材料。

在一般电子产品装配中，主要使用锡铅合金焊料，俗称为焊锡。

1. 锡铅合金焊料

锡铅合金焊料是指将铅与锡按不同的比例组合构成的焊料。不同比例的锡铅合金，其熔点和一些物理性能也不相同。

图 2.1 表示了不同比例的铅和锡的合金状态随温度变化的曲线。从图中可以看出，当铅与锡用不同的比例组成合金时，合金的熔点和凝固点也各不相同。除了纯铅在 330℃(图中 C 点)左右、纯锡在 230℃(图中 D 点)左右的熔化点和凝固点是一个点以外，只有 T 点所示比例的合金是在一个温度下熔化，其他比例的合金都在一个区域内处于半熔化、半凝固的状态。

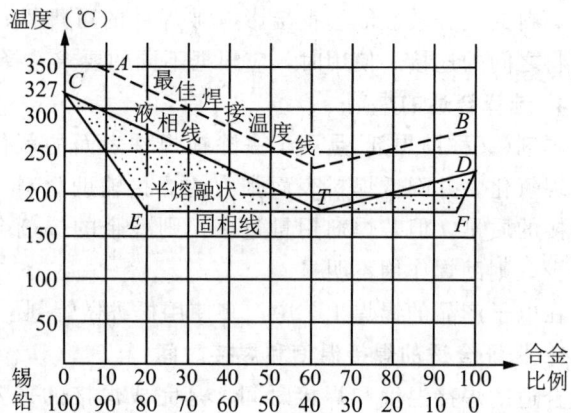

图 2.1　铅锡焊料的合金比例与熔点温度的变化曲线

在图 2.1 中，C-T-D 线叫作液相线，温度高于这条线时，锡铅合金为液相(液态)；C-E-T-F-D 叫作固相线，若温度低于这条线时，则合金为固相(固态)；若在两条线之间的两个三角形区域内，则合金是半熔融、半凝固状态。例如，铅、锡各占 50% 的合金，熔点是 212℃，凝固点是 182℃，温度在 182～212℃ 时，合金为半熔融、半凝固的状态。因为在这种比例的合金中锡的含量少，所以成本较低，一般的焊接可以使用；但由于它的熔点较高而凝固较低，所以不宜用来焊接电子产品。图中 A-B 线表示最适合焊接的温度，它高于液相线约 50℃。

(1)共晶焊锡及其特点。

当铅 Pb、锡 Sn 的比例为 Pb－38.1%、Sn－61.9% 组成合金时，其铅锡合金称为共晶焊锡，它的熔点最低，只有 182℃，是铅锡焊料中性能最好的一种。在实际应用中一般将含锡 60%、铅 40% 的焊锡称为共晶焊锡。

共晶焊锡具有以下优点。

①熔点低，只有182℃。由于焊接温度低，可以防止焊接过程中因过热而损坏元器件；

②熔点和凝固点一致，可使焊点快速凝固，焊接强度高；

③流动性好，表面张力小，润湿性好，抗氧化性好，有利于提高焊点质量；

④机械强度高，导电性能好。

由于共晶锡铅合金焊料具有以上特点，因此成为电子产品装配中最常用的焊料，也常用做元器件和PCB板的表面涂层。

(2)焊锡的种类。

焊锡的种类很多，除了常规的锡铅焊锡外，对一些有特殊要求的焊接场合，会使用掺有某些金属的焊锡。

例如，在锡铅合金中掺入少量的锑(Sb)，可改善焊锡的机械强度，由于锑的价格低于锡，所以以锑取代锡可以降低焊锡的成本；在锡铅合金中掺入铋(Bi)或镉(Cd)，可使焊锡变成低温焊锡，适合低熔点的焊接工艺或高热敏感性元件的焊接。在锡铅合金中掺入少量的银(Ag)，可使焊锡的熔点降低，提高耐热性和润湿性，并增加机械强度。

电子产品中常用的焊锡种类如表2.1所示。

表 2.1　电子产品中常用的焊锡种类

序号	焊锡中各金属成分比例					焊锡熔点(℃)
	锡(Sn)	铅(Pb)	镉(Cd)	铋(Bi)	银(Ag)	
1	62%	38%				182
2	35%	42%		23%		150
3	50%	32%	18%			145
4	62%	36%			2%	179
5	20%	40%		40%		110

(3)常用锡铅合金焊料(焊锡)的形状。

锡铅合金焊料在使用时常按规定的尺寸加工成形，常见的形状包括：粉末状、管状、块状、带状和焊锡膏等多种，其中粉末状、块状、带状的焊锡常用于锡炉或波峰焊中；管状松香芯焊锡丝是手工焊接中最常见的焊料；焊锡膏是用于焊接贴片元件的再流焊接材料。

管状松香芯焊锡丝(图2-2)将焊锡制成空心管状，其中含有添加了活化剂的优质松香助焊剂，又称为松脂芯焊丝，手工烙铁焊时常用。

图 2.2　管状松香芯焊锡丝

管状松香芯焊锡丝的外径有0.5、0.6、0.8、1.0、1.2、1.6、2.0、2.3、3.0、4.0、5.0mm等若干种规格尺寸。在焊接时，需要根据焊盘的大小选择管状松香芯焊锡丝的尺寸。通常，管状松香芯焊锡丝的外径应小于焊盘的尺寸。

2. 焊膏

焊膏是由将合金焊料加工成一定粉末状颗粒，并拌以糊状助焊剂构成的，是具有一定流动性的糊状焊接材料。它是表面安装技术中再流焊工艺中的必需焊接材料。

糊状焊膏既有固定元器件的作用，又有焊接的功能。使用时，首先用糊状焊膏将贴片元器件粘在印制电路板 PCB 的规定位置上，然后通过加热使焊膏中的粉末状固体焊料熔化，达到将元器件焊接到印制电路板上的目的。

知识点 2.2.2　无铅焊锡

1. 无铅焊锡的构成

无铅焊锡是指以锡为主体，添加除铅之外的其他金属材料制成的焊接材料。所谓"无铅焊锡"，并非完全没有铅的成分，而是要求焊锡中铅的含量必须低于 0.1%。

目前研制的无铅焊锡是以锡（Sn）为主，添加适量的银（Ag）、锌（Zn）、铜（Cu）、铋（Bi）、铟（In）、锑（Sb）等金属材料制成，如表 2.2 所示。要求无铅焊锡达到无毒性、无污染、可焊性能良好、性能好（包括导电、热传导、机械强度、润湿度等方面）、成本低、兼容性强等方面的要求。

表 2.2　无铅焊锡的成分及熔点

无铅焊锡的成分	无铅焊锡的熔点/℃
85.2Sn/4.1Ag/2.2Bi/0.5Cu/8.0In	193~199
88.5Sn/3.0Ag/0.5Cu/8.0In	195~201
91.5Sn/3.5Ag/1.0Bi/4.0In	208~213
92.8Sn/0.5Ga/0.7Cu/6.0In	210~215
93.5Sn/3.1Ag/3.1Bi/0.3Cu	209~212
95Sn/5Sb	235~243
95.4Sn/3.1Ag/1.5Cu	216~217
96.5Sn/3.5Cu	221

2. 无铅焊锡和锡铅合金焊料的区别

目前开发的无铅焊锡主要有 Sn-Ag、Sn-Zn、Sn-Bi 三大系列，如表 2.3 所示。最常用的无铅焊锡是锡-银-铜（Sn-Ag-Cu）合金。

表 2.3　无铅焊锡三大系列的比较

无铅焊锡系列	适用温度/℃	适合的焊接工艺	特　点
Sn-Ag 系列 Sn-Ag3.5-Cu0.7	中高温系列 （230~260）	回流焊，波峰焊，手工焊接	热疲劳性能优良，结合强度高，熔融温度范围小，延展性较好；但熔点高，润湿性差，成本高

续表

无铅焊锡系列	适用温度/℃	适合的焊接工艺	特　　点
Sn-Zn 系列 Sn-Zn8.8-x	中温系列 （215～225）	回流焊	熔点较低，热疲劳性好，机械强度高，延展性好，熔点变化范围小，价格低；但润湿性差，抗氧化性差，易腐蚀
Sn-Bi 系列 Sn-Bi57-Ag1	低温系列 （150～160）		熔点低，与 Sn-Pb 共晶焊料的熔点相近，结合强度高；但热疲劳性能差，延展性差，机械强度较差，易虚焊

与锡铅 Sn-Pb 合金相比，无铅焊锡的主要缺陷表现在以下几个方面。

（1）无铅焊锡的熔点高（比锡铅合金焊料大约高 34～44℃）、延展性（即韧性）相对较差。因而焊接工具及设备更容易氧化，使用寿命缩短；同时被焊元器件易损坏，PCB板容易变形或铜箔脱落。

（2）无铅焊锡的浸润性差、可焊性不高。因而其焊点看起来显得粗糙、暗淡、没有光泽、不平整，且机械强度下降，桥接、空焊、针孔等不良率增加。

（3）成本高。无铅焊锡中掺与的其他金属材料的价格远高于铅，导致无铅焊锡的成本上升。无铅焊锡的价格是锡铅合金焊料的 2～3 倍，导致电子产品的成本上升，性价比下降。

知识点 2.2.3　焊接辅助材料

焊接过程中，除了使用焊锡（或焊锡膏），还需要一些其他的辅助材料帮助焊接、完善焊接，并起到保护焊接的电子元器件和电路板的作用。

焊接中，常用的辅助材料包括：焊剂、阻焊剂、清洗剂。

1. 焊剂

焊剂又称助焊剂，它是焊接时添加在焊点上的化合物，是进行锡铅焊接的辅助材料。焊剂能去除被焊金属表面的氧化物，防止焊接时被焊金属和焊料再次出现氧化，并降低焊料表面的张力，提高焊料的流动性，有助于焊接，使焊点易于成形，保护电路板及铜箔表面不受损伤，有利于提高焊点的质量。

（1）对焊剂的要求。

①焊剂的熔点低于焊料的熔点。

②焊剂的表面张力、黏度和比重应小于焊料，有较好附着力，焊接后不易碳化发黑。

③焊剂在常温下化学性能稳定，对被焊金属无腐蚀。

④焊接时，焊剂不会产生对人体有害的气体及刺激性味道，残余的焊剂容易清除。

（2）焊剂分类及应用场合。

根据焊剂的组成成分，焊接可分为无机焊剂、有机焊剂和树脂活性类焊剂。

①无机焊剂。

无机焊剂的主要成分是氯化铵、氯化锌及其混合物；其特点是：有很好的助焊作用，但是也有强烈的腐蚀性。该焊剂大多用在可清洗的金属制品的焊接中，市场中销售的各种焊油均属于这一类。

无机焊剂主要用于可焊性较差的、大焊点的金属焊接中，在使用后，一定要用清洗剂清洗干净。由于电子元器件的体积小，外形及引线精细，易腐蚀出现断路故障，因而电子产品的焊接中，通常不允许使用无机焊剂。

②有机焊剂。

有机焊剂的主要成分是有机酸、有机卤化物以及各种胺盐、树脂合成类组成等；其特点是：有较好的助焊作用，但由于酸值太高，因而具有一定的腐蚀性，残余的焊剂不容易清除，在焊接过程中，分解的挥发物会污染空气、对人体有害。

有机焊剂主要用于铅、黄铜、青铜、铍青铜及带有镍层的可焊性较差的金属材料的焊接，在电子产品的焊接中不使用此类焊剂。

③树脂活性类焊剂。

树脂活性类焊剂最常用的是松香焊剂，这种焊剂的特点是：有较好的助焊作用，且无腐蚀、绝缘性能好、稳定性高、耐湿性好、无污染，焊接后容易清洗，成本低。

在电子产品的焊接中，一般都使用松香焊剂。对于铂、金、银、铜、锡等焊接性能较强的金属，为了减少焊剂对金属的腐蚀，也多采用松香作焊剂。焊接时，尤其是手工焊接时多采用松香焊锡丝，常用的是 HLSnPb39 焊锡丝。

(3)松香类助焊剂的使用注意事项。

①松香类助焊剂反复加热使用后会发黑(碳化)，这时的松香不但没有助焊作用，而且还会降低焊点的质量。

②在温度达到 60℃时，松香的绝缘性能会下降，松香易结晶，稳定性变差，且焊接后的残留物对发热元器件有较大的危害(影响散热)。

③存放时间过长的松香不宜使用，因为松香的成分会发生变化，活性变差，助焊效果也就变差，影响焊接质量。

市面上销售的一种焊锡膏(或称焊油)，是一种带有腐蚀性的助焊剂，是用在工业上的，不适合电子产品制作使用。

2. 阻焊剂

阻焊剂是一种耐高温的涂料，常用在印制电路板上，其作用是保护印制电路板上不需要焊接的部位。使用时，将阻焊剂涂覆在印制电路板不需要焊接的部位上(焊盘以外的部分)，将其保护起来。常见的印制电路板上没有焊盘的绿色涂层即为阻焊剂。

阻焊剂可分为热固化型阻焊剂、紫外线光固化型阻焊剂(又称光敏阻焊剂)和电子辐射固化型阻焊剂等几种。目前，常用的阻焊剂为紫外线光固化型阻焊剂。

使用阻焊剂的好处在于以下几方面。

(1)在焊接中，特别是在自动焊接技术中，可防止桥接、短路等现象发生，降低返修率，提高焊接质量。

(2)焊接时，可减小印制电路板受到的热冲击，使印制电路板的板面不易起泡和分层。

(3)在自动焊接技术中，使用阻焊剂后，除了焊盘，其余部分均不上锡，可大大节省焊料。

（4）阻焊剂使印制电路板受热少，可以降低电路板的温度，起到保护电路板和电路元器件的作用。

（5）使用带有色彩的阻焊剂，使印制电路板的板面显得整洁美观。

3. 清洗剂

在完成焊接操作后，焊点周围存在残余焊剂、油污、汗渍、多余的金属物等杂质，这些杂质对焊点有腐蚀、伤害作用，会造成绝缘电阻下降、电路短路或接触不良等，因此要对焊点进行清洗。

常用的清洗剂有以下几种。

（1）无水乙醇。

无水乙醇又称无水酒精，它是一种无色透明且易挥发的液体。其特点是：易燃、吸潮性好，能与水及其他许多有机溶剂混合，可用于清洗焊点和印制电路板组装件上残留的焊剂和油污等。

（2）航空洗涤汽油。

航空洗涤汽油是由天然原油中提取的轻汽油，可用于精密部件和焊点的洗涤等。

（3）三氯三氟乙烷（F113）。

三氯三氟乙烷（F113）是一种稳定的化合物，在常温下为无色透明易挥发的液体，有微弱的醚的气味。它对铜、铝、锡等金属无腐蚀作用，对保护性的涂料（油漆、清漆）无破坏作用，在电子设备中常用作气相清洗液。

有时，也会采用三氯三氟乙烷和乙醇的混合物，或用汽油和乙醇的混合物作为电子设备的清洗液。

▷任务三　手工焊接工具

电子产品制作中常用的手工焊接工具主要有电烙铁和电热风枪。

知识点 2.3.1　电烙铁

1. 电烙铁的基本构成及分类

电烙铁是手工焊接中最为常见的工具，是电子整机装配人员必备的工具之一，用于各类电子整机产品的手工焊接、补焊、维修及更换元器件。

（1）电烙铁的基本构成。

电烙铁主要由烙铁芯、烙铁头和手柄三个部分组成。其中烙铁芯是电烙铁的发热部分，烙铁芯内的电热丝通电后，将电能转换成热能，并传递给烙铁头；烙铁头是储热部分，它储存烙铁芯传来的热量，并将热量传给被焊工件，对被焊接点部位的金属进行加热，同时熔化焊锡，完成焊接任务；手柄是手持操作部分，它是用木材、胶木或耐高温塑料加工而成的，起隔热、绝缘作用。

电烙铁的电源线常选用橡胶绝缘导线或带有棉织套的花线，而不使用塑胶绝缘的导线，这是因为塑胶导线的熔点低，易被烙铁烫坏。

(2)电烙铁的分类。

电烙铁的种类很多，主要有以下几种。

(1)根据加热方式分，电烙铁可分为：内热式和外热式两种。

(2)根据电烙铁的功能来分，可分为：吸锡电烙铁、恒温电烙铁、防静电电烙铁及自动送锡电烙铁等。

(3)根据功率大小分，可分为：小功率电烙铁、中功率电烙铁、大功率电烙铁。

2. 内热式电烙铁

内热式电烙铁的发热部分(烙铁芯)安装于烙铁头内部，其热量由内向外散发，故称为内热式电烙铁。其外形及内部结构如图2.3所示。

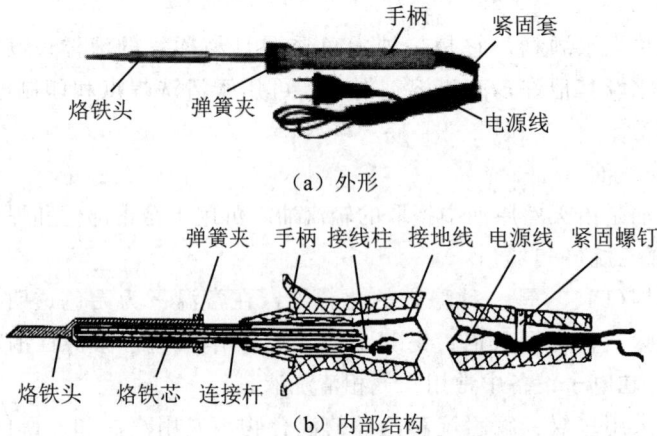

（a）外形

（b）内部结构

图 2.3　内热式电烙铁外形及内部结构

(1)内热式电烙铁的特点。

由于内热式电烙铁的烙铁芯安装在烙铁头的里面，因而其具有热效率高(85%～90%)、烙铁头升温快、耗电省、体积小、重量轻且价格低的优点，但由于结构的原因，内热式烙铁芯在使用过程中温度集中，产生高温，容易导致烙铁头氧化、烧死，连续熔焊能力差，长时间通电工作，电烙铁易烧坏，因而内热式烙铁寿命较短，不适合做大功率的烙铁。

(2)内热式电烙铁的选用。

内热式电烙铁多为小功率，常用的有20W、25W、35W、50W等。功率越大，其外形、体积越大，烙铁头的温度也就越高。

焊接集成电路、晶体管及受热易损元器件时，应选用≤25W的内热式电烙铁；焊接导线、同轴电缆或较大的元器件(如：行输出变压器、大电解电容器等)时，可选用35～50W的内热式电烙铁；焊接金属底盘接地焊片时，应选用>50W的内热式电烙铁。

内热式电烙铁特别适合修理人员或业余电子爱好者使用，也适合偶尔需要临时焊接的工种，如调试、质检等。

3. 外热式电烙铁

如图2.4所示为常用的直立形外热式电烙铁的内部结构。其烙铁头安装在烙铁芯的里面，即产生热能的烙铁芯在烙铁头外面，其热量由外向内渗透，故称为外热式电烙铁。

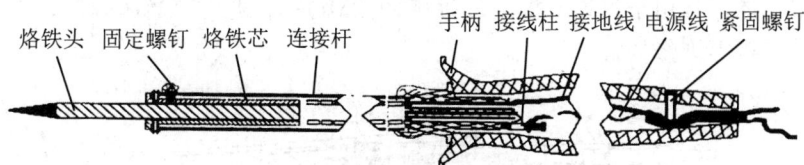

烙铁头　固定螺钉　烙铁芯　连接杆　　手柄　接线柱　接地线　电源线　紧固螺钉

图 2.4　直立形外热式电烙铁的内部结构

直立形外热式电烙铁是专业电子装配的首选电烙铁，而 T 形外热式电烙铁由于具有烙铁头细长、调整方便、焊接温度调节方便、操作方便等优点，因而主要用于焊接装配密度高的电子产品。外热式电烙铁的外部结构如图 2.5 所示。

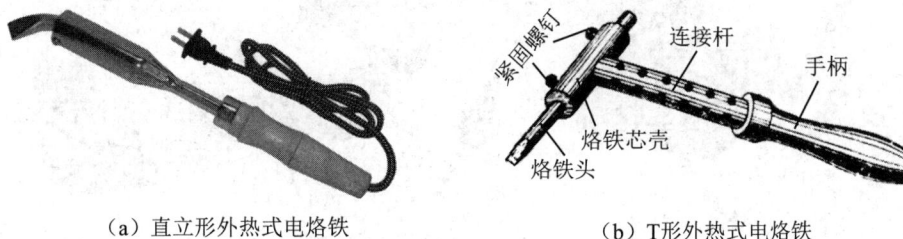

紧固螺钉　连接杆　手柄

烙铁芯壳

烙铁头

（a）直立形外热式电烙铁　　　　　（b）T 形外热式电烙铁

图 2.5　外热式电烙铁的外形结构

（1）外热式电烙铁的特点。

由于外热式电烙铁的烙铁芯安装在烙铁头的外面，所以烙铁芯在传递热量给烙铁头的同时，也在不断地散热，来平衡电烙铁的焊接温度，因而外热式电烙铁的工作温度平稳，焊接时不易烫坏元器件，连续熔焊能力强，使用寿命长；但由于其结构的原因，外热式电烙铁的体积大、热效率低、耗电大、升温速度较慢（一般要预热 6～7 分钟才能焊接）。

（2）外热式电烙铁的选用。

外热式电烙铁的规格很多，常用的有 25W、30W、40W、50W、60W、75W、100W、150W、300W 等多种规格。

由于外热式电烙铁的体积较大，焊小型器件时显得不方便。一些大器件（如：屏蔽罩）的焊接，要采用大功率电烙铁，大功率的电烙铁通常是外热式的。

一般电子产品制作中，多选用 45W 的外热式电烙铁。

4. 恒温电烙铁

恒温电烙铁是指焊接温度可以控制的电烙铁，亦称为温控（调温）电烙铁。

恒温电烙铁可以设定一定的温度范围，并自动调节、保持恒定焊接温度。普通电烙铁在长时间连续使用后，烙铁头的温度会越来越高，导致焊锡氧化、造成焊点虚焊，影响焊接质量；同时由于温度过高，易损坏被焊元器件，且使烙铁头氧化加速，烙铁芯变脆，使电烙铁的使用寿命大大缩短。所以在要求较高的场合，宜采用恒温电烙铁。

常用的恒温电烙铁有：磁控恒温电烙铁（图 2.6 所示）和热电耦检测控温式自动调温恒温电烙铁（图 2.7 所示）两种。

图 2.7（b）所示自动调温恒温电烙铁具有防静电功能，它又称为防静电焊接台。其控制台部分具有良好的保护接地，主要完成对烙铁的去静电供电、恒温等功能，同时

兼有烙铁架功能，常用于焊接对温度较敏感的 CMOS 集成块、晶体管等，以及用于计算机板卡、手机等维修场合。

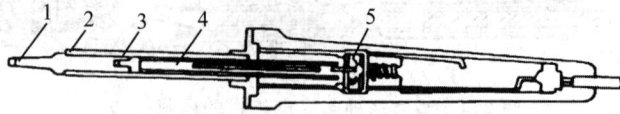

1—烙铁头；2—烙铁芯；3—磁性传感器；4—永久磁铁；5—磁性开关

图 2.6　磁控恒温电烙铁

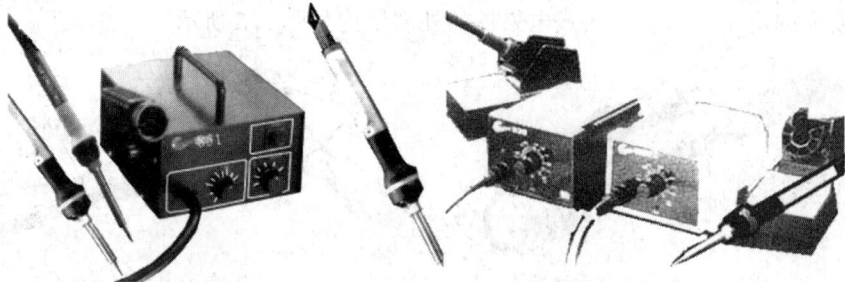

（a）带气泵型自动调温恒温电烙铁　　　（b）防静电型自动调温恒温电烙铁
（含吸锡电烙铁）　　　　　　　　　　　（两台）

图 2.7　自动调温恒温电烙铁

恒温电烙铁的主要特点如下。

①省电。由于恒温电烙铁是断续通电加热，因而它比普通电烙铁节电约 1/2 左右。

②使用寿命长。由于恒温电烙铁的温度变化范围很小，电烙铁不会出现过热而损坏烙铁头和烙铁芯的现象，因而其使用寿命长。

③焊接温度调节方便，焊接质量高。由于焊接温度保持在一定范围内，并可自行设定焊接温度范围，因而被焊接的元器件不会因焊接温度过高而损坏，且焊料不易氧化，可减少虚焊，保证焊接质量。

④价格高。由于制作工艺和内部结构复杂，功能多，因而价格高。

5. 吸锡电烙铁

吸锡电烙铁是在普通电烙铁的基础上增加了吸锡结构，使其具有加热、吸锡两种功能，如图 2.8 所示。它具有使用方便、灵活，适用范围宽等特点。

吸锡电烙铁可以方便地拆卸电路板上的元器件，常用于更换电子元器件和维修、调试电子产品的场合。操作时，先用吸锡电烙铁加热焊点，等焊点的焊锡熔化后、按动吸锡开关，即可将焊盘上的熔融状焊锡吸走，元器件就可拆卸下来。

使用吸锡电烙铁拆卸元器件具有操作方便、能够快速吸空多余焊料、拆卸元器件的效率高、不易损伤元器件和印制电路板等优点，为更换元器件提供了便利。吸锡电烙铁的不足之处是每次只能对一个焊点进行拆焊。

6. 自动送锡电烙铁

自动送锡电烙铁是在普通电烙铁的基础上增加了焊锡丝输送结构，该电烙铁能在焊接时将焊锡自动输送到焊接点，如图 2.9 所示。

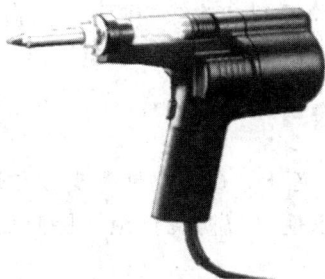

图 2.8 吸锡电烙铁

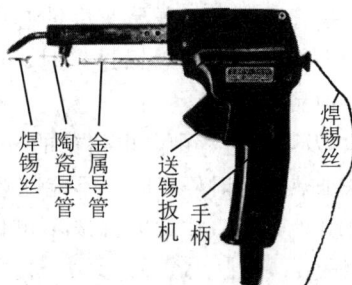

图 2.9 自动送锡电烙铁

（图2.9标注：焊锡丝、陶瓷导管、金属导管、送锡扳机、手柄、焊锡丝）

操作自动送锡电烙铁，可使操作者腾出一只手（原来拿焊锡的手）来固定工件，因而在焊接活动的工件时特别方便，如进行导线的焊接、贴片元器件的焊接等。

技能技巧 24 烙铁头的选择技巧

烙铁头是用热传导性能好、高温不易氧化的铜合金材料制成的，为保护烙铁头在焊接的高温条件下不氧化生锈，常将烙铁头经电镀处理。烙铁头的作用是储存热量和传送热量。

烙铁的温度与烙铁头的形状、体积、长短等都有一定关系。不论是何种类型的电烙铁，烙铁头的形状都要适应被焊元器件的形状、大小、性能以及电路板的要求，所以，不同的焊接场合要选择不同形状的烙铁头。

常见的烙铁头形状有锥形、凿形、圆斜面形等，如图 2.10 所示。不同形状的烙铁头含热量是不同的，焊接温度也是不同的。如，表面积较大的圆斜面形是烙铁头的通用形式，其传热较快，适用于单面板上焊接不太密集，且焊接面积大的焊点；凿形和半凿形烙铁头多用于电气维修工作；尖锥形和圆锥形烙铁头适用于焊接空间小、焊接密度高的焊点或用于焊接体积小且怕热的元器件。

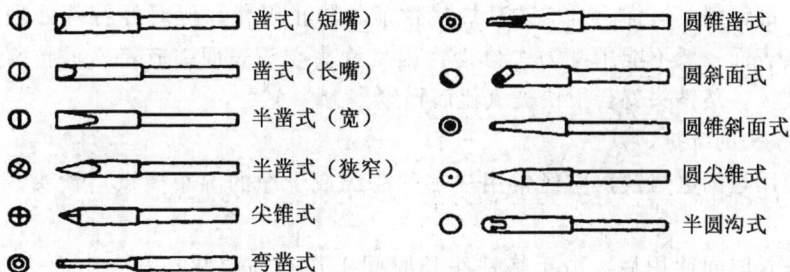

凿式（短嘴）　　　　　　圆锥凿式
凿式（长嘴）　　　　　　圆斜面式
半凿式（宽）　　　　　　圆锥斜面式
半凿式（狭窄）　　　　　圆尖锥式
尖锥式　　　　　　　　　半圆沟式
弯凿式

图 2.10 烙铁头的形状

技能技巧 25 电烙铁的使用、维护与检测

1. 电烙铁的使用

（1）电烙铁加热使用时的注意事项。

电烙铁加热使用时，不能用力敲击、甩动。因为电烙铁通电后，其烙铁芯中的电

热丝和绝缘瓷管变脆，敲击易使烙铁芯中的电热丝断裂和绝缘瓷管破碎，使烙铁头变形、损伤；当烙铁头上的焊锡过多时，可用布擦掉，切勿甩动，以免飞出的高温焊料危及人身、物品安全。

（2）加热及焊接过程中，电烙铁的放置及处理。

电烙铁加热或暂时停焊时，不能随意放置在桌面上，应把烙铁头支放在烙铁架上，可避免烫坏其他物品。注意电源线不可搭在烙铁头上，以防烫坏绝缘层而发生触电事故或短路事故。

电烙铁较长时间不用时，要把电烙铁的电源插头拔掉。长时间在高温下会加速烙铁头的氧化，影响焊接性能，烙铁芯的电阻丝也容易烧坏，降低电烙铁的使用寿命。

（3）烙铁头温度的调节。

烙铁头的温度可通过调节烙铁头伸出的长度来改变。烙铁头从烙铁芯拉出得越长，烙铁头的温度相对越低，反之温度越高。也可以利用调整烙铁头的大小及形状达到调节温度的目的：烙铁头越细，温度越高；烙铁头越粗，相对温度越低。

（4）焊接结束后，电烙铁的处理。

焊接结束后，应及时切断电烙铁的供电电源。待烙铁头冷却后，用干净的湿布清洁烙铁头，并将电烙铁收回工具箱。

2. 电烙铁的维护

（1）安全性检测。

新买的电烙铁先要用万用表的欧姆挡检查一下插头与金属外壳之间的电阻值，正常时其电阻应为无穷大（表现为万用表指针不动），否则应该将电烙铁拆开检查。

采用塑胶电线作为电烙铁的电源线是不安全的，因为塑胶电线容易被烫伤、破损，易造成短路或触电事故。建议在电烙铁使用前换用橡胶花线。

（2）新烙铁头的处理。

普通的新电烙铁第一次使用前，其烙铁头要先进行镀锡处理。方法是将烙铁头用细砂纸打磨干净，然后浸入松香水，蘸上焊锡在硬物（例如木板）上反复研磨，使烙铁头各个面全部镀锡。这样，可增强其焊接性能、防止氧化。但对经特殊处理的长寿命烙铁头，其表面一般不能用锉刀去修理，因烙铁头端头表面镀有特殊的抗氧化层，一旦镀层被破坏，烙铁头就会很快被氧化而报废。

（3）烙铁头的维护。

对于使用过的电烙铁，应经常用浸水的海绵或干净的湿布擦拭烙铁头，保持烙铁头的清洁。

烙铁头长时间使用后，由于烙铁头长时间工作在高温状态，会出现烙铁头发黑、碳化等氧化现象，使温度上升减慢、焊点易夹杂氧化物杂质，影响焊点质量；同时烙铁头工作面也会变得凹凸不平，影响焊接。这时可用小锉刀轻轻锉去烙铁头表面氧化层，将烙铁头工作面锉平，在露出紫铜的光亮后，立即将烙铁头浸入熔融状的焊锡中，进行镀锡（上锡）处理。

烙铁芯和烙铁头是易损件，其价格低廉，很容易更换，但不同规格，不能通用。

3. 电烙铁的检测

电烙铁好坏的检测可以采用目测检查和使用万用表的欧姆挡检测相结合的方法进

行。检测步骤是先目测再使用万用表检测，具体步骤如下。

(1)目测。

目测检查主要是查看电源线有无松动和烫破露芯线、烙铁头有无氧化或松动、固定螺丝有无松动脱落现象。

(2)万用表检测。

若目测没有问题，但电烙铁通电后不发热或升温不高时，则可用万用表测试电源插头两端的电阻，正常时，测试的电阻值应该在几百欧姆。

若测试电源插头两端的电阻为无穷大时，则有可能出现电源插头的接头断开、烙铁芯内的电阻丝与电源线断开或烙铁芯内部的电阻丝断开等故障。

若测试的电阻值在几百欧姆，但温度不高，则要检查烙铁头是否氧化，烙铁头是否拉出。

若测试的电阻值为零，则说明带电烙铁内部出现短路故障，此时一定要排除短路故障后才能通电使用，否则易造成一连串的短路，损坏电源电路。

知识点 2.3.2　电热风枪

电热风枪是专门用于焊装或拆卸表面贴装元器件的专用焊接工具，它利用高温热风作为加热源，同时加热焊锡膏、电路板及元器件引脚，使焊锡膏熔化，从而实现焊装或拆焊的目的。

电热风枪由控制台和电热风吹枪组成，如图 2.11 所示。电热风枪内装有电热丝和电风扇；控制台完成温度及风力的调节。

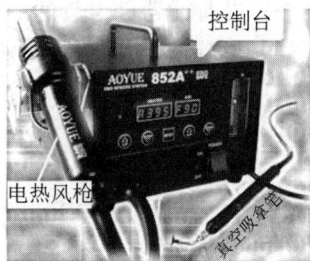

图 2.11　电热风枪

技能技巧 26　焊接用辅助工具的使用

焊接时，除使用电烙铁等焊接工具之外，还经常要借助一些辅助工具帮助焊接。焊接用的辅助工具通常有：烙铁架、小刀或细砂纸、尖嘴钳、镊子、斜口钳等。

1. 烙铁架

使用电烙铁实施焊接时，要借助于烙铁架存放松香或焊锡等焊接材料，在焊接的空闲时间，电烙铁要放在特制的烙铁架上，以免烫坏其他物品。常用的烙铁架如图 2.12 所示。

图 2.12　烙铁架

2. 小刀或细砂纸

焊接前，可使用小刀或细砂纸等对元器件引脚或印制电路板的焊接部位进行去除氧化层处理。

(1)去除元器件引脚或导线芯线的氧化层。

当元器件引脚或导线芯线发暗、无光泽时，说明元器件引脚或导线芯线已经被氧化了，可使用小刀(或细砂纸)刮去(或打磨)元器件金属引线表面或导线芯线表面的氧

化层，对于集成电路的引脚可使用绘图橡皮擦拭去除氧化层，引脚露出金属光泽表示氧化层已清除，然后立即进行搪锡处理，如图 2.13 所示。

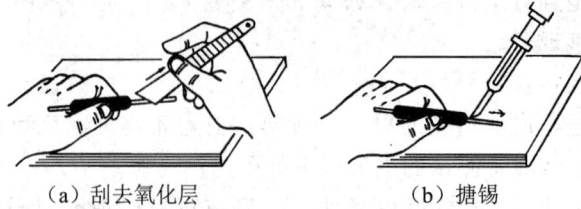

（a）刮去氧化层　　　　　　（b）搪锡

图 2.13　元器件引脚去除氧化层的处理

(2)去除印制电路板铜箔的氧化层。

当印制电路板铜箔面发暗、无光泽时，说明印制电路板已经被氧化了，这时可用细砂纸将印刷电路板的铜箔面轻轻打磨，直至打出光泽后，立即用干净布擦拭干净，再涂上一层松香酒精溶液即可。

经过处理后的元器件引脚和印制电路板就可以正式焊接了。

3. 尖嘴钳或镊子

(1)进行元器件引脚的成型。

在焊接前，使用尖嘴钳或镊子对元器件的引脚成型，如图 2.14 所示。

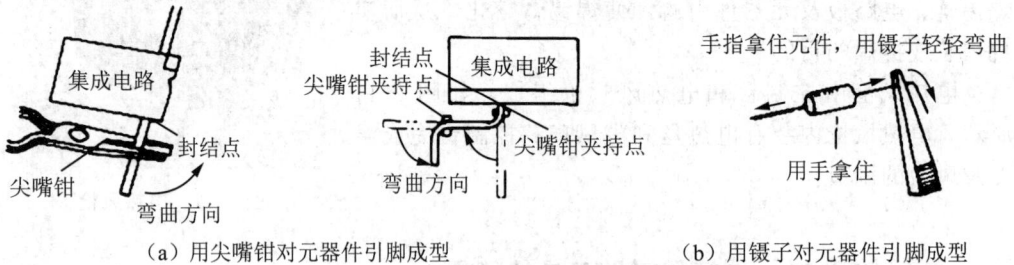

（a）用尖嘴钳对元器件引脚成型　　　　　　（b）用镊子对元器件引脚成型

图 2.14　元器件引脚成型

(2)夹持导线或元器件引脚。

尖嘴钳及镊子可用于夹持导线、元器件的引脚或装配材料。在焊接过程中，用镊子夹持元器件引脚，可以帮助元器件在焊接过程中散热，避免焊接温度过高损坏元器件，同时也可避免烫伤持焊接元件的手，如图 2.15(a)所示。焊接结束时，可使用镊子轻轻摇动元器件引脚，来检查元器件的焊接是否牢固，如图 2.15(b)所示。

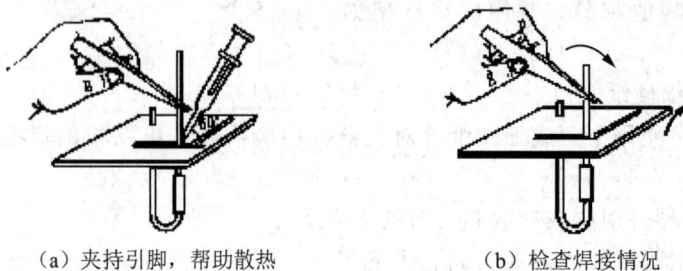

（a）夹持引脚，帮助散热　　　　　　（b）检查焊接情况

图 2.15　镊子的辅助作用

4. 斜口钳

在装接前，使用斜口钳剪切导线；元器件安装焊接无误时，使用斜口钳剪去多余的元器件引脚，如图 2.16 所示。

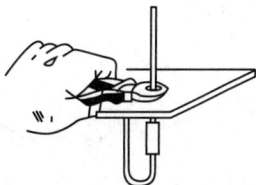

图 2.16　斜口钳的作用

▶任务四　手工焊接技术

手工焊接既是焊接技术的基础，也是电子制作人员必须要掌握的一项基本操作技能。手工焊接技术适合于电子产品的研发试制、电子产品的小批量生产、电子产品的调试与维修以及某些不适合自动焊接的场合。

技能技巧 27　手工焊接的操作要领

手工焊接是一项实践性很强的技能，在掌握手工焊接的操作要领后，必须多练习、多实践，才能获得较好的焊接质量。

1. 电烙铁的握持方法

手工焊接一般采用坐姿焊接，为减小焊料、焊剂挥发的化学物质对人体的伤害，保证操作者的焊接便利，焊接工作台和坐椅的高度要合适，同时要求焊接时电烙铁离操作者鼻子的距离以 20～30cm 为佳。

手工焊接时，操作者握持电烙铁的方法有反握法、正握法、笔握法三种。

(1)反握法。

反握法如图 2.17(a)所示。反握法对被焊件的压力较大，适合于较大功率的电烙铁(>75W)对大焊点的焊接操作。

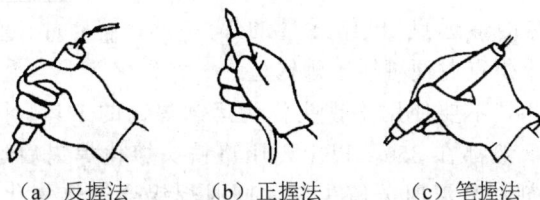

（a）反握法　　　（b）正握法　　　（c）笔握法

图 2.17　电烙铁的握法

(2)正握法。

正握法如图 2.17(b)所示。正握法适用于中功率的电烙铁及带弯头的电烙铁的操作，或直烙铁头在大型机架上的焊接。

(3)笔握法。

笔握法如图 2.17(c)所示。笔握法类似于写字时手拿笔的姿势，该方法适用于小功率的电烙铁，焊接印制电路板上的元器件及维修电路板时以笔握式较为方便。

2. 焊锡丝的握持方法

焊接时，通常是左手拿持焊锡丝，右手握持电烙铁进行焊接操作。握持焊锡丝的方法主要包括：断续送焊锡丝法和连续送焊锡丝法，如图 2.18 所示。

（a）断续送焊锡丝法 　　　（b）连续送焊锡丝法

图 2.18　握持焊锡丝的方法

3. 加热焊点的方法

焊接时，电烙铁必须同时加热焊接点上所有的被焊金属。如图 2.19 所示，烙铁头是放在被焊的导线和印制电路板铜箔之间的，可以同时加热导线和印制电路板铜箔，容易形成良好的焊点，烙铁头接触印制电路板的最佳焊接角度为 $\theta=30°\sim50°$。

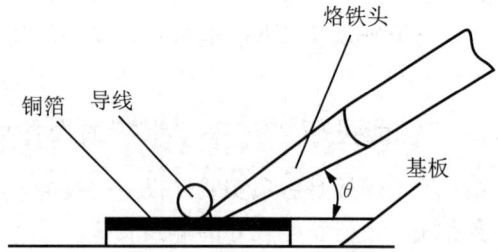

图 2.19　电烙铁接触焊点的方法

4. 焊料的供给方法

手工焊接时，一般是右手拿电烙铁加热元器件和电路板，左手拿焊锡丝送往焊接点进行熔化焊锡焊接，如图 2.20 所示。

焊料供给的操作要领：先同时加热被焊件（需要焊接的元器件和电路板），当被焊件加热到一定的温度时，先在图 2.20 的①处（烙铁头与焊接件的接合处）供给少量焊料，然后将焊锡丝移到②处（距烙铁头加热的最远点）供给适量的焊料，直到焊料润湿整个焊点时便可撤去焊锡丝。

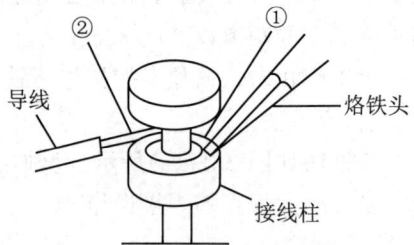

图 2.20　焊料的供给方法

注意：焊接过程中，不要使用烙铁头作为运载焊锡的工具。因为处于焊接状态的烙铁头的温度很高，一般都在 350℃ 以上，用烙铁头熔化焊锡后运送到焊接面上焊接时，焊锡丝中的助焊剂在高温时分解失效，同时焊锡会过热氧化，造成焊点质量低，或出现焊点缺陷。

5. 电烙铁的撤离方法

电烙铁结束焊接时，其撤离方向、角度决定了焊点上焊料的留存量和焊点的形状。图 2.21 所示为电烙铁撤离方向与焊料留存量的关系。手工焊接者可根据实际需要，选择电烙铁不同的撤离方法。

①图 2.21(a)中，电烙铁以 45°的方向撤离，带走少量焊料，焊点圆滑、美观，是焊接时较好的撤离方法。

②图 2.21(b)中，电烙铁垂直向上撤离，焊点容易产生拉尖、毛刺。

③图 2.21(c)中，电烙铁以水平方向撤离，带走大量焊料，可在拆焊时使用。

④图 2.21(d)中，电烙铁沿焊点向下撤离，带走大部分焊料，可在拆焊时使用。

⑤图 2.21(e)中，电烙铁沿焊点向上撤离，带走少量焊料，但焊点的形状不好。

掌握上述撤离方向，就能控制焊料的留存量，使每个焊点符合要求。

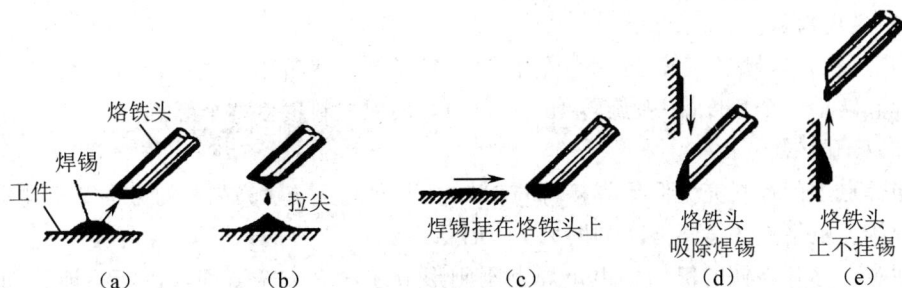

图 2.21 电烙铁的撤离方向与焊料的留存量

(a)　(b)　(c)　(d)　(e)

图中标注：工件、焊锡、烙铁头、拉尖、焊锡挂在烙铁头上、烙铁头吸除焊锡、烙铁头上不挂锡

技能技巧 28　手工焊接的操作方法

常用的手工焊接操作方法一般分为两种：五步(操作)法和三步(操作)法两种。

1. 五步操作法

五步操作法如图 2.22 所示，包括：准备、加热、加焊料、撤离焊料、移开烙铁五个步骤。

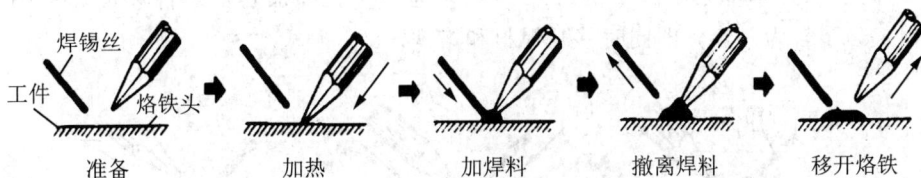

准备　加热　加焊料　撤离焊料　移开烙铁

图 2.22　五步操作法

(1)准备。

焊接前，把被焊件(导线、元器件、印制电路板等)、焊接工具(电烙铁、镊子、斜口钳、尖嘴钳、剥线钳等)和焊接材料(焊料、焊剂等)准备好，并清洁工作台面，做好元器件的预加工、引脚成型及导线端头的处理等准备工作。

(2)加热。

用电烙铁加热被焊件，使焊接部位的温度上升至焊接所需要的温度。

注意：合适的焊接温度，是形成良好焊点的保证。温度太低，焊锡的流动性差，在焊料和被焊金属的界面难以形成合金，不能起到良好的连接作用，并会造成虚焊(假焊)的结果；温度过高，易造成元器件损坏、电路板起翘、印制电路板上铜箔脱落，还会加速焊剂的挥发，被焊金属表面氧化，造成焊点夹渣而形成缺陷。

焊接的温度与电烙铁的功率、焊接的时间、环境温度有关。保证合适的焊接温度，可以通过选择电烙铁和控制焊接时间来调节。电烙铁的功率越大，产生的热量越多，温升越快；焊接时间越长，温度越高；环境温度越高，散热越慢。真正掌握焊接的最佳温度，获得最佳的焊接效果，还须进行严格的训练，这要在实际操作中去体会。

(3)加焊料。

当被焊件加热到一定的温度后，即在烙铁头与焊接部位的接合处以及对称的一侧，加上适量的焊料。焊料的供给方法如图 2.20 所示。

(4)撤离焊料。

当适量的焊料熔化后，迅速向左上方撤离焊料；然后用烙铁头沿着焊接部位将焊料沿焊点转动一个角度（一般旋转45°～180°），确保焊料覆盖整个焊点。

(5)移开烙铁。

当焊点上的焊料充分润湿焊接部位时，立即向右上方45°左右的方向移开电烙铁，结束焊接。电烙铁的撤离方法如图2.21所示。

注意：移开烙铁的伊始，由于焊点刚刚形成还没有完全凝固，因而不能移动被焊件之间的位置，否则由于被焊件相对位置的改变，会使焊点结晶粗大（呈豆腐渣状）、无光泽或有裂纹，影响焊点的机械强度，甚至造成虚焊现象。焊接时，若发现焊点拉尖（也称拖尾）时，可用烙铁头在松香上蘸一下，再补焊即可消除。

五步操作法中的(2)～(5)的操作过程，一般要求在2～3s的时间内完成；在实际操作中，具体的焊接时间还要根据环境温度的高低、电烙铁的功率大小以及焊点的热容量来确定。

2. 三步操作法

在五步操作法运用得较熟练且焊点较小的情况下，可采用三步操作法完成焊接，如图2.23所示。即将五步法中的(2)(3)步合为一步，即加热被焊件和加焊料同时进行；(4)(5)步合为一步，即同时移开焊料和烙铁。

图2.23 三步操作法

技能技巧29 易损元器件的焊接技巧

易损元器件是指在焊接过程中，因为受热或接触电烙铁容易造成损坏的元器件。如，集成电路、有机铸塑元器件（如：一些开关、接插件、双联电容、继电器等），集成电路的最大弱点是易受到静电的干扰损坏及热损坏；有机铸塑元器件的最大弱点是不能承受高温。

易损元器件的焊接技巧如下。

①焊接前，作好易损元器件的表面清洁、引脚成型和搪锡等准备工作，集成电路的引脚清洁可用无水酒精清洗或用绘图橡皮擦干净，不需用小刀刮或砂纸打磨。

②选择尖形的烙铁头，保证焊接一个引脚时，不会碰到相邻的引脚，以免造成引脚之间的锡焊桥接短路。

③焊接集成电路时，最好使用防静电恒温电烙铁，焊接时间要控制好（每个焊点不超过3秒），切忌长时间反复烫焊，防止由于电烙铁的微弱漏电而损坏集成电路、或温度过高烫坏集成电路。

④焊接集成电路最好先焊接地端、输出端、电源端，然后再焊输入端。对于那些

对温度特别敏感的元器件，可以用镊子夹上蘸有无水乙醇（无水酒精）的棉球保护元器件根部，使热量尽量少传到元器件上。

⑤焊接有机铸塑元器件时少用焊剂，避免焊剂浸入有机铸塑元器件的内部而造成元器件的损坏。

⑥焊接有机铸塑元器件时，不要对其引脚施加压力，焊接时间越短越好，否则极易造成元器件塑性变形，导致元器件性能下降或损坏，如图 2.24 所示。

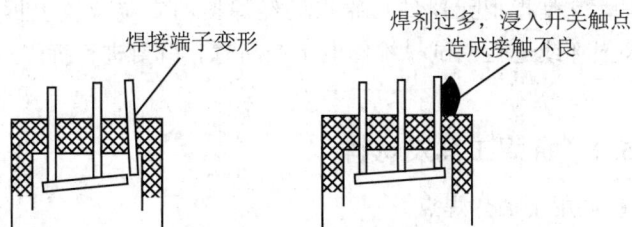

图 2.24　有机铸塑元器件的不当焊接

知识点　手工焊接的工艺要求

为了保证焊接质量，手工焊接过程中应注意以下 6 点焊接工艺要求。

1. 保持烙铁头的清洁

焊接时，烙铁头长期处于高温状态，其表面很容易氧化，这就使烙铁头的导热性能下降，影响了焊接质量，因此，要随时清洁烙铁头。通常的做法是：用一块湿布或一块湿海绵擦拭烙铁头，以保证烙铁头的清洁。

2. 采用正确的加热方式

加热时，应该让焊接部位均匀地受热。正确的加热方式是：根据焊接部位的形状选择不同的烙铁头，让烙铁头与焊接部位形成面的接触，而不是点的接触，这样就可以使焊接部位均匀受热，以保证焊料与焊接部位形成良好的合金层。

3. 焊料、焊剂的用量要适中

焊料适中，则焊点美观、牢固；焊料过多，则浪费焊料，延长了焊接时间，并容易造成短路故障；焊料太少，焊点的机械强度降低，容易脱落。

适当的焊剂有助于焊接；焊剂过多，易出现焊点的"夹渣"现象，造成虚焊故障。若采用松香芯焊锡丝，因其自身含有松香助焊剂，所以无须再用其他的助焊剂。

4. 烙铁头撤离方法的选择

烙铁头撤离的时间和方法直接影响焊点的质量。当焊点上的焊料充分润湿焊接部位时，才能撤离烙铁头，且撤离的方法应根据焊接情况选择。

烙铁头撤离的方法及特点，可参考［技能技巧 27］"手工焊接的操作要领"中的"5. 电烙铁的撤离方法"及图 2.21 电烙铁的撤离方向与焊料的留存量。

5. 焊点的凝固过程

焊料和电烙铁撤离焊点后，被焊件应保持相对稳定，并让焊点自然冷却，严禁用嘴吹或采取其他强制性的冷却方式；避免被焊件在凝固之前，因相对移动或强制冷却而造成虚焊现象。

6. 焊点的清洗

为确保焊接质量的持久性，待焊点完全冷却后，应对残留在焊点周围的焊剂、油污及灰尘进行清洗，避免污物长时间侵蚀焊点造成后患。

▶任务五　拆焊

拆焊又称解焊，它是指把元器件从原来已经焊接的安装位置上拆卸下来。当焊接出现错误、元器件损坏或进行调试、维修电子产品时，就要进行拆焊过程。

知识点 2.5.1　拆焊工具及材料

(1)普通电烙铁：用于加热焊点。

(2)镊子：用于夹持元器件或借助于电烙铁恢复焊孔。镊子应选择端头较尖、硬度较高的不锈钢尖嘴镊子为佳。

(3)吸锡器：用于吸去熔化的焊锡，使元器件的引脚与焊盘分离，协助电烙铁拆卸电路板上的元器件。它必须借助于电烙铁才能发挥作用。

操作时，左手持吸锡器，右手持电烙铁。先用电烙铁加热需拆除的焊点，待焊点上的焊锡熔化时，用吸锡器嘴对准熔化的焊锡，左手按动吸锡器上的吸锡开关，即可吸去熔化状的焊锡，使元器件的引脚与焊盘分离，为新元器件的安装做好准备。吸锡器的外形结构如图 2.25 所示。

(4)吸锡电烙铁：同时具有加热和吸锡的功能，可独立完成熔化焊锡、吸去多余焊锡的任务。吸锡电烙铁的外形结构如图 2.26 所示。吸锡电烙铁可以替代普通电烙铁和吸锡器的拆卸功能，具有使用方便、灵活、适用范围宽等特点。

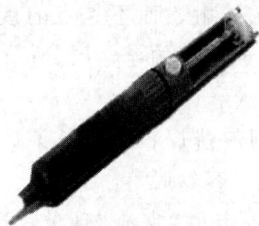

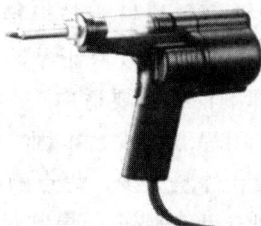

图 2.25　吸锡器　　　　　　　　图 2.26　吸锡电烙铁

操作时，先用吸锡电烙铁加热焊点，等焊点的焊锡熔化后按动吸锡开关，即可将焊盘上的熔融状焊锡吸走，元器件就可被拆卸下来。

(5)吸锡材料：是一种辅助的拆卸材料，常见的有屏蔽线编织层、细铜网等，常用于拆卸大面积、多焊点的电路。使用时，将吸锡材料浸上松香水后，贴到待拆焊的焊点上，然后用烙铁头加热吸锡材料，通过吸锡材料将热传递到焊点上熔化焊锡，吸锡材料将融化的焊锡吸附，然后拆卸吸锡材料，焊点即被拆开。

(6)热风枪或红外线焊枪：热风枪或红外线焊枪可同时对所有焊点进行加热，待焊点熔化后取出元器件。对于表面安装元器件，用热风枪或红外线焊枪进行拆焊的效果最好。用此方法拆焊的优点是拆焊速度快、操作方便,不易损伤元器件和印制电路板上的铜箔。

(7)医用空心针头:将医用针头用铜锉锉平,可作为拆焊的工具。具体拆焊的方法是:一边用电烙铁熔化焊点,一边把针头套在被焊元器件的引线上,直至焊点熔化后,将针头迅速插入印制电路板的孔内,使元器件的引脚线与印制电路板的焊盘分开。

知识点 2.5.2　拆焊原则

拆焊的过程与焊接的步骤相反。拆焊时,不能因为拆焊而破坏了整个电路或元器件,一定要坚持以下原则。

(1)找对应拆卸的元器件,不要出现错拆的情况。

(2)拆卸时,不损坏拆除的元器件及导线。

(3)拆焊时,不损坏印制电路板(包括焊盘与印制导线)。

(4)在拆焊过程中,应该尽量避免伤及附近的其他元器件或变动其他元器件的位置,若确实需要,则要做好复原工作。

技能技巧 30　手工拆焊的方法与技巧

掌握正确的拆焊方法非常重要。如果拆焊不当,极易造成被拆焊的元器件、导线等的损坏,还容易造成焊盘及印制导线的断裂或脱落,严重时,甚至会造成印制电路板的完全损坏。

常用的拆焊方法有分点拆焊法、集中拆焊法、断线拆焊法和吸锡工具拆焊法。

1. 分点拆焊法

分点拆焊法是指对需要拆卸的元器件,一个引脚一个引脚地逐个进行拆卸的方法。其操作步骤是:用镊子夹住被拆焊元器件的一个引脚,同时用电烙铁加热该引脚焊点,当焊点的焊锡完全熔化且与印制电路板没有粘连时,用镊子轻轻地把元器件的引脚拉出来;用同样的方法,将元器件的其他引脚一个一个地拆卸。如图 2.27 所示。

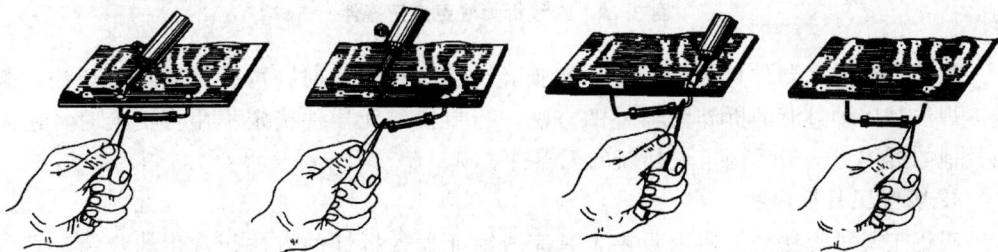

图 2.27　分点拆焊法

分点拆焊法是最基本又最常用的拆焊方法。通常,电阻、电容、晶体管等元件的引脚不多,且每个引线可相对活动的元器件可用该方法直接解焊。操作时,为快速拆焊,可把印制电路板竖起来,一边用电烙铁加热待拆元件的焊点,一边用镊子或尖嘴钳夹住元器件引线轻轻拉出。

注意：分点拆焊法不宜在一个焊点多次使用，因为印制电路板线路和焊盘在经反复加热后，很容易脱落，就会造成印制电路板损坏。若待拆卸的元器件与印制电路板还有粘连时，不能硬拽元器件，以免损伤被拆卸的元器件和印制电路板。

2. 集中拆焊法

集中拆焊法是指，一次性拆卸一个元器件的所有引脚的方法。其操作步骤是：使用电烙铁同时快速、交替地加热被拆元器件的所有引脚焊点，待这几个焊点同时熔化后，一次拔出拆焊器元件。图 2.28 所示为集中拆焊法示意图。

当需要拆焊的元器件引脚不多，且焊点之间的距离很近时，可采用集中拆焊法。如拆焊立式安装的电阻、电容、二极管或小功率三极管等。

集中拆焊法要求操作者对电烙铁的操作熟练，加热焊点迅速、动作快。一般学会分点拆焊法后，再练习集中拆焊法更好。

无论是采用分点拆焊法，还是集中拆焊法，在拆下元器件后，应将焊盘上的残留焊锡清理干净，便于更换

图 2.28　集中拆焊法

新的元器件。清理残留焊锡的方法是：用电烙铁加热并熔化焊锡，用吸锡器将被焊盘上的焊锡吸去，在焊锡为熔融状态时，用锥子或尖嘴镊子从铜箔面将焊孔扎通，为更换新元器件做好准备。

3. 断线拆焊法

断线拆焊法是指，不用电烙铁加热，直接剪断被拆卸元器件引脚的拆卸方法，如图 2.29 所示。其操作方法是：对被拆焊的元器件，不进行加热过程，而是用斜口钳剪下元器件，但须留出被拆卸元器件的部分引脚，以便更换新元器件时连接用。

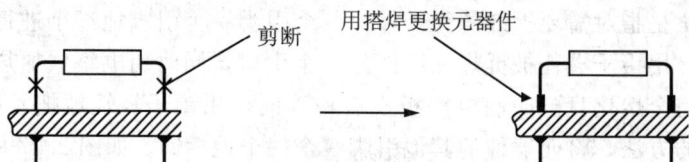

图 2.29　断线拆焊法更换元器件

当被拆焊的元器件可能需要多次更换，或已经拆焊过时，可采用断线拆焊法。断线拆焊法是一种过渡的拆卸元器件的方法，当更换的元器件确定不用再更换时，还需用其他的拆焊方法最后固定更换新的元器件。

4. 吸锡工具拆焊法

吸锡工具拆焊法是指使用吸锡工具完成对元器件拆卸的方法。常用的吸锡工具包括：吸锡器和吸锡电烙铁，它们是拆焊的专用工具。

（1）吸锡器拆焊的方法与技巧。

使用吸锡器拆焊时，要借助于电烙铁才能完成拆焊任务。

操作时，左手持吸锡器，右手持电烙铁；先用电烙铁加热需拆除的焊点，待焊点上的焊锡熔化时，用吸锡器嘴对准熔化的焊锡，左手按动吸锡器上的吸锡开关，即可吸去熔化状的焊锡，当被拆焊的元器件引脚与焊盘完全分离后，即可拆卸元器件。

（2）吸锡电烙铁拆焊的方法与技巧。

吸锡电烙铁是一种既能加热焊锡又能吸掉熔融焊锡的拆焊工具。使用吸锡电烙铁拆焊的方法技巧：先用吸锡电烙铁加热焊点，等焊锡熔化后，按动吸锡按键，即可把熔化的焊锡吸掉，当被拆焊的元器件引脚与焊盘分离后，即可拆卸元器件。

吸锡电烙铁是拆焊操作中使用最方便的工具，其拆焊效率高且不伤元器件。

当需要拆焊的元件引脚多、导线较硬时，或焊点之间的距离很近且引脚较多时，如多脚的集成电路拆焊，使用吸锡工具进行拆焊特别方便。

（3）用吸锡材料拆焊。

用吸锡材料拆焊是指借助于吸锡材料（如屏蔽线编织层、细铜网等），拆卸印制电路板上元器件焊点。拆焊时，将吸锡材料加松香助焊剂后，贴到待拆焊的焊点上，然后用烙铁头加热吸锡材料，通过吸锡材料将熔化的焊锡吸附，然后拆卸吸锡材料，焊点即被拆开。

该方法常用于拆卸大面积、多焊点的电路。

▶任务六　焊点的质量分析

知识点 2.6.1　焊点的质量要求

对焊点的质量要求主要包括：有良好的电气连接性能和机械强度，焊量合适、光滑圆润。

1. 电气接触良好

良好的焊点应该具有可靠的电气连接性能，不允许出现虚焊、桥接等现象。

2. 机械强度可靠

焊接不仅起到电气连接的作用，同时也要固定元器件、保证机械连接，这就是机械强度的问题。电子产品完成装配后，由于搬运、使用或自身信号传播等原因，会或多或少地产生振动；因此要求焊点具有可靠的机械强度，以保证使用过程中，不会因正常的振动而导致焊点脱落。焊料多，机械强度大；焊料少，机械强度小。但不能因为增大机械强度而在焊点上堆积大量的焊料，这样容易造成虚焊、桥接短路的故障。

通常焊点的连接形式有插焊、弯焊、绕焊、搭焊四种，如图 2.30 所示。弯焊和绕焊的机械强度高，连接可靠性好，但拆焊困难；插焊和搭焊连接最方便，但机械强度和连接可靠性稍差。在印制电路板上进行焊接时，由于所使用的元器件重量轻，使用过程中振动不大，所以常采用插焊或搭焊形式。在调试或维修中，通常采用搭焊作为临时焊接的形式，因为它装拆方便，不易损坏元器件和印制电路板。

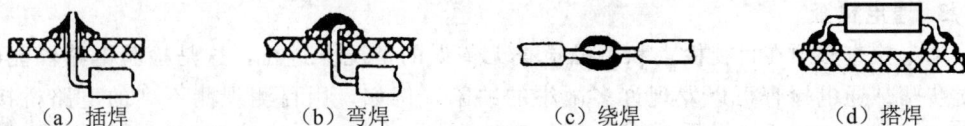

（a）插焊　　　　（b）弯焊　　　　（c）绕焊　　　　（d）搭焊

图 2.30　焊点的连接形式

3. 焊量合适、光滑圆润

从焊点的外观来看，一个良好的焊点应该是明亮、清洁、光滑圆润、焊锡量适中并呈裙状拉开，焊锡与被焊件之间没有明显的分界，这样的焊点才是合格、美观的。如图 2.31 所示。

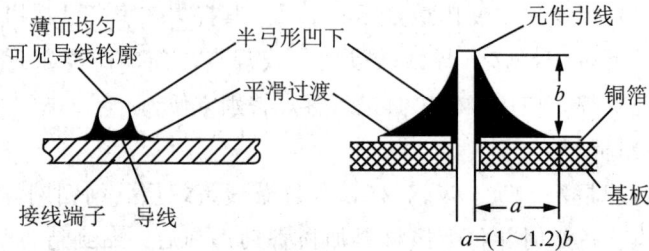

图 2.31　良好焊点的外观

知识点 2.6.2　焊点的检查方法

焊接是电子产品制造中的一个重要环节，为保证产品的质量，在焊接结束后，要对焊点的质量进行检查。焊点的检查通常采用目视检查、手触检查和通电检查的方法。

1. 目视检查

目视检查是指通过肉眼从焊点的外观上检查焊接质量是否合格，焊点是否有缺陷。目视检查可借助于 3～10 倍放大镜、显微镜进行观察检查。目视检查的主要内容有以下几点。

(1)是否有错焊、漏焊、虚焊和连焊。

(2)焊点的光泽好不好，焊料足不足。

(3)是否有桥接现象。

(4)焊点有没有裂纹。

(5)焊点是否有拉尖现象。

(6)焊盘是否有起翘或脱落情况。

(7)焊点周围是否有残留的焊剂。

(8)导线是否有部分或全部断线、外皮烧焦、露出芯线的现象。

(9)焊接部位有无热损伤或机械损伤现象。

2. 手触检查

在外观检查中发现有可疑现象时，可用手触进行检查，即用手触摸、轻摇焊接的元器件，看元器件的焊点有无松动、焊接不牢的现象。也可用镊子夹住元器件引线轻轻拉动，查看有无松动现象。手触检查可检查导线、元器件引线与焊盘是否接合良好，有无虚焊现象；元器件引线和导线根部是否有机械损伤。

3. 通电检查

通电检查必须在目视检查和手触检查无错误的情况下进行，这是检验电路性能的关键步骤。通电检查可以发现许多微小的缺陷，例如，用目测观测不到的电路桥接、印制线路的断裂等。通电检查焊接质量的结果和原因分析如表 2.4 所示。

表 2.4　通电检查焊接质量的结果和原因分析

通电检查结果		原因分析
元器件损坏	失效	元器件失效、成型时元器件受损、焊接过热损坏
	性能变坏	元器件早期老化、焊接过热损坏
导电不良	短路	桥接、错焊、金属渣(焊料、剪下的元器件引脚或导线引线等)引起的短接等
	断路	焊锡开裂、松香夹渣、虚焊、漏焊、焊盘脱落、印制导线断裂、插座接触不良等
	接触不良、时通时断	虚焊、松香焊、多股导线断丝、焊盘松脱等

技能技巧 31　焊点的常见缺陷及原因分析

焊接方法不对，或使用的焊料、焊剂不当，或被焊件表面氧化、有污物时，极易造成焊点缺陷，影响电子产品的质量。

焊点的常见缺陷有虚焊、桥接、球焊(堆焊)、拉尖，印制电路板铜箔起翘、焊盘脱落，导线焊接不当。

1. 虚焊

虚焊又称假焊，是指焊接时焊点内部没有真正形成连接作用的现象，如图 2.32 所示。虚焊是焊接中最常见的缺陷，也是最难发现的焊接质量问题。在电子产品的故障中，有将近一半是由于虚焊造成的。所以，虚焊是电路可靠性的一大隐患，必须严格避免。

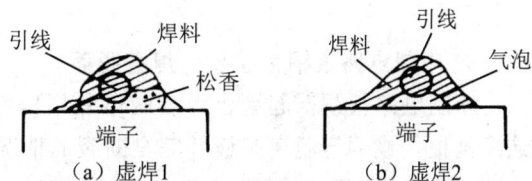

图 2.32　虚焊现象

造成虚焊的主要原因是：未做好清洁，元器件引线或焊接面氧化或有杂质，助焊剂(松香)用量过多，焊锡质量差，焊接温度掌握不当(温度过低或加热时间不足)，焊接结束但焊锡尚未凝固时被焊接元件移动等。

虚焊造成的后果：电路的电气连接不良、信号时有时无、噪声增加、电路工作不正常，产品会出现一些难以判断的"软故障"。

2. 桥接

桥接是指焊锡将电路之间不应连接的地方误焊接起来的现象，如图 2.33 所示。

造成桥接的主要原因是：明显的桥接是由于焊锡用量过多、电烙铁使用不当(如，烙铁撤离焊点时角度过小)造成的；导线端头处理不好(芯线散开)、残留的元器件引脚或导线、散落的焊锡珠等金属杂物也会造成不易觉察的细微桥接；在自动焊接过程中，焊料槽的温度过高或过低也会造成桥接。

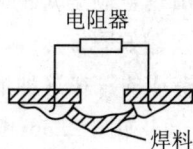

图 2.33　桥接现象

桥接造成的后果：造成元器件的焊点之间短路、电子产品出

现电气短路,有可能使相关电路的元器件损坏。这在对超小元器件及细小印制电路板进行焊接时尤其需要注意。

3. 球焊(堆焊)

球焊(堆焊)是指焊锡用量过多,但焊点与印制电路板只有少量连接、焊点的形状像球形的锡焊堆积现象,如图 2.34 所示。

造成球焊的主要原因是:印制电路板面有氧化物或杂质,且焊料过多造成的。

球焊造成的后果:由于被焊部件只有少量连接,因而其机械强度差,略微振动就会使连接点脱落,造成虚焊或断路故障,并且由于焊料过多,还易造成桥接现象。

4. 拉尖

拉尖是指焊点表面有尖角、毛刺的现象,如图 2.35 所示。

造成拉尖的主要原因是:烙铁头离开焊点的方向(角度)不对、电烙铁离开焊点太慢、焊料质量不好、焊料中杂质太多、焊接时的温度过低等。

拉尖造成的后果:外观不佳、易造成桥接现象;对于高压电路,有时会出现尖端放电的现象。

图 2.34 球焊(堆焊)现象

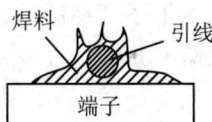

图 2.35 拉尖现象

5. 印制电路板铜箔起翘、焊盘脱落

印制电路板铜箔起翘、焊盘脱落是指印制电路板上的铜箔部分脱离印制电路板的绝缘基板,或铜箔脱离基板并完全断裂的情况。

造成印制电路板铜箔起翘、焊盘脱落的主要原因是:焊接时间过长、温度过高、反复焊接造成的;在拆焊时,焊料没有完全熔化就拔取元器件造成的。

印制电路板铜箔起翘、焊盘脱落造成的后果:使电路出现断路,或元器件无法安装,甚至整个印制电路板损坏。

6. 导线焊接不当

导线焊接不当有多种现象,会引起电路的诸多故障,常见的故障现象有以下几种。

①如图 2.36(a)所示,导线的芯线过长;容易使芯线碰到附近的元器件造成短路故障。

②如图 2.36(b)所示,导线的芯线太短,焊接时焊料浸过导线外皮;容易造成焊点处出现空洞虚焊的现象。

③如图 2.36(c)所示,导线的外皮被烧焦,露出芯线;这是由于烙铁头碰到导线外皮造成的。在这种情况下,露出的芯线易碰到附近的元器件造成短路故障,且外观难看。

④如图 2.36(d)所示的摔线现象和如图 2.36(e)所示的芯线散开现象,是因为导线端头没有捻头、捻头散开或烙铁头压迫芯线造成的。这种情况容易使芯线碰到附近的元器件造成短路故障,或出现焊点处接触电阻增大、焊点发热、电路性能下降等不良现象。

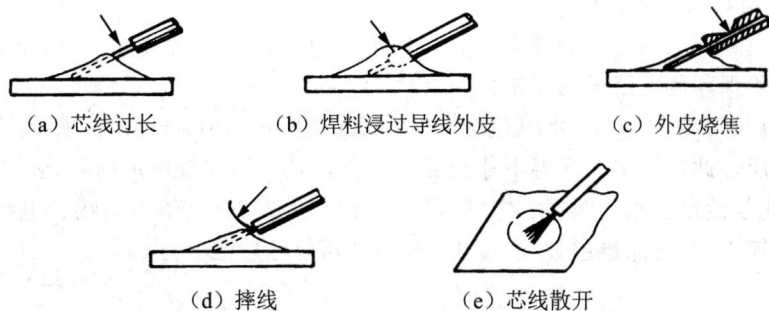

（a）芯线过长　　　（b）焊料浸过导线外皮　　　（c）外皮烧焦

（d）摔线　　　（e）芯线散开

图 2.36　导线的焊接缺陷

任务七　无铅焊接技术

知识点 2.7.1　无铅焊接的概念

无铅焊接技术是指使用无铅焊料、无铅元器件、无铅材料和无铅焊接工具设备制作电子产品的工艺过程。

由于铅及其化合物含有损伤人类的神经系统、造血系统和消化系统的重金属毒物，会影响儿童的生长发育、神经行为和语言行为，导致人类易患呆滞、高血压、贫血、生殖功能障碍等疾病；若铅浓度过大，还可能致癌。

使用锡铅焊接技术，其电子产品、电子元器件、PCB 板焊料中的铅易溶于含氧的水中，会污染水源、空气和土壤，破坏生存环境。珍惜生命，时代要求无铅的产品。因此无铅焊接技术必须取代锡铅焊接技术。

2003 年 3 月，中国信息产业部在《电子信息产品生产污染防治管理办法》中规定，自 2006 年 7 月 1 日起，投放市场的国家重点监管目录内的电子信息产品必须达到"无铅化"，即无铅电子产品中，铅、镉、汞、六价铬、聚合溴化联苯或聚合溴化联乙醚六种有毒有害材料的含量必须控制在 0.1% 以内，以减少铅及其化合物对人类和环境造成的伤害与污染。

知识点 2.7.2　无铅焊接亟待解决的问题

目前电子产品的无铅化亟待解决的三个问题是：焊料的无铅化、元器件和印制电路板的无铅化、焊接设备的无铅化。所涉及的范围包括焊接材料、焊接设备、焊接工艺、阻焊剂、电子元器件和印制电路板的材料等方面。

1. 焊料的无铅化

无铅焊料是指以锡为主体，添加一些非铅类的金属材料制成的焊接材料。所谓"无铅焊料"，并非完全没有铅的成分，而是要求无铅焊料中铅的含量必须低于 0.1%。

2. 元器件的无铅化

元器件的无铅化主要是指元器件引线的无铅化。从技术角度考虑，可选择纯锡、银、钯/镍、金、镍/钯、镍/金、银/钯、镍/金/铜等代替 Sn/Pb 焊料等可焊涂覆层。

3. 印制电路板的无铅化

对印制电路板上的焊盘和导电层，可用下列可焊涂覆层替代原有 Sn/Pb 焊料的可焊涂覆层，确保印制电路板的无铅化。

(1)用有机可焊保护层 OSP(Organic Solder Ability Preservative)替代原有 Sn/Pb 焊料的涂覆层。此保护层在高温下才会分解消逝，是一种比较稳定的氧化防护层。

(2)以化学镀银、电镀镍银、电镀镍/金、铜/金层上热风整平镀锡、电镀镀镍/钯、镀纯锡、电镀钯/铜等涂覆层替代 Sn/Pb 焊料的可焊涂覆层。

知识点 2.7.3　焊接设备的无铅化要求

常用的无铅焊接设备主要有：波峰焊机、再流焊机设备等。

1. 对焊接设备的结构要求

无铅化后，焊接温度升高，氧化现象会更加严重，必然对焊接设备提出更高的要求。

因而无铅焊接对焊接设备的结构要求：对波峰焊机和再流焊机设备进行无铅化改造，选择耐温和抗氧化能力强的材料制作焊接设备，提高焊接设备自身的耐高温性。

2. 对焊接设备的焊接要求

无铅焊接中，为了要适应新的焊接温度的要求，可采用延长预热时间、提高预热温度、延长峰值温度、提高加热控制精度来进行焊接。具体做法是：加长焊接预热区或采取对印制电路板上、下两面同时加热的方式，以增强加热能力，提高加热效率。

波峰焊机温度的控制精度需要提高到±2℃，再流焊机温度的控制精度需要提高到±1℃，焊料槽的温控精度最低应达到±2℃。传统波峰焊机采用温度表方式控温，原理为通断模式(ON－OFF)，其温控精度低。一些新的无铅波峰焊接机采用 PID＋模拟量调压控制方法，可减少温度冲击，达到较高的温控精度。

3. 焊接中的防氧化措施

无铅焊料的高含锡量及焊接温度的升高，使焊料、焊盘更容易氧化，使焊料润湿性变差，影响焊接质量。控制焊锡氧化的主要措施有以下几点。

①采用新型喷口结构和锡渣分离设计，尽量减少锡渣中的含锡量，在正常工作情况下，可使锡的氧化渣量减少到每 8 小时低于 2kg。

②采取氧化渣自动聚积的流向设计，波峰上无漂浮的氧化锡渣，无须淘渣，减少了维护。

③采用惰性气体(如氮气)保护焊技术，以彻底减少氧化渣的形成。

4. 焊接中的助焊剂

无铅焊接时，采用专为无铅焊接研制的免清洗助焊剂，该助焊剂固体含量低、不含卤素、挥发完全，也不含任何树脂、松香和其他合成物质，焊后无残留物。

助焊剂最好使用助焊剂喷涂系统，采用喷雾法进行焊剂的喷涂，该喷涂系统是一个喷涂速度、喷涂宽度和喷涂量可调的自动跟踪系统。同时可采用上下抽风、两级不锈钢丝网过滤装置，最大极度地过滤收回多余的助焊剂，提高助焊剂的利用率。

5. 增加抗腐蚀性措施

无铅焊料在高温下，锡对铁有较强的溶解性，传统的波峰焊机的不锈钢焊料槽及锡汞和喷口会逐渐腐蚀,特别是叶片、喷口等更容易损坏。如果无铅焊料中含有锌(Zn),则更易使其氧化。因此无铅焊接的波峰焊机的这些部位应当采用钛合金制造,才可避免腐蚀损坏。

知识点 2.7.4　无铅焊接目前存在的问题

(1)要求元器件耐高温性能好。

目前用于电子产品制作的无铅焊料熔点一般要比锡铅焊料 Sn63%-Pb37%的熔点高30~50℃,焊接温度高达 260℃,修复温度可达 280℃。因而要求元器件耐高温、可焊性好。

(2)PCB 电路板的制作要求高。

由于无铅焊接的温度升高,因而 PCB 的绝缘底板、黏合材料、表面镀覆的无铅共晶合金材料等,都需要耐高温,焊接后不变形、不脱落,致使 PCB 电路板的制作工艺复杂、制作成本增加。

(3)焊接设备和焊接工具的性能要求增加。

无铅化后,焊接温度升高,这就要提高焊接设备和工具的加热能力和加热效率,提高焊接设备和焊接工具制作材料的耐温性。同时,为了提高焊接质量和减少焊料的氧化,必须采用行之有效的抑制焊料氧化技术和采用惰性气体(如 N_2)保护无铅焊料技术。

(4)无铅焊接材料的可焊性和抗氧化性。

目前,无铅合金焊料的可焊性不高,其焊点看起来显得粗糙、暗淡没有光泽、不平整,且机械强度下降;且无铅焊料中掺入替代的其他金属材料的价格远高于铅,导致无铅焊料的成本上升。无铅焊料的价格是锡铅合金焊料的 2~3 倍,导致电子产品的成本上升,性价比下降。

无铅助焊剂的氧化还原能力强和润湿性还不是很好,助焊剂与焊接预热温度和焊接温度不够匹配,难以满足无铅焊接的需要。

知识点 2.7.5　无铅焊接的质量分析

由于无铅焊接的高温和可焊性下降等原因,导致无铅焊接发生焊接缺陷的概率增加。如出现桥接、焊料球、焊料不足、位置偏移、立碑、芯吸现象、未熔融、润湿不良等焊接缺陷。

1. 桥接

桥接是指焊锡将电路之间不应连接的地方误焊接起来的现象。

造成桥接的主要原因是:引线之间端接头(焊盘或导线)之间的间隔不够大;再流焊时,桥接可能是焊膏厚度过大或合金含量过多,或焊膏塌落或焊膏黏度太小造成的;波峰焊时,桥接可能是由于传送速度过慢、焊料波的形状不适当或焊料波中的焊量不适当,或焊剂不够。

桥接造成的后果:导致产品出现电气短路,有可能使相关电路的元器件损坏。

2. 焊料球

焊料球是由于焊膏引起的最普通的缺陷形式。其焊接外观差，焊点机械强度低、抗震能力差，易造成短路现象。

造成焊料球的主要原因是：一种是焊料合金被氧化或者焊料合金过小，使焊膏中溶剂沸腾时引起的焊料飞溅造成焊料球缺陷；另一种原因是存在有塌边缺陷，从而造成焊料球。

3. 焊料不足

焊料不足缺陷的发生原因主要有两种：一是焊料过少；二是焊膏的印刷性能不好。造成焊料的润湿不良，元器件连接的机械强度不够。

4. 位置偏移

位置偏移是指贴片元件发生错位连接的现象。

造成位置偏移的主要原因是：焊料润湿不良、焊膏黏度不够或受其他外力影响等综合性原因。

5. 立碑

立碑又称为吊桥、曼哈顿现象，是指片状元件出现的立起现象。它是无铅技术中较为严重的问题。

造成立碑的主要原因是：无铅合金的表面张力较强。具体表现为：贴片元件两边的润湿力不平衡，与焊盘设计与布局不合理以及焊膏与焊膏的印刷、贴片以及温度曲线等有关。

6. 芯吸现象

芯吸现象又称吸料现象、抽芯现象，是常见的焊接缺陷之一，多见于气相再流焊中。这种缺陷是焊料脱离焊盘沿引脚上行到引脚与芯片本体之间，形成严重的虚焊现象。

造成芯吸现象的主要原因是：元器件引脚的导热率过大，升温迅速，以致焊料优先润湿引脚，焊料与引脚之间的润湿力远大于焊料与焊盘之间的润湿力，引脚的上翘会加剧芯吸现象的发生。

7. 其他缺陷

其他缺陷包括：片式元器件开裂、焊点不光亮、残留物多、PCB扭曲、IC引脚焊接后开路、虚焊、引脚受损、污染物覆盖了焊盘等。

实训 6　电烙铁的检测及维修

一、实训目的

1. 熟悉内热式和外热式电烙铁的外形结构；

2. 学会检测电烙铁的好坏；

3. 学会维修电烙铁。

二、实训仪器和器材

1. 万用表 1 台；一字、十字螺丝刀各 1 把；斜口钳 1 把。

2. 35W 内热式电烙铁和外热式电烙铁各一把，两相电源插头 2 个，烙铁头、烙铁芯、电源导线(花线)若干。

三、实训内容与步骤

1. 熟悉内热式电烙铁和外热式电烙铁的外形结构,比较内热式电烙铁和外热式电烙铁的外形结构特点。将电烙铁拆卸成最小单元,了解电烙铁的组成结构,并学会重新装配万用表。学会更换烙铁芯和烙铁头。将比较结果记录在表2.5中。

2. 用斜口钳剪切合适长度的电源导线(1.5~3m),剥去导线两端头的绝缘层(2cm左右)并顺导线朝一个方向旋转成一个导线整体;用螺丝刀把电源导线与电烙铁及电源插头连接好。

3. 用万用表检测电烙铁是否与电源导线、电源插头连接好(想一想,检测时,使用万用表的哪个挡位),是否出现短路、断路的故障现象。根据万用表的检测结果,判断电烙铁的好坏;将检测结果和性能判断记录在表2.6中。

4. 用万用表检测、判断电烙铁正常时,将内热式电烙铁和外热式电烙铁同时通电,观察两种电烙铁的升温情况,并将观察结果记录在表2.6中。

表 2.5　内热式和外热式电烙铁的结构特点

器件名称	烙铁头与烙铁芯的位置关系	体积大小	备　注
内热式电烙铁			
外热式电烙铁			

表 2.6　电烙铁的检测与观察数据

器件名称	电烙铁电源插头两端的电阻	电烙铁的状态(正常、短路、断路)	电烙铁的升温情况(快、慢)	备　注
内热式电烙铁				
外热式电烙铁				

四、实训课时

课堂参考时数：2学时。

五、实训报告

1. 同样功率的内热式电烙铁和外热式电烙铁,哪一个的体积更大? 在同时通电的情况下,哪一种电烙铁温度上升更快?

2. 新的电烙铁,在使用之前应怎么处理其烙铁头?

3. 用万用表怎么检测、判断电烙铁是正常的,还是出现短路或断路的故障状态?

实训 7　手工焊接

一、实训目的

1. 掌握用电烙铁进行手工焊接的方法与技巧;

2. 掌握焊接"五步法"和"三步法"的操作要领；

3. 学会在印制电路板或万能板上进行焊接；

4. 掌握焊接过程中电烙铁的正确撤离方法；

5. 了解焊接用辅助工具的作用。

二、实训仪器和器材

1. 电烙铁1把，烙铁架、镊子、小刀、尖嘴钳等工具各1个；

2. 印制电路板、万能板、松香芯焊料、松香焊剂、绘图橡皮、细砂纸等材料若干；

3. 各种插装元器件（电阻器、电容器、二极管、三极管、集成电路座等）和导线若干。

三、实训内容与步骤

1. 用橡皮擦去印制电路板上的氧化层，用细砂纸、小刀或橡皮去除元器件引脚上的氧化物、污垢，并清理好工作台面。

2. 将电烙铁通电进行预热，并将元器件插入印制电路板或万能板。注意，元件放置在印制电路板或万能板的元件面，元件引脚插入面为有焊盘的焊接面。

3. 使用"五步法"进行焊接练习，熟练后再使用"三步法"在印制电路板上练习焊接。电烙铁的使用方法、使用技巧以及焊接的操作要领，可参考"项目二"中的"任务四手工焊接技术"中的内容。

4. 使用单芯裸导线，在万能板上练习拉焊技术，每个拉焊点上都必须有导线连通，如图2.37所示。

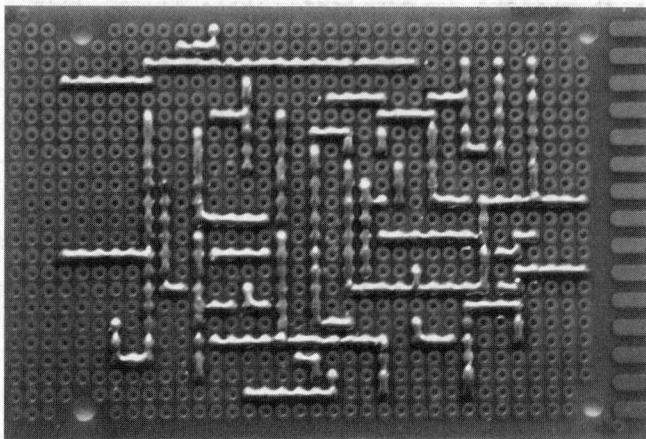

图2.37 万能板上的焊接图样

四、实训课时

课堂参考时数：4学时。课外还要加强训练。

五、实训报告

1. 如何去除元器件和印制电路板氧化层及污垢？又如何清洁？

2. 元器件和导线的焊接过程中，遇到了什么问题，是如何解决的？

3. 怎样避免元器件的焊接缺陷？

4. 焊接辅助工具（烙铁架、镊子、小刀、尖嘴钳等）有何作用？

实训 8　电子元器件的拆焊

一、实训目的

1. 学会用电烙铁、吸锡器、吸锡电烙铁等工具进行拆焊;

2. 掌握从印制电路板上拆卸元器件的方法和技巧。

二、实训仪器和器材

1. 20～35W 的电烙铁 1 把,吸锡电烙铁和吸锡器各 1 把,烙铁架、镊子、尖嘴钳等工具各 1 个,金属编织带、松香等材料;

2. 安装有元器件、导线的印制电路板。

三、实训内容与步骤

1. 使用电烙铁、吸锡器、镊子等工具进行分点拆焊;

2. 分点拆焊法熟练后,可使用电烙铁、吸锡器等工具训练集中拆焊法拆卸元器件;

3. 借助于吸锡材料(金属编织带、松香)等进行拆焊训练;

注意,使用以上三种方法拆焊时,必须是拆卸的元器件与印制电路板完全分离后,才能用镊子拔下被拆卸的元器件,避免损伤被拆卸的元器件和印制电路板;

4. 使用断线拆焊法拆卸和更换元器件。

四、实训课时

课堂参考时数:2 学时。课外还要加强训练。

五、实训报告

1. 什么情况下需要拆焊?

2. 拆焊时,吸锡器与吸锡电烙铁的操作有何不同?

3. 分点拆焊法与集中拆焊法有什么不同?在什么情况下,需要用断线拆焊法拆焊?什么情况下,需要借助于吸锡材料拆焊?

本项目归纳总结

1. 电子产品中的焊接是指:将导线、元器件引脚与印制电路板连接在一起的过程。在电子产品的制作中,大量采用锡焊技术进行焊接。

2. 焊接主要满足机械连接和电气连接两个方面的要求,其中,机械连接是起固定作用,而电气连接则是起电气导通的作用。

3. 完成锡焊并保证焊接质量,应同时满足:被焊金属具有良好的可焊性、被焊件表面清洁、合适的焊料及焊剂、合适的焊接温度和焊接时间。

4. 完成焊接需要的材料包括:焊料、焊剂和一些其他的辅助材料(如阻焊剂、清洗剂等)。

5. 电烙铁是手工焊接中最为常见的工具,用于各类电子整机产品的手工焊接、补焊、维修及更换元器件。

电烙铁主要由烙铁芯、烙铁头和手柄三个部分组成。其中烙铁芯是电烙铁的发热部分;烙铁头是储热部分;手柄是手持操作部分,起隔热、绝缘作用。

6. 电烙铁主要分为内热式和外热式两种。内热式电烙铁的特点是:热效率高、烙

铁头升温快、耗电省、体积小、重量轻且价格低，但使用寿命较短，不适合做大功率的烙铁；外热式电烙铁的特点是：工作温度平稳，焊接时不易烫坏元器件，连续熔焊能力强，使用寿命长，但外热式电烙铁的体积大、热效率低、耗电大、升温速度较慢。

7. 电热风枪是专门用于焊装或拆卸表面贴装元器件的专用焊接工具，它利用高温热风作为加热源，同时加热焊锡膏、电路板及元器件引脚，使焊锡膏熔化，从而实现焊装或拆焊的目的。

8. 焊接用的辅助工具通常有：烙铁架、小刀或细砂纸、尖嘴钳、镊子、斜口钳、吸锡器等。

9. 手工焊接技术适合于电子产品的研发试制、电子产品的小批量生产、电子产品的调试与维修以及某些不适合自动焊接的场合。

10. 手工焊接时，操作者握持电烙铁的方法有反握法、正握法、笔握法三种，焊接印制电路板上的元器件及维修电路板时以笔握式较为方便。

11. 常用的手工焊接操作方法一般分为两种：五步（操作）法和三步（操作）法。

12. 拆焊又称解焊，它是指把元器件从原来已经焊接的安装位置上拆卸下来。当焊接出现错误、元器件损坏或进行调试、维修电子产品时，就要进行拆焊过程。

13. 常用的拆焊方法有分点拆焊法、集中拆焊法、断线拆焊法和吸锡工具拆焊法。

14. 对焊点的质量要求主要包括：有良好的电气连接和机械强度，焊量合适、光滑圆润。

15. 焊接结束后，应采用目视检查、手触检查和通电检查方法对焊点进行检查，及时发现焊点的缺陷，保证焊接的质量。

16. 焊点的常见缺陷有：虚焊、桥接、球焊（堆焊）、拉尖、印制电路板铜箔起翘、焊盘脱落，导线焊接不当。这都是因为焊接方法不对，或使用的焊料、焊剂不当，或被焊件表面氧化、有污物，造成的焊点缺陷，会严重影响电子产品的质量。

17. 无铅焊接技术是指使用无铅焊料、无铅元器件、无铅材料和无铅焊接工具设备制作电子产品的工艺过程。无铅化亟待解决的三个问题是：焊料的无铅化、元器件和印制电路板的无铅化、焊接设备的无铅化。

18. 无铅焊接目前存在的主要问题有：要求元器件耐高温性能好，PCB电路板的制作要求高，焊接设备和焊接工具的性能要求增加，无铅焊接材料的可焊性和抗氧化性。

自我测试 2

2.1 电子产品的焊接是什么意思？焊接的主要目的是什么？

2.2 如何保证焊接质量？

2.3 什么是锡铅合金焊料？什么是共晶焊锡？共晶焊锡有何特点？

2.4 焊膏是如何构成的？用于什么场合？

2.5 无铅焊料是如何构成的？无铅焊料目前的缺陷包括哪些？

2.6 助焊剂在焊接过程中起何作用？使用松香类助焊剂要注意什么事项？

2.7 在焊接工艺中，为什么要使用清洗剂和阻焊剂？

2.8　电烙铁主要由哪几部分组成？各有何作用？

2.9　内热式电烙铁和外热式电烙铁的结构有何区别？各有何特点？

2.10　使用电烙铁应注意哪些事项？

2.11　怎样检测电烙铁的好坏？

2.12　吸锡电烙铁有什么功能？用于什么场合？

2.13　烙铁架有何作用？

2.14　电热风枪由哪些部件构成？有何作用？

2.15　手工焊接印制电路板上的元器件需要怎样握持电烙铁？

2.16　简述"五步焊接法"和"三步焊接法"的步骤。

2.17　什么情况下要进行拆焊？分点拆焊法和集中拆焊法各用于什么场合？

2.18　在什么情况下，需要使用断线拆焊法？什么情况下借助于吸锡材料拆焊？

2.19　合格的焊点应具有什么特点？如何检查焊点的质量？

2.20　简述锡焊的常见缺陷。如何避免焊接缺陷？

2.21　什么是无铅焊接技术？使用无铅焊接技术的目的是什么？

2.22　无铅焊接目前存在着什么问题？

项目三　电子产品制作的准备工艺

>>> **项目背景**

习近平总书记在参加党的二十大广西代表团讨论时指出："不能瞧不起产业工人。我们建设现代化，就要抓制造业，搞实体经济。一定要转变观念，大力培养产业工人。"

项目三视频、
案例、思政资源

>>> **项目任务**

了解电子产品制作前应做的准备工作，学会识读电子产品制作中的常用图纸，掌握电子元器件成型的方法和技巧，掌握电子产品中常用导线的加工方法，了解印制电路板的特点和作用，学会手工制作印制电路板。这些项目任务旨在提高"电子产品制作与检测"产业人员的基本素养，培养学生的自学能力、动手能力、独立解决问题的能力和创新能力。

>>> **项目任务分解**

1. 电路图的识读；
2. 元器件引线的成型要求、加工方法与技巧；
3. 常用导线的作用、加工方法与技巧；
4. 印制电路板的特点和作用；
5. 手工制作印制电路板及印制电路板的质量检测。

>>> **项目教学导航**

取用一套电子整机产品(如，超外差收音机)及相关资料，使用工具将电子整机后盖打开，查看电子整机构成中所需的材料、元器件及涉及的相关资料。取用电子整机图纸(原理图及印制电路板电路图)比对电子整机实物进行识读，了解构成电子整机元器件的成型形状和布局位置，所使用的导线类型和加工的形式，以及印制电路板的实物外形。由此引入电子产品制作前需要掌握的知识、技能的教学过程，并通过完成实训 9—11，熟练掌握电子产品制作前的准备工艺技巧。

电子产品制作之前，应该了解与电子制作相关的各种图纸及其识读方法，掌握各种元器件引线和零部件引脚的成型方法，学会进行各种导线的加工处理方法，了解印制电路板的特点和作用，掌握印制电路板的手工制作方法等。

▶任务一　电路图的识读

电路图是指用约定的图形符号和线段表示的电子工程用的图形。学会识读电路图，有利于了解电子产品的结构和工作原理，有利于正确地生产（制作）、检测、调试电子产品，能够快速地进行故障判断和维修。识图技能在电子产品的开发、研制、设计和制作中起着非常重要的指导作用。

知识点　识图的基本知识

识读电路图，必须先了解和掌握一些识图的基本知识，才能正确、快捷地完成电路图的识读，从而进一步了解电子产品的功能，完成电子产品的安装、制作、调试、维护与维修的任务。

（1）熟悉常用电子元器件的图形符号，掌握这些元器件的性能、特点和用途。因为电子元器件是组成电路图的基本单元。

（2）熟悉并掌握一些基本单元电路的构成、特点、工作原理。因为任何一个复杂的电子产品电路，都是由一个个简单的基本单元电路组合而成的。

（3）了解不同电路图的不同功能，掌握识图的基本规律。

技能技巧 32　常用电路图及其识读

电子产品装配过程中常用的电路图有：方框图、电原理图、装配图及印制电路板组装图。不同的电路图其作用不同、功能不同，因而识读方法也不同。

1. 方框图

（1）方框图的构成特点及功能。

方框图是一种用方框、少量图形符号和连线来表示电路构成概况的电路图样，有时在方框图中会有简单的文字说明，会用箭头表示信号的流程，会标注该处的基本特性参数（如信号的波形形状、电路的阻抗、频率值、信号电平的数值大小）等。

方框图的主要功能是：体现了电子产品的构成模块以及各模块之间的连接关系，各模块在电路中所起的作用，以及信号的流程顺序。

如图 3.1 所示为直流稳压电源的原理方框图，从图中可以看出直流稳压电源是由变压、整流电路、滤波电路和稳压电路四个部分组成，并显示了直流稳压电源各部分之间的连接关系、信号的变化情况等。其中变压部分没有改变输入交流电的形状，仅仅是改变了交流电压的幅度；整流电路把交流变成了单向脉动的直流电；滤波电路把单向脉动的直流电变成了较平滑的直流电；稳压电路使稳压电源输出稳定的直流电。

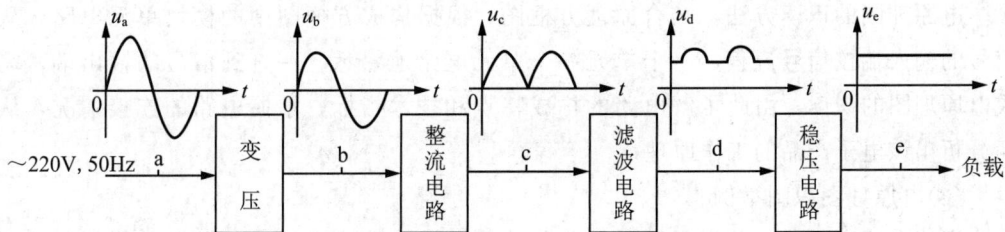

图 3.1　直流稳压电源原理方框图

（2）方框图的识读。

方框图的识读方法：从左至右、自上而下地识读；根据信号的流程方向进行识读。在识读的过程中，了解各方框部分的名称、符号、作用以及各部分的关联关系，从而掌握电子产品的总体构成和功能。

2. 电原理图

（1）电原理图的构成特点及功能。

电原理图是详细说明构成电子产品电路的电子元器件相互之间、电子元器件与单元电路之间、产品组件之间的连接关系，以及电路各部分电气工作原理的图形，它是电子产品设计、安装、测试、维修的依据。

电路图主要由具体的电路元件符号、连线等部分组成，如图 3.2 所示为晶体管直流稳压电源电原理图。

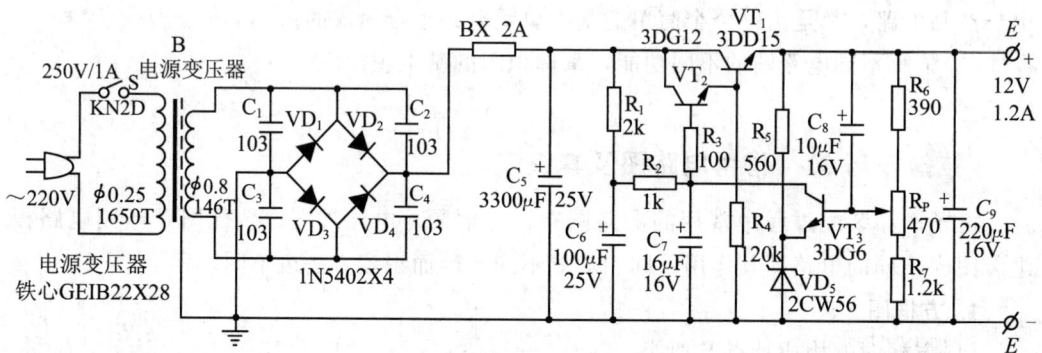

图 3.2　晶体管直流稳压电源的电原理图

电路图中的电路元件符号是用文字符号及脚标注序号来表示具体的元件，用来说明元件的型号、名称等，如图 3.2 中桥式整流电路的 4 个二极管用电路元件符号 VD_1、VD_2、VD_3 和 VD_4 表示。虽然电路元件符号与实际元件的外形不一定相同（似），但是它表示了电路元件的主要特点，而且其引脚的数目和实际元件保持一致。

电路图中的连线是电路中的导线，是用来表示元器件之间相互连接关系的。

对于一些复杂电路，有时也用方框图表示某些单元；对于在原理图上采用方框图表示的单元，应单独给出其电原理图。

（2）电原理图的识读。

电原理图的识读方法：结合原理方框图，根据构成方框图中的模块单元电路，从信号的输入端按信号流程，一个单元一个单元电路地熟悉，一直到信号的输出端，完成电原理图的识读，由此了解电路的构成特点和技术指标，掌握电路的连接情况，从而分析出该电子产品的工作原理。

（3）电原理图识图举例。

识读电原理图时，首先要了解电路的功能和电路的基本组成部分及其作用，其次分析电路的流程及元器件的作用。

如图 3.3 所示为一个声光控延时开关电路。

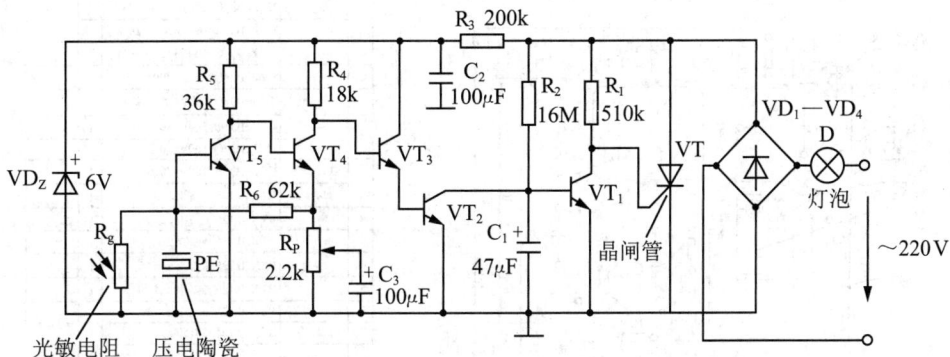

图 3.3   声光控延时开关电路

①声光控延时开关电路的功能：以灯泡为控制对象，在光线较亮的场合，无论有无声响，灯泡均不亮；在光线较暗且有声响的情况下，灯泡发亮，灯亮一段时间后将自动熄灭。声光控延时开关不仅适用于住宅区的楼道，而且也适用于工厂、办公楼、教学楼等偶尔有人行走的公共场所，它可大大节约电能、延长灯泡的使用寿命。

②电路的构成：声光控延时开关电路由主控电路、开关电路、放大电路和检测电路组成，控制一个灯泡的亮、暗状态。其中主控电路由 $VD_1 \sim VD_4$ 整流桥、单向晶闸管构成；开关电路由开关三极管 VT_1 和充电电路 R_2、C_1 构成，改变充电时间常数，就可以改变灯亮的时间；放大电路由 $VT_2 \sim VT_5$ 和 $R_4 \sim R_6$ 构成；检测电路由压电陶瓷 PE 和光敏电阻 R_g 构成；控制电路由稳压管 VD_Z、电阻 R_3、电容 C_2 构成。

3. 装配图

（1）装配图的构成特点及功能。

电子产品装配图是表示组成电子产品各部分装配关系的图样。在装配图中，清楚地标示出电子产品各组成零部件的型号、结构形状、摆放位置、连接和装配关系，列出了各零部件的序号、名称、材料、性能及用途等内容。

装配图上的元器件一般以电路图形符号表示，有时也可用简化的元器件外形轮廓图表示。装配图中一般不画印制导线，如果要求表示出元器件的位置与印制导线的连接关系时，也可以画出印制导线。如图 3.4 所示为一个阻容单元电路的装配图，图中清楚地标示了印制电路板的大小、形状、安装固定位置、各元器件摆放位置、大型元器件需要紧固的位置等。

（2）装配图的识读。

装配图的识读方法：首先看装配图右下方的标题栏，了解图的名称及其功能；其次查看标题栏上方（或左方）的明细栏，了解图样中各零部件的序号、名称、材料、性能及用途等内容，分析装配图上各个零部件的相互位置关系和装配连接关系等；最后，根据工艺文件的要求，对照装配图进行电子产品的装配。

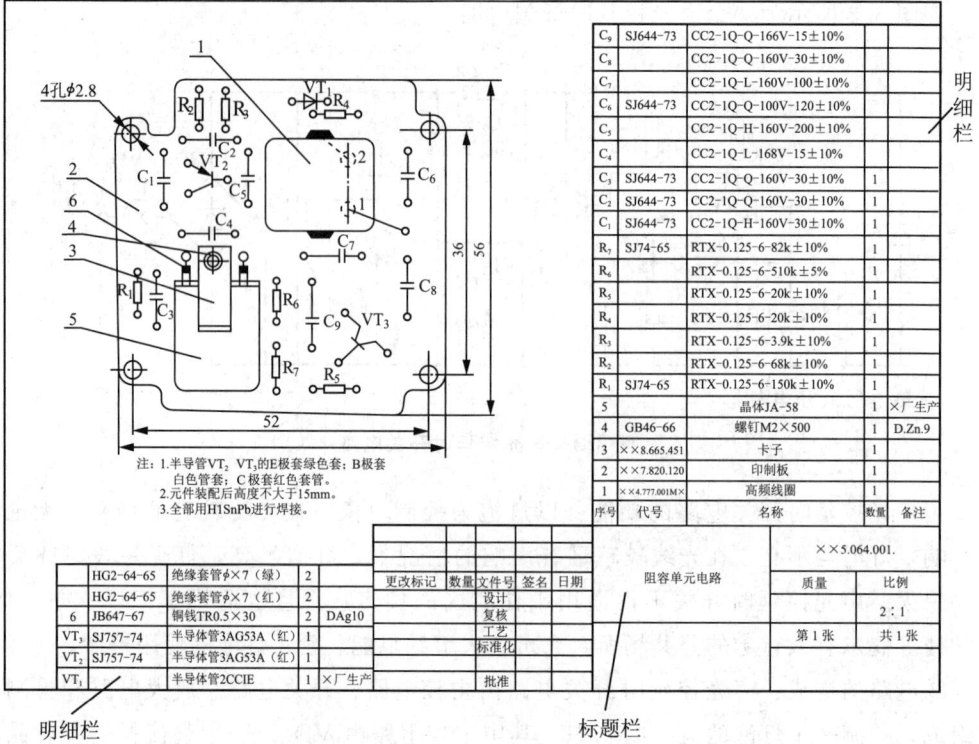

注：1.半导管VT_2、VT_3的E极套绿色套；B极套
白色管套；C极套红色套管。
2.元件装配后高度不大于15mm。
3.全部用H1SnPb进行焊接。

C_9	SJ644-73	CC2-1Q-Q-166V-15±10%			明
C_8		CC2-1Q-Q-160V-30±10%			细
C_7		CC2-1Q-L-160V-100±10%			栏
C_6	SJ644-73	CC2-1Q-Q-100V-120±10%			
C_5		CC2-1Q-H-160V-200±10%			
C_4		CC2-1Q-L-168V-15±10%			
C_3	SJ644-73	CC2-1Q-Q-160V-30±10%	1		
C_2	SJ644-73	CC2-1Q-Q-160V-30±10%	1		
C_1	SJ644-73	CC2-1Q-H-160V-30±10%	1		
R_7	SJ74-65	RTX-0.125-6-82k±10%	1		
R_6		RTX-0.125-6-510k±5%	1		
R_5		RTX-0.125-6-20k±10%	1		
R_4		RTX-0.125-6-20k±10%	1		
R_3		RTX-0.125-6-3.9k±10%	1		
R_2		RTX-0.125-6-68k±10%	1		
R_1	SJ74-65	RTX-0.125-6-150k±10%	1		
5		晶体JA-58	1	×厂生产	
4	GB46-66	螺钉M2×500	1	D.Zn.9	
3	××8.665.451	卡子	1		
2	××7.820.120	印制板	1		
1	××4.777.001M×	高频线圈	1		
序号	代号	名称	数量	备注	

					××5.064.001.		
更改标记	数量	文件号	签名	日期	阻容单元电路	质量	比例
			设计				2：1
			复核				
			工艺			第1张	共1张
			标准化				
			批准				

HG2-64-65		绝缘套管φ×7（绿）	2	
HG2-64-65		绝缘套管φ×7（红）	2	
6	JB647-67	铜钱TR0.5×30	2	DAg10
VT_3	SJ757-74	半导体3AG53A（红）	1	
VT_2	SJ757-74	半导体3AG53A（红）	1	
VT_1		半导管2CCIE	1	×厂生产

明细栏   标题栏

图 3.4 装配图

4. 印制电路板组装图

（1）印制电路板组装图的构成特点及功能。

印制电路板组装图是用来表示各种元器件在实际电路板上的具体方位、大小，以及各元器件之间相互连接关系，元器件与印制电路板的连接关系的图样。如图 3.5 所示为直流稳压电源的印制电路板图。

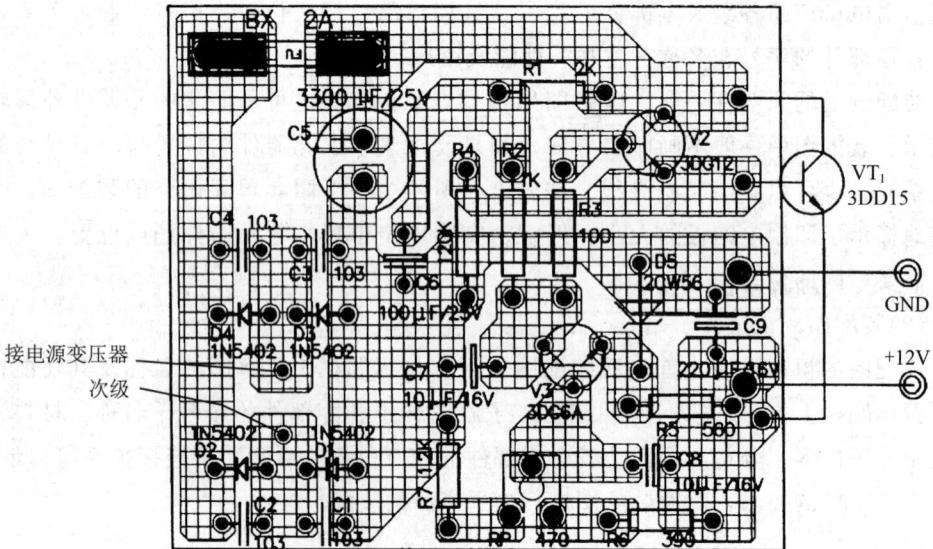

图 3.5 直流稳压电源印制电路板图

（2）印制电路板组装图的识读。

印制电路板组装图的识读方法：由于电子产品的工艺和技术要求，印制电路板上的元器件排列与电原理图完全不同，因而印制电路板组装图的识读应结合电原理图一起，按下列要求进行。

①读懂与之对应的电原理图，找出电原理图中，构成电路的大型元件及关键元件（如三极管、集成电路、开关、变压器、喇叭等）；

②在印制电路板上找出接地端（线）和主要电源端（线），通常大面积铜箔或靠印制电路板四周边缘的长线铜箔为接地端（线）；

③读图时，先找出电路的输入端、输出端、电源端和接地端，从输入端为起点、输出端为终点，结合电路中的大型元件和关键元件在电路中的位置关系，以及它们与输入端、输出端、电源端和接地端的连接关系，逐步识读印制电路板组装图，了解印制电路板组装图的结构特点。

▶ 任务二 元器件引线的成型加工

为了便于安装和焊接，提高装配质量和效率，在电子产品安装前，根据安装位置的特点及技术方面的要求，要预先把元器件引线弯曲成一定的形状。这是电子制作中必须掌握的一项准备工艺技能。

元器件引线成型是针对小型元器件的，大型器件必须用支架、卡子等固定在安装位置上。

技能技巧33 元器件引线的预加工

1. 预加工过程

元器件引线的预加工是指元器件成型前的加工处理过程。由于元器件在包装、储存和运输的整个环节中会产生的氧化，造成元器件引线表面发暗、可焊性变差、焊接质量下降，因而元器件在安装成型前，元器件的引线必须进行预加工处理。

元器件引线的预加工处理主要包括引线的校直、表面清洁及搪锡三个步骤。

（1）引线的校直。

使用尖嘴钳或镊子对歪曲的元器件引线（引脚）进行校直，如图3.6所示。

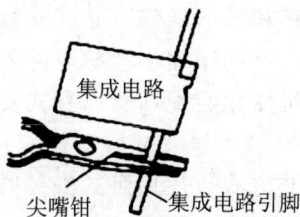

（a）用尖嘴钳校直集成电路引脚　　　　（b）用镊子校直元器件引脚

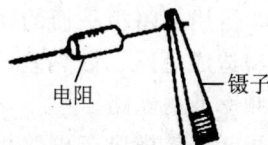

图3.6 元器件引脚的校直

（2）表面清洁。

对于氧化的元器件（表现为元器件引线或引脚发暗、无光泽），应做好表面清洁工作。对分立元器件的引脚，可以用刮刀轻轻刮拭引线表面或用细砂纸擦拭引线表面，对于扁平封装的集成电路，只能用绘图橡皮轻轻擦拭引脚。当引线或引脚表面出现光亮，说明表面氧化层基本去除，再用干净的湿布擦拭引线或引脚即可，如图 3.7 所示。

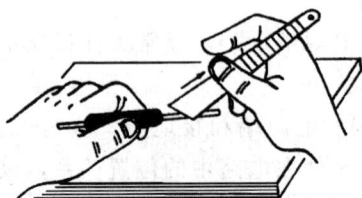

橡皮

集成电路引脚

（a）用小刀轻轻刮去氧化物　　　（b）用橡皮轻轻擦拭引脚

图 3.7　元器件引脚去除氧化层的处理

（3）搪锡。

元器件引线（引脚）做完校直和清洁后，应立即进行搪锡处理，以避免元器件引线（引脚）的再次氧化。在手工操作时，经常使用电烙铁对元器件引线（引脚）进行搪锡。操作时，左手拿住元件转动，同时右手操持加热后的电烙铁顺元器件引线（引脚）方向来回移动，即可完成搪锡，如图 3.8 所示。

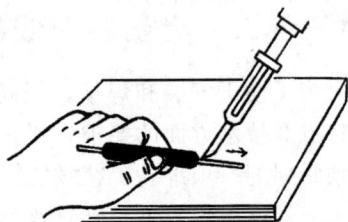

图 3.8　手工搪锡操作

2. 预加工处理的要求

预加工处理的要求是：引线处理后，不允许有伤痕，引脚的镀锡层应该为厚薄均匀的、薄薄的一层，不能与原来的引脚有太大的尺寸差别，且搪锡后的引脚应表面光滑，无毛刺和焊剂残留物。

知识点　元器件引线成型的要求

1. 元器件的安装方式及特点

元器件进行安装时，通常分为立式安装和卧式安装两种。

立式安装是指元器件直立于电路板上的安装方式。使用立式安装时，应注意将元器件的标志朝向便于观察的方向，以便校核电路和日后维修。立式安装的优点是元器件的安装密度高，占用电路板平面的面积较小，有利于缩小整机电路板面积；其缺点是元器件容易相碰造成短路、散热差，不适合机械化装配，所以立式安装常用于元器件多、功耗小、频率低的电路。

卧式安装是指元器件横卧于电路板上的安装方式。使用卧式安装时，同样应注意将元器件的标志朝向便于观察的方向，以便校核电路和日后维修。卧式安装的优点是可以降低电路板上的安装高度，元器件排列整齐，重心低，牢固稳定，元器件的两端点距离较大，有利于排版布局，便于焊接与维修，也便于机械化装配，缺点是所占面积较大。

根据电子整机的具体空间情况，有时一块电路板上的元器件往往采用立式和卧式混合进行安装的方式。

2. 元器件成型的尺寸要求

元器件成型的主要目的是：使元器件能迅速而准确地插入安装孔内，并满足印制电路板的安装要求。

不同的安装方式，元器件成型的形状和尺寸各不相同，其成型的尺寸应符合以下基本要求。

(1)小型电阻或外形类似电阻的元器件，其成型的形状和尺寸如图 3.9 所示。

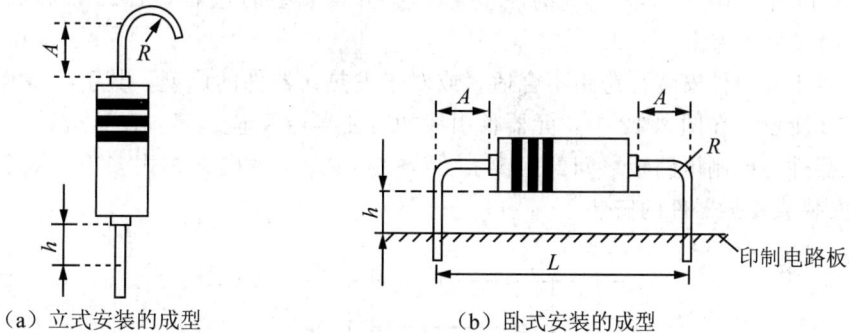

(a) 立式安装的成型　　　　　　　　(b) 卧式安装的成型

图 3.9　引线成型基本要求

A 是引线成型的弯曲点到元器件主体端面的最小距离；

R 是引线成型的弯曲半径；

d 为引线的直径；

h 是元器件主体到印制电路板之间的距离；

L 是元器件卧式安装时，两焊盘之间的孔距。

A、R、d、h 的尺寸要求如下。

$A \geqslant 2$mm；$R \geqslant 2d$（目的是减小引线的机械应力，防止引线折断或被拔出）；卧式安装时，引线成型弯曲点的最小距离 A 应该是两边对称成型。

立式安装时 $h \geqslant 2$mm（目的是减少焊接时的热冲击）。

卧式安装时 $h = 0 \sim 2$mm。当取 $h = 0$mm 安装时，是指元器件直接贴到印制电路板上安装的方式（贴板安装）。

(2)根据晶体管和圆形外壳集成电路的安装方式（顺装或倒装），其成型方式和要求如图 3.10 所示。图中所标尺寸的单位为 mm。

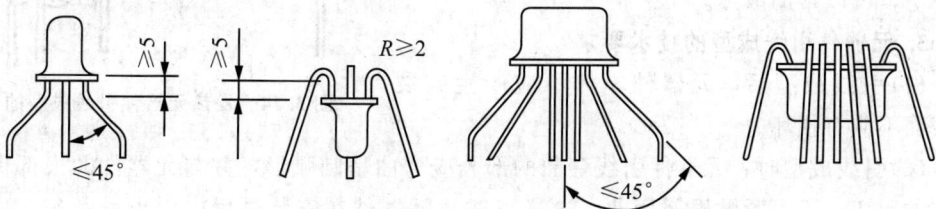

图 3.10　半导体三极管和圆形外壳集成电路的成型要求

(3)扁平封装集成电路或贴片元件 SMD 的引线成型要求如图 3.11 所示。

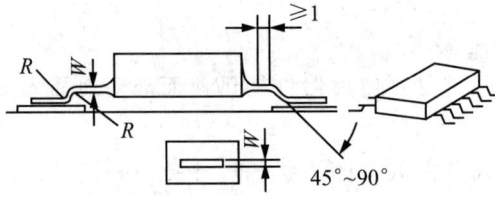

图 3.11　贴片集成电路的引线成型要求

图 3.11 中，W 为带状引线的厚度，R 是引线成型的弯曲半径。W 和 R 应满足 $R \geq 2W$ 的尺寸要求。

(4)对于元器件安装孔跨距不合适，或对于发热元器件的成型，其引线成型的形状如图 3.12 所示。在图 3.12 中，元器件引线的弯曲半径 R 应满足：$R \geq 2d$（d 为引线直径），元器件与印制电路板之间的距离 $h = 2 \sim 5$mm。这种成型方式多用于双面印制电路板的安装或发热器件的安装。

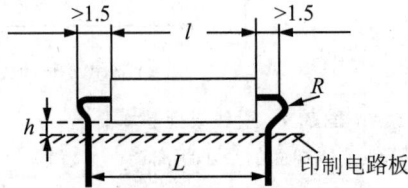

图 3.12　元器件安装孔跨距不合适的成型要求

(5)自动组装时元器件引线成型的形状如图 3.13 所示，图中 $R \geq 2d$（d 为引线直径）。

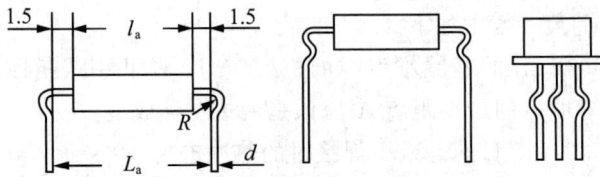

图 3.13　自动组装时元器件引线成型的形状

(6)发热的元器件(如晶体管等)引线成型的形状如图 3.14 所示，这些元器件成型的引线较长、有环绕，可以帮助散热。

3. 元器件引线成型的技术要求

(1)引线成型后，元器件本体不应产生破裂，外表面不应有损坏。

图 3.14　发热元器件引线成型的形状

(2)引线成型时，元器件引线弯曲的部分应弯曲呈圆弧形，并与元器件的根部保持一定的距离，不可紧贴根部弯曲，这样可防止元器件在安装过程中引出线断裂。成型后，元器件的引线(引脚)不能有裂纹和压痕，引线直径的变形不超过 10%，引线表面镀层剥落长度不大于引线直径的 10%。

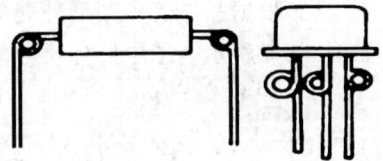

（3）对于较大元器件（质量超过50g）的安装，必须采用支承件、弯角件、固定架、夹具或其他机械形式固定；对于中频变压器、输入变压器、输出变压器等带有固定插脚的元器件，在插入电路板的插孔后，应将固定插脚用锡焊固定在电路板上；较大电源变压器则采用螺钉固定，并加弹簧垫圈，以防止螺母、螺钉松动。

（4）凡需要屏蔽的元器件（如：电源变压器、电视机高频头、遥控红外接收器等），屏蔽装置的接地端应焊接牢固。

（5）安装时，相邻元器件之间要有一定的空隙，不允许有碰撞、短路的现象。

（6）引线成型后，卧式安装的元器件参数标志应朝上，立式安装的元器件参数标志应该向外，并注意标记的读数方向应保持一致，便于日后的检查和维修。

技能技巧 34　元器件引线成型的方法

元器件引线成型的方法有：普通工具的手工成型、专用工具（模具）的手工成型和专用设备成型。

1. 普通工具的手工成型

使用尖嘴钳或镊子等普通工具对元器件成型进行手工成型的方法，如图3.15、图3.16所示。该方法一般用于产品试制阶段或维修阶段对少量元器件成型的场合。

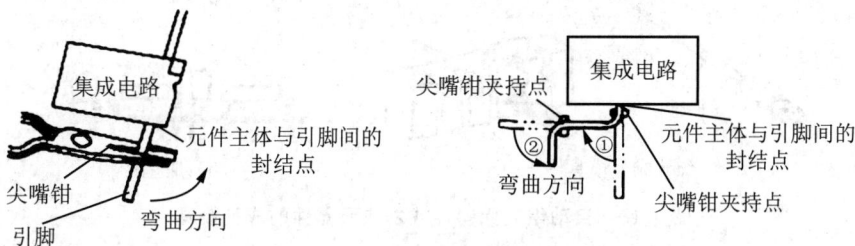

图 3.15　用尖嘴钳对集成电路引脚的成型加工

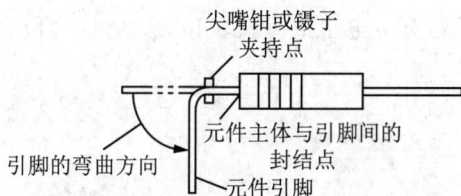

图 3.16　用尖嘴钳或镊子对元件引脚的成型加工

2. 专用工具（模具）的手工成型

对于批量不大的同类型元器件的引脚成型，可使用专用工具（模具）进行手工成型。

图3.17所示为一般卧式安装元器件的手工成型模具，图3.17(a)所示为手工成型模具，图3.17(b)所示为游标卡尺，图3.17(c)所示为元器件成型的形状。

元器件成型时，先使用游标卡尺量取印制电路板上装配的元器件的焊盘孔距，由此确定图3.17(a)的手工成型模具中的成型尺寸位置，方便把元器件引线成型如图3.17(c)所示的符合安装尺寸要求的形状。

（a）手工成型模具　　　　（b）卡尺　　　（c）元器件成型形状

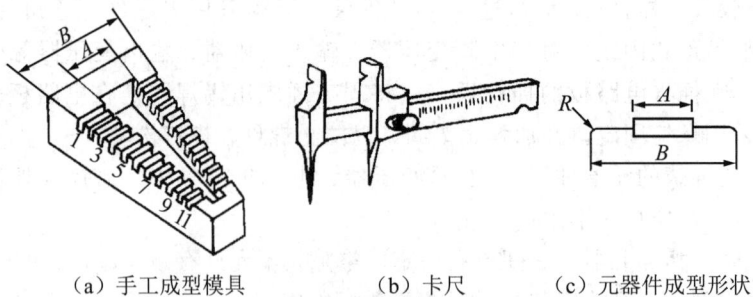

图 3.17　一般卧式安装元器件的成型模具

自动组装元器件或发热元器件引线成型加工的加工模具和元器件成型的形状，如图 3.18 所示。该模具垂直方向有长条形的槽和与槽垂直的圆孔，成型时，将元器件的引脚插入长条形的槽中，再插入插杆，元器件即可成型。

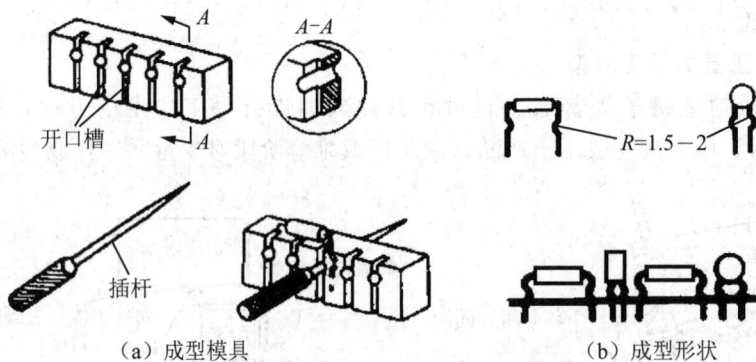

（a）成型模具　　　　　　　　　　　　（b）成型形状

图 3.18　自动组装元器件或发热元器件的成型模具

3. 专用设备成型

在进行大批量元器件引脚成型时，可采用专用设备进行引脚成型，以提高加工效率和一致性。专用成型设备有：电阻成型机、IC 成型机、自动跳线成型机，如图 3.19 所示。

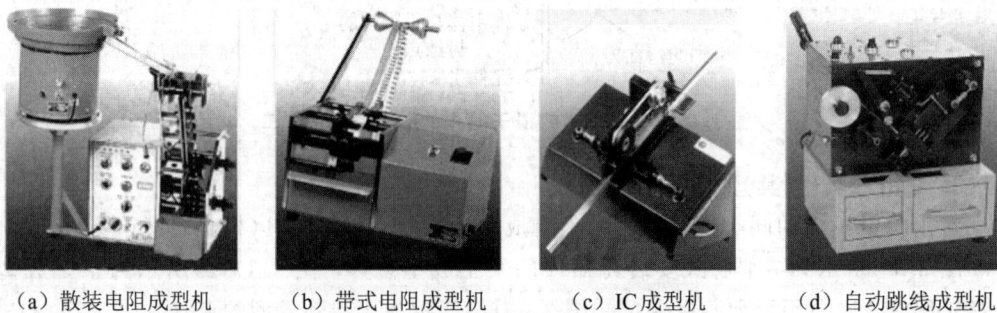

（a）散装电阻成型机　　（b）带式电阻成型机　　（c）IC 成型机　　（d）自动跳线成型机

图 3.19　自动元器件引脚成型设备

▶任务三　导线的加工

知识点　电子产品中的常用线材

电子产品中的常用线材包括电线和电缆，它们是传输电能或电磁信号的传输导线。

根据导线的结构特点分类，常用线材可分为：安装导线、电磁线、电源软导线、屏蔽线和电缆、扁平电缆(平排线)、线束等几类。一些导线的特点、用途如下所述。

1. 安装导线(安装线)

安装线是指用于电子产品装配的导线。常用的安装线分为裸导线和塑胶绝缘电线两种。

(1)裸导线。

裸导线是指没有绝缘层及护套层的光金属导线，如钢芯铝绞线、铜铝汇流排、电力机车线等。裸导线的加工简单，只需按要求，用斜口钳或大剪刀进行剪切即可。

由于裸导线没有外绝缘层，容易造成短路，故它的用途很有限。在电子产品装配中，只能用于单独连线、短连线及跨接线等。

裸导线有多种类型，主要包括：单股线、多股绞合线、镀锡绞合线、多股编织线、电阻合金线。各种裸导线的结构特点及使用场合如下所述。

①单股线。单股线多用于电路板上作跨接线。较粗的单股线多用于悬浮连线。

②多股绞合线。多股绞合线是将几根或几十根单股铜线绞合起来，制成较粗的导线。这样不仅有利于大电流的通过，同时又能克服单股粗线太硬、不便加工等缺点。它主要用于做较大元器件的引脚线、短路跳线、电路中的接地线等。

③镀锡绞合线。镀锡绞合线是在多股绞合线的基础上，将其镀锡包裹起来构成镀锡绞合线。其特点是：柔软性好，抗折弯强度大，便于加工，既可绕接又可焊接。

④多股编织线。多股编织线是将多股软铜原线编织起来组成一根粗导线，有扁平编织线和圆筒形编织线两种。它具有自感小、聚肤效应小、高频电阻小、柔软性好、便于操作等优点，主要用于高频电路的短距离连接、接地和大电流连接线等。

⑤电阻合金线。电阻合金线是一种特殊的金属合金，它虽然也能导电，但也存在着一定的电阻。当电流流过它时，会产生电压降，消耗电功率，产生热量。所以，电阻合金线可用于制造线绕电阻器、电位器，还可以制造发热元件，如电炉丝，电烙铁芯等。

(2)塑胶绝缘电线。

塑胶绝缘电线是在裸导线的基础上，外加塑胶绝缘护套的电线，俗称塑胶线。它一般由导电的线芯、绝缘层和保护层组成，如图3.20所示。塑胶绝缘电线的线芯有软芯和硬芯两种；按芯线数也可分为单芯、二芯、三芯、四芯及多芯等线材，并有各种不同的线径，广泛用于电子产品的各部分、各组件之间的各种连接。

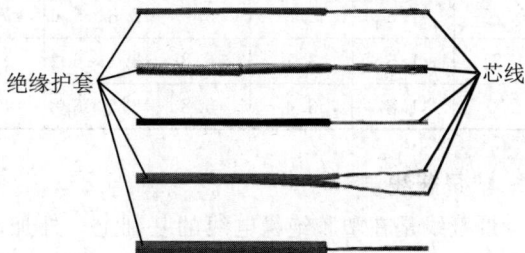

绝缘护套　　芯线

图3.20　塑胶绝缘电线

125

2. 电磁线

电磁线是指由涂漆或包缠纤维作为绝缘层的圆形或扁形铜线，用以制造电子、电工产品中的线圈或绕组的绝缘电线。

电磁线以漆包线为主，纤维可用纱包、丝包、玻璃丝和纸包等，主要用于绕制各类变压器、电感线圈等。由多股细漆包线外包缠纱丝的丝包线是绕制收音机天线或其他高频线圈的常用线材。

漆包线绕制线圈后，需要去除线材端头的漆皮与电路连接。去除漆包线漆皮的方法一般采用热熔法或燃烧法。

（1）热熔法。

将漆包线的线端浸入熔融的锡液中，则漆皮随之脱落，同时线端被镀上一层薄薄的焊锡。

（2）燃烧法。

将漆包线的线端放在明火上燃烧，使漆皮碳化，然后迅速地浸入无水酒精中冷却，再取出用棉布擦拭干净即可。

3. 电源软导线

电源软导线是由铜或铝金属芯线外加绝缘护套（塑料或橡胶）构成。在要求较高的场合，也会采用双重绝缘方式，即将两根或三根已带绝缘层的芯线放在一起，在它们的外面再加套一层绝缘性能和机械性能好的塑胶层。电源软导线的作用是连接电源插座与电气设备。

由于电源软导线是用在设备外边且与用户直接接触，并带有可能会危及人身安全的电压，所以其安全性就显得特别重要。因此，选用电源线时，除导线的耐压要符合安全要求外，还应根据产品的功耗，选择不同线径的导线，以保证其工作电流在导线的额定工作允许电流之内。

表3.1为聚氯乙烯软导线的线径、允许电流等主要参数表。

表3.1 电器用聚氯乙烯软导线的线径、允许电流参数表

导线芯线		导线外径（mm）						导体电阻（Ω/km）	允许电流（A）
横截面积（mm²）	外径（mm）	单芯	双根绞合	平形	圆形双芯	圆形三芯	长圆形		
0.5	1.0	2.6	5.2	2.6×5.2	7.2	7.6	7.2	36.7	6
0.75	1.2	2.8	5.6	2.8×5.6	7.6	8.0	7.6	24.6	10
1.25	1.5	3.1	6.2	3.1×6.2	8.2	8.7	8.2	14.7	14
2.0	1.8	3.4	6.8	3.4×6.8	8.8	9.3	8.8	9.50	20

4. 屏蔽线

屏蔽线是在塑胶绝缘电线的基础上，外加导电的金属网状编织的屏蔽层和外护套而制成的信号传输线。常用的屏蔽线有单芯、双芯、三芯等几种类型。最常见的屏蔽线是：有聚氯乙烯护套的单芯、双芯屏蔽线，其结构图和实物图如图3.21所示。

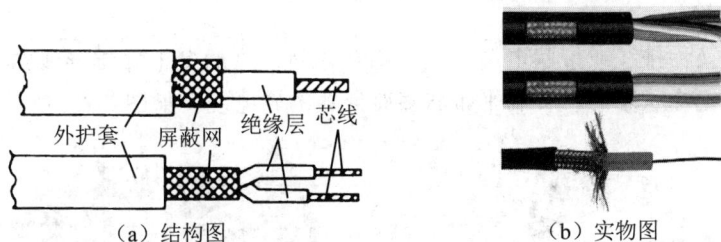

（a）结构图　　　　　　　　　（b）实物图

图 3.21　屏蔽线的结构图及实物图

屏蔽线具有静电（或高电压）屏蔽、电磁屏蔽和磁屏蔽的作用。使用时，屏蔽线的屏蔽层只有接地才能防止或减少屏蔽线外的信号与线内信号之间的相互干扰，以降低传输信号的损耗。

5. 电缆

由一根或多根相互绝缘的导体外包绝缘和保护层制成，其作用是将电力或信息信号从一处传输到另一处的导线。图 3.22 所示为电缆的实物图。

电子产品装配中的电缆主要包括射频同轴电缆、馈线和高压电缆。

（1）射频同轴电缆。

射频同轴电缆也称为高频同轴电缆，其结构与单芯屏蔽线基本相同，如图 3.23（a）所示。不同之处在于两者使用的材料不同，其电性能也不同。屏蔽线主要用于 1MHz 以下频率的信号连接，而射频同轴电缆主要用于传送高频电信号，如闭路电视线属于射频同轴电缆。

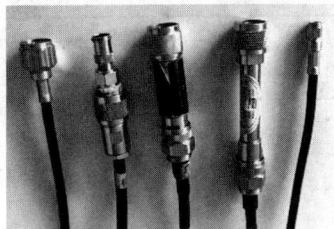

图 3.22　电缆的实物图

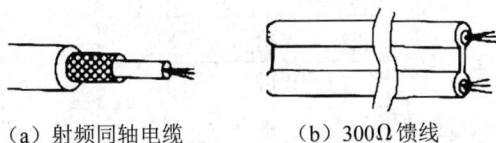

（a）射频同轴电缆　　　（b）300Ω馈线

图 3.23　同轴电缆、馈线的结构

电缆线的特点是：抗干扰能力强、衰减小、传输效率高、便于匹配等。电缆线属于非对称型的连接传输导线，其阻抗一般有 75Ω、50Ω 两种。

（2）馈线。

馈线是由两根平行的导线和扁平状的绝缘介质组成的。两根平行导线之间有较宽的距离，目的是减小线间分布电容对微弱信号的衰减，如图 3.23（b）所示。

馈线专门用于将射频（RF）信号从天线传到接收机或由发射机传给天线的射频传输导线，属于平衡对称型的连接传输导线，其特性阻抗为 300Ω。

（3）高压电缆。

高压电缆就是传输高压的电缆，高压电缆的结构与普通的带外护套的塑胶绝缘软线相似，只是对高压电缆绝缘层的耐压和阻燃性要求很高，要求绝缘层厚实、有韧性。目前，一般采用铝合金做导线内芯，采用阻燃性能较好的聚乙烯作为高压电缆的绝缘材料。

常用的高压电缆规格有：63kV、400kV，甚至更高电压的电缆。

6. 扁平电缆

扁平电缆又称排线或带状电缆，是由相互之间绝缘的多根并排导线结合在一起的、整体对外呈现绝缘状态的一种扁平带状多路导线的软电缆，如图 3.24 所示。

（a）用穿刺卡插头连接的扁平电缆　　　（b）采用单列排插或锡焊的扁平电缆

图 3.24　扁平电缆

扁平电缆的特点是：走线结构整齐、清晰，连接、维修方便，韧性强、重量轻、造价低，主要用于印制电路板之间的连接、各种信息传递的输入/输出之间的柔性连接。

在一些较复杂的电子产品中（如计算机电路等），往往其连接线成组、成批地出现，且工作电平、信号流程一致，因而，排线成为这些产品的常用连接线。

7. 导线和绝缘套管颜色的选用

为了整机装配及维修方便，电子产品中使用的导线和绝缘套管往往使用不同的颜色来代表不同的连接部位。表 3.2 所示为一些常用导线或元器件引脚及绝缘套管的颜色选用规定。

表 3.2　导线和绝缘套管颜色选用规定

电 路 种 类		导 线 颜 色			备 注
一般交流线路		①白	②灰		二选一。选择白色或者灰色
三相 AC 电源线	A 相	黄			
	B 相	绿			
	C 相	红			
	工作零线（中性线）	淡蓝			
	保护零线（安全地线）	黄和绿双色线			
直流(DC)线路	＋	①红	②棕		二选一。选择红、黑、蓝色的搭配，或者选择棕、紫、白底青纹色的搭配
	0(GND)	①黑	②紫		
	－	①蓝	②白底青纹		
晶体管	E(发射极)	①红	②棕		二选一。选择红、黄、青色的搭配，或者选择棕、橙、绿色的搭配
	B(基极)	①黄	②橙		
	C(集电极)	①青	②绿		
立体声电路	R(右声道)	①红	②橙	③无花纹	三选一。选择红、白色的搭配，或者选择橙、灰色的搭配，或者无花纹、有花纹的搭配
	L(左声道)	①白	②灰	③有花纹	
指示灯		青			

技能技巧 35　导线加工中的常用工具及使用

导线加工中，需要一些工具配合完成加工任务。

1. 斜口钳

斜口钳又叫偏口钳，其外形如图 3.25 所示。

在导线加工中，斜口钳主要用于剪切导线，尤其适用于剪掉焊接点上网绕导线后多余的线头，剪切绝缘套管、尼龙扎线卡等。

斜口钳操作时，使钳口朝下，防止剪下的线头飞出伤人眼部。剪线时，双目不能直视被剪物。当被剪物不易弯动方向时，可用另一手遮挡飞出的线头。

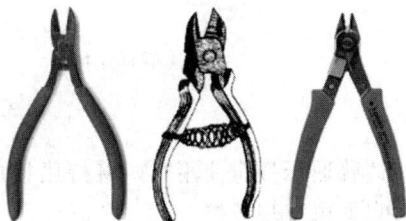

图 3.25　斜口钳

2. 剥线钳

剥线钳主要用于剥掉直径 3mm 及以下的塑胶线、腊克线等线材的端头表面绝缘层。剥线钳的外形结构及使用方法如图 3.26 所示。剥线钳的钳口有数个 0.5～3mm 不同直径的剥头口，使用时，剥头口应与待剥导线的线径相匹配（剥头口过大则难以剥离绝缘层，剥头口过小易剪断芯线），以达到既能剥掉绝缘层又不损坏芯线的目的。同时，可根据导线去掉端头绝缘层的长度，来调整钳口上的止挡。

剥线钳的特点是：使用效率高，剥线尺寸准确、快速，不易损伤芯线。

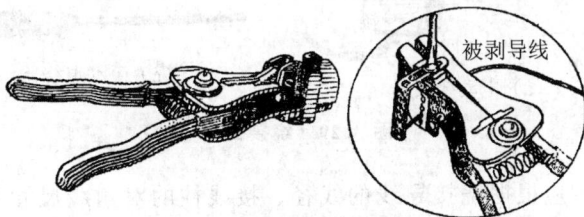

被剥导线

图 3.26　剥线钳及其使用方法

3. 镊子

镊子主要用于夹持细小的导线，防止连接时导线的移动；导线塑胶绝缘层的端头遇热要收缩，在焊点尚未完全冷却时，用镊子夹住塑胶绝缘层向前推动，可使塑胶绝缘层恢复到收缩前的位置。

镊子主要有尖头的钟表镊子和圆头的医用镊子两种，如图 3.27 所示，要根据导线的粗细及制作空间大小，选择不同的镊子。

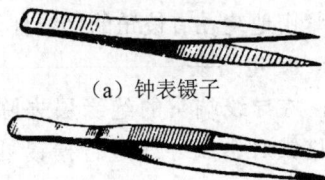

（a）钟表镊子

（b）医用镊子

图 3.27　镊子

4. 压接钳

压接钳是对导线进行压接操作的专用工具，其钳口可根据不同的压接要求制成各种形状，如图 3.28 所示，图 3.28(a)为普通压接钳，图 3.28(b)为网线（压接）钳。

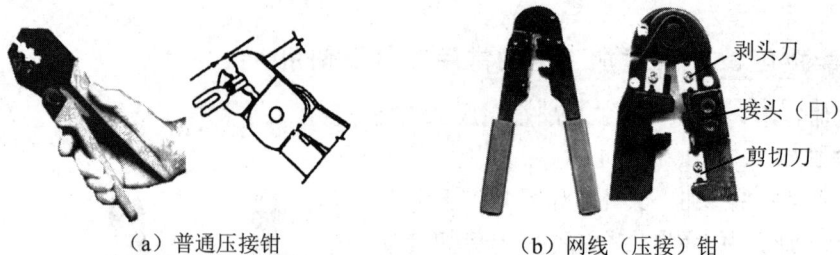

（a）普通压接钳　　　　　　　　（b）网线（压接）钳

剥头刀
接头（口）
剪切刀

图 3.28　压接钳的外形结构

普通压接钳使用时，将待压接的导线插入焊片槽并放入钳口，用力合拢钳柄压紧接点即可实现压接。

网线(压接)钳主要是用来给网线或电话线加工、压接标准规格的水晶头，它的钳身还带有剥头刀和剪切刀，可同时完成剥线、剪线和压装水晶头的工作，操作简单方便。

5. 绕接器

绕接器是针对导线完成绕接操作的专用工具，目前常用的绕接器有手动及电动两种，如图 3.29 所示。

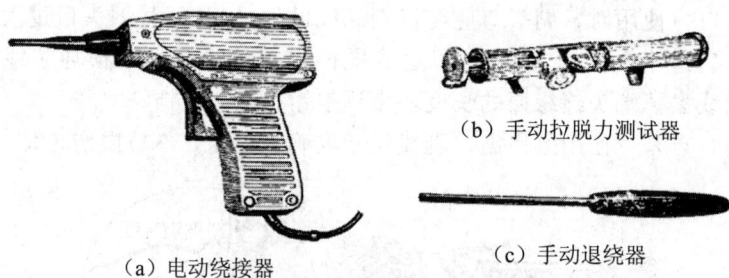

（b）手动拉脱力测试器

（a）电动绕接器　　　　　　（c）手动退绕器

图 3.29　绕接工具

使用绕接器时，应根据绕接导线的线径、接线柱的对角线尺寸及绕接要求选择适当规格的绕线头。

操作电动绕接器时，将去掉绝缘层的单股芯线端头或裸导线插入绕接头中，将绕接器对准带有棱角的接线柱，扣动绕线器扳手，导线即受到一定的拉力，按规定的圈数紧密地绕在有棱角的接线柱上，形成具有可靠电气性能和机械性能的连接。

6. 电烙铁

在导线端头的绝缘层去除后，应立即使用电烙铁对金属导线进行搪锡处理，以避免导线氧化，如图 3.30 所示。

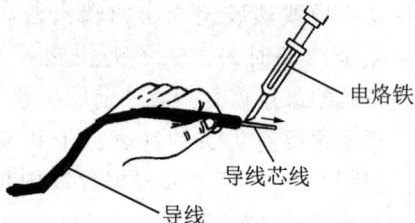

电烙铁
导线芯线
导线

图 3.30　电烙铁搪锡

技能技巧 36　普通导线的加工

普通导线的加工分为裸导线的加工和有绝缘层导线的加工。

1. 裸导线的加工

对于裸导线的加工只要按设计要求的长度截断导线即可。

2. 绝缘导线的加工

绝缘导线的加工分为以下六道工序：剪裁、剥头、捻头、搪锡、清洗和印标记。

（1）剪裁。

剪裁是指按工艺文件的导线加工表中导线长度的规定要求进行导线的剪切。

少量的导线剪切使用斜口钳或剪刀完成（称手工剪切），成批的导线剪切使用自动剪线机完成。剪切导线的长度与公差要求的关系如表 3.3 所示。

表 3.3　导线总长与公差要求的关系

长度(mm)	50	50～100	100～200	200～500	500～1000	1000 以上
公差(mm)	+3	+5	+5～+10	+10～+15	+15～+20	+30

（2）剥头。

将绝缘导线的两端去除一段绝缘层，使芯线导体露出的过程就是剥头。剥头的基本要求是：切除的绝缘层断口整齐，芯线无损伤、断股。

剥头长度 L 应根据芯线截面积、接线端子的形状以及连接形式来确定。无特殊要求时，剥头长度 L 一般取 8～14mm。如图 3.31 所示。

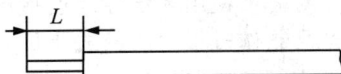

图 3.31　绝缘导线的剥头长度

导线剥头方法通常分为刃截法和热截法两种。

刃截法多使用剥线钳或工具刀或斜口钳完成导线剥头的任务，而在大批量生产中，则多使用自动剥线机完成导线剥头的任务。刃截法的优点是操作简单易行；缺点是易损伤导线的芯线。因此，单股导线剥头尽量少用刃截法。

热截法通常使用热控剥皮器去除导线的绝缘层。其特点是：操作简单、不损伤芯线，但工作时需要电源，加热绝缘材料会产生有毒气体。因此，使用该方法时要注意通风。

（3）捻头。

捻头是针对多股芯线的导线所需完成的工序，单芯线可免去此工序。

对于多股导线来说，当剥去其绝缘层后，其多股芯线容易松散、折断，不利于焊接、安装。因此，多股芯线的导线剥头后，必须进行捻头处理。捻头可采用手工捻头或捻线机捻头。

捻头的方法是：按多股芯线原来合股的方向旋紧，捻线角度一般在 30°～45°，如图 3.32 所示。

捻头要求：多股芯线旋紧后不得松散，芯线不得折断；如果芯线上有涂漆层，必须先将涂漆层去除后再捻头。

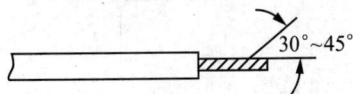

图 3.32　多股芯线的捻线角度

（4）搪锡。

搪锡又称为上锡，一般是指对捻紧端头的多股芯线进行浸涂焊料的过程。为了防止已捻头的芯线散开及氧化，在导线完成剥头、捻头之后，要立即对导线进行搪锡处理。

搪锡的作用是：提高导线的可焊性，避免多股芯线折断，减少导线端连接的虚焊、假焊的情况。

搪锡通常采用搪锡槽搪锡或电烙铁手工搪锡的方法进行。

①电烙铁手工搪锡。将已经加热的烙铁头带动熔化的焊锡，在已捻好头的导线端头上，顺着捻头方向移动，完成导线端头的搪锡过程。这种方法一般用在小批量生产或产品的设计、试制阶段。

②搪锡槽搪锡。将捻好头的干净导线的端头蘸上助焊剂（如松香水），然后将适当长度的导线端头插入熔融的锡铅合金中，1～3s之后导线润湿即可取出，完成搪锡。大批量导线需要搪锡时，常采用搪锡槽搪锡的方式。

（5）清洗。

清洗的作用是：清洁导线芯线端头的一些残留杂质，减少日后腐蚀的概率，提高焊接的可靠性和焊接质量，增加焊接的美观性。

清洗剂多采用无水酒精或航空洗涤汽油。无水酒精具有清洗助焊剂等脏物、迅速冷却浸锡导线、价廉等特点。航空洗涤汽油具有清洗效果好、无污染、无腐蚀的优点，只是清洗成本相对较高。

（6）印标记。

对需要使用多根导线连接的复杂电子产品，为了便于导线的安装、焊接，以及电子产品制作过程中的调试及日后的修理、检查，需要对具有多根导线连接的复杂电子产品进行印标记处理。

目前，常用的导线印标记的方法有：在导线两端印字标记、导线上染色环或用标记套管作标记等方法来区分、辨别导线。

①导线端印字标记。在导线的两端印上相同的数字作为导线标记的方法。标记的位置应在离绝缘层端8～15mm处（有特殊要求的按工艺文件执行），如图3.33所示。

图 3.33　导线端印字标记

②导线染色环标记。在导线的两端印上色环数目相等、色环颜色及顺序相同的色环作为该导线标记的方法。印染色环的位置应根据导线的粗细，从距导线绝缘端10～20mm处开始进行，其色环宽度为2mm，色环距离为2mm，如图3.34所示。

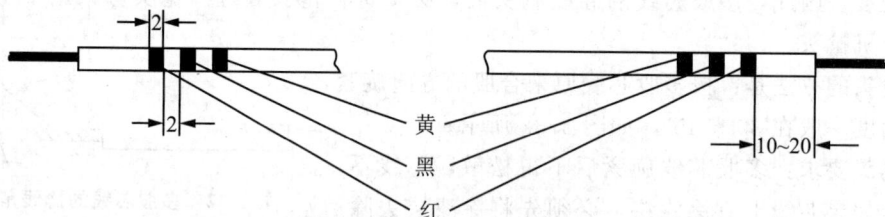

图 3.34　绝缘导线端部染色环标记

③用标记套管作标记。成品标记套管上印有各种字符，并有不同内径，使用时按要求剪断，套在导线端头作标记即可，如图3.35所示。

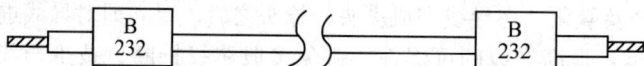

图 3.35　绝缘导线端部套标记套管作为标记

技能技巧 37　屏蔽导线或同轴电缆的加工

屏蔽导线或同轴电缆的结构要比普通导线复杂，此类导线的结构是在普通导线外层加上金属屏蔽层及外护套，如图 3.36 所示。加工时，应增加处理屏蔽层及外护套的工序。

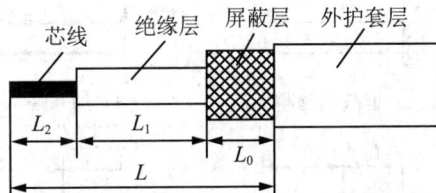

图 3.36　屏蔽导线或同轴电缆端头的结构示意图

屏蔽导线或同轴电缆的加工一般包括不接地线端的加工、直接接地线端的加工和导线的端头绑扎处理等。在对此类导线进行端头处理时，应注意去除的屏蔽层不宜太多，否则会影响屏蔽效果。

1. 不接地线端的加工

屏蔽导线或同轴电缆进行不接地线端的加工步骤如图 3.37 所示。

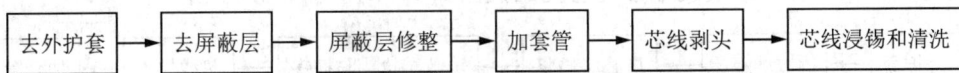

图 3.37　屏蔽导线或同轴电缆进行不接地线端的加工步骤

屏蔽导线或同轴电缆的外护套（即屏蔽层外的绝缘保护层）的去除长度 L_0，要根据工艺文件的要求确定；内绝缘层端到外屏蔽层端之间的距离 L_1，应根据工作电压确定（工作电压越高，剥头长度越长）；芯线的剥头长度 L_2，应根据焊接方式确定。即外护套层的切除长度 $L = L_1 + L_2 + L_0$（$L_0 = 1 \sim 2\text{mm}$），如图 3.36 所示。

芯线剥头长度 L_2 按表 3.4 确定，内绝缘层的长度 L_1 按表 3.5 确定剪切。

表 3.4　导线粗细与芯线剥头长度 L_2 的关系

芯线截面积（mm^2）	<1	1.1~2.5
剥头长度 L_2（mm）	8~10	10~14

表 3.5　内绝缘层长度 L_1 与工作电压的关系

工作电压	内绝缘层长度 L_1
<500V	10~20mm
500~3000V	20~30mm
>3000V	30~50mm

屏蔽导线或同轴电缆不接地线端的加工示意图如图 3.38 所示。

（a）去外护层　　　　（b）去屏蔽层

（c）屏蔽层修整　　　　（d）加套管

（e）芯线剥头　　　　（f）芯线浸锡

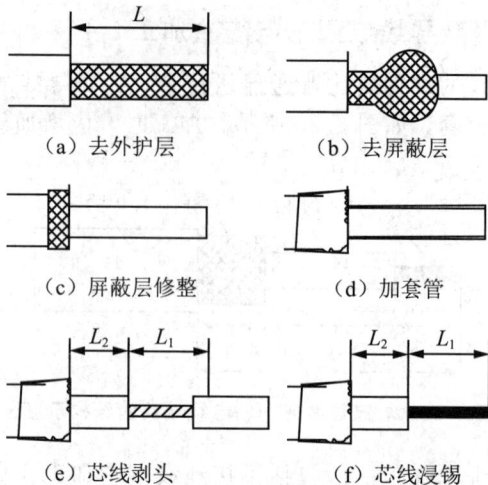

图 3.38　屏蔽导线不接地线端的加工示意图

2. 直接接地线端的加工

屏蔽导线直接接地线端的加工步骤如图 3.39 所示，其中拆散屏蔽层、在屏蔽层上加接导线，以及屏蔽导线线端加套管的示意图如图 3.40 和图 3.41 所示。

去外护套 → 拆散屏蔽层 → 屏蔽层修整 → 屏蔽层捻头与搪锡 → 芯线加工 → 加套管

图 3.39　屏蔽导线直接接地线端的加工步骤

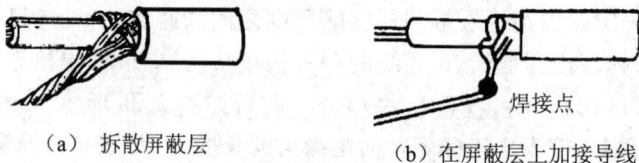

（a）拆散屏蔽层　　　　（b）在屏蔽层上加接导线　焊接点

图 3.40　屏蔽导线直接接地线端的加工示意图

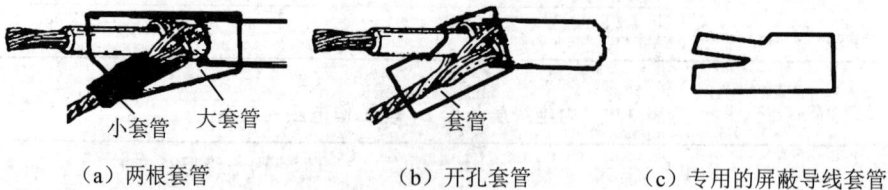

小套管　大套管　　　套管

（a）两根套管　　　（b）开孔套管　　　（c）专用的屏蔽导线套管

图 3.41　屏蔽导线线端加套管示意图

3. 加接导线引出接地线端的处理

当屏蔽导线或同轴电缆需要加接导线来引出接地线端时，通常的做法是将导线的线端处剥脱一段屏蔽层，进行整形搪锡，并加接导线做接地焊接的准备，其处理的步骤如图 3.42 所示。

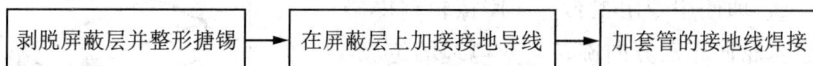

图 3.42　加接导线引出接地线端的处理

具体加工操作步骤：去除外护层后，用钟表镊子的尖头将外露的编织状或网状的屏蔽层由最外端开始，逐渐向里挑拆散开，使芯线与屏蔽层分离开，如图 3.43(a)所示；并将拆散的屏蔽层的金属丝理好后，合捻在一起，然后进行搪锡处理，如图 3.43(b)所示；也可将屏蔽层切除后，另焊一根导线作为屏蔽层的接地线，如图 3.43(c)所示。

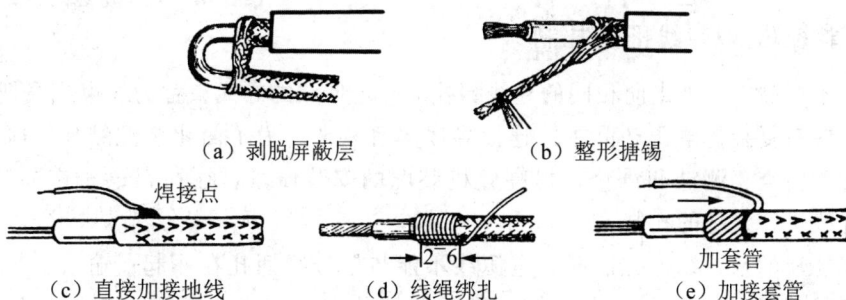

（a）剥脱屏蔽层　　　　（b）整形搪锡

（c）直接加接地线　　　（d）线绳绑扎　　　（e）加接套管

图 3.43　加接导线引出接地线端的处理示意图

屏蔽层上加接接地导线后，可用把一段直径为 0.5～0.8mm 的镀银铜线的一端，绕在已剥脱的并经过整形搪锡处理的屏蔽层上约 2～3 圈并焊牢，如图 3.43(d)所示；有时也可以在剪除一段金属屏蔽层之后，选取一段适当长度的导线焊牢在金属屏蔽层上做接地导线，再用绝缘套管或热缩性套管套住焊接处（起保护焊接点的作用），如图 3.43(e)所示。

4. 多芯屏蔽导线的端头绑扎处理常识

多芯屏蔽导线是指在一个屏蔽层内装有多根芯线的电缆。如电话线、航空帽上耳机线及送话器线等移动器件使用的棉织线套多股电缆就是多芯屏蔽导线。

多芯屏蔽导线在使用中需要进行绑扎。如图 3.44 所示为棉织线套多股电缆的绑扎方法，绑扎时，其绑扎缠绕的宽度约为 4～8mm，绑线完毕后，应剪掉多余的绑线，并在绑线上涂清漆 Q98-1 胶帮助固定绑扎点。

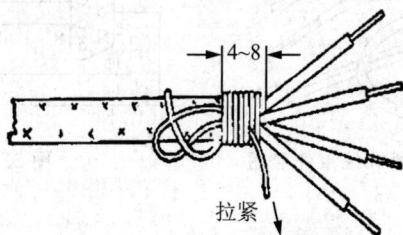

图 3.44　棉织线套电缆的端头绑扎

技能技巧38　扁平电缆的加工

扁平电缆的加工是指用专门的工具剥去扁平电缆绝缘层的过程。其操作过程如

图 3.45 所示,即使用专用工具——摩擦轮剥皮器,将其两个胶木轮向相反方向旋转,对电缆的绝缘层产生摩擦而熔化绝缘层,然后,熔化的绝缘层被剥皮器的抛光刷刷掉,达到整齐、清洁地剥去绝缘层的目的。

若扁平电缆采用穿刺卡接的方式与专用插头连接时,就不需要进行端头处理了。

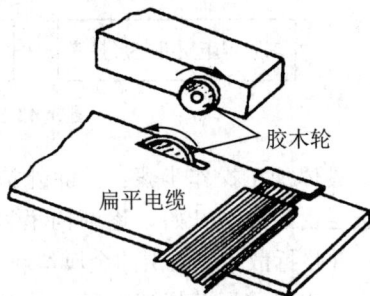

图 3.45 扁平电缆的加工

技能技巧 39 线把的扎制

在电子产品中,把走向相同的导线绑扎成一定形状的导线束称为线束或线把。

在一些较复杂的电子产品中,连接导线多且复杂。为了简化装配结构、减小占用空间,便于检查、测试和维修,提高整机装配的安装质量,往往在电子产品装配时,对多根导线进行线把的扎制。

值得注意的是:线把扎制时,电源线不能与信号线捆扎在一起;输入信号线不能与输出信号线捆扎在一起;高频信号线不能捆扎在线把中,以防止信号之间的相互干扰。

1. 线把(线束)的扎制分类

根据线束的软硬程度,线束可分为软线束和硬线束两种。

(1)软线束扎制。

软线束扎制是指用多股导线、屏蔽线、套管及接线连接器等按导线功能进行分组,将功能相同的线用套管套在一起,而无须绑扎的走线处理过程。软线束扎制一般用于电子产品中各功能部件之间的连接。如图 3.46 所示,为某设备媒体播放机软线束外形图。图 3.47 就是图 3.46 所示软线束的接线图。

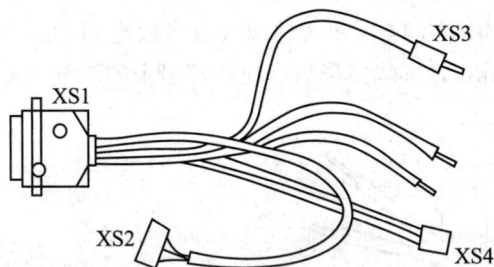

图 3.46 某设备媒体播放机软线束外形图

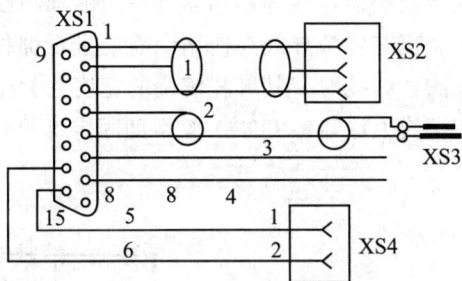

图 3.47 软线束接线图

(2)硬线束扎制。

硬线束扎制是指按电子产品的需要,将多根导线捆扎成固定形状的线束的走线处理过程。硬线束扎制的绑扎必须有走线实样图,如图 3.48 所示为某设备的硬线束扎制图。

硬线束扎制多用于固定产品零部件之间的连接,特别在机柜设备中使用较多。

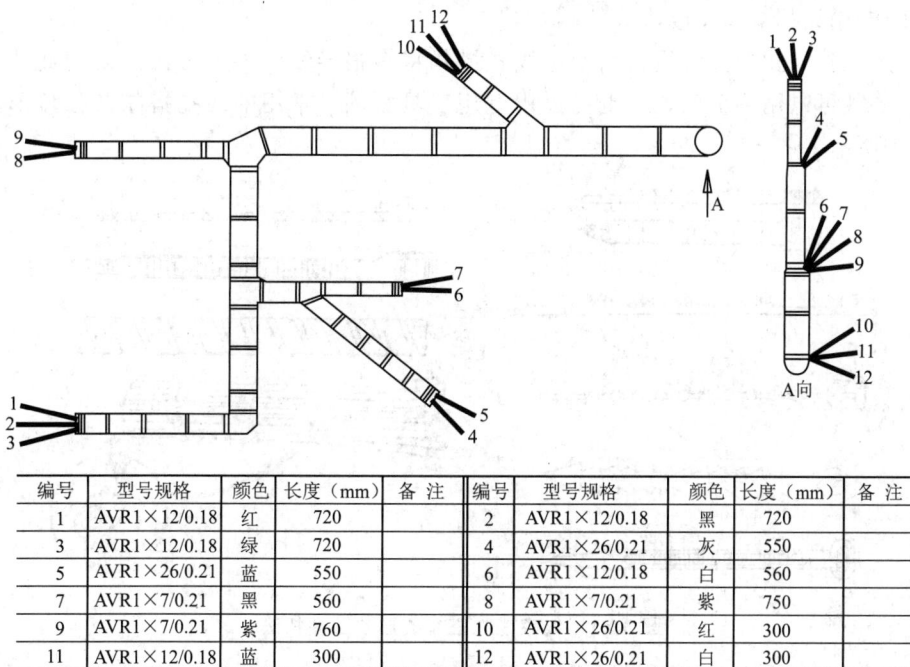

编号	型号规格	颜色	长度（mm）	备注	编号	型号规格	颜色	长度（mm）	备注
1	AVR1×12/0.18	红	720		2	AVR1×12/0.18	黑	720	
3	AVR1×12/0.18	绿	720		4	AVR1×26/0.21	灰	550	
5	AVR1×26/0.21	蓝	550		6	AVR1×12/0.18	白	560	
7	AVR1×7/0.21	黑	560		8	AVR1×7/0.21	紫	750	
9	AVR1×7/0.21	紫	760		10	AVR1×26/0.21	红	300	
11	AVR1×12/0.18	蓝	300		12	AVR1×26/0.21	白	300	

图 3.48　某设备的硬线束扎制图

2. 常用的几种绑扎线束的方法

常用的绑扎线束的方法有：线绳捆扎法、专用线扎搭扣扣接法、胶合粘接法和套管套装法。

(1)线绳捆扎法。

线绳捆扎法是指用线绳(如棉线、亚麻线、尼龙线等)将多根导线捆绑在一起构成线束的方法。具体方法如图 3.49 所示。线束绑扎完毕，应在绑扎点上涂上清漆，以防止线束松脱。

对于较粗的线束或带有分支的复杂线束，各线节的圈数应适当增加；特别是在分支拐弯处也应多绕几圈线绳，如图 3.50 所示。

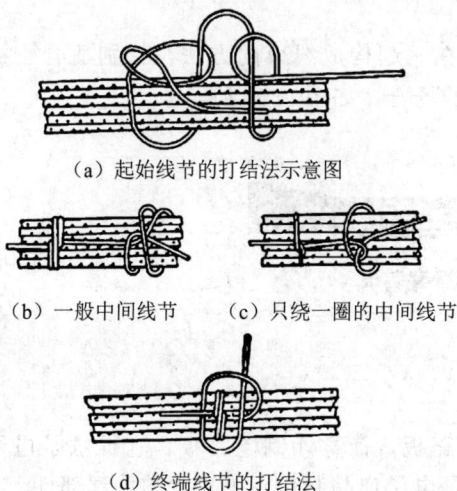

(a) 起始线节的打结法示意图

(b) 一般中间线节　　(c) 只绕一圈的中间线节

(d) 终端线节的打结法

图 3.49　线绳捆扎法线节的打结示意图

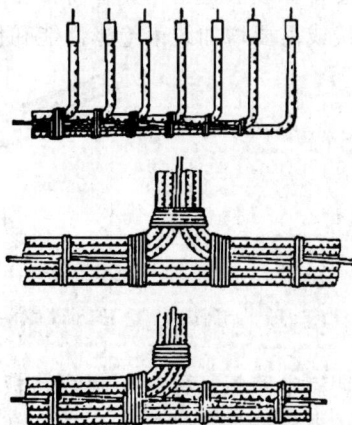

图 3.50　分支拐弯处的打结法示意图

（2）专用线扎搭扣扣接法。

专用线扎搭扣扣接法是指用专用线扎搭扣将多根导线绑扎的方法。采用此法捆扎线束时，既可以用手工拉紧，也可以用专用工具紧固。常用的线扎搭扣及扣接形式如图 3.51 所示。

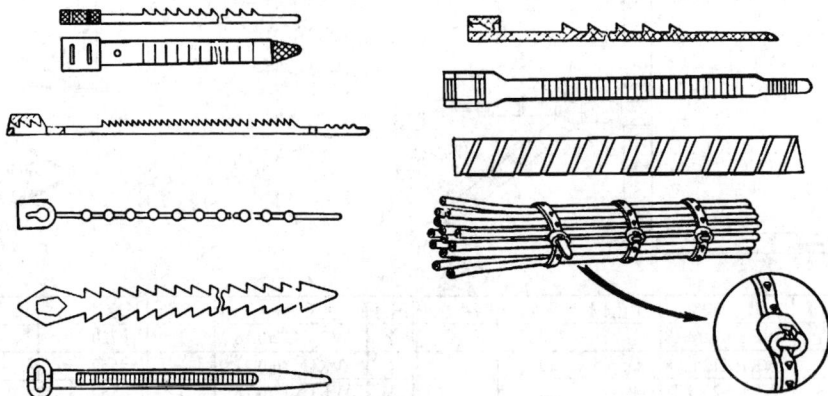

图 3.51 线束线扎搭扣的形状及捆扎法

（3）胶合粘接法。

胶合粘接法是指用胶合剂将多根导线粘接在一起构成线束的方法，用于导线数量不多、只需要进行平面布线的小线束，如图 3.52 所示。

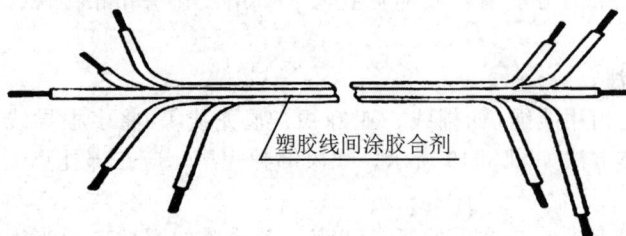

塑胶线间涂胶合剂

图 3.52 导线粘接在一起构成线束

（4）套管套装法。

套管套装法是指用套管将多根导线套装在一起构成线束的方法，特别适合于裸屏蔽导线或需要增加线束绝缘性能和机械强度的场合，如图 3.53 所示。

图 3.53 套管套装法

▶ 任务四 印制电路板的制作

印制电路板又称为印制线路板、印刷电路板，简称印制电路板，它提供了电子元器件的电气连接，是电子元器件的支撑体，是电子产品制作不可缺少的关键部件。

制作印制电路板的基板称为覆铜板。

知识点 3.4.1　覆铜板

一面或两面覆以铜箔，经热压而成的板状材料称为覆铜箔层压板，简称覆铜板。它是制作印制电路板的基本材料（基材）。覆铜板的外形如图 3.54 所示。

图 3.54　覆铜板的外形

覆铜板的种类很多，不同品种的覆铜板性能不同，因而使用场合也不同。

（1）按基板材料分，可分为纸基覆铜板、玻璃布覆铜板、合成纤维覆铜板、无纺布覆铜板、复合覆铜板等。纸基板价格低廉，但性能较差，主要用在低频和民用产品当中。玻璃布板与合成纤维板价格较贵，但性能较好，主要用在高频和军用产品当中。

（2）按黏剂树脂分，可分为酚醛覆铜板、环氧覆铜板、聚酯覆铜板、聚四氟乙烯覆铜板、聚酰亚胺覆铜板、聚苯撑氧覆铜板等。当频率高于数百兆赫时，必须用介电常数和介质损耗小的材料（如聚四氟乙烯和高频陶瓷）作基板。

（3）按结构分，可分为单面覆铜板、双面覆铜板和软性覆铜板。

单面覆铜板是指绝缘基板的一面覆有铜箔的覆铜板。单面覆铜板常用酚醛纸、酚醛玻璃布或环氧玻璃布作基板加工而成。主要用在电性能要求不高、电路结构不太复杂的电子设备（如收音机、电视机、常规电子仪器仪表等）上作印制电路板用。

双面覆铜板是指在绝缘基板的两面覆有铜箔的覆铜板，其基板常使用环氧玻璃布或环氧酚醛玻璃布作材料。双面覆铜板主要用于电路结构较复杂、布线密度较高的电子设备（如电子计算机、电子交换机等通信设备）上作印制电路板用。

软性覆铜板是用柔性材料（如聚酯、聚酰亚胺、聚四氟乙烯薄膜等）为基材与铜箔热压而成。这种覆铜板有单层、双层和多层几种。该覆铜板具有可折叠、弯曲、卷绕成螺旋形的优点，由软性覆铜板制作的印制电路板可以端接、排列到任意规定的位置，使电子产品的内部空间得到充分利用。软性覆铜板广泛应用于通信设备、电子计算机、自动化仪器、导弹和汽车仪表等需要折叠、弯曲装配的电子产品的印制电路板制作上。

知识点 3.4.2　印制电路板及其特点

1. 印制电路板的作用

印制电路板 PCB（Printed Circuit Board，以下简称 PCB 板），它由绝缘底板、连接导线和装配焊接电子元器件的焊盘组成，具有导电线路和绝缘底板的双重作用。

印制电路板是电子产品的核心部件，它将设计好的电路制成导电线路板，是元器件互连及组装的基板。通过印制电路板可以完成电路的电气连接、元器件的固定和电路的组装，并实现电路的功能，是目前电子产品不可缺少的组成部分。

对于印制电路板来说，放置元器件的这一面称为元件面；用于布置印制导线和进行焊接的这一面称为印制面或称焊接面，如图 3.55 所示。

（a）元件面　　　　　　　　　　　　　　　　（b）焊接面

图 3.55　通孔安装的印制电路板

对于通孔安装的单面板来说，元器件一般是放在元件面这一边；对于双面印制电路板来说，元器件和焊接面都要放置元器件；对于表面安装技术中，其贴片元件是放置在有铜箔的焊接面上的。

目前，印制电路板的工艺技术正朝着高密度、高精度、高可靠性、大面积、细线条的方向发展。

2. 印制电路板的分类

印制电路板的种类很多，其主要分类方式如下。

（1）按印制电路布线层数划分，可分为单面印制电路板、双面印制电路板和多层印制电路板。

①单面印制电路板。单面印制电路板是指印制电路板的绝缘基板的一面敷设铜箔印制线路，另一面为光面的印制电路板。通常印制电路板的光面放置元件（称为元件面），敷设铜箔印制线路的一面用于焊接（称为焊接面）；若元器件为表面安装元器件时，印制电路板无须打孔，元件放置在敷设铜箔印制线路的一面。

单面印制电路板厚度在 $1\sim2\text{mm}$，适用于电性能要求不高的收音机、电视机、常规电子仪器仪表等电子设备。

②双面印制电路板。双面印制电路板是指印制电路板绝缘基板的两面都敷设有铜箔印制线路。由于双面印制电路板的双面都敷设有线路，因而需要由金属化过孔连通两面的线路。印制电路板适用于布线密度较高的较复杂的电路，适用于电子计算机、电子交换机等通信设备。

③多层印制电路板。多层印制电路板是指在一块印制电路板上，有三层或三层以上导电线路和绝缘材料分层压在一起的印制电路板，它包含了多个工作面。多层印制电路板上元件安装孔需要金属化（孔内表面涂覆金属层），使各层印制电路连通。多层印制电路板适用于高导线密度、体积小、集成度高的精密电路，其特点是接线短、直，

高频特性好，抗干扰能力强。

(2)按印制电路板的刚柔性划分，可分为刚性印制电路板和柔性印制电路板。

①刚性印制电路板。指印制电路板的绝缘基板具有一定的抗弯能力和机械强度，常态时，保持平直的状态，它是常规电子整机电路常用的印制电路板。刚性印制电路板的绝缘基板常使用环氧树脂、酚醛树脂、聚四氟乙烯等为基材。

②柔性印制电路板 FPC(Flexible Printed Circuit)，又称软性线路板、软性印制电路板，简称软板，其厚度为 0.25～1mm。它是以聚酰亚胺或聚酯薄膜为基材的柔性印制电路板，其一面或两面覆盖了导电线路，具有配线密度高、重量轻、厚度薄，可折叠、弯曲、卷绕成螺旋形的优点。因而软性印制电路板可以放置到产品的任意位置，使电子产品的内部空间得到充分利用。

软性印制电路板广泛应用于手机、笔记本电脑、数码相机、通信设备、掌上电脑 PDA、电子计算机、自动化仪器、导弹和汽车仪表等电子产品上。

3. 印制电路板的特点

(1)印制电路板可以免除复杂的人工布线，自动实现电路中各个元器件的电气连接，同时降低了电路连接的差错率，简化了电子产品的装配、焊接工作，提高了劳动生产率，降低了电子产品的成本。

(2)印制电路板的印制线路具有重复性和一致性，减少了布线和装配的差错，节省了设备的维修、调试和检查时间。

印制电路板的布线密度高，缩小了整机的体积和重量，有利于电子产品的小型化。

(3)印制电路板采用了标准化设计，因而产品的一致性好，有利于互换；有利于电子产品生产的机械化和自动化；有利于提高电子产品的质量和可靠性。

由于印制电路板具有以上优点，所以印制电路板在电子产品的生产制造中得到了广泛的应用。

知识点 3.4.3　印制电路板的设计

印制电路板的设计是以电原理图为依据，将电原理图转换成印制电路板图，并确定加工技术要求、实现电路功能的过程。

设计的印制电路板必须满足电原理图的电气连接要求，满足电子产品的电气性能和机械性能要求，同时要符合印制电路板加工工艺和电子装配工艺的要求。

1. 设计内容

印刷电路板的设计需要考虑外部连接的布局、电子元器件的优化布局、金属连线和通孔的优化布局、电磁保护、散热性能、抗干扰等各种因素；考虑哪些元器件安装在板内、哪些要加固、哪些要散热、哪些要屏蔽、哪些元器件装在板外、需要多少板外联机、引出端的位置如何等；必要时还应画出板外元器件接线图。

因此，印制电路板的设计内容可以划分为：印制电路板上元器件排列的设计、地线的设计、输入输出端的设计、连线排版图的设计，如图 3.56 所示。

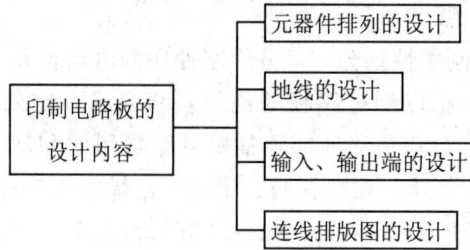

图 3.56　印制电路板的设计内容

（1）印制电路板上元器件排列的设计。

元器件排列是指：按照电子产品电原理图，将各元器件、连接导线等有机地连接起来，并保证电子产品可靠稳定地工作。

元器件的排列方式主要有不规则排列、坐标排列和坐标格排列三种方式。

①不规则排列。不规则排列是指元器件在印制电路板上可以任意方向排列，如图 3.57 所示，这种排列方式主要用在高频电路中。

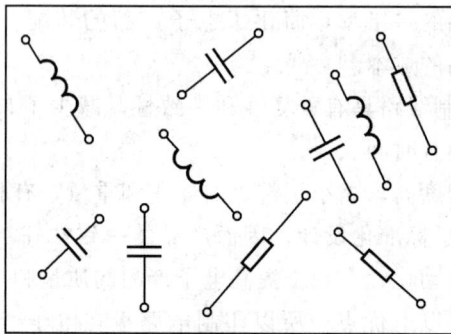

图 3.57　元器件的不规则排列

不规则排列的特点是：可以减少印制导线的长度，减少分布电容和接线电感对电路的影响，减少高频干扰，使电路工作稳定，但元器件的布局没有规则、凌乱，不便于打孔和装配。元器件的这种排列方式适合高频（30MHz 以上）电路布局。

②坐标排列。坐标排列是指元器件的轴向和印制电路板的四边平行或垂直，如图 3.58 所示。坐标排列的特点是：外观整齐美观，便于机械化打孔和装配，但电路中的干扰大，一般适用于低电压、低频率（1MHz 以下）的电路。

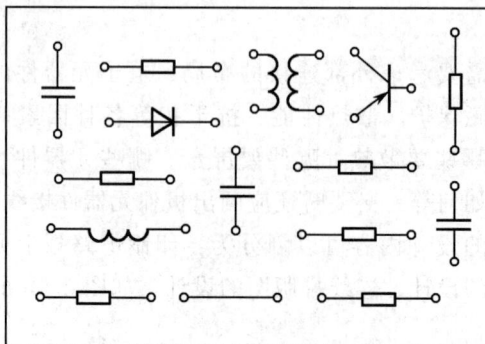

图 3.58　元器件的坐标排列

③坐标格排列。坐标格排列是指用印有坐标格(1mm 见方的格子)的图纸绘制设计电路板及元器件位置的坐标尺寸图的方法。

在坐标格排列的方式中，元器件的大小、位置排列，应根据电子元器件的尺寸合理排列。典型元器件(组件)的尺寸为 $d \times l$，如图 3.59(a)所示。

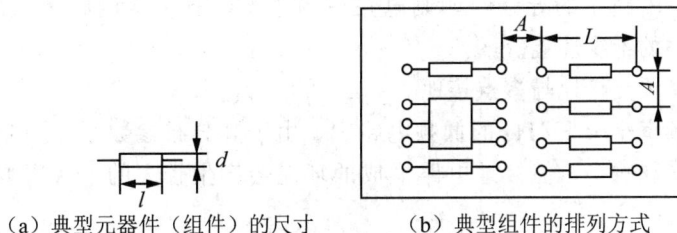

(a) 典型元器件（组件）的尺寸　　　(b) 典型组件的排列方式

图 3.59　典型组件排列印制电路板板图

坐标格排列的几点要求如下。

元器件之间外表面的距离 A 应大于 1.5mm；连接同一元器件的两接点间的距离 L，最小可等于典型组件长度 l(不包括引线长度)，最大可比典型组件长度 l 长 4～5mm，阻容组件、晶体管等应尽量使用标准跨距，以利于组件的成型，如图 3.59(b)所示。

元器件的轴向必须与印制电路板的四边平行或垂直，元器件安装孔的圆心必须放置在坐标格的交点上。

若安装孔呈圆弧形(或圆周)布置，则圆弧(或圆周)的中心必须在坐标格交点上，并且圆弧(或圆周)上必须有一个安装孔的圆心在坐标格交点上。

印制电路板上的其他孔(如印制电路板安装孔、定位孔、结构孔等)的圆心也应定位于坐标格的交点上，如图 3.60 所示。

坐标格排列方式的优点是：元器件排列整齐美观，维修时寻找元器件和测试点方便，印制电路板加工时孔位易于对齐，也便于自动化生产，所以现在国内外大批量生产的电子产品都采用这种排列方式。

电子元器件在印制电路板上的排列是一件实践性、技巧性很强的工作，如果设计不当，会影响电子产品功能的实现、造成寄生耦合干扰、破坏产品的工作可靠性。因此，在设计之前，要熟练掌握电子元器件的基本

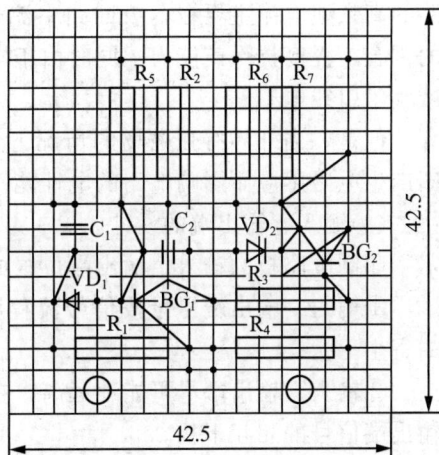

图 3.60　元器件的坐标格排列

知识及功能电路的特点，善于总结经验，善于灵活运用各种设计方法，这样才能设计出符合要求的印制电路板。

(2)印制电路板上地线的设计。

良好的接地是控制干扰的有效方法，若将接地和屏蔽正确结合起来，就可以解决大部分干扰问题。因而，PCB 板上的地线设计是重要的环节。

在电子设备中，地线大致分为：系统地、机壳地(屏蔽地)、数字地(逻辑地)和仿真地等。在地线设计中应注意以下几点。

①接地点的位置。

一般将公共地线布置在印制电路板的边缘，便于印制电路板安装在机壳上，也便于与机壳连接。电路中的导线与印制电路板的边缘留有一定的距离，便于机械加工，有利于提高电路的绝缘性能。

②正确选择单点接地与多点接地。

信号工作频率小于 1MHz 的低频电路中，由于其分布参数小，印制电路板上的布线对电路的工作影响小，但接地电路形成的环流会产生较大的干扰影响，因而可采用单点接地法。

当信号工作频率大于 10MHz 时，地线阻抗变得很大，其分布参数对电路工作的影响较大，为减小引线电感和接地阻抗对电路的不良影响，地线应足够的宽、尽量短，尽量降低地线阻抗，应采用就近多点接地。

当工作频率在 1~10MHz 时，如果采用单点接地，其地线长度不应超过波长的 1/20，否则应采用多点接地法。

③尽量加粗接地线。

若接地线很细，接地电位则随电流的变化而变化，致使电子设备的定时信号电平不稳，抗噪声性能变坏。因此应将接地线尽量加粗，使它能通过三倍于印制电路板的允许电流。如有可能，接地线的宽度应大于 3mm。

④将接地线构成自封闭回路。

设计数字电路组成的印制电路板时，将接地线做成自封闭回路，可以保证每级电路的高频地电流主要在本级回路中流通，而不流过其他级，因而可以减小级间地电流的耦合，提高抗噪声能力。同时由于电路四周都围有地线，便于接地元器件就近接地，减小了引线电感。

但是，当外界有强磁场的情况下，地线不能接成回路，以避免封闭地线组成的线圈产生电磁感应而影响电路的电性能。

(3)输入、输出端的设计。

印制电路板的输入、输出端位置的设计应考虑以下因素。

①输入、输出端尽量按信号流程顺序排列，使信号便于流通，并可减小导线之间的寄生干扰；

②输入、输出端尽可能地远离，在可能的情况下最好用地线隔离开，可减小输入、输出端信号的相互干扰。

(4)排版连线图的设计。

排版连线图是指用简单线条表示印制导线的走向和元器件的连接关系的图样。通常是根据电原理图来设计绘制排版连线图。当电路比较简单时也可以不画排版连线图，而直接画排版设计草图。

图 3.61(a)为一个单稳态电路的电原理图，图 3.61(b)是根据图 3.61(a)画出的排版连线图。

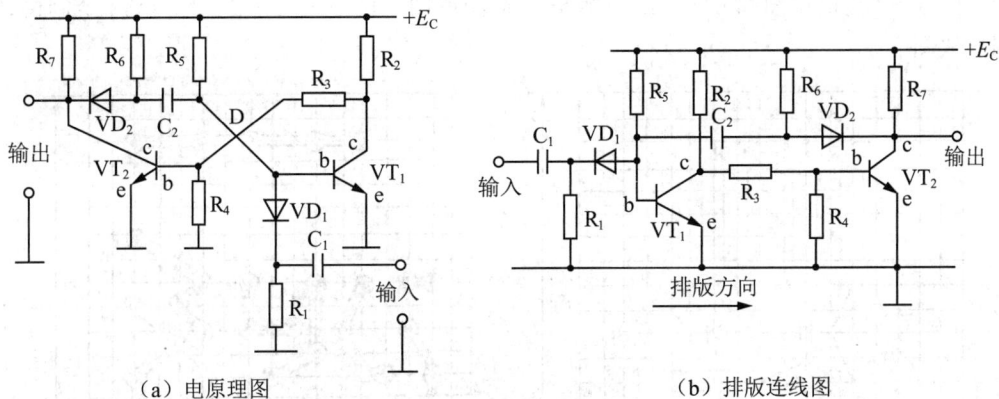

（a）电原理图　　　　　　　　　　　（b）排版连线图

图 3.61　排版方向与方式

①排版连线图的特点。在印制电路板几何尺寸已确定的情况下，从排版连线图中可以看出元器件的基本位置。在排版连线图中应尽量避免导线的交叉，但可以在组件处交叉，因为元器件跨距处可以通过印制导线。

②排版方向。排版方向是指印制电路板上的电路从前级到后级的总走向，这是印制电路布线应首先解决的问题。排版的总体原则是：使信号便于流通，信号流程尽可能保持一致的方向。多数情况下，应将信号流向排版成从左向右（左输入、右输出）或从上到下（上输入、下输出）的状态。各个功能电路往往会以三极管或集成电路等半导体器件作为核心元器件来排布其他的元器件。

例如，图 3.62（a）所示的晶体管共发射极电路中，如果电源走线"＋E_C"在上，"地"在下，则晶体管以如图 3.62（b）所示的位置来放置为好；此时晶体管基极 b 的位置在左边，因此它的输入在左，输出在右，其排版方向由左向右。图 3.62（c）的排版方向显然是不正确的。

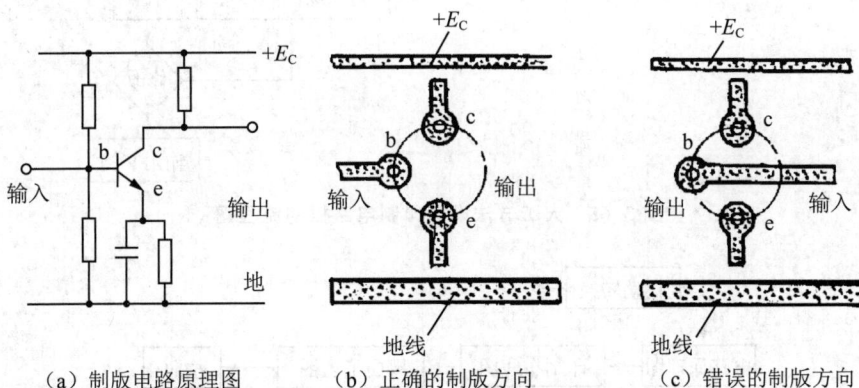

（a）制版电路原理图　　　（b）正确的制版方向　　　（c）错误的制版方向

图 3.62　由原理图到印制版图的排版方向

③排版连线图的绘制。根据元器件的大小比例、大体位置及其连线方向、印制导线的形状、印制电路板的尺寸，精确布置元器件及连接孔的位置（最好在坐标格的交点上），绘制排版连线图。

图 3.63 是根据图 3.61(b)绘出的排版设计草图。图 3.64 是根据图 3.63 绘制的印制导线图。

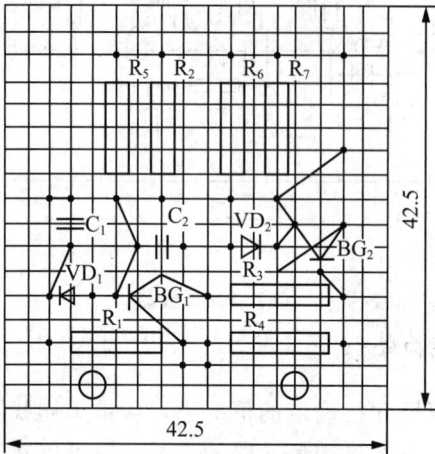

图 3.63 排版设计草图

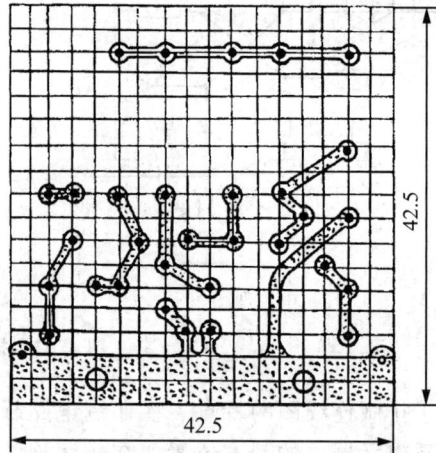

图 3.64 印制导线图

2. 设计方法

印制电路板设计的好坏，直接影响到电子产品的质量和调试周期。

简单的印制电路板图可以用人工进行设计，图 3.65 所示是人工方法设计印制电路板的流程图。复杂的印制电路板图可以借助于计算机辅助设计（Computer Aided Design，CAD）软件进行设计，图 3.66 所示是采用计算机辅助设计（CAD）方法设计印制电路板的流程图。

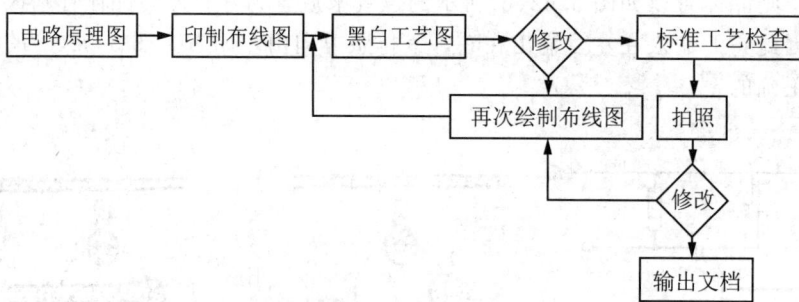

图 3.65 人工方法设计印制电路板的流程图

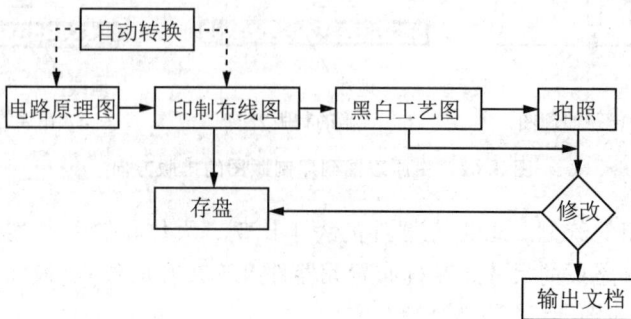

图 3.66 计算机辅助设计(CAD)方法设计印制电路板的流程图

计算机辅助设计(CAD)的操作步骤如下。

(1)在计算机辅助设计软件上画出电路原理图。

(2)向计算机输入能反映出印制电路板布线结构的参数，包括：焊盘尺寸大小、元器件的孔径和焊盘、走线关系、印制导线宽度、最小间距、布线区域尺寸等参数。

(3)操作计算机执行布线设计命令，则计算机可自动完成印制电路板的设计。

(4)布线后，审查走线的合理性，并对不理想的走线进行修改(包括改变方向、路径、宽窄等)。如出现交叉排版的情况，操作人员可设置焊盘进行双面走线，并通过人工干预达到线路连通的目的，但这种情况在复杂电路设计中不应超过5％。

(5)定稿后，通过绘图机按所需比例直接绘制黑白底图，不再需要人工绘图或贴图。可以生成GER(即R格式)文件，供光学绘图机制作曝光(晒版)使用的胶片；或者使用激光印字机输出到塑料膜片上，直接代替照相底版。

(6)将设计存入软盘，可以永久性保存。

采用计算机辅助设计(CAD)方法的优点是：可以很方便地将电路原理图设计成理想的印制电路板布线图，印制电路板图自动生成，其设计速度快，设计、修改过程简便，布线均匀、美观，特别是通过绘图机绘制的黑白底图，图形精度可达到0.05mm以内。这对使用数控钻床打孔和自动装配焊接是极为重要的。

利用计算机辅助设计软件设计印制电路既可以保证设计质量，又可以大大节省设计和绘图的时间，设计的正确性和效率高，彻底解决了手工绘图效率低、费时、错误多、修改困难、集成化低、质量不高的缺点。

3. 几种常用的印制电路板计算机辅助设计软件

印制电路板的设计大多使用计算机设计软件进行设计。目前这类软件主要有：Altium Designer、Proteus等几种。

(1)Altium Designer。

Altium Designer(AD)是原Protel软件开发商Altium公司推出的一体化的电子产品开发系统，是目前最流行的ECAD工具，主要运行在Windows操作系统。这套软件通过把原理图设计、电路仿真、PCB绘制编辑、拓扑逻辑自动布线、信号完整性分析和设计输出等技术的完美融合，为设计者提供了全新的设计解决方案，使设计者可以轻松进行设计，熟练使用这一软件使电路设计的质量和效率大大提高。但Altium Designer的主要缺点是占用系统资源较大，使用时电脑比较卡顿。

(2)Proteus。

Proteus是英国著名的EDA工具(仿真软件)，从原理图布图、代码调试到单片机与外围电路协同仿真，一键切换到PCB设计，真正实现了从概念到产品的完整设计，是世界上唯一将电路仿真软件、PCB设计软件和虚拟模型仿真软件三合一的设计平台。其处理器模型支持8051、HC11、PIC10/12/16/18/24/30/DSPIC33、AVR、ARM、8086和MSP430等，2010年又增加了Cortex和DSP系列处理器，并持续增加其他系列处理器模型。在编译方面，它也支持IAR、Keil和MATLAB等多种编译器。

技能技巧40　手工自制印制电路板的方法和技巧

印制电路板的制造方法可分为"减去法"("减成法")和"添加法"("加成法")两大类。

(1)减去法(Subtractive)。它是利用光化学法、丝网漏印法或电镀法在覆铜板的表面，将电路图形转移上去，再用化学腐蚀方法、机械手段，将电路以外不必要的部分蚀刻掉，余下的地方便是所需要的印制电路。

(2)添加法(Additive)。在一块覆铜板上，覆盖上光阻剂(D/F)，经紫外光曝光后、再显影，把需要的地方露出，然后利用电镀的方式把线路板上正式线路的铜厚层增厚到所需要的规格，再镀上一层抗蚀刻阻剂——金属薄锡，最后除去光阻剂，再把光阻剂下的铜箔层蚀刻掉。

目前，大规模工业生产还是以减去法中的腐蚀铜箔法为主。在电子产品的试验阶段，或制作少量印制电路板时，一般采用手工方法自制印制电路板。

手工自制印制电路板常用的方法有描图法、贴图法和刀刻法。

1. 描图法

描图法是手工制作印制电路板最常用的一种方法，制作步骤如图3.67所示。

下料 → 拓图 → 打孔 → 描图 → 腐蚀 → 去漆膜 → 清洗 → 涂助焊剂

图3.67　描图法自制印制电路板工艺流程

描图法操作的具体步骤如下。

(1)下料。根据电路设计图的要求剪裁覆铜板，并用砂纸或锉刀打磨印制电路板四周，去除毛刺，打磨光滑平整，使裁剪的印制电路板的形状和大小符合设计要求和安装要求。

(2)拓图。用复写纸将已设计好的印制电路板布线草图拓印在覆铜板的铜箔面上。印制导线用一定宽度的线条表示，焊盘用小圆圈表示。对于较复杂的电原理图，可采用计算机辅助设计软件进行印制电路板的设计、拓图。

(3)打孔。拓图后，可以进行钻孔，所需的孔洞包括元器件的引脚插孔和固定印制电路版面的定位孔。对于一般的元器件，钻孔孔径约为0.7～1mm；若是固定孔或大元器件孔，钻孔孔径约为2～3.5mm；打孔时应注意"孔"的位置在焊盘的中心点，并保持导线图形清晰，周边的铜箔光洁。

打孔的步骤有时也可放在"(6)去漆膜"之后进行。

对于安装表面元器件的印制电路板，不必在印制电路板上钻孔。

(4)描图。使用硬质笔(铅笔、鸭嘴笔、记号笔均可)或硬质材料蘸油漆，按照拓好的图形描图。描图时，油漆是覆盖需要焊接用的焊盘和连接线路的。操作时，先描焊盘，注意焊盘要与钻好的孔同心，大小尽量均匀；然后再描绘导线。焊盘及导线可以描的粗大些，便于后续修整。待印制电路板上的油漆干燥到一定程度(用手触摸不粘手，且有些柔软)时，应检查图形描绘的正确性，在描图正确的情况下，用小刀、直尺等工具对所描线条和焊盘的毛刺及多余的油漆进行修整，使描图更加平整、美观。

(5)腐蚀。腐蚀铜箔的腐蚀液采用环保蚀刻剂配比制作。环保蚀刻剂主要成分是白色粉末状的过硫酸钠。

环保腐蚀液的配比为1∶4(一份环保蚀刻剂、四份水的重量比例)；为了加快腐蚀反应速度，蚀刻时水温最好控制在50℃左右(但温度也不宜过高，不能将保护漆膜泡掉）。配比时，可先将水加热到 100℃，再放入环保蚀刻剂，待溶解后，温度降至 50℃左右，再放入要蚀刻的覆铜板，而后不停地晃动容器，5～15 分钟即可完成蚀刻；温度降低或腐蚀液浓度降低时，蚀刻的时间会加长。待完全腐蚀以后，取出板子用水清洗干净。

　　盛装腐蚀液的容器和夹具不能使用金属材料，一般使用塑料、搪瓷或陶瓷等材料，夹取印制电路板的夹子应使用竹夹子。

　　腐蚀液可以重复多次使用。蚀刻后剩余的液体，可用带盖玻璃瓶或搪瓷杯存放，保留到下次使用，直到腐蚀效果变差时再换新的液体。

　　环保蚀刻剂本身无害，但使用过的废液中含有铜离子，对环境有害，所以废液最好用食碱或石灰等碱性物质处理后，再妥当丢弃。

　　(6)去漆膜。待印制电路板完全腐蚀以后，取出印制电路板用清水洗净，然后用温度较高的热水浸泡后，将板面上的漆膜泡掉。漆膜未泡掉处，可用香蕉水清洗或用水砂纸轻轻打磨掉。

　　(7)清洗。漆膜去除干净以后，可用水砂纸按某一方向擦拭铜箔面，去掉铜箔面的氧化膜，使线条及焊盘露出铜的光亮本色。擦拭后用清水洗净，晾干。

　　(8)涂助焊剂。为了防止印制电路板上的铜箔表面氧化，便于后期焊接元器件，在印制电路板清洗晾干之后，对印制电路板的铜箔面上进行一些表面处理，也就是进行涂敷助焊剂的过程。即用毛笔蘸上松香水（用 6 份无水酒精加 4 份松香炮制）轻轻地在印制电路板铜箔面上涂上一层，并晾干，印制电路板的制作就完成了。

2. 贴图法

　　描图法制作印制电路板简单、易行，但由于印制线路、焊盘等图形是靠手工描绘而成，因而往往是描绘的线条粗细不均，走线不平整，焊盘大小、形状不一，描绘质量难以保证。

　　贴图法制作印制电路板的工艺流程与描图法基本相同，唯一的区别在于描图过程。贴图法是使用一些具有抗腐蚀能力的、薄膜厚度只有几微米的薄膜图形材料，按设计要求完成在覆铜板上贴图（描图）的任务。

　　贴图的具体操作过程：制作印制电路板的贴图图形是具有抗腐蚀能力的薄膜图形，包括各种焊盘、引线和各种符号等印制电路中常见的图形。这些图形贴在一块透明的塑料软片上，使用时把所需图形从塑料软片上撕下来，粘贴到覆铜板相应的位置上。整个图形贴好以后即可进行腐蚀。

　　贴图法的特点：操作简单，贴图的图形形状标准、统一，图形线条整齐、美观，印制电路板制作效果好，但成本高、走线不够灵活。

3. 刀刻法

　　刀刻法制作印制电路板是指：把复制到印制电路板的铜箔面上的印制电路板图，用特制小刻刀刻去不需要保留的铜箔即可。

　　刀刻法的制作步骤如图 3.68 所示，其中的下料、拓图、打孔、清洗和涂助焊剂等过程与描图法一样，不同之处在于刀刻制作印制电路板和修复的过程。

下料 → 拓图 → 刀刻制作印制板 → 打孔 → 修复 → 清洗 → 涂助焊剂

图 3.68　描图法自制印制电路板工艺流程

刀刻制作印制电路板的具体操作过程：根据绘制在印制电路板铜箔面上的印制电路板图，将钢尺放置在需刻置的位置上，用刻刀沿钢尺刻画铜箔，刀刻的深度必须把铜箔划透，但不能伤及覆铜板的绝缘基板，再用刀尖挑起不需保留的铜箔边角，用钳子夹住、撕下铜箔即可。

修复过程：用砂纸轻轻打磨修复印制电路板上的毛刺及残留的多余铜箔。

刀刻法的特点是：制作过程相对简单、使用的材料少，但刀刻的技术要求高，除直线外，其他形状的线条、图形都难以用刀刻完成。

刀刻法一般用于制作量少且电路简单、线条较少的印制电路板。该方法在进行布局排版设计时，要求形状尽量简单、成直线形，一般把焊盘与导线合为一体，形成多块矩形图形。由于平行的矩形图形具有较大的分布电容，所以刀刻法制板不适合高频电路。

知识点 3.4.4　印制电路板的质量检验

印制电路板完成制作后，要进行质量检验，之后才能进行元器件的插装和焊接。

常用的检验方法：目视检验和仪器检验。

检验的主要项目：机械加工正确性检验、连通性试验、绝缘电阻的检测、可焊性检测等。一般来说，机械加工正确性检验采用目视检验的方法进行，连通性试验、绝缘电阻和可焊性检测采用仪器检验的方法进行。

1. 机械加工正确性检验

通常是用目视来检验印制电路板的加工是否完整、印制导线是否完全整齐、焊盘的大小是否合适、焊孔是否在焊盘中间、焊孔的大小是否合适、印制电路板的大小形状是否符合设计要求等。

2. 连通性试验

使用万用表测量印制电路板上连通部分的电阻，该连通电阻应该为零。

连通性试验的目的是：检验多层电路板印制电路图形及需连通的部分是否连通。

3. 绝缘电阻的检测

使用万用表测量印制电路板绝缘部件之间所呈现出的电阻，绝缘电阻的理论值为无穷大。

在印制电路板电路中，此试验既可以在同一层上的各条导线之间来进行，也可以在两个不同层之间来进行。

4. 可焊性检测

可焊性检测是用来检测焊锡对印制图形（铜箔）的附着能力，其目的是使元器件能良好地焊接在印制电路板上。可焊性一般用附着、半附着、不附着来表示。

（1）附着：焊料在导线和焊盘上自由流动及扩展，而成黏附性连接。

（2）半附着：焊料首先附着表面，然后由于附着不佳而造成焊接回缩，结果在基底金属上留下一薄层焊料层。在表面一些不规则的地方，大部分焊料都形成了焊料球。

（3）不附着：焊盘表面虽然接触熔融焊料，但在其表面丝毫未蘸上焊料。

良好的印制电路板其可焊性属于附着。

实训 9　导线端头的处理、加工与检测

一、实训目的

1. 熟悉各种常用线材的外形与结构；

2. 掌握对单芯、多芯塑胶绝缘导线的端头处理方法和技能；

3. 掌握对屏蔽导线及同轴电缆的加工方法和技巧；

4. 学会将导线与有关接插件连接并检测其连接的可靠性。

二、实训器材

1. 设备、工具：万用表 1 台、斜口钳（或剪刀）、剥线钳、剥皮刀、电烙铁、镊子、直尺、电热风机（可用家用电吹风替代）、不同规格的一字、十字螺丝刀等。

2. 材料：适量的各种单芯、多芯塑胶绝缘导线和具有金属编织屏蔽层的电缆或高频同轴软线等，各种热缩套管，电源插头、同轴电缆插头或其他接插件，焊锡丝、松香助焊剂等。

三、实训内容与步骤

本实训内容包括：单芯、多芯塑胶绝缘导线的端头处理，屏蔽导线及同轴电缆的加工，导线与有关接插件连接并检测。

1. 各种单芯、多芯塑胶绝缘导线的端头处理方法和技能

单芯、多芯塑胶绝缘导线的端头处理步骤如图 3.69 所示。

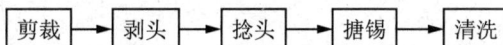

图 3.69　导线端头处理步骤

端头处理的具体操作方法与技巧如下。

（1）剪裁。

使用直尺量取导线的长度，用斜口钳或剪刀剪切导线。剪裁时，应先剪长导线，后剪短导线，这样可减少线材的浪费。剪裁操作时，先拉直导线，再量取、剪裁；剪裁时，不允许损伤导线的绝缘层。剪裁的导线误差（公差）与导线的长度关系如表 3.6 所示。

表 3.6　导线误差（公差）与导线的长度关系

长度(mm)	50	50～100	100～200	200～500	500～1000	1000 以上
公差(mm)	+3	+5	+5～+10	+10～+15	+15～+20	+30

（2）剥头。

剥头是从绝缘导线中剥除外绝缘层、露出金属芯线的过程。

方法一：刃截法。用剪刀、斜口钳、剥皮刀或剥线钳将导线两端的绝缘层按要求剥除。剥头时，用剥皮刀或剪切按要求的尺寸对绝缘层横向切一圈，切破绝缘层、但不能损坏芯线，然后用手抓住切过的绝缘层，顺芯线旋转方向扭动、并往外拔，这样就可去除导线的绝缘层。如图 3.70 所示。

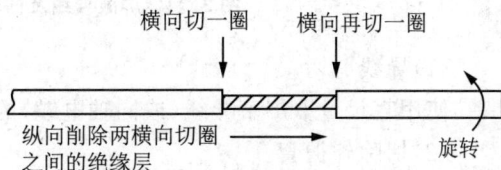

图 3.70　刃截法进行剥头

方法二：热截法。用热控剥皮器或烧热的电烙铁去除导线的绝缘层。操作时，用热控剥皮器或烧热的电烙铁在导线需要切割的地方在导线上横向烫一圈，烫掉绝缘材料，直到露出金属芯线为止，然后用手抓住绝缘层，顺芯线旋转方向扭动并往外拔，即可去除导线的绝缘层。如图3.71所示。

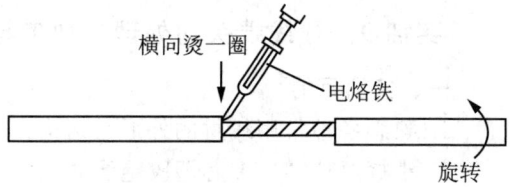

图3.71 热截法进行剥头

注意：剥头时，不能损伤芯线，多股芯线不能断股。

（3）捻头。

对于多股芯线，剥头后应捻头，即顺着芯线旋转的方向将多股芯线旋成单股。如图3.72所示。

（4）搪锡。

捻头后的导线应即时搪锡，既可使导线的机械强度增加，又可防止氧化，便于焊接。

电烙铁搪锡处理的方法是：先将干净的导线端头上助焊剂（如松香），然后在导线端头挂上一层焊锡。如图3.73所示。

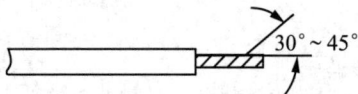

图3.72 多股导线芯线的捻线角度

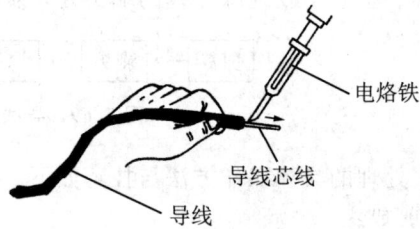

图3.73 电烙铁搪锡

（5）清洗。

若搪锡时，使用松香助焊剂太多，可在搪锡结束后使用无水酒精（酒精浓度95％以上）清洗搪锡后的导线端头。

2. 屏蔽导线及同轴电缆的加工方法和技巧

屏蔽导线及同轴电缆的加工方法、步骤如图3.74所示。

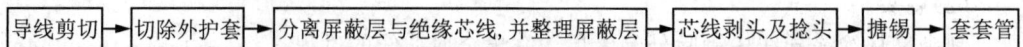

导线剪切 → 切除外护套 → 分离屏蔽层与绝缘芯线,并整理屏蔽层 → 芯线剥头及捻头 → 搪锡 → 套套管

图3.74 屏蔽导线及同轴电缆的加工方法、步骤

（1）导线剪切。

使用直尺量取屏蔽导线（或同轴电缆）的长度，用斜口钳或剪刀剪切导线。

（2）切除外护套。

用斜口钳（或剪刀）按规定尺寸（如图3.75中标注）横向切一圈，然后再沿纵向切开，如图3.76所示。注意：切割时，不能损伤金属屏蔽层。

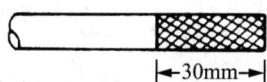

图 3.75　绝缘外皮的去除长度

图 3.76　去除绝缘外皮的方法

(3)分离屏蔽层与绝缘芯线，并整理屏蔽层。

分离屏蔽层与绝缘芯线方法有两种：开口抽出法和拆散屏蔽层法。

①开口抽出法。在靠近外绝缘护套切口处用镊子扒开屏蔽编织线，用镊子抽出芯线并将芯线拉直，使绝缘芯线从外屏蔽层内分离出来，如图 3.77 所示。

②拆散屏蔽层法。用镊子从屏蔽层的最头部开始，挑散屏蔽层的编织线，一直拆到靠近外绝缘护套切口处，具体位置应根据芯线剥头长度和导线使用时的电压高低来确定，如图 3.78 所示。

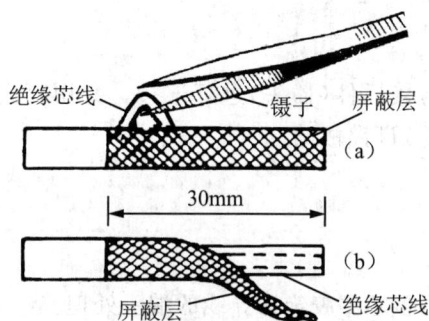

图 3.77　开口抽出法抽出芯线

图 3.78　拆散屏蔽层法抽出芯线

无论采用什么方法分离出屏蔽层，都需要对金属屏蔽层进行整形，其方法为：用镊子以适当的力量将屏蔽编织线拉直。对于拆散的屏蔽层编织线应将其理好，合在一边并顺一个方向旋转，将金属屏蔽层捻在一起，这样，可避免屏蔽编织线折断，并为屏蔽线的连接做好准备。

(4)芯线剥头及捻头。

在距芯线端头 15mm 处，切去 10mm 长的芯线绝缘层(方法是先用剥皮刀或剪刀在距芯线端头 25mm 处横向切一圈，再在距芯线端头 15mm 处横向切一圈，然后纵向削除两横向切圈之间的绝缘层)，如图 3.79(a)所示，用手指拧掉芯线绝缘层。在距芯线端头 10mm 处，用剥皮刀或剪刀横向切一圈，然后用手指拧掉芯线绝缘层，如图 3.79(b)所示。

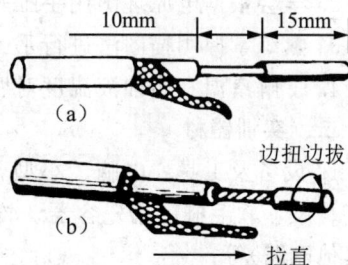

图 3.79　芯线剥头及捻头

(5)搪锡。

屏蔽导线及同轴电缆的搪锡包括对芯线及屏蔽层的搪锡，搪锡的要求与"单芯、多芯塑胶绝缘导线的端头处理"一样。由于屏蔽层面积大，导热快，很容易将热量传到导

线内部而烫伤导线的内绝缘层，造成内外导体短路。所以，焊接屏蔽线时，速度要快、要特别注意散热。

(6)套套管。

搪好锡的芯线和屏蔽层分别套上合适长度和粗细的热缩套管，再用较粗的热缩套管将芯线和屏蔽层连同其上的小套管套在一起，但大套管只套住小套管的根部，使芯线和屏蔽层能自由分开，如图3.80(a)所示。如图3.80(b)所示为在大套管上开一小孔，让芯线从小孔穿出。套管套好后，用电热风机(或电吹风)吹热套管，使其收缩套紧。

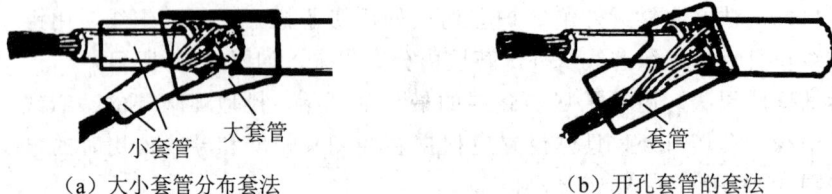

(a)大小套管分布套法　　　　　　　　(b)开孔套管的套法

图 3.80　套套管

3. 导线与接插件的连接及检测

使用一字取或十字取，将处理好端头的导线与接插件(插头)进行连接，并用万用表的电阻挡检测导线和插头是否连通，是否有短路或断路故障。

四、实训课时

课堂参考时数：2学时。

五、实训报告要求

1. 使用什么工具、经过哪些过程完成对单芯、多芯塑胶绝缘导线的端头处理？

2. 在对屏蔽导线及同轴电缆的端头处理过程中，各使用了什么工具？

3. 如何检测导线与接插件是否连接成功？

实训 10　手工自制印制电路板

一、实训目的

1. 学会识读电原理图和印制电路板图；

2. 学会根据电原理图用手工及 Proteus99se 设计印制电路板图；

3. 熟练掌握用描图法进行手工自制印制电路板；

4. 了解室温和腐蚀液温度对腐蚀印制电路板的影响。

二、实训器材

1. 设备及工具：电脑、小型台式钻床或手电钻、钻头、小钢锯、小刀、铅笔、鸭嘴笔、尺、软毛刷、搪瓷容器、竹夹、某电子产品的电原理图(如声光控延时开关电路或其他电路)等；

2. 材料：单面覆铜板、油漆、无水酒精、松香、复写纸、三氯化铁、砂纸等。

三、实训步骤

1. 识读电原理图。选择一个声光控延时开关电路(或其他较简单的电路)，如图3.81，识读该电路的电原理图。通过识读，熟悉电路原理图连线结构及原理图上元器件的编号、分布及参数，了解声控开关电路各部分的组成特点、元件的作用，领会声光控延时开关电路的工作原理。

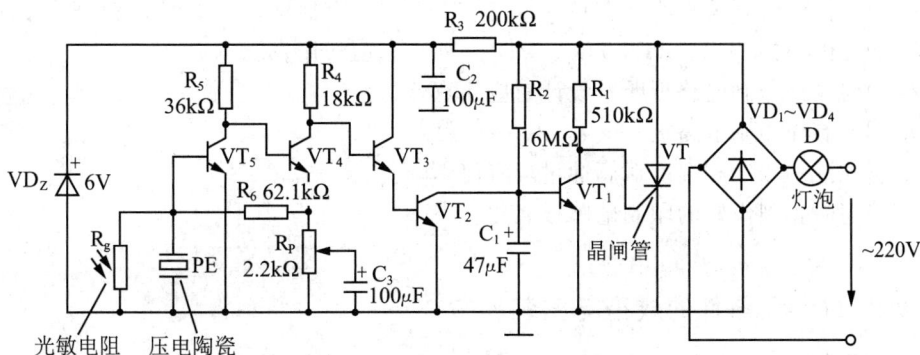

图3.81　声光控延时开关电路原理图

声光控延时开关电路的功能：该电路以灯泡 D 为控制对象，当光线较强时，无论有无声响，灯泡均不亮；在光线较暗且有声响时，灯泡发光，且保持灯亮一段时间（改变 R_2、C_1 的大小，可调节灯亮时间）后自动熄灭。

2. 根据电原理图用手工设计印制电路板图，用 Proteus99se 设计印制电路板图。设计时要注意各元器件的大小、摆放位置及特殊元器件的处理。

3. 用描图法对声光控延时开关电路进行手工自制印制电路板。

步骤如下所示。

(1)下料：根据印制电路板的实际设计尺寸剪裁覆铜板。

(2)拓图：用复写纸将已设计好的声光控延时开关电路印制电路板图拓印在覆铜板的铜箔面上。

(3)描漆图：按照拓好的图形，用鸭嘴笔(或硬质头的笔)蘸上油漆描绘电路、焊盘及导线。

(4)修整线条、焊盘：描好印制电路覆铜板，油漆干透后，检查描图质量，用小刀、直尺等将线条、焊盘修复平整规范。

(5)腐蚀：按 1∶2(一份三氯化铁、两份水)的质量比例调好腐蚀用的三氯化铁水溶液，保持浓度在 28%～42%，将修整完毕的印制电路覆铜板全部浸入腐蚀液，把没有被漆膜覆盖的铜箔腐蚀掉。

(6)去漆膜：用热水浸泡后，可将板面上的漆膜剥掉，少量未浸泡掉漆膜的地方，可用香蕉水清洗或用砂纸轻轻打磨干净。

(7)打孔：在印制电路板上需要打孔的地方(元器件插孔或固定孔)打出样冲眼，按样冲眼的定位，用小型台式钻床或手电钻打出焊盘上的通孔。

(8)清洗：用自来水冲洗干净，并自然晾干。

(9)涂助焊剂：把配制好的松香酒精溶液(用 4 份松香加 6 份酒精组成的助焊剂)立即用软毛刷轻轻蘸涂在洗净晾干的印制电路板上，晾干即可。该过程可以防止铜箔表面氧化、便于焊接元器件。

四、实训课时

课堂时数：4学时；课外时数：4学时。共计8学时。

五、实训报告要求

1. 声光控延时开关电路适合在什么场合下使用？有何优点？如图 3.81 所示的声光控延时开关电路中，PE、R_g、VD_Z、$VD_1 \sim VD_4$ 有何作用？

2. 如何设计印制电路板图？设计时应注意什么？

3. 如何制作印制电路板？

4. 腐蚀液的浓度和温度对腐蚀过程有何影响？

5. 如何防止制作好的印制电路板氧化？

实训 11　元器件的成型与安装

一、实训目的

1. 了解元器件的立式和卧式安装方式；

2. 掌握元器件的不同成型方法；

3. 学会在印制电路板上安装和焊接元器件、导线。

二、实训器材

1. 工具：游标卡尺(或直尺)、斜口钳(或剪刀)、剥线钳、镊子、尖嘴钳、电烙铁、烙铁架等。

2. 材料：各种元器件(包括电阻、电容、电感、变压器、分立半导体器件、集成电路芯片及芯片插座、保险管及插座等)、焊锡丝、松香助焊剂、导线、印制万能板等。

三、实训步骤

根据立式、卧式安装方式，元器件的成型方式各不相同。

1. 卧式安装的成型、安装及焊接

(1)用游标卡尺(或直尺)量取卧式安装元件在印制电路板上安装的孔距，由此确定卧式安装元件的成型尺寸 L 和 l，如图 3.82 所示。

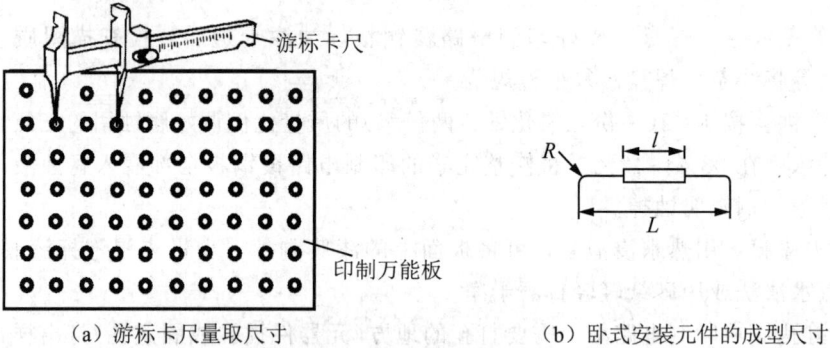

（a）游标卡尺量取尺寸　　　　　（b）卧式安装元件的成型尺寸

图 3.82　游标卡尺量取尺寸

(2)用尖嘴钳或镊子将二引脚元件成型为卧式安装的形状，如图 3.83 所示。

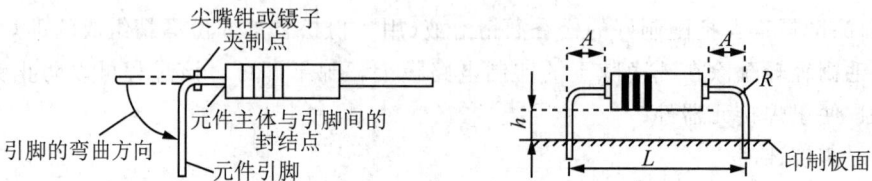

图 3.83　二引脚元件成型为卧式安装的形状图形

（3）将卧式成型的元件安装在印制万能板上，采用贴板安装及悬空安装（悬空高度 $h=$ 2mm）的方式，每种方式各安装 5 个元器件，并用电烙铁焊接、固定。

2. 立式安装的成型、安装及焊接

（1）用尖嘴钳或镊子将立式安装的元器件成型，成型要求如图 3.84 所示。立式安装的元器件成型形状如图 3.85 所示。

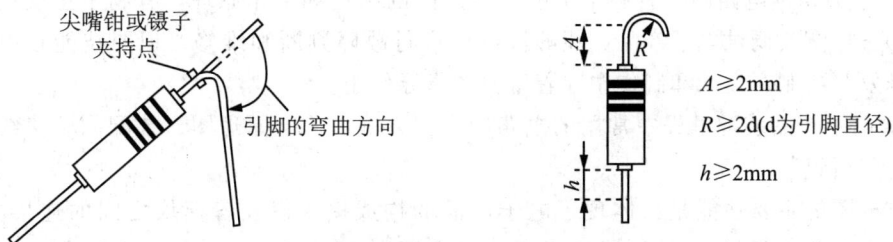

图 3.84　立式安装元器件的成型要求

$A \geqslant 2mm$

$R \geqslant 2d$(d为引脚直径)

$h \geqslant 2mm$

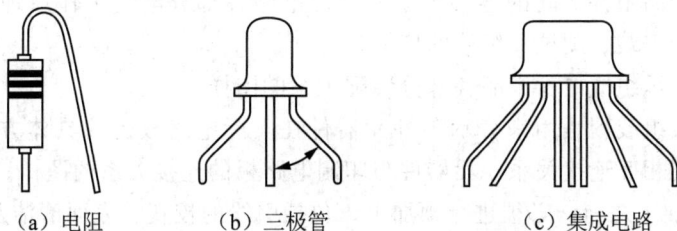

（a）电阻　　　（b）三极管　　　（c）集成电路

图 3.85　立式安装的元器件成型形状

（2）将立式成型的元器件插装在印制万能板上，并用电烙铁进行焊接、固定元器件。注意：同一类型的元器件安装高度必须一致。

3. 集成电路引脚的成型、安装

（1）扁平封装的集成电路安装、焊接时需要成型。扁平封装的集成电路可使用尖嘴钳或镊子将其引脚成型，成型要求如图 3.86 所示。

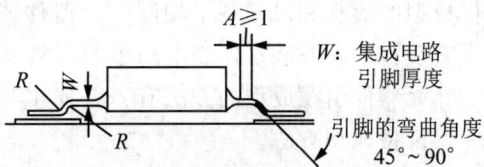

$A \geqslant 1$

W：集成电路引脚厚度

引脚的弯曲角度 45°～90°

图 3.86　立式安装元器件的成型要求

（2）直插式集成电路安装时不需成型，可插装在印制电路上直接焊接；也可先安装集成电路座，再插装集成电路。后者安装方式不易损坏集成电路，且有利于更换。

四、实训课时

课堂时数：2 学时。

五、实训报告要求

1. 元器件的立式和卧式安装方式有什么不同？
2. 通常使用什么工具对元器件进行成型？
3. 同一型号的元器件在成型、安装时，应注意什么？
4. 集成电路的安装方式有哪几种？

本项目归纳总结

1. 电子产品制作之前，应了解、掌握与电子制作相关的知识、技能，如相关图纸及其识读方法，各种元器件引线和零部件引脚的成型方法，各种导线的加工处理，掌握印制电路板的手工制作方法等。

2. 学会识读电路图，有利于了解电子产品的结构和工作原理，有利于正确地生产（制作）、检测、调试电子产品，能够快速地进行故障判断和维修。识图技能在电子产品的开发、研制、设计和制作中起着重要的指导作用。

3. 电子产品装配过程中常用的电路图有：方框图、电原理图、装配图、接线图及印制电路板组装图。

方框图的主要功能是：体现了电子产品的构成模块以及各模块之间的连接关系，各模块在电路中所起的作用，以及信号的流程顺序。

电原理图是详细说明构成电子产品电路的电子元器件相互之间、电子元器件与单元电路之间、产品组件之间的连接关系，以及电路各部分电气工作原理的图形，它是电子产品设计、安装、测试、维修的依据。

装配图是表示组成电子产品各部分装配关系的图样。

印制电路板组装图是用来表示各种元器件在实际电路板上的具体方位、大小，以及各元器件之间相互连接关系，元器件与印制电路板的连接关系的图样。

4. 元器件加工之前，必须进行预加工，包括引线的校直、表面清洁及搪锡。

5. 为了便于安装和焊接，提高装配质量和效率，在电子产品安装前，根据安装位置的特点及技术方面的要求，要预先把元器件引线弯曲成一定的形状。元器件引线成型是针对小型元器件的。

元器件进行安装时，通常分为立式安装和卧式安装两种。不同的安装方式，元器件成型的形状和尺寸各不相同。元器件成型的主要目的是使元器件能迅速而准确地插入安装孔内，并满足印制电路板的安装要求。

元器件引线成型的方法有：普通工具的手工成型、专用工具（模具）的手工成型和专用设备成型方法。

6. 电子产品中的常用线材包括：安装导线、电磁线、屏蔽线和电缆、扁平电缆（平排线），它们是传输电能或电磁信号的传输导线。

安装线是指用于电子产品装配的导线。

电磁线是指由涂漆或包缠纤维作为绝缘层的圆形或扁形铜线，用以制造电子、电工产品中的线圈或绕组的绝缘电线。

电源软导线的作用是连接电源插座与电气设备。

屏蔽线和电缆具有静电（或高电压）屏蔽、电磁屏蔽和磁屏蔽的作用。

扁平电缆主要用于印制电路板之间的连接、各种信息传递的输入/输出之间的柔性连接。

7. 在电子产品制作之前要对导线进行必要的加工，不同的导线其加工方式不同。

普通绝缘导线的加工过程分为剪裁、剥头、捻头（多股线）、搪锡、清洗和印标记。

屏蔽导线或同轴电缆的加工与普通绝缘导线类似，不同之处在于，屏蔽导线或同轴电缆的加工要多一道去除屏蔽层的处理工序。

8. 覆铜板是指在绝缘基板的一面或两面覆以铜箔，经热压而成的板状材料，它是制作印制电路板的基本材料（基材）。

9. 印制电路板（PCB板）是由绝缘底板、连接导线和装配焊接电子元器件的焊盘组成，具有导电线路和绝缘底板的双重作用。印制电路板可以完成电路的电气连接、元器件的固定和电路的组装，并实现电路的功能，是目前电子产品中不可缺少的组成部分。

10. 印制电路板的设计是以电路原理图为依据，将电原理图转换成印制电路板图、并确定加工技术要求、实现电路功能的过程。

设计的印制电路板必须满足电原理图的电气连接要求，满足电子产品的电气性能和机械性能的要求，同时也要符合印制电路板加工工艺和电子装配工艺的要求。

11. 在电子产品的试验阶段，或制作少量印制电路板时，一般采用手工方法自制印制电路板。手工自制印制电路板常用的方法有描图法、贴图法和刀刻法。

12. 在完成印制电路板的加工后，应对印制电路板进行质量检验，质量检验主要包括机械加工正确性检验、连通性试验、绝缘电阻的检测和可焊性检测。

自我测试 3

3.1　电子产品装配过程中常用的图纸有哪些？

3.2　电原理图有何作用？如何进行识读？

3.3　什么是印制电路板组装图？如何进行识读？

3.4　元器件引线的预加工有什么含义？它包含哪几个过程？如何完成预加工？

3.5　小型元器件安装前为什么要对其引脚进行成型加工？加工的目的是什么？

3.6　元器件引线成型的技术要求有哪些？

3.7　简述元器件引线的成型方法及使用场合。

3.8　电子产品中的常用线材有哪些？

3.9　用于绕制变压器、电感线圈的线材是什么线材？当需要简便、有效地进行多路导线连接时，应采用什么样的方式连接导线？

3.10　导线加工中，斜口钳、剥线钳、镊子、电烙铁各有何作用？

3.11　普通绝缘导线端头的处理分为哪几个过程？在什么情况下需要对导线捻头？

3.12　什么是搪锡？为什么要进行搪锡？

3.13　屏蔽线与同轴电缆有何异同？

3.14　常用的线把扎制的方法有哪几种？各用于什么场合？

3.15　什么是覆铜板？有何作用？

3.16　什么是印制电路板？它有何作用？

3.17　印制电路板有哪些主要优点？

3.18　印制电路板的设计包括哪几方面？

3.19　元器件在印制电路板上的不规则排列和坐标排列各有何特点？各适用于什么场合？

3.20 手工自制印制电路板有哪几种方法？各有何特点？

3.21 利用描图法手工自制印制电路板的步骤有哪些？怎样修整描漆图？

3.22 如何加快印制电路板的腐刻速度？如何防止新制作的印制电路板的氧化？

3.23 印制电路板的质量检验包括哪几个方面？能检测出什么问题？

项目四　自动焊接技术

>>> **项目背景**

党的二十大报告指出："发展不平衡不充分问题仍然突出，推进高质量发展还有许多卡点瓶颈，科技创新能力还不强。"如我国在半导体制造设备、全自动贴片机制造设备等领域整体技术水平与国外仍有一定差距，需继续完善科技创新体系，增强科技实力，推动发展新质生产力。

项目四视频、
案例、思政资源

>>> **项目任务**

了解电子产品制作中的自动焊接技术的种类，浸焊、波峰焊、再流焊等几种自动焊接技术各有何特点，了解表面安装技术 SMT 的内涵及使用场合。培养学生具有良好的工程职业道德、人文社会科学素养，以及团队意识，能够有效地与同行及服务对象沟通，完成分担的任务或承担的组织管理工作。

>>> **项目任务分解**

1. 浸焊的工艺流程及特点；
2. 波峰焊的工艺流程及特点；
3. 再流焊的工艺流程及特点；
4. 表面安装技术的安装方式及特点。

>>> **项目教学导航**

带领学生去电子产品生产、制作企业参观，直观感受自动焊接设备的基本构成和生产过程，了解自动焊接技术带来的快速、准确的焊接过程及有可能出现的问题。由此进入课堂，学习各种自动焊接设备的构成部分的作用，学习自动焊接技术的知识、技能。

随着电子工业的发展，电子产品的需求量越来越大，电子产品的功能越来越强，电子电路越来越复杂，因而对于成批生产、制作的电子产品，需要采用自动焊接技术完成对电子产品的焊接，以提高焊接的速率和效率，降低电子产品的生产成本，提高电子产品的性价比。

目前，电子产品的制作、生产中，常采用浸焊、波峰焊、再流焊这三种自动焊接技术。

▶任务一　浸焊

浸焊是最早期的批量焊接技术，它是将插装好元器件的印制电路板浸入有熔融状焊料的锡锅内，一次性完成印制电路板上所有焊点的焊接过程。

知识点 4.1.1 浸焊设备

浸锡设备是一种适用于批量生产电子产品的焊接装置，用于对元器件引线、导线端头、焊片及接点、印制电路板的热浸锡。目前使用较多的是普通浸锡设备和超声波浸锡设备两种类型。

1. 普通浸锡设备

普通浸锡设备是由一个锡锅、加热加滚动装置及温度调整装置构成的，如图 4.1 所示。操作时，将待浸锡元器件先浸蘸助焊剂，再浸入锡锅。由于锡锅内的焊料不停地滚动，增强了浸锡效果。浸锡后要及时将多余的锡甩掉或用棉纱擦掉。

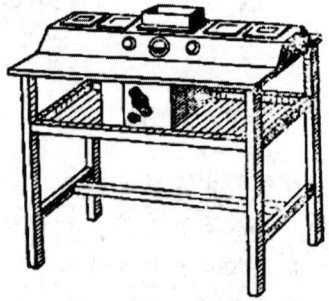

图 4.1 普通浸锡设备

有些浸锡设备配有传动装置，使排列好的元器件匀速通过锡锅，自动浸锡，这既可提高浸锡的效率，又可保证浸锡的质量。

2. 超声波浸焊设备

目前的超声波浸焊设备常采用全自动浸焊机，其外形如图 4.2 所示。

全自动浸焊机通过编程方式可精确控锡温、浸焊时间、速度、浸焊深度，适用于长插、短插元器件及单面线路板、双面线路板的自动浸焊作业。

图 4.2 超声波浸锡设备

知识点 4.1.2 浸焊的工艺流程

浸焊分为手工浸焊和机器浸焊两种。

1. 手工浸焊的工艺流程

手工浸焊是由操作人手持夹具夹住插装好的印制电路板(PCB 板)，人工完成浸锡的方法，其操作过程如下。

(1)加热浸焊槽，使浸焊槽锡炉中的焊锡熔化，温度控制在 250℃～280℃。

(2)在 PCB 板上涂一层(或浸一层)助焊剂。

(3)用夹具夹住 PCB 板浸入锡炉中，使焊盘表面与 PCB 板接触，浸锡厚度以 PCB 板厚度的 1/2～2/3 为宜，浸锡的时间为 3～5s。

(4)以 PCB 板与锡面呈 5°～10°的角度使 PCB 板离开锡面，略微冷却后检查焊接质量。如有较多的焊点未焊好，要重复浸锡一次；对只有个别不良焊点的板，可用手工补焊。

手工浸焊的特点：设备简单、投入少，但效率低，焊接质量与操作人员熟练程度有关，易出现漏焊，焊接有贴片的 PCB 板较难取得良好的效果。

2. 机器浸焊的工艺流程

机器浸焊是用机器代替手工夹具夹住插装好的 PCB 板进行浸焊的方法，其工作过程示意图如图 4.3 所示。当所焊接的印制电路板面积大、元件多，无法靠手工夹具夹住浸焊时，或大批量的印制电路板需要浸焊时，可采用机器浸焊。

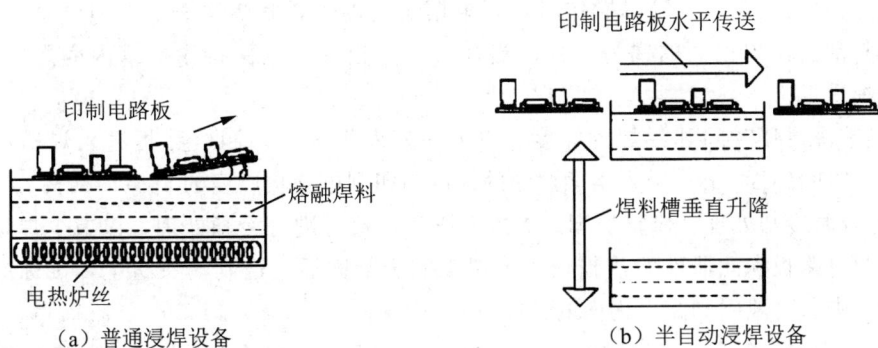

图 4.3　机器浸焊的工作过程示意图

机器浸焊的工艺流程：插装元器件、喷涂焊剂、浸焊、冷却剪脚、检查修补，其工艺流程图如 4.4 所示。

图 4.4　机器浸焊的工艺流程图

(1)插装元器件。

浸焊前，除不耐高温和不易清洗的元器件以外，将所有需要焊接的元器件插装在印制电路板后，安装在具有振动头的专用设备上。进行浸焊的印制电路板只有焊盘可以焊接，印制导线部分被(绿色)阻焊层隔开。

(2)喷涂焊剂。

经过泡沫助焊槽，将安装好元器件的印制电路板喷上助焊剂，并经红外加热器或热风机烘干助焊剂。

(3)浸焊。

当传动设备将喷涂好助焊剂的印制电路板运行至锡炉上方时，锡炉做上下运动或PCB 板做上下运动，使 PCB 板浸入锡炉焊料内，浸入深度为 PCB 板厚度的 1/2～2/3，浸锡时间 3～5s，然后 PCB 板以 15°倾角离开浸锡位、移出浸锡机，完成焊接。锡锅槽内的温度控制在 250℃左右。

(4)冷却剪脚。

焊接完毕后，进行冷却处理，一般采用风冷方式冷却。待焊点的焊锡完全凝固后，送到切头机上，按标准剪去过长的引脚。

(5)检查修补。

外观检查有无焊接缺陷：若有少量缺陷，则用电烙铁进行手工修复；若缺陷较多，则必须查找焊接缺陷的原因，排除故障后重新浸焊。

3. 浸焊操作的注意事项

(1)注意浸焊锡锅温度的调整。熔化焊料时，锡锅应使用加温挡；当锅内焊料已充分熔化后，需及时转向保温挡。及时调整锡锅温度，可防止因温度过高造成焊料氧化，

并节省电能消耗。

（2）及时清理焊料。浸焊操作时，要根据锡锅内熔融状焊料表面杂质含量的多少，注意经常刮去锡炉表面的锡渣，并适当加入一些松香，以保持锡锅槽内的焊料纯度、提高浸焊质量。

（3）掌握浸焊时间和浸焊的深度。将喷涂好助焊剂的印制电路板送入焊槽进行浸焊。浸焊时间约 3～5s；浸入熔融焊锡的深度为印制电路板厚度的 50%～70%。

（4）及时冷却处理、修整引脚。焊接完毕后，及时进行冷却处理，以减少焊接的余热对印制电路板和元器件的热损伤。待焊锡完全凝固后，送到切头机上，按标准剪去过长的引脚。一般引脚露出锡面的长度不超过 2mm。

（5）注意操作安全。浸焊操作人员在工作时，要穿戴好安全防护服，避免高温烫伤。

知识点 4.1.3 浸焊的特点

浸焊具有操作简单，生产效率较高，无漏焊现象，所需设备简单，适用于批量生产。但浸焊锡锅内的焊锡表面是静止的，多次浸焊后，浸焊槽内焊锡表面会积累大量的氧化物等杂质，易造成虚焊、桥接、拉尖等焊接缺陷，需要进行手工补焊（补焊率在 20%左右）；焊槽温度掌握不当时，会导致印制电路板起翘、变形，元器件损坏，因而影响焊接质量。

▶任务二 波峰焊

波峰焊是指将熔化的焊料按设计要求喷射成焊料波峰，将插装好元器件的印制电路板与融化焊料的波峰接触，一次完成印制电路板上所有焊点的焊接过程。

知识点 4.2.1 波峰焊设备

波峰焊接机是利用焊料波峰接触被焊件，形成浸润焊点、完成焊接过程的焊接设备。波峰焊接机以自动化的机械焊接代替了手工焊接，其焊接效率高、焊接质量好。这种设备适用于印制线路板的焊接。

波峰焊接机的品牌、型号繁多，常用的有：单波峰焊接机和双波峰焊接机两种机型。其中，单波峰焊接机是利用焊料波峰一次完成印制电路板上所有焊点的焊接过程。而双波峰焊接机对被焊处进行两次不同的焊接：第一个波峰作为焊接前的预焊过程，其作用是"焊接＋排除焊点气体"；第二个波峰是主焊，其作用是完成焊接。这样可获得更好的焊接质量。

目前，使用较多的波峰焊接机为全自动双波峰型。如图 4.5(a)所示是 Turbo-300 全自动双波峰焊接机的外形结构，图 4.5(b)所示为其内部结构示意图。它能完成焊接的全部操作，包括涂敷助焊剂、预热、焊前预镀焊锡、焊接以及焊接后的清洗、冷却等操作。

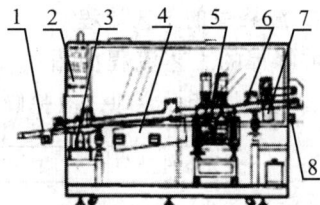

1—进板运输带；　5—双波峰焊炉；
2—控制箱；　　　6—传送系统；
3—松香发泡炉；　7—洗爪器；
4—预热器；　　　8—冷却风扇；

（a）全自动双波峰焊接机的外形结构　　　（b）全自动双波峰焊接机内部结构示意图

图 4.5　Turbo-300 全自动双波峰焊接机

随着无铅焊技术的发展，无铅波峰焊接机占了主导地位。它使用了"锡银铜合金"焊料和特殊的助焊剂，采用了更高的预热温度和焊接温度，且在 PCB 板完成焊接后、设立了一个冷却区工作站，目的是防止热冲击对印制电路板和元器件的危害。图 4.6 所示为无铅波峰焊接机。

图 4.6　无铅波峰焊接机

知识点 4.2.2　波峰焊的工艺流程

1. 波峰焊接机的组成及工作原理

波峰焊接机通常由波峰发生器、印制电路板夹送系统、焊剂喷涂系统、印制电路板预热和电气控制系统、锡缸以及冷却系统等构成。

波峰焊接是利用焊锡槽内的机械泵源源不断地泵出熔融焊锡，形成一股平稳的焊料波峰与插装好元器件的印制电路板接触，完成焊接过程。波峰焊接原理图如图 4.7 所示。

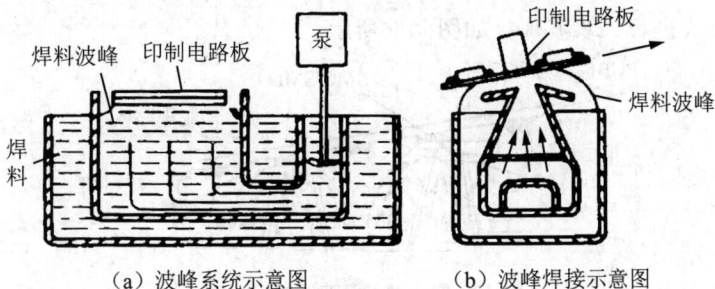

（a）波峰系统示意图　　　（b）波峰焊接示意图

图 4.7　波峰焊接原理图

2. 波峰焊的工艺流程

波峰焊的工艺流程如图4.8所示。它包括：焊前准备、元器件插装、喷涂焊剂、预热、波峰焊接、冷却、检验修复及清洗。

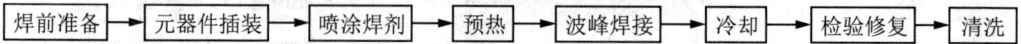

焊前准备 → 元器件插装 → 喷涂焊剂 → 预热 → 波峰焊接 → 冷却 → 检验修复 → 清洗

图4.8　波峰焊的工艺流程

（1）焊前准备。

焊前准备包括元器件引脚搪锡、成型，印制电路板的准备及清洁等。

（2）元器件插装。

根据电路要求，将已成型的有关元器件插装在印制电路板上。一般采用半自动插装或全自动插装结合手工插装的流水作业方式。插装完毕，印制电路板装入波峰焊接机的夹具上。

（3）喷涂焊剂。

为了去除被焊件表面的氧化物、提高被焊件表面的润湿性，需要在波峰焊之前将被焊件表面喷涂一层助焊剂。其操作过程为：将已装插好元器件的印制电路板，通过能控制速度的运输带进入喷涂焊剂装置，利用喷涂焊剂装置，把焊剂均匀地喷涂在印制电路板及器件引脚上，以清除其表面的氧化物、增加可焊性。

焊剂的喷涂形式有：发泡式、喷雾式、喷流式和浸渍式等，其中以发泡式最为常用。

（4）预热。

预热是对已喷涂焊剂的印制电路板进行预加热，它是波峰焊接工艺中不可缺少的工序。其目的是：去除印制电路板上的水分，激活焊剂，减小波峰焊接时给印制电路板带来的热冲击，提高焊接质量。一般预热温度为70℃～90℃，可采用热风加热或用红外线加热。

目前，波峰焊机基本上采用热辐射方式进行预热，最常用的有强制热风对流、电热板对流、电热棒加热及红外加热等。

（5）波峰焊接。

波峰焊接槽中的机械泵根据焊接要求源源不断地泵出熔融焊锡，形成一股平稳的焊料波峰，经喷涂焊剂和预热后的印制电路板，由传送装置送入焊料槽与焊料波峰接触，完成焊接过程。

波峰焊接的方式有：单波（λ波）焊接、双波（扰流波和λ波）焊接。通孔插装的元件常采用单波焊接的方式。对于混合技术组装件的印制电路板，一般采用双波（扰流波和λ波）焊接的方式进行。双波焊接如图4.9所示。

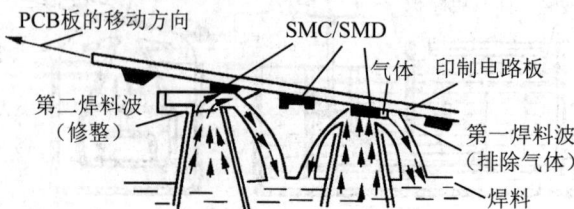

图4.9　双波焊接

（6）冷却。

印制电路板焊接后，板面上的温度仍然很高，焊点处于半凝固状态，这时，轻微的振动都会影响焊点的质量；另外，长时间的高温会损坏元器件和印制电路板。因此，焊接后必须对焊接后的印制电路板进行冷却处理，可采用自然冷却、风冷或气冷等方式进行，一般多使用风扇冷却的方式。

（7）检验修复。

冷却后，从波峰焊接机的夹具上取下印制电路板，人工检验印制电路板电路有无焊接缺陷：若有少量缺陷，则用电烙铁进行手工修复；若缺陷较多，则必须查找焊接缺陷的原因，然后重新焊接。

（8）清洗。

冷却后，应对印制电路板面残留的焊剂、废渣和污物进行清洗，以免日后残留物侵蚀焊点而影响焊点的质量。目前，常用的清洗法有液相清洗法和气相清洗法。

①液相清洗法。使用无水酒精、汽油或去离子水等作清洗剂。清洗时，用刷子蘸清洗剂去清洗印制电路板或利用加压设备对清洗剂加压，使之形成冲击流去冲洗印制电路板，达到自动清洗的目的。液相清洗法清洗速度快，质量好，有利于实现清洗工序自动化，但清洗设备结构复杂。

②气相清洗法。使用三氯三氟乙烷或三氯三氟乙烷和乙醇的混合物作为气相清洗剂。清洗方法是：将清洗剂加热到沸腾，把清洗件置于清洗剂蒸气中。清洗剂蒸气在清洗件的表面冷凝并形成液流，液流冲洗掉清洗件表面的污物，使污物随着液流流走，达到清洗的目的。

气相清洗法中，由于清洗件始终接触的是干净的清洗剂蒸气，所以气相清洗法清洗质量高，对元器件无不良影响，废液的回收方便，并可以循环使用，减少了溶剂的消耗和对环境的污染，但清洗液的价格昂贵。

知识点 4.2.3　波峰焊的特点

波峰焊锡槽内的熔融焊锡在机械泵的作用下，连续不断地泵出并形成波峰，使波峰上的焊料（直接用于焊接的焊料）表面无氧化物，避免了因氧化物的存在而产生的"夹渣"虚焊现象；又由于印制电路板与波峰之间始终处在相对运动状态，所以焊剂蒸气易于挥发，焊接点上不会出现气泡，提高了焊点的质量。

波峰焊的生产效率高，最适应单面印制电路板的大批量地焊接，并且，焊接的温度、时间、焊料及焊剂的用量等，在波峰焊接中均能得到较完善的控制。但波峰焊容易造成焊点桥接的现象，需要使用电烙铁进行手工补焊、修正。

▶任务三　再流焊

再流焊又称回流焊，是伴随微型化电子产品的出现而发展起来的焊接技术，主要应用于各类表面组装元器件的焊接。

再流焊技术的工作原理是：使用具有一定流动性的糊状焊膏，预先在印制电路板

的焊盘上涂上适量和适当形式的焊锡膏，再把贴片元器件粘贴在印制电路板预定位置上，然后通过加热使焊膏中的粉末状固体焊料熔化，达到将元器件焊接到印制电路板上的目的。

由于焊膏在贴装(印刷)SMT元器件过程中使用的是流动性的糊状焊膏，这是焊接的第一次流动，焊接时加热焊膏使粉末状固体焊料变成液体(即第二次流动)完成焊接，因此，该焊接技术被称为再流焊技术。

知识点 4.3.1　再流焊接机

再流焊技术是贴片元器件的主要焊接方法。目前，使用最广泛的再流焊接机可分为红外式、热风式、红外热风式、汽相式、激光式。如图 4.10 所示为再流焊接机外形图。

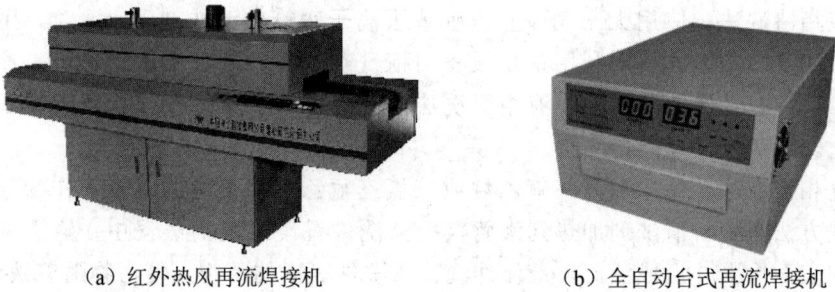

（a）红外热风再流焊接机　　　　（b）全自动台式再流焊接机

图 4.10　再流焊接机外形图

再流焊设备的内部结构如图 4.11 所示。再流焊设备包括：控制箱、炉体、冷却箱、机架、紧急制动器、不锈钢网、热风马达等几个部分。再流焊设备的传送系统带动印制电路板，通过设备里各个设定的温度区域，焊锡膏经过干燥、预热、熔化、润湿、冷却，将元器件焊接到印制电路板上。

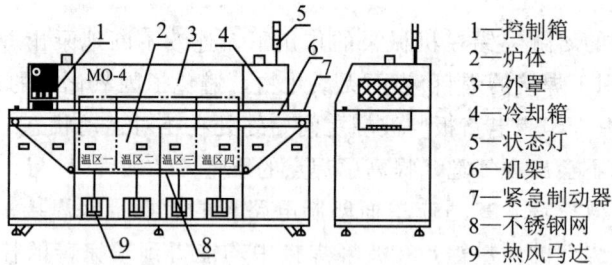

1—控制箱
2—炉体
3—外罩
4—冷却箱
5—状态灯
6—机架
7—紧急制动器
8—不锈钢网
9—热风马达

图 4.11　再流焊设备的内部结构

知识点 4.3.2　再流焊的工艺流程

再流焊技术是将焊料加工成一定颗粒，并拌以适当的液态黏合剂，使之成为具有一定流动性的糊状焊膏，用它将贴片元器件粘在印制电路板上，然后通过加热使焊膏中的焊料熔化而再次流动，达到将元器件焊接到印制电路板上的目的。再流焊主要用于贴片元器件的焊接上。

再流焊技术的工艺流程如图 4.12 所示。它包括：焊前准备，点膏并贴装元器件，加热、再流焊接，冷却，测试，修复、整形，清洗、烘干。

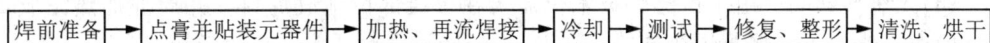

焊前准备 → 点膏并贴装元器件 → 加热、再流焊接 → 冷却 → 测试 → 修复、整形 → 清洗、烘干

图 4.12 再流焊技术的工艺流程图

(1)焊前准备。

焊前准备包括：贴片元器件引脚的整理、搪锡，印制电路板的准备及清洁等。

(2)点膏并贴装元器件。

在电路板的焊盘上涂上适量的焊锡膏，再把贴片元器件粘在印制电路板预定位置上。

(3)加热、再流焊接。

先将印制电路板加热到 150℃ 左右，并保持一段时间，此时焊膏中的活性剂开始起作用，可以去除焊盘或元器件表面的氧化物；当再流焊设备的炉体温度继续上升达到 220℃～230℃ 时，焊膏完全熔化、并湿润元器件引脚及焊盘后，就形成熔融状的焊点。

(4)冷却。

再流焊设备的炉体温度迅速降低，使熔融状的焊点冷却、固化成固态焊点，完成焊接，达到将元器件焊接到印制电路板上的目的。

(5)测试。

肉眼查看焊接后的印制电路板有无明显的焊接缺陷，若没有，就再用检测仪器检测焊接情况。目前常用的在线测试仪就可以对已装配完成的印制电路板，进行电气功能和性能综合的快速测试，如检测印制电路板有无开、短路，检测电阻、电容、电感、二极管、三极管、电晶体、IC 等元件的好坏等。

(6)修复、整形。

对于出现的焊接缺陷或焊接位置错位现象，可用电烙铁进行手工修复。

(7)清洗、烘干。

对焊接完成的印制电路板面进行清洗，去除残留的焊剂、废渣和污物，以免日后残留物侵蚀焊点而影响焊点的质量。

知识点 4.3.3 再流焊的特点

(1)焊接的可靠性高。再流焊仅仅是在被焊接的元器件的引脚上铺一层薄薄的焊料，一个焊点一个焊点地完成焊接，因而，焊接的一致性好、可靠性高并节省焊料。

图 4.13 在线测试仪的外形

(2)再流焊是先把元器件黏合固定在印制电路板上、再焊接的过程，所以元器件不容易移位。

（3）元器件及电路板受到的热冲击小，不宜损坏。再流焊技术进行焊接时，采用对元器件引脚局部加热的方式完成焊接，因而被焊接的元器件及电路板受到的热冲击小，印制电路板和元器件受热均匀，不会因过热造成元器件和印制电路板的损坏。

（4）无桥接缺陷。由于再流焊技术仅需要在焊接部位施放焊料，并局部加热完成焊接，因而，避免了桥接等焊接缺陷。

（5）焊接质量高。再流焊技术中，被焊电路板与焊料的波峰接触焊接，波峰上的焊料很纯净，没有杂质，从而避免了因杂质而造成的虚焊缺陷，保证了焊点的质量。

任务四　表面安装技术(SMT)

表面安装技术(SMT)也称为表面贴装技术、表面组装技术，它是把无引线或短引线的表面安装元件(SMC)和表面安装器件(SMD)，直接贴装、焊接到印制电路板或其他基板表面上的装配焊接技术。

表面安装技术是一种包括 PCB 基板、电子元器件、线路设计、装联工艺、装配设备、焊接方法和装配辅助材料等诸多内容的系统性综合技术，它从电子元器件到安装方式，从 PCB 板设计到连接方式，都以全新的面貌出现，是电子产品实现多功能、高质量、微型化、低成本的手段之一，是今后电子产品装配的主要潮流。目前，全球的电子产品制作中广泛应用表面安装技术。

知识点 4.4.1　表面安装技术 SMT 的特点

表面安装技术打破了在印制电路板上"通孔"安装元器件，然后再焊接的传统工艺，而是直接将表面安装元器件(贴片元器件)平卧放置在印制电路板表面进行安装、焊接，如图 4.14 所示。

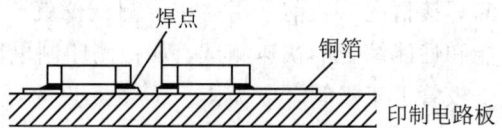

图 4.14　元器件的表面安装

1. 表面安装技术的优点

与传统的通孔插装技术相比，表面安装技术(以下简称 SMT)具有以下优点。

(1)微型化程度高。

表面安装元器件(SMC 和 SMD)的体积小，只有传统元器件的 20%~30% 的大小，最小的仅为传统元器件的 10%，可以装在 PCB 板的两面，并且印制电路板上的连接导线及间隔大大缩小，实现了高密度组装，使电子产品的体积、重量更趋于微型化。一般采用了 SMT 后，可使电子产品的体积缩小 40%~60%，重量减轻 60%~80%。

(2)稳定性能好。

由于表面安装元器件无引线或短引线，可以牢固地贴焊在印制电路板上，使得电子产品的抗震能力增强，产品可靠性提高。

(3)高频特性好。

由于表面安装的结构紧凑，安装密度高、连线短，因而减小了印制电路板的分布参数，同时表面安装元器件无引线或引线极短，大幅度降低了表面安装元器件的分布参数，大大减小了电磁干扰和射频干扰，改善了高频特性，同时提高了信号的传输速度，使整个产品的性能提高。

（4）有利于自动化生产。

由于片状元器件的外形尺寸标准化、系列化及焊接条件的一致性，所以表面安装技术的自动化程度很高，生产效率高，电子产品的可靠性高，有利于生产过程的高度自动化。

（5）提高了生产效率，降低了成本。

表面安装技术不需要在印制电路板上打孔，无引线和短引线的贴装元器件（SMD、SMC）也不需要预成形，因而减少了生产环节，简化了生产工序，提高了生产效率，降低了电子产品的成本。一般情况下，采用 SMT 后可使产品的总成本下降 30% 以上。

2. 表面安装技术存在的问题

（1）表面安装元器件（SMC、SMD）的品种、规格不够齐全，元器件的价格较传统的通孔插装元器件要高，且元器件只适合于小功率电路中使用。

（2）由于表面安装元器件的体积小、印制电路板布局密集，因而导致其标志、辨别困难，维修操作不方便，往往需要借助于专门的工具（如显微镜）查看参数、标记，借助于专用工具（如负压吸嘴）夹持片状元件进行焊接。

（3）表面安装元器件的保存有一定要求，受潮后贴片元件易损坏；表面安装元器件与印制电路板的热膨胀系数不一致，受热后，易引起焊接处开裂；组装密度大，散热成为一个较复杂的问题。

知识点 4.4.2　SMT 技术的安装方式

由于 SMT 技术从元器件的结构、PCB 板设计到连接方式都是一种新的形式，因而，SMT 技术的安装方式也有所不同。

1. SMT 技术与 THT 技术的区别

SMT（Surface Mounting Technology，SMT）是指表面安装技术，THT（Through Hole Technology，THT）是指传统的通孔安装技术，二者的差别体现在元器件、PCB板、组件形态、焊点形态和组装工艺方法等各个方面，如表 4.1 所示。

表 4.1　SMT 技术与 THT 技术的区别

元器件的组装技术	表面安装技术 SMT	通孔安装技术 THT
组装特点	安装 SMC 和 SMD 元器件，元器件体积小，其功率小	安装通孔元器件 THC，元器件体积相对大，大、小功率的元器件均有
	PCB 板上没有通孔，其元件面与焊接面同面	PCB 板上有插装元器件的通孔，其元件面与焊接面在两个不同的面上
	元器件贴装在 PCB 板上	元器件插装在 PCB 板上
	PCB 板的两面都可以安装元器件	只能在 PCB 板的某一面安装元器件。元件放置在元件面，焊接在焊接面完成
	一般需要专业设备进行组装	可使用专业设备进行组装，也可以手工组装

2. SMT 技术的安装方式

在应用 SMT 的电子产品中，大体分为三种安装方式：完全表面安装、单面混合安装和双面混合安装。

（1）完全表面安装。

完全表面安装是指：所需安装的元器件全部采用表面安装元器件（SMC 和 SMD），印制电路板上没有通孔、也没有通孔插装元器件（THC）。各种 SMC 和 SMD 均被贴装在印制电路板印有印制线路的表面。完全表面安装方式如图 4.15 所示。

（a）单面板完全表面安装　　　　（b）双面板完全表面安装

图 4.15　完全表面安装方式

完全表面安装方式的特点是：工艺简单、组装密度高、电路轻薄，但不适应大功率电路的设计与使用。

完全表面安装采用再流焊技术进行焊接。

（2）单面混合安装。

混合安装是指：印制电路板上既放置有贴片元器件，又安装了通孔插装元件，且印制电路板上也有通孔的情况。

单面混合安装是指：在同一块印制电路板上，贴片元器件（SMC 和 SMD）安装、焊接在焊接面上；而通孔插装的传统元件（THC）放置在 PCB 板的一面，焊接在 PCB 板的另一面完成。由此，单面混合安装可以分为两种方式：通孔插装的 THC 元件和贴片元件安装在 PCB 板的同一面的方式，及通孔插装的 THC 元件和贴片元件分别安装在 PCB 板的两面的方式，如图 4.16 所示。

（3）双面混合安装。

双面混合安装是指：在同一块印制电路板的两面，既装有贴片元件 SMD，又装有通孔插装的传统元件（THC）的安装方式。由此双面混合安装可以分为两种方式：通孔插装的 THC 元件安装在 PCB 板的一面、贴片元件装在 PCB 板的两面的方式，及 PCB 板的两面同时装有通孔插装的 THC 元件和贴片元件的方式，如图 4.17 所示。

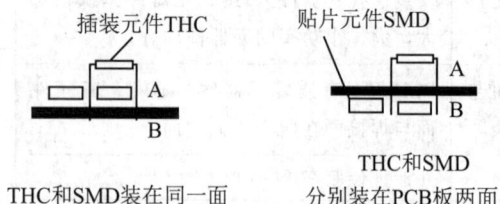

THC 和 SMD 装在同一面　　THC 和 SMD 分别在 PCB 板两面　　THC 装一面 SMD 装在 PCB 板的两面　　PCB 板的两面都装有 THC 和 SMD 元件

图 4.16　单面混合安装方式　　　　**图 4.17　双面混合安装方式**

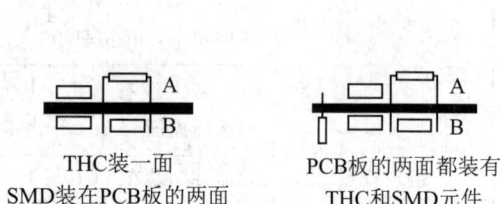

混合安装方式的特点是：PCB 板的成本低，组装密度更高（双面安装元器件），适应各种电路（大功率、小功率电路均可）的安装，但焊接工艺上略显复杂。

目前，使用较多的安装方式还是混合安装。

混合安装的焊接方式采用"先贴后插"的方式，即先用再流焊技术焊接贴片元件（SMD），后用波峰焊技术焊接传统的插装元件（THC）。

知识点 4.4.3　表面安装技术 SMT 的工艺流程

1. 表面安装技术 SMT 所涉及的环节

表面安装技术 SMT 的工艺主要涉及以下七个环节：印刷工艺、点胶与固化、元件贴装、焊接、清洗、检测、返修。其流程框图如图 4.17 所示。

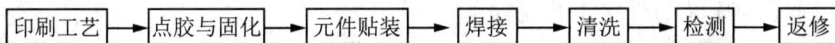

印刷工艺 → 点胶与固化 → 元件贴装 → 焊接 → 清洗 → 检测 → 返修

图 4.18　表面安装技术工艺流程框图

（1）印刷工艺。

印刷工艺的作用是：将焊膏或贴片胶漏印到 PCB 板的焊盘上，为元器件的焊接做好准备。所用设备为锡膏印刷机，位于 SMT 生产线的最前端。

锡膏印刷机由焊膏、模板、基板、印刷头等构成。焊膏的再流特性及其黏附元器件的能力，是贴片元件固定、焊接的关键要素；而基板的定位、支撑和制动会影响贴片元件的贴装位置。

（2）点胶与固化。

点胶的主要作用是将表面贴装元器件固定到 PCB 板上。所用设备为自动点胶机，一些简单的产品或小的生产企业，有时不用点胶机点胶，而用人工点胶。

贴片元件一般使用环氧树脂热固化类胶水完成点胶。点胶时要注意的问题是：点胶量的大小、点胶压力、胶水的温度等。

点胶的目的是：避免在焊接过程中，高温的冲击作用引起贴片元件的脱落或移位。

固化的作用是将贴片胶融化，从而使表面组装元器件与 PCB 板牢固粘接在一起。所用设备为固化炉，位于 SMT 生产线中贴片机的后面。

（3）元件贴装。

贴装的作用是：将表面贴装元器件准确贴装到 PCB 板的指定位置上。

元件贴装过程：将贴片元件从元件送料器中取出，经过调整元件的位置和方向，准确地将贴片元件贴装在电路基板指定的位置上。

元件位置和方向的调整，可采用两种方式：一种是利用激光识别、X/Y 坐标系统调整元件的位置，通过贴片头吸嘴旋转调整方向；另一种是利用相机识别、X/Y 坐标系统调整元件的位置，通过贴片头吸嘴旋转调整方向。

（4）焊接。

完全表面安装的焊接方式采用再流焊技术进行焊接。

混合安装的焊接方式采用"先贴后插"的方式，即先用再流焊技术焊接贴片元件（SMD），后用波峰焊技术焊接传统的插装元件（THC）。

（5）清洗。

清洗的作用是：将组装好的 PCB 板上的焊接残留物如助焊剂等清除掉。所用设备

为清洗机,位置可以不固定,可以在线,也可以不在线。

(6)检测。

检测的作用是对组装好的 PCB 板进行焊接质量和装配质量的检测。所用设备有放大镜、显微镜、在线测试仪 ICT、X-RAY 检测系统、飞针测试仪、自动光学检测 AOI、功能测试仪等。设备放置的位置可根据检测的需要,配置在生产线合适的地方。

(7)返修。

返修的目的是对检测出现故障的 PCB 板进行返工。所用方法为使用电烙铁、返修工作站等。该设备可配置在生产线中任意位置。

2. 表面安装技术(SMT)的工艺流程

(1)完全表面安装的焊接工艺流程。

完全表面安装采用再流焊技术进行焊接。其焊接工艺流程如图 4.19 所示。

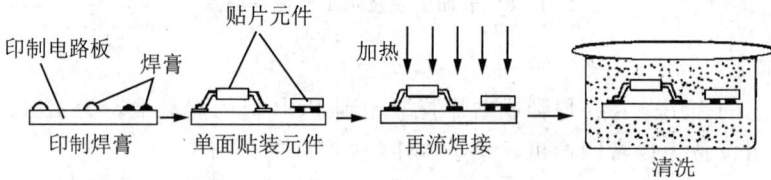

图 4.19　完全表面安装的焊接工艺流程

(2)混合安装的焊接工艺流程。

不管是单面混合安装还是双面混合安装,其焊接均采用"先贴后插"的方式,即先用再流焊技术焊接贴片元件(SMD),后用波峰焊技术焊接传统的插装元件(THC)。其焊接工艺流程如图 4.20 所示。

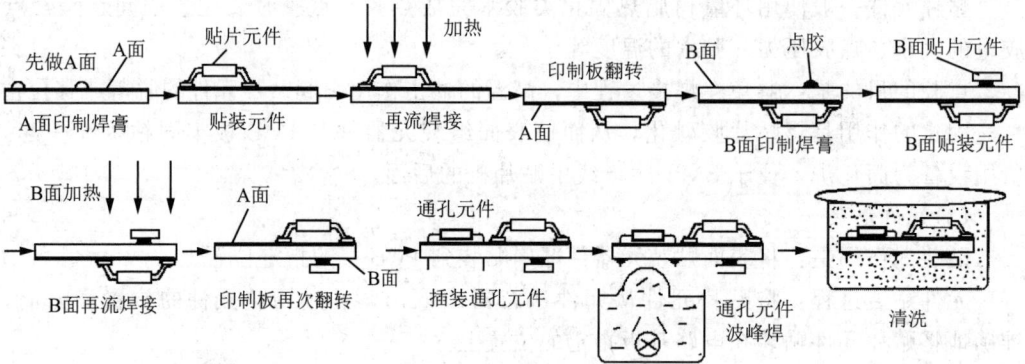

图 4.20　混合安装的焊接工艺流程

知识点 4.4.4　表面安装技术(SMT)的主要设备

表面安装技术(SMT)设备包括自动 SMT 表面贴装设备和小型手工 SMT 表面贴装设备。

1. 自动 SMT 表面贴装设备

自动 SMT 表面贴装设备主要包括:自动上料机、自动丝印机(焊膏印刷机)或自动点胶机、自动贴片机(贴装机)、再流焊接机、测试设备、下料机等,如图 4.21 所示。

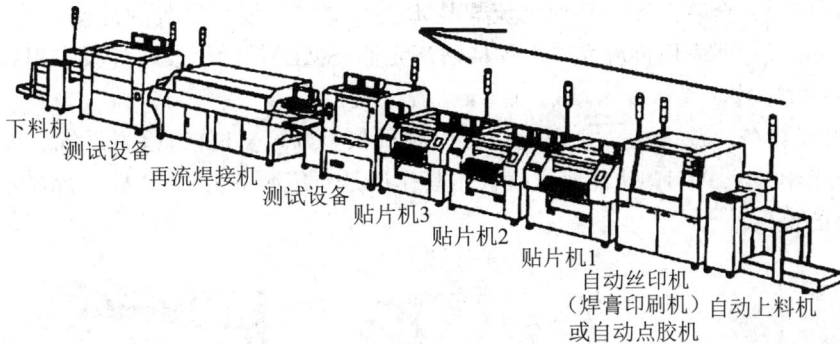

图 4.21　成套表面贴装设备

（1）自动上料机和下料机：分别完成预装电路板的输入和已焊电路板的输出工作。

（2）自动丝印机（焊膏印刷机）：将焊膏或贴片胶丝印（漏印）到 PCB 的焊盘上，为元器件的焊接做好准备。新型自动丝印机采用电脑图像识别系统来实现高精度印刷，刮刀由步进电机无声驱动，容易控制刮刀压力和印层厚度。图 4.22 所示为 SEM-668 全视觉高精度自动丝印机。

（3）自动点胶机：用于在被焊电路板的贴片元器件安装处点滴胶合剂（红胶）。这种胶的作用是固定贴片元器件，它在烘烤后才会固化。图 4.23 所示为 DP20 高速自动点胶机。

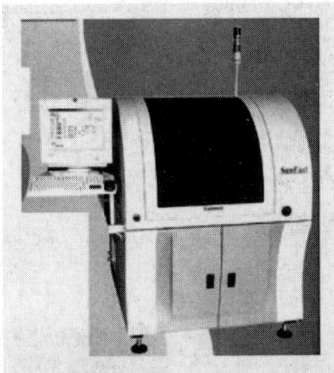

图 4.22　SEM-668 全视觉自动丝印机

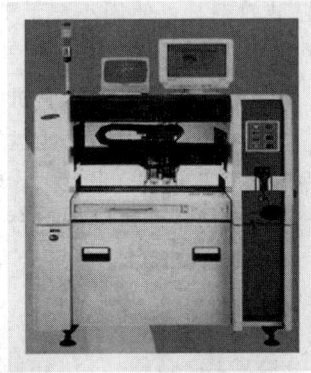

图 4.23　DP20 高速自动点胶机

（4）自动贴片机（贴装机）：是将表面贴装元件准确贴装在电子整机印制电路板上的专用设备的总称。通常由微处理机根据预先编好的程序，控制机械手（真空吸头）将规定的贴片（SMT）元器件贴装到印制电路板上预制位置（已滴红胶），并经烘烤使红胶固化，将贴片元器件固定。自动贴片机的贴装速度快，精度高。图 4.24 所示为韩国三星 CP-60L 高精度、高速贴片机。

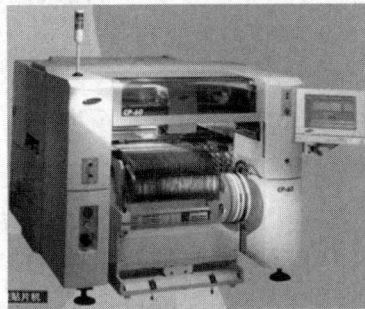

图 4.24　韩国三星 CP-60L 高精度、高速贴片机

(5)焊接。完全表面安装采用再流焊技术进行焊接。混合安装的焊接方式采用"先贴后插"的方式,即先用再流焊技术焊接贴片元件(SMD),后用波峰焊技术焊接传统的插装元件(THC)。

(6)测试设备。放大镜、显微镜、在线测试仪 ICT、X-RAY 检测系统、飞针测试仪、自动光学检测 AOI、功能测试仪等。其作用是对组装好的 PCB 板进行焊接质量和装配质量的检测。

(a) 在线测试仪ICT　　　(b) X-RAY检测系统　　　(c) 飞针测试仪

图 4.25　检测设备

2. 小型手工 SMT 表面贴装设备

对于小批量生产或试制阶段的产品,或学校实践教学及科研等方面为了降低贴装成本、提高贴装效率,可使用小型手工 SMT 表面贴装设备。图 4.26 所示为小型 SMT-2 表面贴装系统所配备的设备。其主要包括以下几种。

(1)手工印锡膏设备:手动印刷机、钢网、锡膏回温机、锡膏搅拌机等。

(2)贴片设备,如真空吸笔、托盘等。

(3)焊接设备,如再(回)流焊机、电热风枪(电热风拔放台)等。

(4)检验维修工具,电热风拔放台、台灯放大镜等。

(a) 带钢网的手动印刷　　(b) 锡膏回温机　　(c) 锡膏搅拌机

(d) 真空吸笔　　(e) 再流焊机　　(f) 电热风枪　　(g) 台灯放大镜

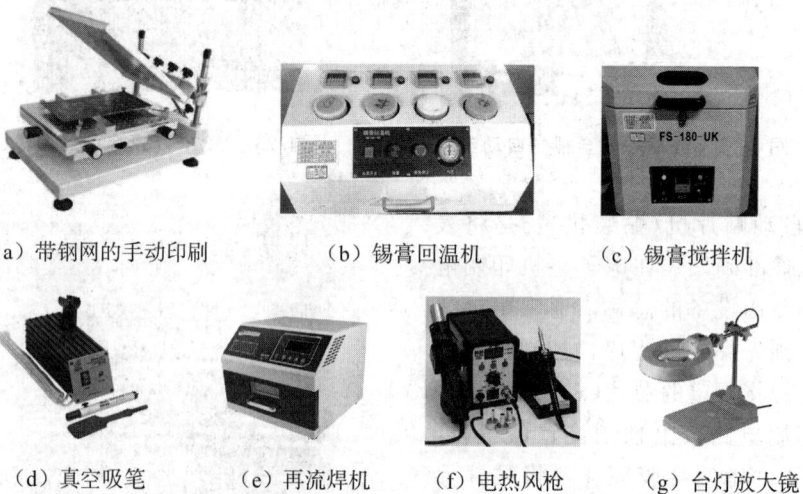

图 4.26　SMT-2 表面贴装系统所配备的设备

知识点 4.4.5 SMT 技术的焊接质量分析

焊接是表面安装技术中的主要工艺技术。在一块表面安装组件上少则有几十个焊点、多则有成千上万个焊点，如果出现了一个不良的或有缺陷的焊点，就会影响整个电子产品的质量，甚至导致电子产品无法工作，所以焊接质量直接影响了电子产品的性能和经济效益。

焊接质量的好坏取决于所用的焊接方法、焊接材料、焊接工艺和焊接设备。

SMT 的焊接质量要求与传统的焊接技术要求基本相同，即要求焊点表面有光泽且平滑，焊料与焊件交接处平滑，无裂纹、针孔、夹渣现象。合格的 SMT 焊接情况如图 4.27 所示。

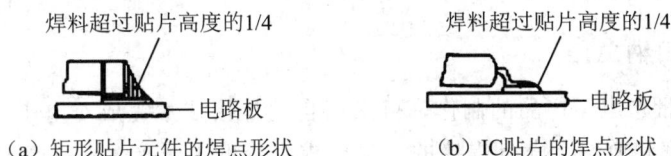

（a）矩形贴片元件的焊点形状　　　　（b）IC贴片的焊点形状

图 4.27　合格的 SMT 焊接情况

在 SMT 生产过程中，由于各种原因会引起焊接的缺陷，影响电子产品的工作可靠性和质量。

常见的 SMT 焊接缺陷有：焊料不足、桥接、焊料堆积过多、漏焊、元器件位置偏移、立碑现象。图 4.28 所示为一些常见的 SMT 焊接缺陷。

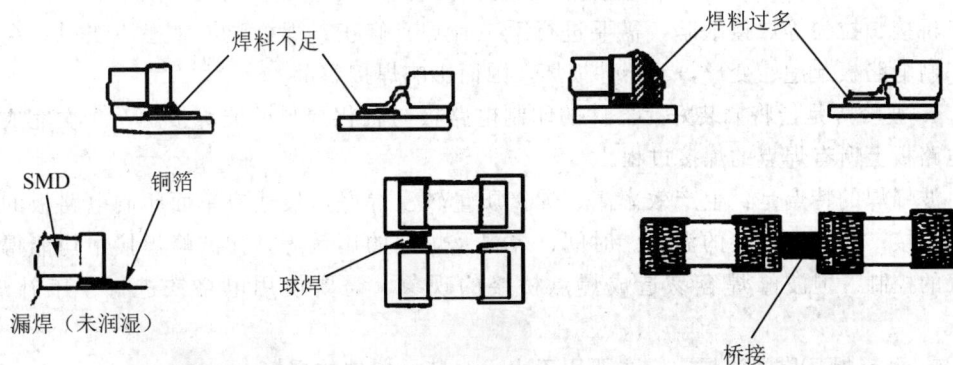

图 4.28　常见的 SMT 焊接缺陷

各种焊接缺陷造成的不良后果分析如下。

（1）焊料不足。

焊料不足会使元器件焊接不牢固、焊点的稳定度下降，在稍微振动后，元件有可能从电路板上脱落。

（2）桥接。

桥接是指焊料将相邻的两个不该连接的焊点粘连在一起的现象，其后果是造成电路短路，导致电路通电后大量的元器件烧坏、印制导线烧断。

（3）焊料堆积过多。

焊料堆积过多容易造成桥接现象，使电路出现短路故障。

（4）漏焊。

漏焊是指某些元器件没有焊接上，元器件未连接在电路中，造成电路断路的故障。

（5）元器件位置偏移。

元器件位置偏移是指：贴片元器件的焊接位置没有完全置于焊盘的位置上或完全偏离焊盘，这种情况会造成连接点的接触电阻大，该焊点的信号损耗大，甚至该点完全断开、信号不能通过，造成电路无法正常工作。

（6）立碑。

立碑也称为吊桥、曼哈顿现象，是指贴片元件的一端焊接在焊盘上，另一端翘起一定高度，甚至完全立起的现象。该现象会造成电路断开、电路无法工作的后果。

本项目归纳总结

1. 对于大批量电子产品的制作，可采用自动焊接技术完成对电子产品的焊接，以提高焊接的速率和效率，满足焊接的质量要求，降低电子产品的生产成本，提高电子产品的性价比。

2. 常用的自动焊接技术为浸焊、波峰焊及再流焊技术。

3. 浸焊是指将插装好元器件的印制电路板浸入有熔融状焊料的锡锅内，一次完成印制电路板上所有焊点的自动焊接过程。浸焊分为手工浸焊和机器浸焊两种。

浸焊的特点是：操作简单、生产效率较高、无漏焊现象、所需设备简单，适用于批量生产。但多次浸焊后，浸焊槽内焊锡表面会积累大量的氧化物等杂质，易造成虚焊、桥接、拉尖等焊接缺陷，需要进行手工补焊、修正；焊槽温度掌握不当时，会导致印制电路板起翘、变形，元器件损坏，因而影响焊接质量。

4. 波峰焊是指将插装好元器件的印制电路板与融化焊料的波峰接触，一次完成印制电路板上所有焊点的焊接过程。

波峰焊的特点是：生产效率高、焊接质量较浸焊好，最适应单面印制电路板的大批量焊接；并且，焊接的温度、时间、焊料及焊剂的用量等，在波峰焊接中均能得到较好的控制。但波峰焊容易造成焊点桥接的现象，需要使用电烙铁进行手工补焊、修正。

5. 再流焊又称回流焊。它主要用于表面组装元器件的焊接上。

再流焊技术是使用糊状焊膏，将贴片元器件焊接到印制电路板上的焊接过程。再流焊的特点是被焊元器件受到的热冲击小，不会因过热造成元器件的损坏，无桥接等焊接缺陷，焊点的质量较高。

6. 表面安装技术是一种包括 PCB 板、电子元器件、线路设计、装联工艺、装配设备、焊接方法和装配辅助材料等诸多内容的系统性综合技术，是电子产品实现多功能、高质量、微型化、低成本的手段之一。其作用是把无引线或短引线的表面安装元件（SMC）和表面安装器件（SMD），直接贴装、焊接到印制电路板或其他基板表面。

7. 表面安装技术的特点：微型化程度高、稳定性能好、高频特性好、有利于自动化生产、简化了生产工序、减低了成本。但表面安装元器件的品种、规格不够齐全，保存相对困难，标志、辨别困难，维修操作不方便，元器件的价格较高，且只适合于小功率电路中使用。

8. SMT 的电子产品中，大体分为完全表面安装和混合安装的方式。表面安装技术（SMT）的工艺主要涉及印刷工艺、点胶与固化、元器件贴装、焊接、清洗、检测、维修。

9. 良好的 SMT 焊接是指焊点表面光泽、焊料与焊件交接处平滑，无裂纹、针孔、夹渣现象。

常见的 SMT 焊接缺陷有：焊料不足、桥接、焊料堆积过多、漏焊、元器件位置偏移、立碑现象。焊接的缺陷会影响电子产品的工作可靠性和质量。

自我测试 4

4.1　什么是浸焊？浸焊有何特点？

4.2　机器浸焊的工艺流程分哪几道工序？PCB 板浸入锡炉焊料的深度和时间有什么要求？

4.3　什么是波峰焊？焊锡波峰是如何形成并完成波峰焊接的？

4.4　波峰焊完成后，如何进行修复？为什么要进行清洗？

4.5　什么是再流焊？适用于什么场合？

4.6　再流焊有什么特点？

4.7　什么是表面安装技术？它有何优点？

4.8　SMT 有哪几种安装方法？各有何特点？

4.9　试比较 SMT 和通孔安装技术（THT）的差别。

4.10　SMT 的焊接质量有什么要求？

4.11　常见的 SMT 焊接缺陷有哪些？

项目五　电子整机装配与拆卸

>>> **项目背景**

　　我国制造业增加值从 2012 年的 16.98 万亿元增加到 2021 年的 31.4 万亿元，占全球比重从 22.5% 提高到近 30%，持续保持世界第一制造大国地位。我国未来将继续推动工业互联网的快速发展，加快完善产业生态布局，推动制造业转型升级，推动制造业高端化、智能化、绿色化发展。

项目五视频、
案例、思政资源

>>> **项目任务**

　　了解电子产品的装配工艺流程及生产流水线，熟悉电子产品的各种连接工艺，了解电子整机产品拆卸的目的和内容，掌握电子产品整机的拆卸方法。培养学生具备良好的职业道德，能自觉遵守行业准则、规范和企业规章制度，并具备安全、环保、节能意识和规范操作意识。这样才能降低电子制作工艺装备、零部件等资源的损耗率，提高产品的性价比，实现电子制造业的绿色可持续发展。

>>> **项目任务分解**

　　1. 电子产品装配工艺流程；
　　2. 电子产品加工生产流水线；
　　3. 电子产品总装；
　　4. 压接、绕接及穿刺连接；
　　5. 螺纹装配及拆卸；
　　6. 拆卸的目的和内容；
　　7. 拆卸方法与技巧。

>>> **项目教学导航**

　　带领学生去电子企业参观电子产品生产流水线，直观感受从元器件装配、总装全过程，感性认识电子产品各种连接工艺及应用场合；同时，可选用一套电子整机套件（如收音机）进行拆卸，了解拆卸的内容、过程和注意事项，掌握拆卸的方法和技巧。通过以上的教学过程，学习电子整机的装配、总装、压接、绕接、穿刺、螺纹连接等知识、技能。通过实训 12，掌握电子产品拆卸重装的技能、技巧。

　　电子整机产品的装配是按照设计要求，将各种元器件、零部件、整件装接到规定的位置上，组成具有一定功能的电子整机产品的过程。

▶任务一　电子整机装配的技术要求

知识点 5.1.1　电子产品的特点

　　在经济全球化发展的今天，电子产品已运用于国民经济中的各个领域，电子产业已成为我国增长最快的行业之一，电子产品也越来越多地影响着人们的工作、生活、学习和科研。

电子产品的种类繁多，且向着高效能、低消耗、高精度、高稳定、智能化的方向发展。较为突出的特点有以下几点。

(1)使用面广、运用范围宽。

电子产品目前已广泛应用于国防、科技、家庭、国民经济各个部门以及人民生活等各个领域；电子产品可运用于常规的环境状态下，也可以在高空、地下、沙漠、海洋等恶劣的气候和环境下工作。

(2)电子产品的体积小、重量轻、耗电省。

电子产品的体积小、重量轻，使其在知识、技术、信息的密集程度上高于其他产品，从而携带方便、操作简单，且耗电省，由此大大提高了工作效率，降低能源消耗，获得较大的经济效益。

(3)电子产品的精度高，控制系统完善。

电子产品的高精度、完善的控制系统，使得电子产品智能化程度高，广泛运用于科研、仿真、航空航天等高科技领域。例如：卫星通信地面站要求直径3m的抛物天线自动跟踪数万千米高空的人造卫星不发生偏差，这与电子产品的高精度、完善的控制系统和高度的智能化程度是密不可分的。

(4)电子产品的可靠性高。

电子产品的可靠性高，意味着产品的故障率低。因此，在科研、军事及航天等高新领域得到广泛的应用。

(5)使用寿命长。

大部分的电子产品正常的使用寿命都在几千小时以上。

(6)电子产品的技术综合性强。

电子产品不仅涉及电气、电子技术等，还涉及精密机械、化学、光学、声学和生物学等多学科知识。

(7)电子产品更新快。

随着电子技术、电子器件的发展，电子产品的种类在不断地增加，其性能也在不断地完善。

知识点 5.1.2　电子整机产品装配的分级

无论什么类型的电子产品，其加工制作时，都必须将组装好的印制电路板、接插件、底板和机箱外壳等部分装配成一个电子整机产品。电子产品装配包括机械装配和电气装配两大部分。

根据电子产品装配的内容、程序的不同，电子产品的装配分为元件级、插件级和系统级三级组装级别。

1. 元件级组装

元件级组装又称为第一级组装，是指将电子元器件组装在印制电路板上的装配过程，是组装中初级的、最低级别的装配。

2. 插件级组装

插件级组装又称为第二级组装，是指将装配好元器件的印制电路板或插件板进行互连和组装的过程。

3. 系统级组装

系统级组装又称为第三级组装，是指将插件级组装件，通过连接器、电线电缆等组装成具有一定功能的、完整的电子产品设备的过程。

在电子产品装配过程中，先进行元件级组装，再进行插件级组装，最后是系统级组装。在较简单的电子产品装配中，可以把第二级和第三级组装合并完成。

知识点 5.1.3 电子产品装配的技术要求

电子产品装配既要保证电子产品电气连接和机械连接可靠，还要确保其良好的性能技术指标，因而电子产品的装配是电子产品制作过程中一个极其重要的环节。

电子产品装配的技术要求主要有以下几点。

1. 装配要符合设计的电气性能要求

电子产品的电气性能要求，主要包括：连接部分须良好、可靠导通，其接触电阻小（$\leqslant 0.01\Omega$），可用毫欧计法、或伏-安计法检测；断开部分绝缘可靠，其绝缘电阻大（$\geqslant 0.5M\Omega$），可用兆欧表检测。

2. 保证信号良好传输

保证信号良好传输的主要因素：避免信号的相互干扰，注意发热元器件和热敏感元器件的装配环境。

对于中、高频电路及对电磁信号敏感的电路，必须做好电磁屏蔽。如传输线采用屏蔽线，一些敏感电路采取金属屏蔽盒并做好接地，以避免传输线路和信号处理电路之间的相互干扰。

对于发热元器件，要注意装配中的散热安装，如装好散热片，发热元器件周围留有一定的空间，电子产品的机箱、外壳留有散热孔。

对于热敏感元器件，装配时要注意顺序，一般是先装普通元件，最后装配热敏感元器件；热敏感元器件尽量远离发热器件。

3. 具有足够的机械强度

电子产品在运输、使用中，可能会受到一定的机械震动，而导致电子产品的工作不稳定。因而电子产品装配要考虑元器件和部件装配的机械强度，小型元器件的焊点大小要适中，大型元器件或部件可采用螺钉紧固的办法来加强装配的机械强度。

4. 不得损伤电子产品及其零部件

装配过程中，要仔细、小心，不能用电烙铁等发热器件烫伤元器件、导线和装配部件；装配工具要使用得当，不得用力过大而划伤或伤害紧固器件、电路板和外壳等，不得损伤元器件引脚和导线的芯线。

5. 注意电子产品的装配、使用安全

由于一些电子产品必须连接 220V 交流电工作，因而装配过程中，要注意装配、使用的安全性。如金属外壳的电子产品及使用旋钮，应具备可靠的安全绝缘性能，做好接地、绝缘工作；装配有电源保险管的电子产品，在电源保险管的部位应该有警示标志，严禁带电装配、更换元器件；电源导线要保持完好，不能出现断裂、芯线外露等情况，避免装配、使用中出现意外。

▶ 任务二　电子产品的装配工艺流程

电子产品装配是一个复杂的工艺过程，了解电子产品的装配内容、合理安排其工艺流程，可以减少装配差错、降低操作者的劳动强度、提高工作效率、降低电子产品的成本。

知识点 5.2.1　电子产品装配工艺流程

电子产品的装配包括机械装配和电气装配两大部分。

电子产品装配的工艺流程因电子产品的复杂程度和特点的不同，装配设备的种类、规模不同，其工艺流程的构成也有所不同，但基本工序大致一样，主要包括装配准备、整机装配、产品调试、检验、装箱出厂几个阶段，如图 5.1 所示为电子整机装配工艺流程图。

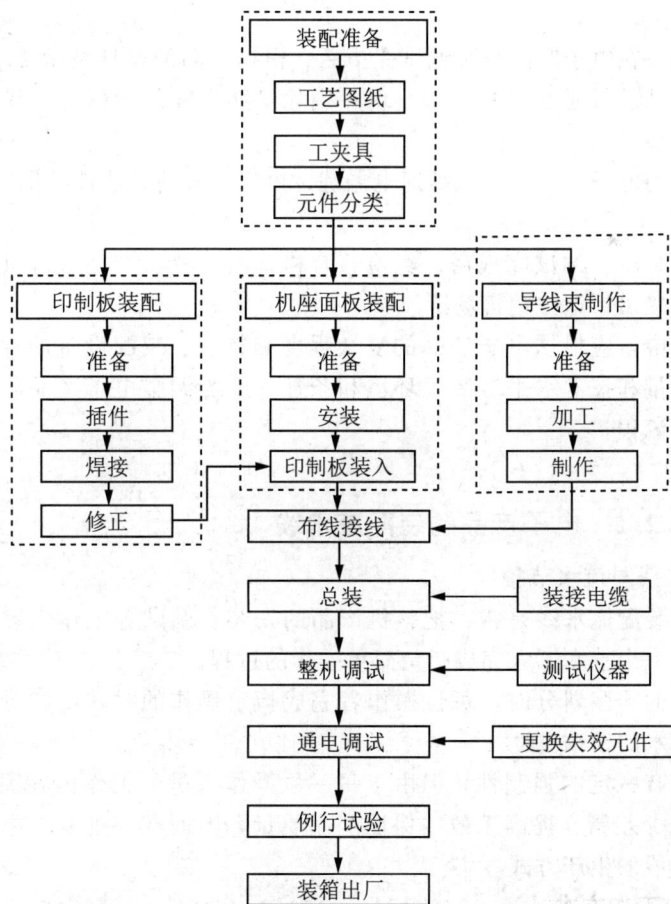

图 5.1　电子整机装配工艺流程图

1. 装配准备

装配准备包括：工艺图纸、装配工具的准备，装配元器件的准备、分类和整理。

电子产品在装配之前，要将整机装配所需的各种工艺、技术文件收集整理好，并准备好装配所需的各种元器件、材料及装配工具，并清洁、整理好装配场地。

2. 整机装配

整机装配的内容包括：印制电路板装配、机座面板装配、导线的加工及连接、产品的总装等几个部分。

整机装配是完成将元器件正确地插装、焊接在印制电路板上，并用加工好的导线将装配好的印制电路板与机座装配连接，最后进行产品总装的过程。

3. 产品调试

电子整机装配完成后，一般都要进行调试，使整机能够达到规定的技术指标要求。整机产品调试的工作包括：制定合理的调试方案，准备好调试仪器设备，完成整机调试等。

整机产品调试的内容包括调整和测试两部分，即完成对电气性能的调整（调节电子产品中可调元器件）和机械部分的调整（调整机械传动部分），并对整机的电性能进行测试，使电路性能达到设计要求。

4. 检验

检验的目的是在电子产品总装调试完毕后，根据产品的设计技术要求和工艺要求，对每一件电子产品进行通电试验，以发现并剔除早期失效的元器件，提高电子产品的质量和工作可靠性。

装配过程中的电子产品检验包括通电老练、更换失效的元器件及例行试验等过程。

5. 装箱出厂

电子产品的装配、调试完成后，经检验合格，电子整机产品就可以进行包装，进行入库存储或直接出厂运往销售场所。

在实际装配中，应根据电子产品的复杂程度和特点、装配设备的种类和规模、装配工人的技术力量和技术水平等装配环境和条件，适当调整电子产品装配的工序，编制最有效的工艺流程。

知识点 5.2.2　电子产品的装配流水线

1. 装配流水线与流水节拍

电子产品的装配流水线是指：把整机产品的安装、调试等工作内容划分成若干个简单的操作，每一个技术工人完成指定简单操作的过程。

在流水操作的工序划分时，每位操作者完成指定操作的时间应相等，这个相等的操作时间称为流水的节拍。

流水操作具有一定的强制性，但由于每一位操作人员的工作内容固定、简单、便于记忆，故能减少差错、提高工效、保证产品质量，因而在成批制作电子产品时，基本都采用了流水线的生产方式。

2. 流水线的工作方式

目前，许多电子产品的生产都采用印制电路板插件流水线装配的方式。插件流水线装配的方式分为：自由节拍形式和强制节拍形式两种。

(1)自由节拍形式。

自由节拍形式是指由装配工人自由控制所在工位的装配时间，上道工序完成后再移到下道工序操作，操作时没有固定的流水节拍，装配时间由各道工序的装配工人自由控制。自由节拍流水线方式的特点是：装配时间安排比较灵活，操作工人的劳动强度小，但装配时间长，易造成装配中某些工位的产品积压或某些工位空闲的状况，生产效率低。

(2)强制节拍形式。

强制节拍形式是指每个操作工人必须在规定的时间内把所要求插装的元器件、零件准确无误地插装到印制电路板上。这种方式带有一定的强制性。这种流水线方式的特点是：工作内容简单、动作单纯、记忆方便、差错率低、工效高。

知识点 5.2.3　电子产品的总装

1. 电子产品总装的概念

电子产品的整机通常由组装好的印制电路板、接插件、底板和机箱外壳等几个部分构成。电子产品的总装是将构成电子产品整机的各零部件、接插件以及单元功能整件(如各机电元件、印制电路板、底座、面板、机箱外壳等)，按照设计要求，进行装配、连接，组成一个具有一定功能的、完整的电子整机产品的过程。

以整机结构来分，电子整机的装配方式包括：整机装配和组合件装配两种。整机装配是把电子零件、部件、半成品件通过各种连接方法安装在一起，完成一个独立的技术功能，组成一个不可分割的、独立的整体。这类电子整机如收音机、电视机、信号发生器等。组合件装配是将若干个具有一定功能的组合件组合起来，构成一个具有复杂、系统功能的电子整机，该装配方式的各部分可以随时拆卸、随机组合，搭配成功能各异的电子整机。这类电子整机如大型控制台、插件式仪器、计算机等。

总装的连接方式可归纳为两类：一类是可拆卸的连接，即拆卸时不会损伤任何零件，包括螺钉连接、柱销连接、夹具连接等；另一类是不可拆连接，即拆散时会损坏零件或材料，包括锡焊连接、胶粘、铆钉连接等。

2. 总装的顺序和基本要求

(1)总装的顺序。

电子产品的总装有多道工序，这些工序的完成顺序是否合理，直接影响到产品的装配质量、生产效率和操作者的劳动强度。

无论是机械装配，还是电气装配，电子产品总装的顺序都必须符合以下原则：先轻后重、先小后大、先铆后装、先装后焊、先里后外、先平后高，上道工序不得影响下道工序。

(2)总装的基本要求。

电子产品的总装是电子产品制作过程中的一个重要的工艺过程，是把半成品装配成合格整机产品的过程。因而对电子产品的总装提出如下基本要求。

①根据整机的结构情况，合理制订经济、高效、先进的装配技术工艺，满足电子

产品在功能、技术指标和经济指标等方面的要求。

②组成整机的有关零部件或组件必须经过调试、检验，合格的零部件或组件才能投入总装线进行装配，检验合格的装配件必须保持清洁。

③严格遵守总装的顺序要求，注意前后工序的衔接。

④总装过程中，不损伤元器件和零部件，避免碰伤机壳、元器件和零部件的表面涂覆层，不破坏整机的绝缘性；保证装配件的方向、位置、极性的正确，保证产品的电性能稳定，并有足够的机械强度和稳定度。

知识点 5.2.4　总装的质量检查

电子整机总装完成后，按电子整机配套的工艺文件和技术文件的要求进行质量检查。检查的内容包括：外观检查、装连的正确性检查和安全性检查。

总装的质量检查应始终坚持自检、互检、专职检验的"三检"原则，其程序是：先自检，再互检，最后由专职检验人员检验。

1. 外观检查

外观检查包括：电子产品的外观是否清洁，电子整机表面有无损伤、划痕或脱落现象，连接导线和元器件有无损伤或虚焊现象，电子产品机箱内有无焊料渣、零部件、线头、金属屑等残留物，整机的机械部分是否牢固可靠，调节部分是否活动自如。

2. 装连的正确性检查

装连的正确性检查包括对整机电气性能和机械性能两方面的检查。

电气性能方面的检查包括：根据有关技术文件（如电原理图和接线图等），检查各元器件是否安装到位、装配件是否安装正确、连接线是否符合连接要求、导电性能是否良好、主要性能指标是否符合设计文件的要求等。

机械性能方面的检查包括构成电子整机的各个部分是否按设计要求安装到位、整机是否牢固、调节是否灵活、安装是否符合产品设计文件的规定等。

3. 安全性检查

电子产品是给用户使用的，因而对电子产品的要求不仅是性能良好、使用方便、造型美观、结构轻巧及便于维修，而安全可靠是最重要的。一般来说，对电子产品的安全性检查有两个主要方面，即绝缘电阻和绝缘强度。

(1)绝缘电阻的检查。

整机的绝缘电阻是指电路的导电部分与整机外壳之间的电阻值。一般使用兆欧表测量整机的绝缘电阻。整机的额定工作电压大于100V时，选用500V的兆欧表；整机的额定工作电压小于100V时，选用100V的兆欧表。

绝缘电阻的大小与外界条件有关；在相对湿度不大于80%、温度为25℃±5℃的条件下，绝缘电阻应不小于10MΩ；在相对湿度为25%±5%、温度为25℃±5℃的条件下，绝缘电阻应不小于2MΩ。

(2)绝缘强度的检查。

整机的绝缘强度是指电路的导电部分与外壳之间所能承受的外加电压的大小。

检查的方法是在被检测的电子产品上外加试验电压，观察电子产品能够承受多大的耐压。一般要求电子产品的耐压应大于电子设备最高工作电压的两倍以上。

注意：绝缘强度的检查点和外加试验电压的具体数值由电子产品的技术文件提供，应严格按照要求进行检查，避免损坏电子产品或出现人身事故。

除上述检查项目外，根据不同电子产品的具体情况，还可以选择其他项目的检查；如，抗干扰检查、温度测试检查、湿度测试检查、振动测试检查等。

▶任务三　电子产品常用的连接工艺

连接工艺是指使用电子装配的专用工具，对连接件施加冲击、强压或扭曲等力量，使连接件表面发热，界面分子相互渗透，形成界面化合物结晶体，从而将连接件连接在一起的工艺过程。

通过连接工艺，完成不同的金属之间的连接、电路板之间的连接、电路板与接插件之间连接的过程。连接工艺通常使用压接、绕接、穿刺、螺纹连接等方式进行。

由于连接工艺无需焊料和焊剂，不需要加热过程，就可获得可靠的连接，因而连接工艺具有节省工时和材料、无污染、成本低的特点。

知识点 5.3.1　压接

1. 压接的机理

压接是指：使用专用工具（压接钳），在常温下对导线和接线端子施加足够的压力，使两个金属导体（导线和接线端子）产生塑性变形，从而达到可靠电气连接的方法。

压接工具分为电动压接工具、气动压接工具、液压压接工具、手动压接工具及自动压接工具，常见的压接工具外形结构如图 5.2 所示。

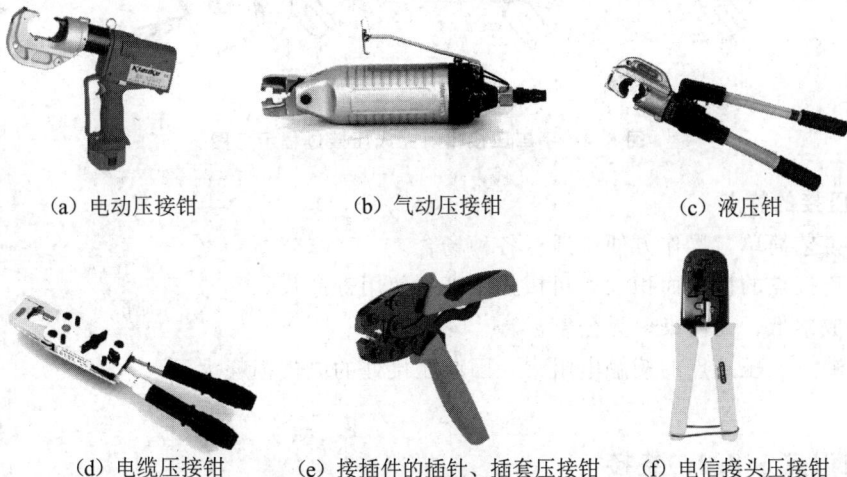

(a) 电动压接钳　　(b) 气动压接钳　　(c) 液压钳

(d) 电缆压接钳　　(e) 接插件的插针、插套压接钳　　(f) 电信接头压接钳

图 5.2　常见的压接工具外形结构

(1)电动压接工具的特点是：压接面积大，最大可达 325mm^2。

(2)气动式压接工具的特点是：压力较大，压接的程度可以通过气压来控制。

（3）手动压接工具的特点是：压力小，压接的程度因人而异。

（4）自动压接工具：分为半自动压接机和全自动压接机。半自动压接机只用来进行压接；全自动压接机是一种可进行切断电线、剥去绝缘皮、压接等过程的全自动装置。

2. 压接操作

压接是用于导线之间连接的工艺技术。压接时，一般需要有压接端子配合完成压接过程。常用的压接端子如图 5.3 所示。

铲式　　　挂钩式　　　环圈式　　　对接式

图 5.3　常用的压接端子

压接操作分为：材料准备（导线和接线端子的准备）、导线剥线、对接、压接等几个过程。图 5.4 所示为手工压接钳及完成压接过程的示意图。

（a）手动压接钳外形图　　　（b）双芯导线压接示意图

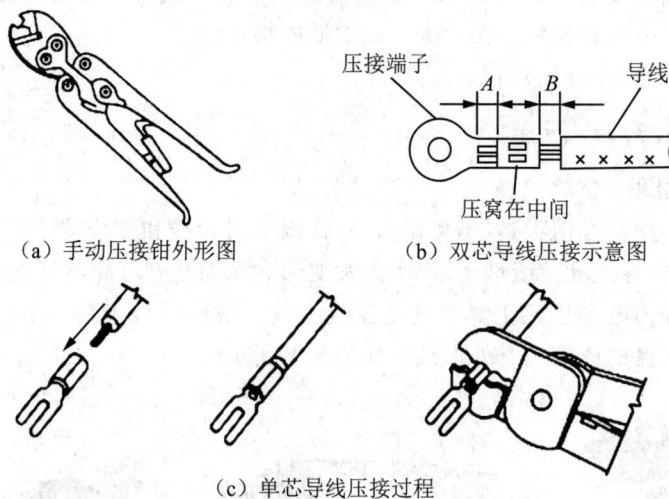

（c）单芯导线压接过程

图 5.4　手工压接钳及完成压接过程示意图

3. 压接的特点

（1）工艺简单，操作方便，适合各种场合。

（2）连接点的接触面积大，机械强度高，使用寿命长。

（3）成本低，无污染，无公害。

（4）缺点：压接点的接触电阻大，因而压接处的电气损耗大。

知识点 5.3.2　绕接

绕接技术是先进的电器连接工艺，它使用专用工具——绕接器，将单股实芯导线按规定的圈数紧密地缠绕在带有棱边的接线柱上，使导线和接线端子之间形成牢固的电气和机械连接的一种连接技术。

绕接技术广泛应用于计算机、通信、电器仪表、数控、航空航天等这些安装密度大、可靠性要求高的电子产品上。

1. 绕接的机理

绕接所用的材料是接线端子和导线。其中绕接用的导线包括软铜单股线、无氧铜导线、铬铜单股导线和电镀绞合线等，导线的直径通常为0.4～1.3mm，绕接的圈数取决于线径的大小；接线端子通常是由铜或铜合金制成的、截面形状为正方形、矩形、U形、V形和梯形等带有棱角的接线柱子，便于导线紧紧地绕在接线端子上。

绕接的连接机理：绕接时，导线以一定的压力同接线柱的棱边相互摩擦挤压，使两个金属(导线和棱形接线端子)接触面的金属层升温并局部熔化，形成连接的合金层，从而使金属导线和接线端子之间紧密的结合，达到可靠的电气连接。

绕接通常用于接线端子和导线的连接。

2. 绕接工具与绕接操作

绕接使用绕接器完成，目前常用的绕接器有电动及手动两种。图5.5所示为绕接器的外形结构图。

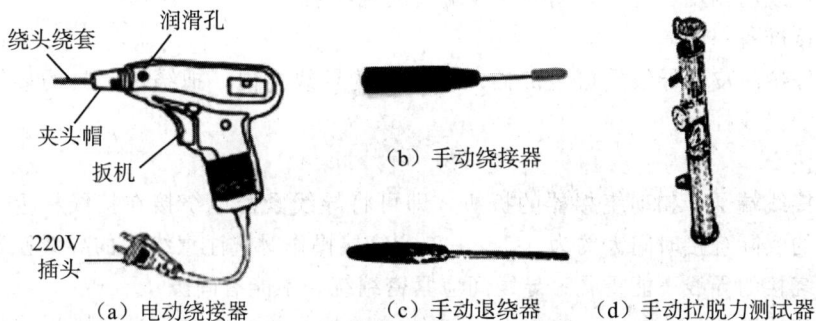

图 5.5　绕接工具

(1)电动绕接器。

电动绕接器内装有27V/36V直流电机，并附有交流降压和整流电路。使用220V交流电压，可绕直径为0.25～0.8mm的各种导线，并可换装各种绕线头，操作简单，使用方便，适于大批量生产使用。

(2)手动绕接器。

手动绕线器重量轻，使用简便，但要加一定的压力，适用于小批量的绕接。

台式手动拉脱力测试器及手动退绕器是绕接器的配套件，台式手动拉脱力测试器是用来测试绕接点是否合格的仪器，可测范围为0～15kg，可卡0.5～1.0mm厚的接线柱。

使用绕接器时，首先应根据绕接导线的线径、接线柱的对角线尺寸及绕接要求选择适当规格的绕线头；然后将去掉绝缘层的单股实芯导线端头或裸导线插入绕接头中，套入带有棱角的接线柱上。启动绕线器，导线即受到一定的拉力，按规定的圈数紧密地绕在接线柱上，形成具有可靠电气性能和机械性能的连接。

(3)绕接操作。

绕接是用绕接器将一定长度的单股芯线高速地绕到带棱角的接线柱上，形成牢固电气连接的连接过程。电动型绕接枪外形及绕接示意图如图5.6所示。

（a）电动型绕接枪的外形图　　　　　　（b）绕接示意图

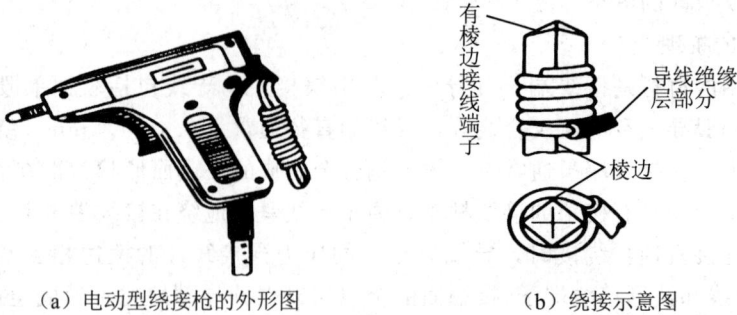

图 5.6　电动型绕接枪的外形及绕接示意图

绕接操作的步骤如下。

①前期准备。

准备好绕接的导线和接线端子，根据导线的规格、接线端子的截面积和绕接的圈数，确定导线的剥皮长度，并剥去导线端口的绝缘层。

②绕接准备。

将去掉绝缘皮的导线端口全部插入绕接器的导线孔内，把绕接工具的接线柱孔套在被绕接的接线柱上。

③绕接。

对准接线端子，扣动绕接器的扳机，即可将导线紧密地绕接在接线柱上。绕接时每个接点的实际绕接时间大约为 $0.1\sim0.2s$。绕接操作时应注意绕接的导线匝数不得少于 5 圈；绕接的导线不能重叠；导线间应紧密缠绕，不能有间隙。

绕接的质量好坏，与绕接时的压力、绕接圈数有关；有时，为了增加绕接的可靠性，在绕接完成后将有绝缘层的导线再绕一两圈，并在绕接导线的头、尾各锡焊一点。

绕接点要求导线紧密排列，不得有重绕、断绕的现象。

3. 绕接的特点

与锡焊相比，绕接具有可靠性高、寿命长、效率高、无污染等优点。

(1)接触电阻小。绕接电阻大约只有 $10^{-3}\Omega$；而锡焊点的接触电阻有 $10^{-2}\Omega$ 左右。

(2)抗震性能好，可靠性高，工作寿命长，可达 40 年之久。

(3)绕接操作简单，无须加温和辅助材料，因而操作方便，且不会产生热损伤，无污染，生产效率高，成本低。

(4)绕接的质量可靠性高，质量容易控制，检验直观简单。

(5)缺点：对接线柱和绕接线有特殊要求，即接线柱必须有棱角，绕接线必须是单芯线(多股芯线不能绕接)，且绕接的走线必须是规定的方向。

知识点 5.3.3　穿刺

穿刺连接工艺是使用专用工具(穿刺机)将扁平线缆(或带状电缆)和接插件进行连接的工艺过程。

1. 穿刺连接工艺

穿刺的连接过程是：先将需要连接的扁平线缆(或带状电缆)和接插件置于穿刺机

的上、下工装模块之中，扁平线缆的芯线中心对准插座簧片的中心缺口处，然后将上模压下，此时插座的簧片穿过导线的绝缘层，在下工装模块的凹槽作用下将芯线夹紧，即完成穿刺连接。穿刺焊接如图 5.7 所示。

图 5.7　穿刺焊接

穿刺焊接工艺适合于以聚氯乙烯为绝缘层的扁平线缆（或带状电缆）和接插件之间的连接。

2. 穿刺连接的技术要求

（1）穿刺时，扁平线缆（或带状电缆）的切割线必须和扁平线缆（或带状电缆）的长度方向垂直。

（2）接插件的长度方向和扁平线缆（或带状电缆）的长度方向必须垂直；且扁平线缆（或带状电缆）的宽度与接插件的长度一致、或超出接插件 0.5mm 左右。

（3）穿刺时，扁平线缆（或带状电缆）的芯线中心应该对准接插件簧片中心的线槽缺口处，不能错位。

（4）穿刺的位置、尺寸和极性应符合设计图纸要求。

3. 穿刺的检测

先外观目测，主要是查看扁平线缆（或带状电缆）是否与接插件准确连接，连接有无错位，导线外皮有无损伤，连接位置、机械强度等是否符合设计图纸要求。

目测检查无问题后，可进一步使用万用表检测穿刺连接是否满足电气连接的要求。用万用表的电阻挡测量接插件的金属接头与所连接的导线芯线的接触电阻，接触电阻 $\leqslant 0.01\Omega$，说明连接良好；用万用表的电阻挡测量扁平线缆（或带状电缆）各芯线之间的电阻，正常时，各芯线之间应该是绝缘的，芯线之间的绝缘电阻 $\geqslant 500\text{M}\Omega$。

4. 穿刺连接的特点

（1）操作简单，工作效率高，质量可靠。

（2）穿制操作，无需焊料、焊剂和辅助材料，可大大节省连接材料。

（3）不需加热，因而无污染、无热损伤。

知识点 5.3.4　螺纹连接

螺纹连接也称为紧固件连接，它是指用螺栓、螺钉、螺母等紧固件，把电子设备中的各种零部件或元器件按设计要求连接起来的工艺技术，是一种广泛使用的可拆卸

的固定连接，常用在大型元器件的安装、电路板的固定、电子产品的总装中。

螺纹连接具有结构简单、连接可靠、装拆方便等优点，但在振动或冲击严重的情况下，螺纹容易松动，在安装薄板或易损件时容易产生形变或压裂。

1. 常用紧固件的类型及用途

用于锁紧和固定部件的零件称为紧固件。在电子设备中，常用的紧固件有螺钉、螺母、螺栓、垫圈等，如图 5.8 所示。

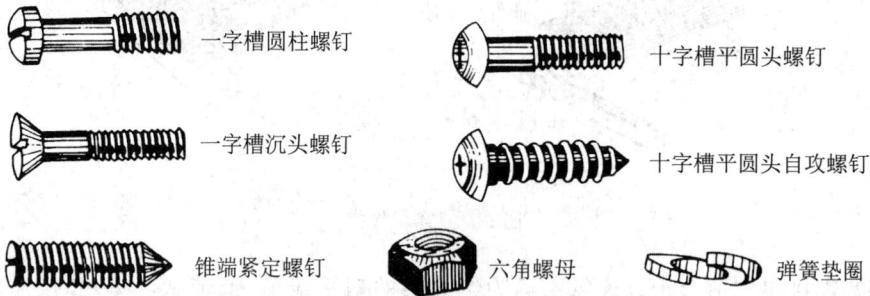

一字槽圆柱螺钉　　十字槽平圆头螺钉

一字槽沉头螺钉　　十字槽平圆头自攻螺钉

锥端紧定螺钉　　六角螺母　　弹簧垫圈

图 5.8　部分常用紧固件示意图

(1)螺钉连接。

螺钉连接是指将螺钉穿过一被连接件的孔，旋入另一被连接件的螺纹孔中，完成被连接件之间连接的任务。螺钉连接必须先在被接插件之一上制出螺纹孔，然后再进行连接。

螺钉连接主要用于被连接件较厚，且有可能装拆的场合，但经常拆装会使螺纹孔磨损，导致被连接件过早失效，所以不适用于经常拆装的场合。

常用螺钉按头部结构不同，可分为一字槽螺钉、十字槽螺钉、平圆头螺钉、圆柱头螺钉、沉头螺钉等。一般情况下，选择平圆头螺钉和圆柱头螺钉作为紧固件；当要求连接面平整时，选用沉头螺钉。十字槽螺钉具有对中性好、紧固拆卸时螺丝刀不易滑出等优点，因而较一字槽螺钉的使用范围更广。

球面圆柱螺钉和沉头螺钉常用于面板的装配固定。

自攻螺钉用于薄铁板或塑料件的固定连接，其特点是装配孔不必攻丝，可直接拧入。自攻螺钉常用于一些轻薄的部件或经常拆卸的面板和盖板中，但是不能用于紧固像变压器、铁壳大电容器等质量相对较大的零部件。

(2)螺栓、螺母及其连接。

螺栓、螺母的结构如图 5.9 所示，螺栓和螺母通常配合使用，常用于两个或两个以上连接件的连接。这种连接方式不需要内螺纹就能安装。

螺栓、螺母连接通常有两种形式，普通螺栓连接和双头螺栓连接。

普通螺栓连接中，螺杆一头带有六角柱形的固定钉头，另一头与螺母连接；连接时，连接通孔不带螺纹，连接时，螺杆穿过通孔与螺母配合，完成连接，如图 5.10 所示。常用于被连接件不是太厚，需要多次拆卸的场合。

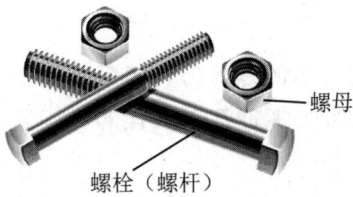

图 5.9　普通螺栓、螺母的结构　　　图 5.10　普通螺栓连接图

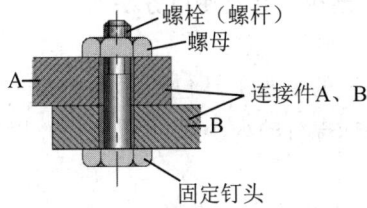

双头螺栓连接中，螺杆的两头都没有固定的钉头，且均有螺纹，必须使用螺母来完成固定连接。双头螺栓连接时，连接通孔不带螺纹，螺杆穿过通孔、两头用螺母旋紧即完成连接。

双头螺栓连接主要用于厚板零部件的连接，或用于需要经常拆卸、螺纹孔易损坏的连接场合。

螺栓、螺母连接的特点：连接件的结构简单，被连接件的材料不受限制，装、拆方便，不易损坏连接件。

(3)垫圈(垫片)及其作用。

垫圈(垫片)是放在连接件与螺母之间的零件。

垫圈(垫片)的作用是防止螺纹连接的松动，用来保护被连接件的表面不受螺母擦伤、分散螺母对被连接件的压力的。

常用的垫圈有平垫圈、弹簧垫圈、止动垫圈、齿形垫圈和绝缘垫圈等，如图 5.11 所示。各种垫圈的作用如下。

①平垫圈。其作用是保护被接插件的表面，增大螺母与被接插件之间的接触面积，但不能起到防松的作用。

②弹簧垫圈。其作用是有效地防止螺纹连接在震动情况下自动松动。它的防松效果好，使用最为普遍；但这种垫圈多次拆卸后，防松效果会变差。

③止动垫圈。其防震作用是靠耳片固定六齿螺母来实现的，适用于靠近接插件的边缘、但不需要拆卸的部位。

④齿形垫圈。它是一种所需压力较小，但其齿能咬住接插件的表面、防止松动的垫圈。齿形垫圈在电位器类的元件中使用较多。

⑤绝缘垫圈。其一般用于不需要导电的部件中，或用于连接塑压件、陶瓷件、胶木件等易碎裂的零件。

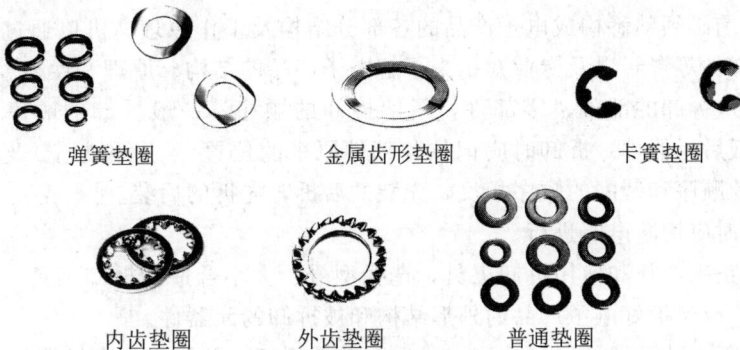

弹簧垫圈　　　　　金属齿形垫圈　　　　　卡簧垫圈

内齿垫圈　　　外齿垫圈　　　普通垫圈

图 5.11　常用垫圈外形图

2. 螺纹连接工具及使用方法

(1)螺纹连接工具。

螺纹连接的主要工具包括不同型号、不同大小的螺丝刀、扳手及钳子等。螺纹连接工具应根据螺钉的大小尺寸来选择，以保证每个螺钉都以最佳的力矩紧固，并不易损坏螺钉。

(2)螺纹连接的方法步骤。

成组的螺纹连接时，其紧固顺序应遵循交叉对称，分步拧紧的原则。其目的是防止逐个螺钉一次性拧紧，从而造成被紧固件倾斜、扭曲、碎裂或紧固效果不好的现象。

拆卸螺钉的顺序与紧固的原则类似，即交叉对称，分步拆卸。其目的是防止被拆零部件的偏斜，影响其他螺钉的拆卸。

螺钉的紧固或拆卸顺序范例如图5.12所示，按图所示的数字顺序依次分步紧固或拆卸。

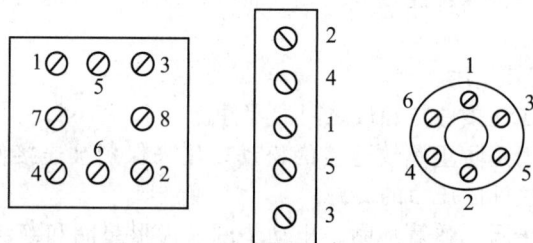

图 5.12　螺钉的紧固或拆卸顺序

▶任务四　电子整机的拆卸

在电子产品制作中，有时需要对电子整机进行拆卸，以满足对电子产品的检验、维修或调试的需要。

拆卸的内容主要包括：电子整机的外包装拆卸、电子整机外壳的拆卸、印制电路板的拆卸、元器件的拆卸、连接导线及接插件拆卸。

知识点　拆卸的一般规则及要求

(1)拆卸前必须熟悉构成电子产品的各部分结构及工作原理。可以通过查阅有关说明书、技术文件等资料以及专业知识来了解电子产品的结构、原理和性能。

(2)了解应拆卸的部位、零部件，了解拆卸的顺序。一般拆卸的顺序是：先外后内，先电路板后元器件。拆卸时应记住各部件原来的位置(顺序和方位)及固定部件的零件，拆卸的顺序和装配的顺序相反，先装的后拆，先拆的后装。

(3)拆卸时应切断电源进行。

(4)必须正确选择和使用拆卸工具，选择型号、大小合适的拆卸工具。拆卸时，严禁猛敲狠砸，应保护好电子产品的外形结构和被拆卸的元器件。

(5)拆卸下来的元器件通过检测，可以判断其好坏，并确定能否继续使用。

技能技巧41　拆卸工具及使用方法

电子产品常用的拆卸工具有：螺丝刀、电烙铁、吸锡器、镊子、斜口钳、剪刀、扳手。

1. 螺丝刀

螺丝刀主要用于拆卸螺钉，如拆卸固定电子整机外壳的螺钉，拆卸紧固印制电路板的螺丝，拆卸固定大型器件（如变压器、双联电容、继电器、机械调谐电位器等）的螺丝和散热片的螺钉等，有时还可使用一字螺丝刀撬开电子整机的卡式外壳。

常用的螺丝刀有一字形、十字形两大类，如图5.13所示，又分为手动、自动、电动和风动等形式。使用螺丝刀拆卸时，应根据螺钉的大小、规格、类型、使用场合和紧固的松紧程度选用不同规格的螺丝刀。

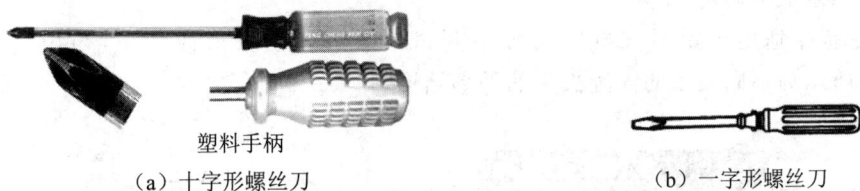

塑料手柄
（a）十字形螺丝刀　　　　　　　　　　（b）一字形螺丝刀

图5.13　常用的螺丝刀

2. 电烙铁和吸锡器

电烙铁和吸锡器是用于拆卸印制电路板上元器件最常用的工具。

拆焊时，利用电烙铁对需要拆卸的元器件引脚焊点进行加热，使焊点融化，并借助于吸锡器吸掉熔融状的焊料，使拆焊的元器件与印制电路板分离，达到拆卸元器件的目的。

当然，也可以使用吸锡电烙铁直接完成拆焊元器件的任务。

3. 镊子

拆焊时，利用镊子夹持元器件引脚可以帮助元器件在拆焊过程中散热，避免焊接温度过高损坏元器件，以及避免烫伤捏持被拆焊的元器件的手，如图5.14所示。有时可借助于镊子捅开拆焊后的焊盘孔，为再次安装、更换元器件做准备。

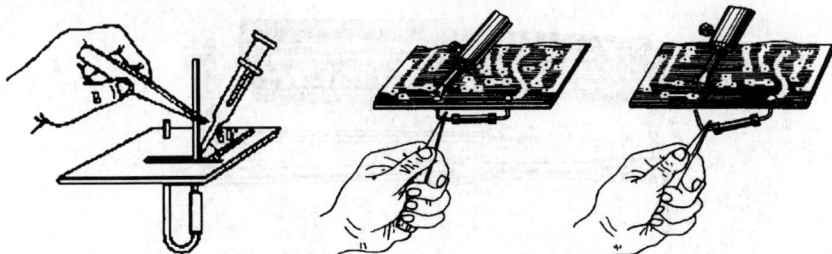

图5.14　用镊子帮助拆焊

4. 斜口钳和剪刀

当被拆卸的元器件需要经过多次调试、调整才能确定更换的元器件时，常使用斜口钳或剪刀先剪断元器件的引脚（须在原来的元器件上留出部分引脚），将元器件进行剪切拆除，剪切工具和剪切拆卸法如图5.15~图5.17所示。

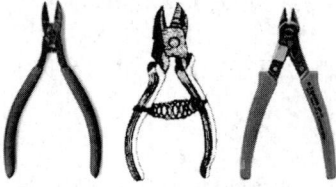

图 5.15 斜口钳

图 5.16 剪刀

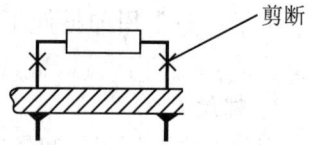

剪断

图 5.17 剪切元器件引脚的拆卸法

5. 扳手

扳手是紧固或拆卸螺栓、螺母的常用工具。在电子制作中,扳手常用于装配或拆卸大型开关、调节旋钮(如指针式万用表的功能转换开关)以及连接件中的螺栓、螺母。

常用的扳手类型有:固定扳手、套筒扳手、活动扳手三类。

(1)固定扳手(呆扳子)。

固定扳手适用于紧固或拆卸与扳手开口口径配套的方形或六角形螺栓、螺母。图 5.18 所示为不同类型的固定扳手的外形结构。

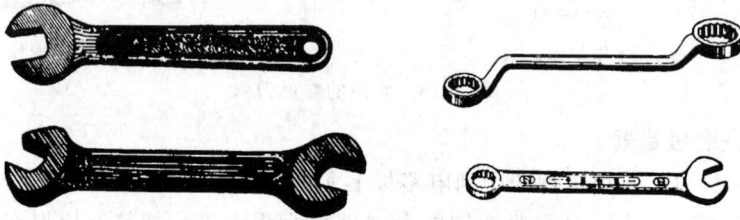

图 5.18 固定扳手的外形结构

(2)套筒扳手。

套筒扳手特别适于在装配位置很狭小,凹下很深的部位及不容许手柄有较大转动角度的场合下紧固、拆卸六角螺栓或螺母使用。套筒扳手及手柄、手柄连杆如图 5.19 所示。

套筒扳手配套有不同规格的套筒头和不同品种及规格的手柄及手柄连杆,以满足装配和拆卸不同尺寸规格和放置于不同位置、深度的螺栓、螺母的需要。

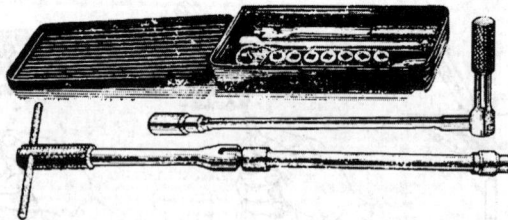

图 5.19 套筒扳手及手柄、手柄连杆

(3)活动扳手。

活动扳手的开口宽度可以调节,故能装配或拆卸一定尺寸范围的六角头或方头螺栓、螺母。活动扳手使用时应注意,其开口宽度应与被紧固件(螺栓、螺母)吻合,切勿在很松动的情况下扳动,以防损坏被紧固件;同时要注意扳手的扳动方向,以免损坏扳手的调节螺丝或使扳手滑动。活动扳手的外形及扳动方向如图 5.20 所示。

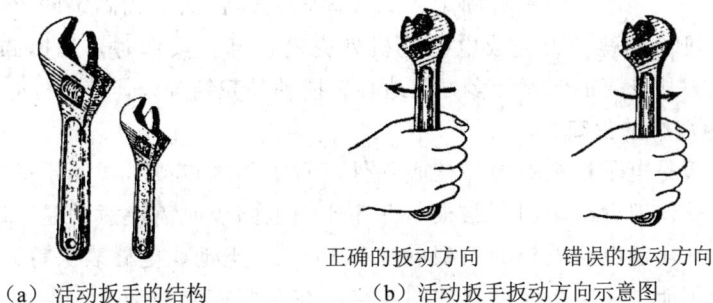

　　（a）活动扳手的结构　　　　　（b）活动扳手扳动方向示意图

图 5.20　活动扳手的外形及扳动方向

技能技巧 42　拆卸方法与技巧

　　完整的电子整机的拆卸主要包括：电子整机的外包装拆卸、电子整机外壳的拆卸、印制电路板的拆卸、元器件的拆卸、连接件（包括连接导线或接插件）的拆卸。拆卸前，应先了解电子产品的类型、结构、特点，再进行拆卸；拆卸时，要记住拆卸部件原来装配的位置及固定的小部件（螺钉、螺母、卡子、接插件、导线等），便于电子整机的重装和保证重装的正确性；拆卸时要断电操作。

　　不同类型的电子产品包装不同，对应的拆卸方法和步骤也会有所区别，但常规的拆卸步骤如图 5.21 所示。有时，连接件拆卸的先后顺序可根据电子整机产品的结构特点进行调整，拆卸先后顺序的原则是有利于和方便拆卸，且不损坏被拆卸的部位。

图 5.21　电子整机的常规拆卸步骤

1. 外包装拆卸

　　为了方便运输和装卸、便于存储、避免电子产品的损坏，电子整机产品制作完成后都进行了外部包装。合格的包装内容包括电子整机产品、附件、合格证、使用说明书、装箱单、装箱明细表、产品保修单等物品。包装箱体上标注了包装产品的名称、型号、数量及颜色，商品的名称及注册商标图案，防伪标志及条形码，包装件的尺寸和重量，出厂日期，生产厂名称、地址和联系电话，储运标记（放置的方向及层数，怕潮，小心轻放，等等）。

　　为了不破坏原有电子整机，在拆卸之前，必须仔细阅读外包装箱体上的内容和要求，查看包装类型及特点（纸箱还是木箱包装，胶带封装还是编织绳捆绑），将包装外箱体置于顺序向上的状态，再使用工具完成拆装外包装。

　　对于大型的电子整机，一般在包装纸箱的外面还有木结构的包装箱。这种情况下，可借助带撬钉子的榔头、一字螺丝刀等工具，先拆除木箱，再用剪刀或斜口钳剪切编织绳、划开封装胶带，然后拿出固定电子产品的泡沫塑料，小心取出电子整机，并拆除包装袋，即完成电子整机的外包装拆卸。

2. 电子整机外壳的拆卸

电子整机外壳一般采用螺钉固定、卡式固定或螺钉加卡式固定的方法。拆除电子整机外壳时，可借助螺丝刀完成电子整机外壳的拆卸。操作时，先拆卸所有的螺钉，再用一字螺丝刀从外壳的四周、多方位地轻轻撬动外壳结合处，直至外壳完全打开。

3. 印制电路板的拆卸

印制电路板是电子整机的内部核心部件，常采用螺钉或卡式固定的方式，因此拆卸时，可选择螺丝刀拆卸印制电路板。拆卸印制电路板时需注意的是，印制电路板往往与一些装配在印制电路板外的大型器件(如喇叭、电池、电磁表头等)连接，所以拆卸印制电路板不能损坏这些大型器件的连接；在某些需要的场合，也可先拆除这些大型器件与印制电路板的连接，再拆除印制电路板。

4. 连接件的拆卸

连接件主要包括连接导线或接插件。拆卸时，可借助斜口钳或剪刀、电烙铁、吸锡器、螺丝刀等工具完成。

(1)对于焊接的导线，使用电烙铁完成拆卸。

(2)对于绕接、压接或穿刺的导线，使用斜口钳或剪刀直接剪切拆除导线。

(3)对于用螺丝固定的导线，使用螺丝刀完成拆卸。

(4)对于可插拔的接插件，可直接用手均衡的拔下接插件；对于较多插孔且安装较紧密的接插件，可借助一字螺丝刀轻轻地、多角度地撬动接插件，然后用手拔下接插件。

(5)对于焊接在电路板上的插座，可使用电烙铁、吸锡器加热融化插座引脚、并吸干净熔融状焊料，待插座的各引脚完全与焊盘脱离后，再取下插座。

(6)对于用螺丝连接的插头、插座，使用螺丝刀旋开螺丝，拆卸插头、插座。

5. 元器件的拆卸

电子元器件大多装配、固定在印制电路板上，但有些大型的器件也会直接固定在机箱上，用连接件或螺钉将其与电路板连通。因此元器件的拆卸常采用电烙铁、吸锡器、螺丝刀、镊子、斜口钳等工具完成。

元器件的拆卸应在印制电路板拆下后进行。

(1)对于印制电路板上的元器件，可使用电烙铁、吸锡器进行拆卸，值得注意的是，拆卸时不能长时间加热元器件的引脚焊点，避免损坏被拆焊的元器件及印制电路板；操作时可借助镊子帮助元器件引脚散热。

(2)对于有螺钉固定在印制电路板上的大型元器件，先使用电烙铁、吸锡器去除焊盘上的焊锡，再使用螺丝刀拆卸固定大型器件的螺钉。

(3)对于需要多次调整、更换的元器件，可采用斜口钳剪切引脚、断开元器件的方法进行拆卸。其操作步骤为：先剪切被拆除的元器件(需留下一部分元器件引脚)、再搭焊调试的元器件进行调试、调整，待完全确定合适的元器件后，再用电烙铁拆卸需更换的元器件、并换上新元件。

(4)对于固定在机箱外壳上的大型元器件的拆卸，应先断开连接导线或接插件，再拆卸元器件。

(5)对于有座架的集成电路，可使用集成电路起拔器拆卸集成电路。

实训 12　电子产品的拆卸与重装

一、实训目的

1. 了解电子整机产品的拆卸内容和拆卸原则;

2. 掌握电子整机产品拆卸工具的使用;

3. 掌握电子整机产品的拆卸方法和技巧;

4. 学会重装电子整机。

二、实训仪器和器材

1. 包装完整的电子整机产品 1 个(如收音机、录音机、DV 机、电视机等),万用表、示波器各 1 台;

2. 20～35W 的电烙铁 1 把,吸锡电烙铁和吸锡器各 1 把,烙铁架,一字螺丝刀、十字螺丝刀,镊子,斜口钳,剪刀,扳手等工具,装盛拆卸下来的小部件的盒子若干。

三、实训内容与步骤

1. 查看需拆卸的电子整机的外包装,了解需拆卸的电子整机的品种及外观特点,了解拆卸的内容和要求。整理、清洁好拆卸场地,准备好拆卸工具及盛装拆卸下来的小部件的盒子。

2. 根据电子整机的外包装特点,选择合适的工具进行外包装拆卸,并取出电子整机。将拆卸情况填入表 5.1 中。

3. 查阅包装箱内的文件、资料,了解被拆卸的电子整机的大致结构、功能和特点,确定拆卸的内容、方法、步骤和工具。

4. 查看电子整机的外形装配结构,选择合适的工具拆卸电子整机外壳,注意不能损坏外壳。将拆卸情况填入表 5.1 中。

5. 选择合适的工具将电子整机中的各印制电路板拆卸下来,包括印制电路板与整机底座的拆卸、与大型元器件连接部分的拆卸、与连接导线的拆卸。将拆卸情况填入表 5.1 中。

6. 元器件的拆卸。选择几个不同类型的元器件(小型的、大型的、带散热片的、多引脚的、插装的、用螺钉固定的等)进行拆卸,注意拆卸的位置、特点、拆卸的先后顺序、拆卸这些元器件的工具等,将拆卸情况填入表 5.1 中。

7. 连接件(包括连接导线、插头、插座)的拆卸。拆卸前,查看该电子产品有什么类型的连接件及连接方式,选择合适的工具和方法拆卸各连接件,并将拆卸情况填入表 5.1 中。

8. 将拆卸后的电子整机重新装配、还原,注意重装的顺序及使用的工具。并将重装完成后的电子整机进行检验、测试。重装、测试的情况填入表 5.2 中。

表 5.1　拆卸情况表

拆卸部件名称	拆卸工具	拆卸方法	拆卸后的损坏情况

拆卸部件名称	拆卸工具	拆卸方法	拆卸后的损坏情况

表 5.2 重装测试情况表

测试的部位	测试仪器	测试情况	备注

四、实训课时

课堂参考时数：2 学时。

五、实训报告

1. 在什么情况下需要拆卸？

2. 拆卸应注意的主要原则有哪些？

3. 拆卸损坏的部分对重装后的电子整机性能有何影响？

本项目归纳总结

1. 电子产品的种类繁多，且向着高效能、低消耗、高精度、高稳定、智能化的方向发展。较为突出的特点有：使用面广、运用范围宽、体积小、重量轻、耗电省、精度高、控制系统完善、电子产品的可靠性高、使用寿命长、技术综合性强、产品更新快。

2. 电子整机产品的装配是按照设计要求，将各种元器件、零部件、整件装接到规定的位置上，组成具有一定功能的电子整机产品的过程。

3. 电子产品装配包括机械装配和电气装配两大部分。根据电子产品装配的内容、程序的不同，电子产品的装配分为元件级、插件级和系统级三级组装级别。

在电子产品装配过程中，一般是先进行元件级组装，再进行插件级组装，最后是系统级组装。

4. 电子产品装配的技术要求主要包括：装配要符合设计的电气性能要求，保证信号的良好传输，装配应具有足够的机械强度，装配过程中不得损伤电子产品及其零部件，注意电子产品的装配和使用安全。

5. 电子产品装配的工艺流程因电子产品的复杂程度和特点的不同，装配设备的种类、规模不同，其工艺流程的构成也有所不同，但基本工序大致一样，即包括装配准备、整机装配、产品调试、检验、装箱出厂几个阶段。

6. 产品加工生产流水线是指把整机产品的安装、调试等工作划分成若干个简单的操作，每一个技术工人只完成指定的简单操作的过程。

在流水操作的工序划分时，每位操作者完成指定操作的时间应相等，这个相等的操作时间称为流水的节拍。

7. 电子产品的总装是指将构成电子产品整机的各零部件、接插件以及单元功能整件(如各机电元件、印制电路板、底座、面板、机箱外壳等)，按照设计要求，进行装配、连接，组成一个具有一定功能的、完整的电子整机产品的过程。

8. 无论是机械装配，还是电气装配，电子产品总装的顺序都必须符合以下原则：先轻后重、先小后大、先铆后装、先装后焊、先里后外、先平后高，上道工序不得影响下道工序。

9. 总装的质量检查应始终坚持自检、互检、专职检验的"三检"原则，对产品的外观、装连正确性及安全性方面进行检查。其检查程序是：先自检，再互检，最后由专职检验人员检验。

10. 压接是指使用专用工具(压接钳)，在常温下对导线和接线端子施加足够的压力，使两个金属导体(导线和接线端子)产生塑性变形，从而达到可靠电气连接的方法。压接是用于导线之间连接的工艺技术。

11. 绕接技术是使用绕接器，将单股实芯导线按规定的圈数紧密地缠绕在带有棱边的接线柱上，使导线和接线端子之间形成牢固的电气和机械连接的一种连接技术。它广泛应用于计算机、通信、电器仪表、数控、航空航天等这些安装密度大、可靠性要求高的电子产品上。

12. 穿刺连接工艺是使用专用工具(穿刺机)将扁平线缆(或带状电缆)和接插件进行连接的工艺过程。

13. 螺纹连接也称为紧固件连接，它是指用螺栓、螺钉、螺母等紧固件，把电子设备中的各零部件或元器件按设计要求连接起来的工艺技术，是一种广泛使用的可拆卸的固定连接，常用在大型元器件的安装、电路板的固定、电子产品的总装中。

螺纹连接具有结构简单、连接可靠、装拆方便等优点，但在震动或冲击严重的情况下，螺纹容易松动，在安装薄板或易损件时容易产生形变或压裂。

14. 在电子产品制作中，有时需要对电子整机进行拆卸，以满足对电子产品的检验、维修或调试的需要。

15. 电子整机的拆卸主要包括：电子整机的外包装拆卸、电子整机外壳的拆卸、印制电路板的拆卸、元器件的拆卸、连接件(包括连接导线或接插件)的拆卸。

拆卸前，应先了解电子产品的类型、结构、特点，再进行拆卸；拆卸时要记住拆卸部件原来装配的位置及固定的小部件(螺钉、螺帽、卡子、接插件、导线等)，便于电子整机的重装和保证重装的正确性；拆卸时要断电操作。

自我测试 5

5.1 电子产品的装配分为哪几种组装级别？相互之间有什么关联？

5.2 简述电子产品装配的主要技术要求。

5.3 电子产品的工艺流程包括哪几个主要环节？

5.4 生产流水线有什么特征？什么是流水节拍？设置流水节拍有何意义？

5.5 什么是电子产品的总装？电子整机的装配方式分为哪两大类？总装的连接方式分为哪几类？

5.6 简述电子产品总装的顺序。

5.7 总装的质量检查应坚持哪"三检"原则？"三检"的顺序有何规定？

5.8 总装检查的内容哪些？

5.9 连接工艺有何特点？压接、绕接、穿刺各适用于什么场合？

5.10 什么是螺纹连接？螺纹连接有何特点？

5.11 自攻螺钉的连接有何特点？主要使用在什么场合？

5.12 螺栓、螺母的连接有何特点？主要使用在什么场合？

5.13 螺钉的紧固或拆卸有何规定？

5.14 电子整机在什么情况下需要进行拆卸？拆卸分为哪几种类型？

5.15 在电子整机中，元器件拆卸需要使用什么工具完成拆卸？

5.16 在电子整机中，需要使用什么工具完成对连接件的拆卸？

项目六　电子整机调试

>>> **项目背景**

　　国家建设需要培养造就更多大师、战略科学家、一流科技领军人才和创新团队、青年科技人才、卓越工程师、大国工匠、高技能人才。电子信息类专业学生学习掌握"电子调试"技能，是造就技能型人才的基础。

项目六视频、
案例、思政资源

>>> **项目任务**

　　了解电子整机调试的原因、内容及步骤，熟悉常用调试仪器的品种、特点，掌握常用调试仪器的使用方法，了解调试的工艺流程和操作安全措施，掌握电子电路的调试方法，掌握故障的查找方法和故障处理步骤。培养学生具备良好的执行能力、团队合作能力和获取信息、学习新知识等技能，并具备职业竞争和创新意识。

>>> **项目任务分解**

　　1. 调试的原因、内容及步骤；
　　2. 调试仪器及其使用；
　　3. 静态与动态调试；
　　4. 调试过程中的故障查找及处理。

>>> **项目教学导航**

　　选用电子整机套件(如万用表、收音机、稳压电源等)，完成从元器件识别、检测，电路的安装、调试到故障查找及处理等全过程，由此了解电子产品整机的安装、调试、故障查找及处理等的内涵关系。通过实例讲解和操作的教学过程，将电子产品整机的安装、调试、故障查找及处理等技能进行相应的实际训练，了解实际操作与理论知识的区别及关联关系。通过实训13～16，熟练掌握从电子元器件的识别、检测到电子整机的安装、调试的完整的电子制作过程。

　　调试是电子整机装配制作中不可缺少的过程，是保证电子产品整机功能和品质的重要环节。电子整机由电路部分和机械部分构成，调试也分为电路部分调式和机械部分调式，两部分分别进行。电子整机调试中，机械部分调试相对简单，电路部分调试较为复杂。本项目所述的调试主要是针对电路调试进行介绍。

▶**任务一　调试的基本知识**

知识点 6.1.1　调试的概念

电子产品是由若干元器件、按照技术文件的要求组装而成的，但是由于电路设计

的近似性、各元器件特性参数的离散性（允许误差等）以及实际制作中的不可预见性（如元器件的摆放位置、导线的长短及粗细等，会导致电路及元器件存在不同的分布参数）的影响，使得装配完成之后的电子产品通常达不到设计规定的功能和性能指标，因而电子整机装配完毕后必须进行调试。

调试包括调整和测试两个部分。通过调试可以发现电子产品设计和装配工艺的缺陷和错误，并及时改进与纠正，确保电子产品的各项功能和性能指标均达到设计要求。

（1）调整。

调整是指对电路参数的调整。一般是对电路中可调元器件（如可调电阻、可调电容、可调电感等）进行调整以及对机械部分进行调整，使电路达到预定的功能、技术指标和性能要求。

（2）测试。

测试是指对电路的各项技术指标和功能进行测量与试验，并同设计的性能指标进行比较，以确定电路是否合格。

电子产品的调整和测试是相互依赖、相互补充、同时进行的。实际操作中，调整和测试必须多次、反复进行，才能使电子产品的功能、技术指标和性能达到技术文件的预期目标。调整和测试合称为调试。

知识点 6.1.2　调试的工艺流程

1. 调试前的准备工作

在电子产品调试之前，应做好准备工作，如技术文件的准备、测试仪器仪表的准备、被调试电子产品的准备、调试场地的布置、调试方案的制订。具体准备工作如下。

（1）技术文件的准备。

技术文件是产品调试的依据。调试前应准备好调试用的文件、图纸（电原理图、印制电路板装配图、接线图等）、技术说明书、调试工艺文件、测试卡、记录本等相关的技术文件。

调试人员在调试前，要仔细阅读调试的技术文件，熟悉电子产品的构成特点、工作原理和功能技术指标，了解调试的参数、部位和技术要求。

（2）调试仪器仪表的准备。

根据不同的电子产品，按照技术文件的规定要求，准备好所需的测试仪器仪表及设备。调试之前，检查测试仪器仪表和设备是否符合测试要求、工作是否正常，测试人员需熟练掌握这些测试仪器仪表和设备的性能和使用方法。

（3）被调试电子产品的准备。

准备好需要调试的单元电路板、电路部件和电子整机产品，查看被测试件是否符合装配要求，是否有错焊、漏焊及短路的情况。

（4）调试场地的布置。

调试场地要布置整齐、干净，调试电源及控制开关设置合理、方便，根据需要设置合理的抗高频、高压、电磁场干扰的屏蔽场所，调试场所的地面铺设绝缘胶垫，摆放好调试用的文件、图纸、工具，以及调试用的仪器设备。

（5）调试方案的制订。

电子产品的品种繁多，组装完毕的产品电路中既有直流信号，又有交流信号；既有有用信号，又有噪声干扰信号。因而需根据电子产品的结构特点、复杂程度、性能指标以及调试的技术要求，制订合理的调试方案。

对于简单的小型电子产品，可以直接进行整机调试；对于较复杂的电子产品，通常先进行单元电路和功能电路的调试，达到技术指标后，总装成整机，再进行整机调试。

2. 调试的工艺流程

调试的工艺流程根据电子整机的不同性质可分为样机调试和整机产品调试两种不同的形式。不同的产品其调试流程也不相同。

（1）样机产品的调试流程。

样机产品是指电子产品试制阶段的电子整机、各种试验电路、电子工装及其他在电子制作中的各种电子线路等，也就是指没有定型的、可能存在一定缺陷的电子整机产品。

样机产品调试包括样机测试、调整、故障排除以及产品的技术改进等。样机产品调试中，故障存在的范围和概率较大，功能指标偏离技术参数会较大，所以对样机调试人员的理论基础、技术要求及经验要求较高。

样机产品的调试内容及工艺流程如图 6.1 所示，其中故障检测是每个调试阶段不可缺少的过程，在调试中占了很大比例。样机产品调试是电子产品设计、制作、完善和定性的必要环节。

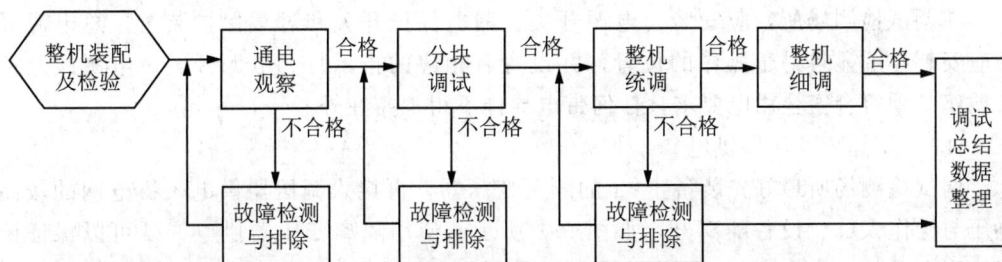

图 6.1　样机产品的调试内容及工艺流程

（2）整机电子产品调试。

整机产品是指可批量生产的电子产品，通常经过了样机调试、修改、完善后，获得的成熟的产品。

整机调试是整机产品生产过程的一个工艺过程，它须多次、多个位置分别在电子产品生产流水线的工艺过程中进行不同技术参数的调试。整机产品调试的内容及工艺流程如图 6.2 所示。在各调试工序过程中检测出的不合格品，应立即交其他工序（如故障检测工序或其他装配工序）进行处理。

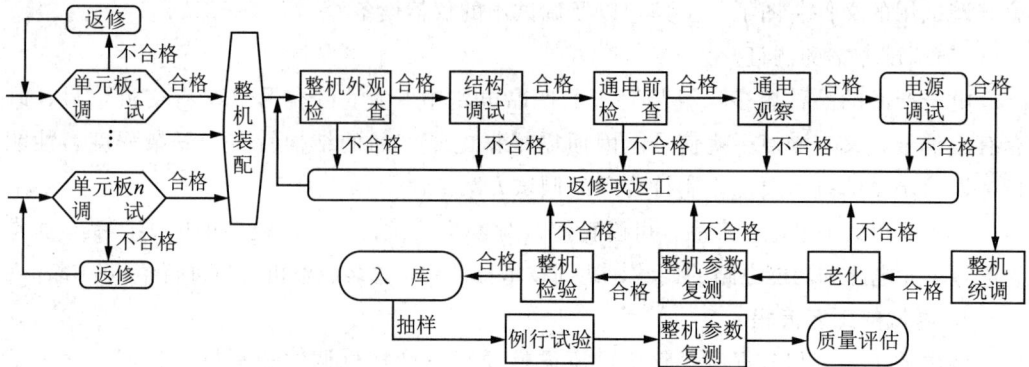

图 6.2　整机产品调试的内容及工艺流程

知识点 6.1.3　调试的安全措施

为了保护调试人员的人身安全，防止测量仪器设备和被测电路及产品损坏，在调试过程中，调试人员应严格遵守操作安全规程，严格执行调试工作中的安全措施。调试工作中的安全措施主要有供电安全和操作安全。

1. 供电安全

通常在调试过程中，电子产品和调试仪器都必须通电工作，所使用的电源电压较高，有时还会有各种高压电路、高压大电容器等；因而操作人员的供电安全显得尤为重要，通常供电的安全措施如下。

(1)装配供电保护装置。

在调试检测场所，应安装总电源开关、漏电保护开关和过载保护装置。总电源开关应安装在明显且易于操作的位置，并设置有相应的指示灯。电源开关、电源线及插头插座必须符合安全用电要求，任何带电导体不得裸露在外。

(2)采用隔离变压器供电。

调试检测场所最好先装备 1∶1 的隔离变压器，再接入调压器供电，将电网的较高电压与操作人员、设备隔离开，如图 6.3 所示。使用隔离变压器供电，既可以保证调试检测人员的人身安全，又可以防止测试仪器与电网之间产生相互影响。

(3)采用自耦调压器供电。

在因无隔离变压器而使用普通交流自耦调压器供电时，必须特别注意供电安全，因为自耦调压器没有与电网隔离，其输入与输出端有电气连接，稍有不慎就会将输入的高电压引到输出端，造成变压器及其后电路烧坏，严重时甚至会造成人员触电事故，使用时必须特别小心。

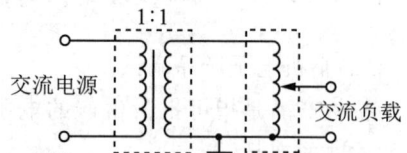

图 6.3　采用隔离变压器供电

采用自耦调压器供电时，必须使用三线电源插头座，采用正确的相线(火线)L 与零线 N 的接法，即变压器输出端的固定端作为零线、变压器输出端的调节端作为火线，这样的连接方法才能保证供电安全。自耦调压器供电的接线方法如图 6.4 所示。

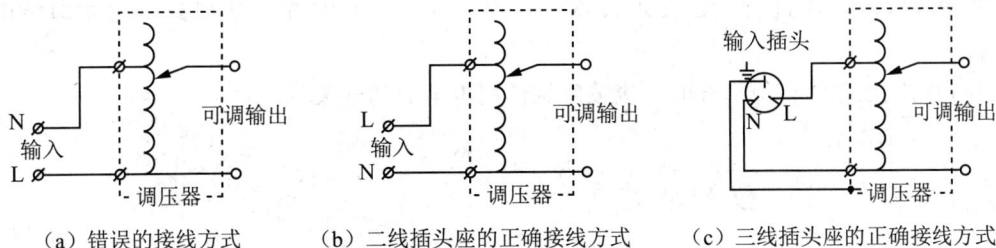

（a）错误的接线方式　　　　　（b）二线插头座的正确接线方式　　　　（c）三线插头座的正确接线方式

图 6.4　自耦调压器供电的接线方法

2. 操作安全

调试时，调试人员要了解操作安全事项，注意操作安全(包括操作环境的安全、操作过程的安全)和人身安全。

(1)操作安全注意事项。

调试操作时应注意以下操作安全事项。

①断开电源开关不等于断开了电源。图 6.5(a)所示的电路中，开关 S 接在零线上，当开关 S 断开时，电源变压器的初级①②引脚，熔断器 BX 和开关 S 的 2 脚仍然带电。如图 6.5(b)所示的电路，开关 S 接在相线上，当开关 S 断开时，开关 S 的 1、3 脚仍然带电。

可见，虽然断开电源开关，电源电路仍然有部分带电，只有拔下电源插头才可认为是真正断开了电源。

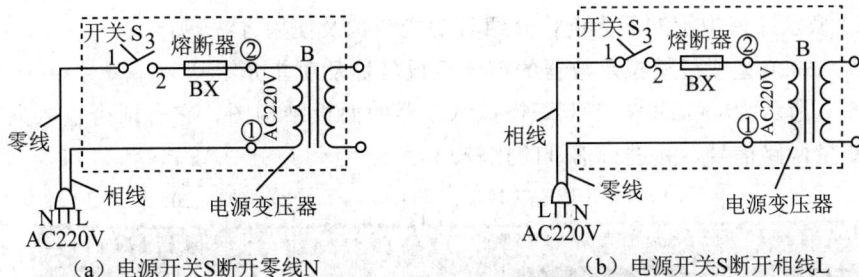

（a）电源开关S断开零线N　　　　　　　（b）电源开关S断开相线L

图 6.5　电源开关断开后电路部分带电示意图

②不通电不等于不带电。对于大电容或高压电容(如显像管的高压嘴上的高压电容)来说，充电后即使断电数十天，其两端电压仍然会带有很高的电压。

因而对已经充电的大容量电容或高压电容来说，只有进行短路放电后，才可以认为不带电。

③电气设备和材料的安全工作寿命是有限的。原来绝缘的部位，可能因使用年限过长，绝缘材料老化变质而带(漏)电了。所以，电气设备和绝缘材料应按规定的使用年限使用，及时停用、报废旧仪器设备。

(2)操作安全内容。

①注重操作环境的安全。操作工作台及工作场地应铺设绝缘胶垫；调试检测高压电路时，工作人员应穿绝缘鞋。

②注意操作过程的安全。在进行高压电路或大型电路或电子产品通电检测时，必

须有两人以上才能进行。若发现冒烟、打火、放电、异响等异常现象，应立即断电检查。

③调试工作结束或离开时，应关闭调试用电电源的开关。

▶任务二　调试仪器及其使用

不同的电子产品，所使用的调试仪器不同。但常规的电子产品调试仪器包括：示波器、信号发生器、双踪直流稳压电源。万用表在前述课程或章节中已经讲述过，下面仅对示波器、信号发生器、双踪直流稳压电源的功能、特点和使用方法做介绍。

技能技巧 43　示波器及其使用

示波器是一种特殊的电压表，是一种常用的电子测试仪器。它可用于测量被测信号的波形并直观地显示出来，由此观测到被测信号的变化情况以及信号的幅度、周期、频率、相位以及是否失真等情况。因此，示波器在科研、教学及应用技术等很多领域应用极为广泛。

根据测量原理，示波器一般分为模拟示波器和数字示波器两种类型。

一、模拟示波器

模拟示波器是采用阴极射线示波管作为显示器的一种测量仪器。下面以常用的COS5020 型双踪模拟示波器为例，介绍其功能结构及使用方法。

1. COS5020 型双踪模拟示波器的前置面板名称及功能介绍

图 6.6 所示为 COS5020 型双踪模拟示波器的面板结构图，它有两个输入通道，可以同时测量两路信号，并进行信号的比较。

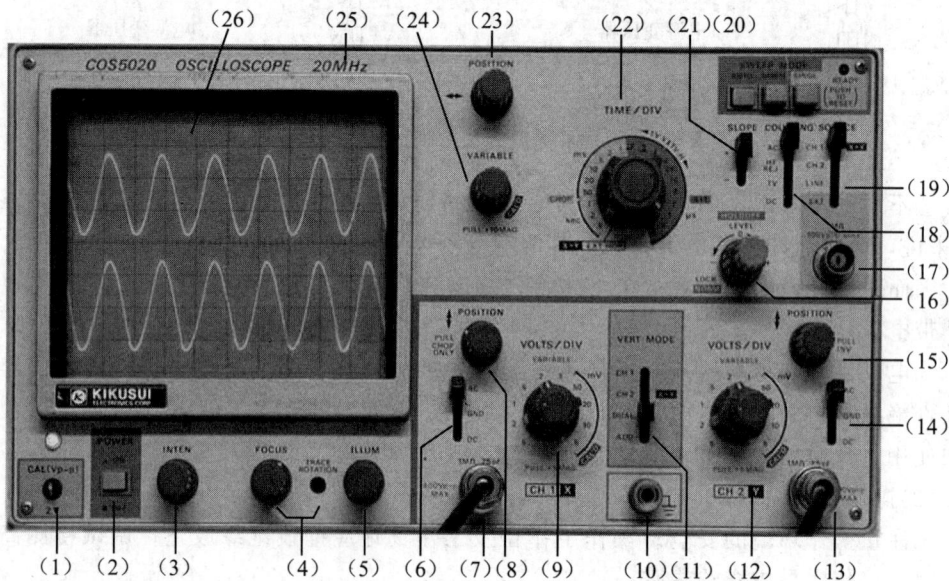

图 6.6　COS5020 型双踪模拟示波器面板结构图

COS5020 型双踪模拟示波器的按键及旋钮的名称和功能简介如下。

(1)校准信号端口：此端口输出幅度为 2V，频率为 1kHz 的标准方波信号；用于测量前校准示波器。

(2)电源开关按键(POWER)：按下此开关，指示灯亮，表示电源接通。

(3)辉度电位器旋钮(INTEN)：用于调节波形或光点的亮度。

(4)聚焦电位器旋钮(FOCUS)：用以调节示波管电子束的焦点。

(5)亮度旋钮(ILLUM)：用于调节屏幕刻度的亮度。

(6)(14)输入耦合开关"AC－⊥－DC"：DC——直流耦合、AC——交流耦合、⊥——接地。

(7)(13)输入通道插座 CH1、CH2：被测信号通过这两个端口输入示波器进行测量。

(8)(15)垂直位移旋钮(POSITION)：用以调节 CH1、CH2 光迹在垂直方向的位置。

(9)(12)灵敏度选择开关(VOLTS/DIV)：用于选择垂直轴的偏转系数，从 5mV/div～5V/div 分 10 个挡级调整。

(10)"⊥"插座：作为仪器的测量接地装置。

(11)工作模式选择开关(VERT MODE)：分为 CH1、CH2、DUAL(合成电压或脉冲电压的测量)、ADD(代数和测量)四种模式。

(16)扫描调节旋钮(LEVEL)：用于选择输入信号波形的触发点，使之在需要的电平上触发扫描。当顺时针方向旋至"LOCK"锁定位置，触发点将自动处于被测波形的中心电平附近。

(17)触发输入端：用于外部触发信号的输入。

(18)触发方式选择开关：有 AC、HFREJ、TV、DC 四种触发方式。

(19)触发极性选择开关(SOURCE)：用于选择 CH1、CH2 或外部触发。

(20)扫描方式选择按钮(SWEEP MODE)：有自动(Auto)、常态(Norm)和单次(Single)三种扫描方式。

(21)触发斜率选择键(SLOPE)：有正、负斜率触发方式。

(22)水平扫描速度开关(TIME/DIV)：扫描速度可以分 20 挡，从 0.2μs/div 到 0.5s/div。

(23)水平位移旋钮(POSITION)：用以调节光迹在水平方向的位置。

(24)扫描微调旋钮(VARIABLE)：可微调扫描速度和"PULL×10MAG"水平扩展开关。

(25)示波器显示屏：可显示 0～20MHz 频带宽度的信号。

(26)波形。

2. COS5020 型双踪模拟示波器的使用方法和步骤

双踪模拟示波器可以测量信号电压的大小、周期、频率、相位以及是否失真等技术参数。示波器在使用前，先要检查其工作状态(包括开机检查和测试探头的检查)，然后进行技术参数的测量，以保证测量、调试的准确性。

(1)开机检查。

接通电源，电源指示灯亮。稍预热，屏幕中出现光迹，分别调节亮度和聚焦旋钮，

使光迹的亮度适中、清晰。

（2）探头的检查。

探头分别接入两个输入接口，将灵敏度选择开关（VOLTS/DIV）调至 10mV/div，探头衰减置×10 挡。探头正常时，屏幕中应显示图 6.7 的波形；如显示屏上显示的波形有过冲现象时，如图 6.8 所示，说明探头过补偿了；如显示屏上显示的波形有下塌现象时，如图 6.9 所示，说明探头欠补偿了。

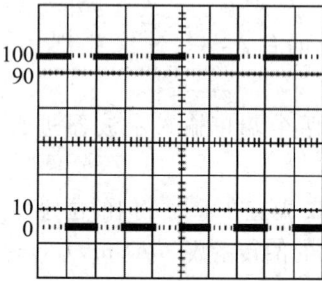

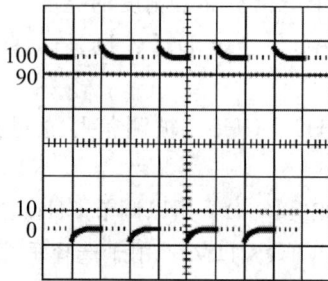

图 6.7　补偿适中　　图 6.8　波形过冲——过补偿　　图 6.9　波形下塌——欠补偿

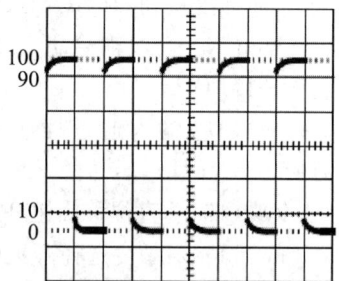

对于过补偿和欠补偿的现象，可用高频旋具（无感起子）调节探极补偿调整元件，如图 6.10 所示，使显示屏上显示的波形达到图 6.7 所示的最佳补偿状态。

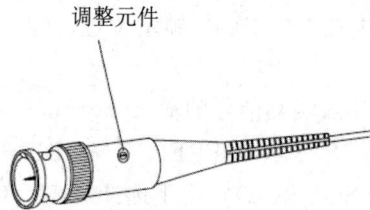

图 6.10　示波器探头结构示意图

（3）电压测量方法。

电压测量时，一般把"VOLTS/DIV"开关旋至满度的校准位置，这样可以按"VOLTS/DIV"的指示值直接计算被测信号的电压幅值。

示波器可以测量交流电压，也可以测量直流电压。

①交流电压的测量。当被测信号仅为交流信号时，将 Y 轴输入耦合方式开关置"AC"位置，调节"VOLTS/DIV"开关，使波形在屏幕中的显示幅度适中；调节"LEVEL"旋钮使波形稳定；分别调节 Y 轴和 X 轴位移，使波形显示值方便读取，如图 6.11 所示。

根据"VOLTS/DIV"的指示值和波形在垂直方向显示的坐标（DIV），得出被测波形的峰-峰值 V_{P-P} 为：

$$V_{P-P} = V(\text{DIV 值}) \times H(\text{DIV 值})$$

如果使用的探头置 10：1 位置，实际的被测量电压数值为 $10 \times V_{P-P}$。

②含直流成分的电压测量。当被测信号为直流信号或含有直流成分时，应将耦合方式开关转换到"DC"位置，调节"LEVEL"旋钮使波形同步，如图 6.12 所示。这时，读取被测波形的大小数值与交流电压的读取方式相同。

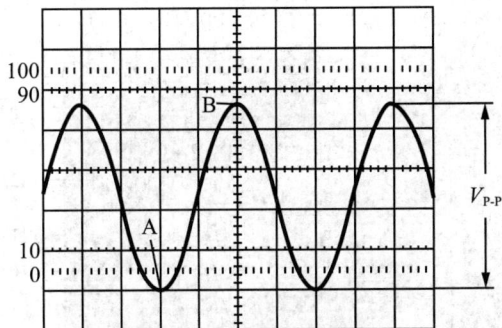

图 6.11　交流电压的测量

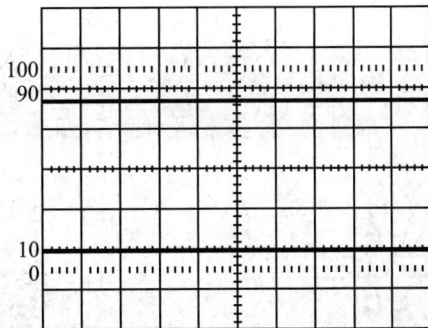

图 6.12　直流电压的测量

(4)周期测量。

按测量电压的操作方法，使波形获得稳定同步后，根据该信号一个完整周期在水平方向的距离乘以"SEC/DIV"开关的指示值，就可获得被测信号的周期 $T(s)$。

$$周期\ T(s) = \frac{两点间的水平距离(格) \times 扫描时间系数(时间/格)}{水平扩展系数}$$

(5)频率测量。

对于重复信号的频率测量，可先测出该信号的周期，再根据下面公式计算。

$$f(Hz) = \frac{1}{T(s)}$$

二、数字示波器

数字示波器是一种可以显示被测波形、还能同时以数字和字符形式显示被测信号各种参数的测试仪器。该仪器一般支持多级菜单，能提供给用户多种选择，进行多种分析功能。一些数字示波器还可以提供信息的存储、实现对波形的保存和处理。

下面以 TDS1002 型数字示波器为例，介绍其面板结构、功能及使用方法。

1. TDS1002 型数字示波器面板名称及功能介绍

根据图 6.13 所示的 TDS1002 示波器面板图，对其各按键、旋钮的名称、功能做如下介绍。

(1)液晶显示屏。

(2)垂直控制旋钮：可垂直定位波形。

(3)灵敏度选择开关(VOLTS/DIV)：选择垂直刻度系数。

(4)输入通道端口 CH1、CH2：被测信号输入端。

(5)外部触发端口。

(6)水平扫描调节旋钮(SEC/DIV)：为主时基或视窗时基选择水平的时间/格。

(7)探头补偿：探头补偿输出及底座基准。

(8)触发观察按键(TRIG VIEW)：按下该按键，显示触发信号波形而不是当前通道的波形。使用这一按键检查触发情况。

(9)强制触发按键(FORCE TRIG)：在触发条件不能满足测量要求时，使用这一按键完成一次强制触发。

(28) (27) (26)(25)(24)(23)(22)(21)(20)(19)(18)(17)(16)(15)

(14)
(13)
(12)
(11)
(10)
(9)
(8)

(1)   (2)(3)   (4)   (5)(6)(7)

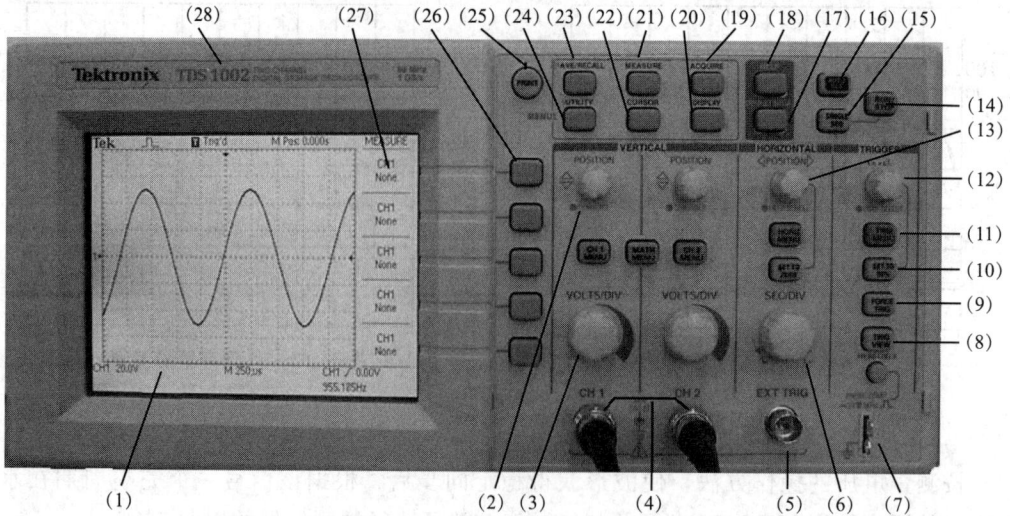

图 6.13　TDS1002 示波器面板图

(10)设置中点按键(SET TO 50%)：选择垂直中点作为触发电平。

(11)触发菜单按键(TRIG MENU)：按下该按键，显示触发菜单及其选项，包括触发类型、触发源、触发模式等。

(12)触发电平旋钮电平：使用边沿触发或脉冲触发时，电平旋钮设置采集波形时信号所必须越过的幅值电平。

(13)水平控制旋钮：可以调整所有通道和数学波形的水平位置。

(14)运行/停止按键：连续采集波形或停止采集。

(15)单次序列按键(SINGLE SEQ)：采集单个波形，然后停止。

(16)自动设置按键：自动设置示波器控制状态，以产生适用于输出信号的显示图形。

(17)默认设置按键(DEFAULT SETUP)：厂家设置的默认状态。

(18)帮助按键(HELP)：显示帮助菜单。

(19)采集菜单按键(ACQUIRE)：选择采集菜单。

(20)显示按键(DISPLAY)：显示菜单。

(21)测量按键(MEASURE)：显示自动测量菜单。

(22)显示光标按键(CURSOR)：显示光标菜单。

(23)SAVE/RECALL 按钮：显示设置和波形的(保存/调出)菜单。

(24)辅助按键(UTLITY)：显示辅助功能菜单。

(25)打印按键(PRINT)：启动打印到 PictBridge 兼容打印机的操作。

(26)示波器显示器。

(27)通道测量的类型。

(28)示波器型号。

2. TDS1002 型数字示波器的使用方法

（1）设置示波器。

TDS1002 型数字示波器有三种主要设置功能：自动设置、储存设置和默认设置。

使用自动设置按键，可获得稳定的波形显示效果。自动设置功能可以自动调整垂直刻度、水平刻度和触发信号设置，也可在刻度区域显示峰-峰值、周期、频率等几个自动测量结果，显示的内容取决于信号的类型，如波形为正弦波时，除自动显示周期、频率、峰-峰值之外还显示均方根值（有效值），而波形为方波时则显示平均值。

在储存设置状态，示波器会储存关闭示波器电源前的设置状态，下次接通电源时示波器会自动调出此设置。

默认设置是示波器在出厂前设置的常规操作。需要调出此设置时，可按下默认设置按键（DEFAULT SETUP），默认设置时两个通道的探头衰减均为×10。

（2）信号采集。

按下采集菜单（ACQUIRE）按键，选择菜单下的"平均"模式进行采集，在这种模式下，示波器采集几个波形，将它们平均，然后显示最终波形。这时可以减少随机噪声，使波形清晰。

（3）波形的定位和缩放。

通过调整面板中间的两个垂直控制旋钮，可分别使 CH1 和 CH2 通道所显示的波形做上、下移动。调整面板上水平控制旋钮，调节波形做左、右移动。波形垂直和水平方向的缩放可分别用"伏/格"和"秒/格"旋钮进行调节。

（4）输入信号的测量。

测量输入信号时，通常有刻度测量、自动测量、光标测量等几种方法：

①刻度测量。利用刻度测量的方法能快速、直观地进行波形幅值、周期等参数的近似测量。例如：波形的峰-峰值占 5 个格，垂直刻度系数为 100mV/格，则其峰-峰值电压为 5 格×100mV/格＝500mV。

②自动测量。自动测量可利用自动设置按键、测量按键等来完成。

利用自动设置按键，可直接显示被测信号的周期、频率、峰-峰值和均方根值等波形参数。

利用测量按键（MEASURE），可以测量信号的周期、频率、平均值、峰-峰值、均方根值、最大值、最小值、上升时间、下降时间、正频宽、负频宽等参数。

③光标测量。使用光标可快速测量波形的时间和电压。有电压光标和时间光标两类测量光标：电压光标以水平线出现，用于测量垂直参数，时间光标以垂直线出现，用于测量水平参数。

④观察李沙育图形。首先在 CH1 通道（接输入信号）和 CH2 通道（接输出信号）调出波形，且调节两个通道的垂直刻度系数一致；然后按下显示按键（DISPLAY），示波器屏幕上的显示如图 6.14 所示；按下第 3 菜单选项按钮，即在"格式"项目下选择XY选项，示波器上的显示如图 6.15 所示。此时可以观察李萨育图形，该图形表示电路的输出信号和输入信号之间的关系，利用这种测量方法，可以观察电路的电压传输特性曲线。

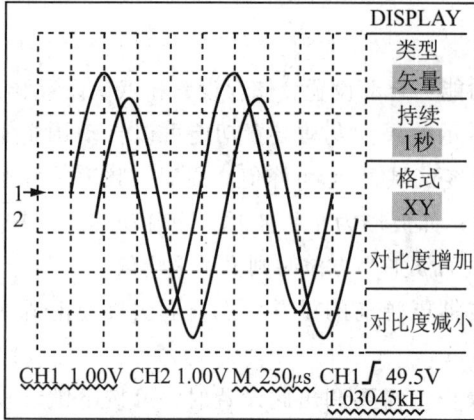

图 6.14　按下显示按钮

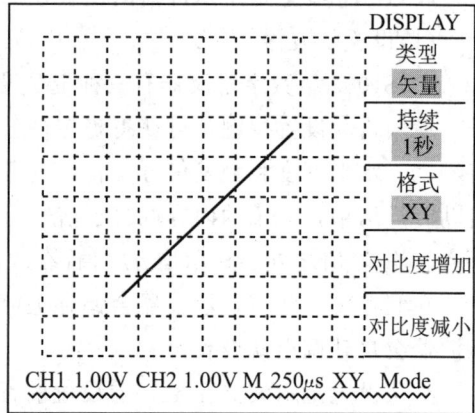

图 6.15　按下选项按钮

技能技巧 44　信号发生器及其使用

信号发生器是能够提供一定标准和技术要求的信号的电子仪器，在电子测量中常用作标准信号源，在电路实验和设备检测中具有十分广泛的用途。按其输出的信号波形特征，信号发生器可分为：正弦信号发生器、函数信号发生器和脉冲信号发生器等。

下面以常见的 SM-4005 型 DDS（Direct Digital Synthesizer）函数信号发生器为例，介绍其功能及使用方法。SM-4005 型 DDS 函数信号发生器能够产生多种波形，如三角波、锯齿波、矩形波（含方波）、正弦波，具有输出函数信号及调频、调幅、FSK、PSK、猝发、频率扫描等信号的功能，并具有测频和计数的功能。

1. 前面板图及功能介绍

SM-4005 型 DDS 函数信号发生器的前面板图如图 6.16 所示。

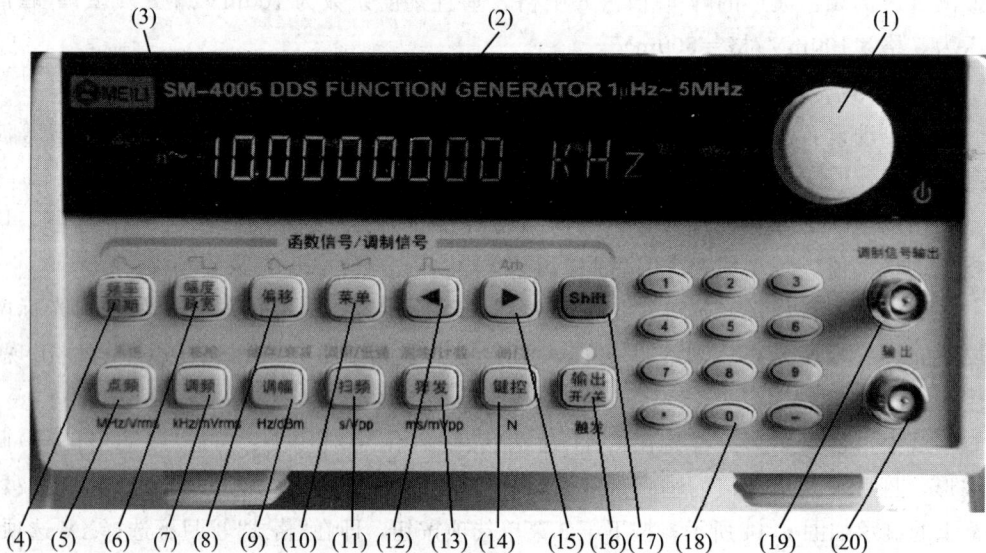

图 6.16　SM-4005 型 DDS 函数信号发生器前面板图

(1)调节开关旋钮：该开关旋钮有2个功能，一是改变当前闪烁显示的数字，二是作为仪器电源的软开关。按住调节开关旋钮2s，可使信号发生器在"开"和"关"之间转换。

(2)主字符显示区。

(3)波形显示区：有正弦波、方波或脉冲波、三角波、锯齿波和点频波等其他波形。

(4)频率/周期按键：进行频率显示或周期显示转换。

(5)点频按键：点频选择MHz/Vrms。

(6)幅度/脉宽按键：进行幅度选择或方波选择。

(7)调频按键：调频功能选择。

(8)偏移按键：直流偏移选择。

(9)调幅按键：调幅功能选择、存储功能选择及衰减选择。

(10)菜单按键：菜单选择。

(11)扫频按键：扫频功能选择、调用功能选择和低通选择。

(12)◀按键：闪烁数字左移、选择脉冲/计数功能，计数停止。

(13)猝发按键：猝发功能选择、测频/计数选择。

(14)键控按键：键控功能、频率/计数选择。

(15)▶按键：闪烁数字右移、选择任意波/计数功能，计数清零。

(16)输出开/关按键：信号输出与关闭切换、扫描功能和猝发功能的单次触发。

(17)Shift按键：和其他键一起实现第二功能。

(18)数字输入键：有(0～9)阿拉伯数字、小数点及"负号"等12个输入键。

(19)TTL输出端口：TTL电平的脉冲信号输出端，输出阻抗为50Ω。

(20)输出端口：波形信号输出端，阻抗为50Ω，最大输出幅度为$20V_{P-P}$。

2. 后面板图功能介绍

SM-4005型DDS函数信号发生器的后面板图如图6.17所示。

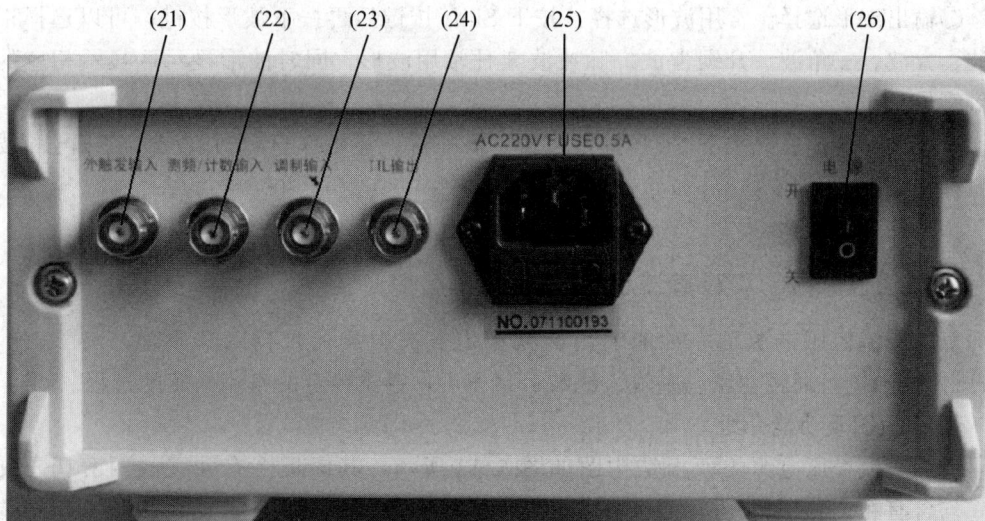

图6.17 SM-4005型DDS函数信号发生器后面板图

(21)外触发输入：外猝发、外触发单次扫描时，信号从此端输入，输入信号为 TTL 脉冲波，脉冲上升沿触发。

(22)测频/计数输入：外测、计数频率时，信号从此端输入。

(23)调制信号输入：外调频、外调幅时，调制信号输入端，输入信号幅度为 $3V_{P-P}$。

(24)调制输出信号：调制信号输出端，输出信号幅度为 $5V_{P-P}$，输出阻抗为 600Ω。

(25)电源插座：为交流电 220V 输入插座。同时带有保险丝座，保险容量为 0.5A。

(26)主电源开关。

3. 使用方法介绍

(1)使用前的准备工作。

DDS 信号发生器在接通电源之前，应先检查电源电压是否正常，电源线及电源插头是否完好无损，确认无误后方可将电源线插入本仪器后面板的电源插座内。

(2)函数信号输出使用说明。

①数据输入。数据输入有两种方式，一是用数字键输入；二是用调节旋钮输入。

②功能选择。仪器开机后为"点频"功能模式，输出单一频率的波形，按"调频""调幅""扫描""猝发""点频""FSK"和"PSK"可以分别实现 7 种功能模式。

③频率设定。按频率按键，显示出当前频率值，可用数字键或调节旋钮输入频率值，这时仪器输出端口即有该频率的信号输出。频率设置范围为 100Hz～5MHz。

④周期设定。如果当前显示为频率，再按频率/周期按键，显示出当前周期值，可用数据键或调节旋钮输入周期值。

⑤幅度设定。按幅度按键，显示出当前幅度值，可以用数据键或调节旋钮输入幅度值，这时仪器输出端口即有该幅度的信号输出。

⑥直流偏移设定。按偏移按键，显示出当前直流偏移值，如果当前输出波形直流偏移不为 0，此时状态显示区显示直流偏移标志 Offset。可用数据键或调节旋钮输入偏移值。

⑦输出波形选择。常用波形选择：按下 Shift 按键后再按下波形按键，可以选择正弦波、方波、三角波、升锯齿波、脉冲波 5 种常用波形，同时波形显示区显示相应的波形符号。

一般波形选择：先按下 Shift 按键再按下 ▶ 按键，显示区显示当前波形的编号和波形名称。

技能技巧 45　双踪直流稳压电源及其使用

双踪直流稳压电源是一种能输出两路稳定直流电压的仪器。其原理是将 220V、50Hz 的交流电，通过变压、整流、滤波、稳压后，输出稳定的直流电压的过程。

1. 面板图及功能介绍

双踪直流稳压电源的面板结构图如图 6.18 所示，其面板上有独立的两套调压旋钮，均含有粗调和细调旋钮。其中，粗调旋钮用于调节输出电压的挡位或范围，细调旋钮用于调节确定具体的输出电压大小。面板上的输出端旋钮有电源的正、负极输出端和接地端子，电路若不需要接地，接地端子悬空，红色旋钮为直流电压的正极输出端，黑色旋钮为直流电压的负极输出端。

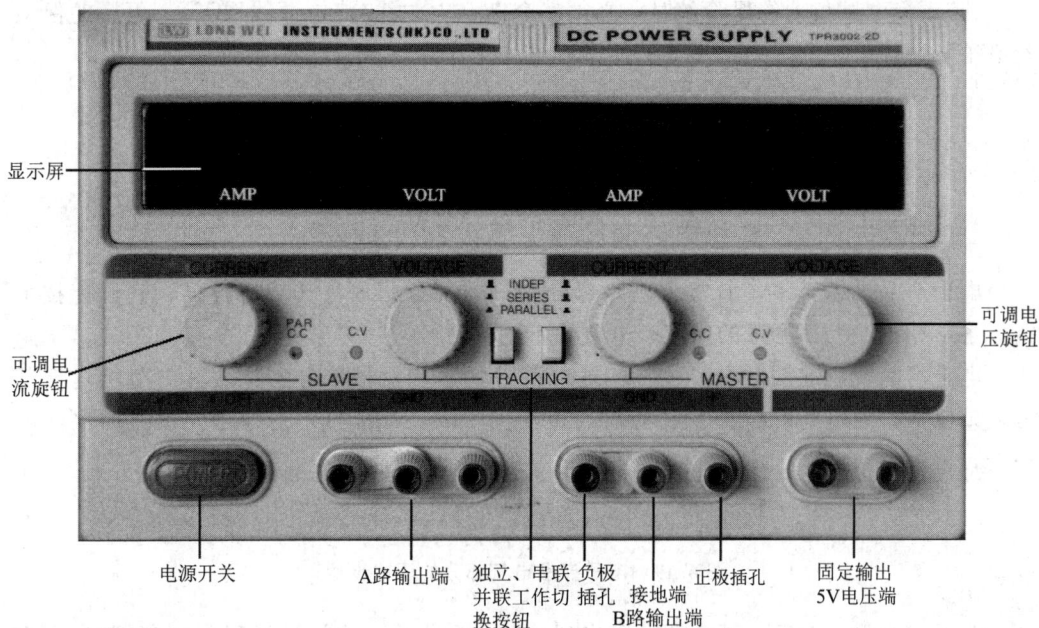

图 6.18　双踪直流稳压电源的面板结构图

2. 使用方法与步骤

直流稳压电源的使用步骤如下。

(1)在不接入负载的情况下，接通直流稳压电源的交流电源，指示灯亮。

(2)调节直流稳压电源的输出电压，使输出电压的大小与所需的电压值相符。

(3)将输出的直流电压接入负载(或电路)正常使用，注意正、负极的正确连接。

(4)出现过载或短路故障时，直流稳压电源自动切断输出，待故障排除后，再按下启动按键就可恢复工作。

知识点　调试仪器设备的使用安全措施

为了正确使用测试仪器，提高测试的准确性，避免不当操作造成测试仪器损坏，并延长测试仪器的使用寿命，在测试过程中，应注意以下几点。

(1)各种测试仪器必须使用三线电源插头座，电源线的长度一般不超过 2m。若是金属外壳的测试仪器，必须保证其外壳接地(保护地)良好，保证仪器的外壳及可触及的部分不带电。

(2)对于提供(信号)电压的仪器，如稳压电源、信号源等，在工作时，其输出端不能短路；输出端所接负载不能长时间过载。对于指示类仪器，如示波器、电压表、频率计等输入信号的仪器，其输入端输入信号的幅度不能超过其量限，否则容易损坏仪器。

(3)对于功耗较大(>500W)的测试仪器，通常带有冷却风扇，如工作时风扇出现不转的现象，应立即断电并停止使用。这类测试仪器工作时，若断电，不得立即再通

电，应冷却一段时间(一般 3～10min)后再开机，否则容易烧断保险丝或损坏仪器(这是因为仪器的启动电流较大且容易产生较高的反峰电压，易造成仪器的损坏)。

(4)更换测试仪器的保险丝时，必须完全断开电源线(将电源线取下)。更换的保险丝必须与原保险丝同规格，不得更换大容量保险丝，更不能直接用导线代替。

▶任务三　整机电路调试

知识点 6.3.1　整机电路调试的主要内容和步骤

电子产品品种繁多，通常由电路部分和机械部分构成，其功能各异，其设计技术指标各不相同，因而调试的内容、方法各不相同。

电子产品常规的调试内容包括：电气部分调试和机械部分调试。其中整机电气部分调试包括：通电前的检查、通电调试和整机调试三个部分，一般是先进行通电前的检查，再进行通电调试，最后是整机调试，如图 6.19 所示。

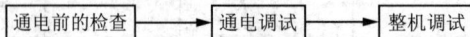

$$通电前的检查 \longrightarrow 通电调试 \longrightarrow 整机调试$$

图 6.19　电子产品电气部分的调试步骤

为了缩短调试时间、减少调试中出现的差错和损失，在调试过程中应遵循"先观察后调试、先电源后电路、先电路后机械、先静态后动态"的调试原则。

1. 通电前的检查

通电前的检查是指：在电路板安装完毕后，在不通电的情况下，对电路板进行检查。

通电前检查的主要内容包括：电路板的元器件、导线等是否正确、完整地安装，有无漏装、错装的现象；电路板各焊接点有无漏焊、桥接短路等现象；有极性的元器件，如二极管、三极管、电解电容、集成电路等的极性或方向是否正确。

通电前的检查可以发现和纠正比较明显的安装错误，避免盲目通电可能造成的电路损坏。

2. 通电调试

通电前的检查没有发现问题，即可进行通电调试。通电调试的内容一般包括：通电观察、电源调试、静态调试和动态调试。

通电调试的步骤是：先通电观察，再进行电源调试，然后是静态调试，最后完成动态调试。

(1)通电观察。

通电观察是指将符合要求的电源正确地接入被调试的电路，观察有无异常现象，如发现电路冒烟，有异常响声，或有异常气味(主要是焦煳味)，或是元器件发烫等异常现象时，应立即切断电源，检查电路。排除故障后，方可重新接通电源进行测试。

(2)电源调试。

电子产品中大多具有电源电路，通电观察没有异常后，才可进行电源部分的调试。电源调试通常分为空载调试和加载调试两个过程。调试的步骤为：先空载调试、再加载调试。

①空载调试是指将电源电路与电路的其他部分断开时，对电源电路的调试。空载通电后，调试电源电路有无稳定的直流电压输出，其值是否符合设计要求；对于输出可调的电源，查看其输出电压是否可调，调节是否灵敏，可调电压范围是否达到预定的设计值。

②加载调试是指电源电路接上负载后的调试。加载调试是在空载调试合格后，加上额定负载对其输出电压的相关性能指标的测试。

(3)静态调试。

静态调试是指在不加输入信号(或输入信号为零)的情况下，进行电路直流工作状态的测量和调整。

通电观察无异常现象且电源调试正常后，即可进入静态调试阶段。静态调试的步骤：先静态观察、再静态测试。

模拟电路的静态测试就是测量电路的静态直流工作点；数字电路的静态测试就是输入端设置成符合要求的高(或低)电平，测量电路各点的电位值及逻辑关系等。

(4)动态调试。

静态调试合格后，可进一步完成动态调试。

动态调试是指在电路的输入端接入适当的信号，按技术文件的要求检测电路各测试点的信号波形和有关参数，并进行适当的调整，使动态指标达到技术文件的要求。

3. 整机调试

整机调试是指对整机电子产品电路的全方位调试。

对于简单的电子产品，装配好之后可以直接进行调试；对于较复杂的电子产品，通常采用"分块调试"的方法，即根据不同的功能将完整电路分成若干个独立的模块电路，每个模块电路单独调试，再进行整机调试，使整机的各项性能指标符合技术文件的要求。

整机调试的内容包括：外观检查、结构调试、通电检查、电源调试、整机统调、整机技术指标综合测试及例行试验等。

知识点 6.3.2　测试仪器的选择与配置

调试工作首先是测试，然后是调整，所以能否合理选择测试仪器，并与各种测试仪器正确配置，将直接影响到调试的准确性和电子整机的产品质量。

电子测试仪器的种类很多，总体上可分为通用仪器和专用仪器两大类。

通用电子测试仪器是指可以测试电子电路的某一项或多项电路特性和参数的仪器，如示波器、信号发生器、电子毫伏表、扫频仪、频谱分析仪、集中参数测试仪、频率计等。

专用电子测试仪器是指用于测试某些特定电子产品的性能和参数的仪器，如电视信号发生器、LED测试仪、网络分析仪、失真度测试仪等。

测试仪器的种类繁多，在电子整机调试中，测试仪器的选择和配置应满足以下原则。

(1)测试仪器种类的确定。

必须了解各种测试仪器的测试内容和测试方法，再根据电子产品的测试技术指标，

选择测试仪器的种类。常规的测试仪器(万用表、示波器、信号发生器)的测试功能如下。

①万用表,主要用于检测电子元器件、测试静态工作点和1kHz以下频率的正弦波电压的有效值。

②示波器,主要用于测试各种频率和波形的幅度、频率、相位,以及观察波形的形状、有无失真等。

③信号发生器,有低频信号发生器、高频信号发生器、函数信号发生器等,不同的信号发生器可以产生正弦波、三角波、阶梯波、方波等不同的标准波形和不同的频率范围。

如电视接收机需要测试频率范围、静态工作点、工作波形等技术指标,就应该选择电视信号发生器、扫频仪、万用表、示波器等测试仪器。

(2)测试仪器的接入不能影响被测试电子产品或电路的性能参数。

电子产品或电路测试时,应选择输入阻抗高的测试仪器,以避免测试仪器的接入改变原电路的阻抗及其他电路性能参数。

(3)测试仪器的测试误差满足被测参数的误差要求。

每一品种的测试仪器都有不同的测试误差,误差大的测试仪器其价格低,精度高的测试仪器其价格高。选择测试仪器时应注意,为了降低测试成本,测试仪器的精度并非越高越好,只要能满足测试的误差要求就行。

技能技巧46 静态测试

静态是指没有外加输入信号(或输入信号为零)时,电路的直流工作状态。

静态调试包括静态测试与调整。通过静态调试,可以使电路正常工作,有时也可用于判断电路的故障所在。

通电观察无异常现象,且电源调试正常后,即可进入静态调试阶段。

模拟电路的静态测试就是测量电路的静态直流工作点(即电路的直流电压和直流电流);数字电路的静态测试就是输入端设置成符合要求的高(或低)电平,测量电路各点的电位值及逻辑关系等。

1. 常用测试仪表

静态工作点测试的常用测试仪表包括万用表、直流电流表、直流电压表。

2. 直流电压的测试

直流电压的测试只需要将直流电压表或万用表(直流电压挡)直接并接到被测试电路的两端进行测试即可。图6.20所示是使用万用表的直流电压挡测试 R_c 及 R_e 两端电压的连接图。

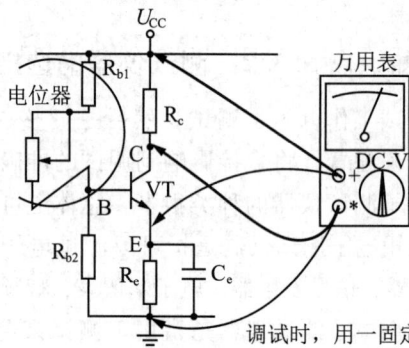

调试时,用一固定电阻与一电位器串联来代替R_{b1}

图6.20 直流电压的测试

直流电压测试时应注意以下几点。

①直流电压测试时,应注意电路中高电位端接表的正极(红表棒),低电位端接表的负极(黑表棒);电压表的量程应略大于所测试的电压。

②使用万用表测量电压时，不得误用其他挡，以免损坏仪表或造成测试错误。

③在工程中，一般情况下，称"某点电压"均指该点对电路公共参考点（地端）的电位。

3. 直流电流的测试

直流电流有两种测试方法直接测试法和间接测试法。

（1）直接测试法。

直接测试法是将被测电路断开，将电流表或万用表串联在待测电流电路中进行电流测试的一种方法。图 6.21 所示为万用表测试流过 R_c 上的电流的连接图。

直接测试法的特点是测试精度高，可以直接读数，但需要将被测电路断开进行测试，测试前的准备工作烦琐且易损伤元器件或线路板。

（2）间接测试法。

间接测试法是采用先测量电压，然后换算成电流的办法来间接测试电流的一种方法。如图 6.20 所示，采用间接测试法测试集电极电流 I_C 时，可先测出集电极电阻 R_c 两端的电压 U_{R_c} 后，再根据 $I_C = \dfrac{U_{R_c}}{R_c}$ 计算出 I_C 电流值。

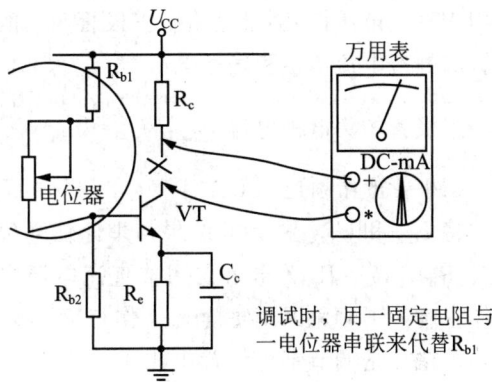

图 6.21　直接电流测试法

间接测试法的特点：不需要断开测试电路就可以测试电流的方法，测试操作简单方便，但测试精度不如直接测试法。

（3）直流电流测试注意事项。

①直接测试法测试电流时，必须断开电路将仪表串入电路；同时使电流从电流表的正极流入，负极流出。

②合理选择电流表的量程（电流表的量程略大于测试电流），若事先不清楚被测电流的大小，应先把仪表调到高量程测试，再根据实际测得情况将量程调整到合适的位置再精确地测试一次。

③间接测试法测试时，会产生一定的测量误差。

技能技巧 47　静态调整

电路的静态调整是在测试的基础上进行的。当测试结果与设计文件要求不相符时，对电路直流通路中的可调元器件（如微调电阻等）进行调整，使电路的直流参数符合设计文件的要求，并保证电路正常工作。

静态调整的方法步骤如下。

（1）熟悉电路的结构组成（方框图）和工作原理（原理图），了解电路的功能、性能指标要求。

（2）分析电路的直流通路，熟悉电路中各元器件的作用，特别是电路中的可调元器件的作用和对电路参数的影响情况。

（3）当发现测试结果有偏差时，要确立纠正偏差最有效、最方便的调整方案，找出对电路其他参数影响最小的可调元器件，完成对电路静态工作点的调试。

例 6.1 调整图 6.21 所示低频放大电路的静态工作点。

解：在放大电路不接输入信号时，接通直流供电电源 U_{CC}，用直流电压表（或使用万用表直流电压挡）测量电路中三极管 VT 的 C、B、E 三点直流电位，然后近似估算三极管的静态电流 I_{CQ} 和静态电压 U_{CEQ}。

三极管的集电极电流 I_{CQ}：$I_{CQ} \approx I_{EQ} = \dfrac{U_E}{R_e}$；

三极管的集射电压 U_{CEQ}：$U_{CEQ} \approx U_C - U_E$。

将 I_{CQ} 和 U_{CEQ} 的计算结果与理论估算值相比较。若有偏差，从理论上说，可调整 R_{b1}、R_{b2}、R_e、R_c 等电阻或调整直流电源电压 U_{CC}，使静态值达到所需值。但在实际操作中，为了避免因调整静态工作点而影响电路的放大倍数、输出信号范围、输出阻抗等，往往是调节基极偏置电阻 R_{b1} 或 R_{b2} 的大小，来达到调整合适静态工作点的目的。增大 R_{b1}（或减小 R_{b2}）的值，则 I_{CQ} 减少，U_{CEQ} 增加；减小 R_{b1}（或增大 R_{b2}）的值，则 I_{CQ} 增加，U_{CEQ} 减少。

知识点 6.3.3　动态调试的概念

动态是指电路的输入端接入适当频率和幅度的信号后，电路各有关点的状态随着输入信号变化而变化的情况。

动态调试包括动态测试和动态调整两部分。

动态测试主要是测试电路的信号波形及其参数、电路的频率特性以及电路相关点的动态范围、失真情况等。

动态调整是指调整电路的动态特性参数，即调整电路的交流通路元器件，如电容、电感等，使电路相关点的交流信号的波形、幅度、频率等参数达到设计要求。由于电路的静态工作点对其动态特性有较大的影响，所以，有时还需要对电路的静态工作点进行微调，以改善电路的动态性能。

本教材主要介绍电路波形的调试、频率特性的调试。

技能技巧 48　波形的测试与调整

各种电子整机电路都有波形产生、变换或处理（放大、衰减、频率变化或相位变化）、传输等功能。为了判断电路工作是否正常，是否符合技术指标要求，经常需要观测电路的输入、输出波形并加以分析。因而对电路的波形测试是动态测试中最常用的手段之一。

1. 波形测试仪器

波形测试的仪器是示波器。测试波形时，最好使用衰减探头（高输入阻抗、低输入电容），这可以减小探头接入示波器时，对被测电路的影响，同时注意探头的地端和被测电路的地端一定要连接好，且示波器的上限频率应高于被测试波形的频率，对于微秒以下脉冲宽度的波形，须选用脉冲示波器测试。

2. 波形测试的方法

被测试的信号波形主要有电压波形和电流波形两种。其测试方法略有不同。

(1)电压波形的测试。

对电压波形测试时，只需把示波器电压探头直接与被测试电压电路并联，即可在示波器荧光屏上观测波形，并对电压波形进行分析。

(2)电流波形的测试。

电流波形的测试方法有两种，直接测试法和间接测试法。

①直接测试法。该方法是将被测电路断开，用电流探头将示波器串联到被测电路中即可观察到被测电路的电流波形。

②间接测试法。在被测回路中串入一个无感的小电阻，将被测电流变换成电压，再使用测试电压波形的办法测试即可。由于电阻两端的电压与电流符合欧姆定律，是一种线性、同相的关系，所以在示波器看到的电压波形反映的就是电流变化的规律。

图 6.22 所示是用间接测试法观测电视机场扫描锯齿波电流波形的电路连接图。

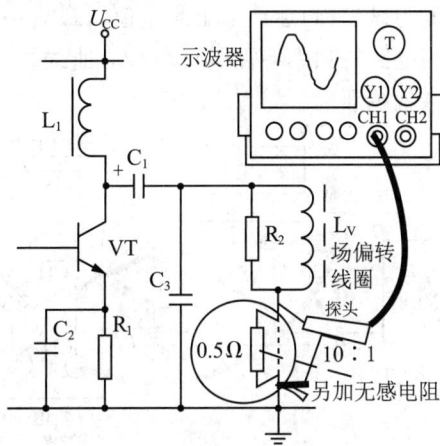

图 6.22　间接法测试电流波形

3. 波形的调整

波形的调整是指通过对电路相关参数的调整，使电路相关点的波形符合设计要求的过程。

电路的波形调整是在波形测试的基础上进行的。只有在测试到的波形参数(如波形的幅度、失真等)没有达到设计要求的情况下，才需要调整电路的参数，使波形达到要求。

调整前，必须对测试结果进行正确的分析。当发现观测的波形有偏差时，要找出纠正偏差最有效最方便调整的元器件。从理论上来说，各个元器件都有可能造成波形参数的偏差，但实际工程中，多采用调整反馈深度或耦合电容、旁路电容等来纠正波形的偏差。电路的静态工作点对电路的波形也有一定的影响，故有时还需要进行静态工作点微调。

技能技巧 49　频率特性的测试与调整

频率特性又叫频率响应(简称频响)，它是谐振电路和高频电路的重要动态特性之一。频率特性常指幅频特性，是指信号的幅度随频率变化的关系。对于谐振电路和高频电路，一般进行频率特性的测试和调整。

频率特性通常用频率特性曲线来表达，曲线图的横坐标表示频率，而纵坐标表示信号的幅度，它能直观、清晰地表达电路的频率特性。

1. 频率特性的测试

在工程测量中，频率特性的测试实际上就是幅频特性曲线的测试，常用的测试方法有：点频法、扫频法和方波响应测试。

(1) 点频法。

点频法是指用一般的信号源（常用正弦波信号发生器），向被测电路提供等幅的输入电压信号，并逐点改变信号源的信号频率，用电子电压表或示波器监测、记录被测电路各个频率变化所对应的输出电压变化状态。

点频法测试连接图如图 6.23 所示。测试时，由信号发生器提供等幅的输入信号，按一定的频率间隔，将信号发生器信号的频率由低到高逐点调节，同时用毫伏表记录每一点频率变化所对应的输出电压值，并在频率—电压坐标上（以频率为横坐标，电压幅度为纵坐标）逐点标出测量值，最后用一条光滑的曲线连接各测试点。这条曲线就是被测电路的频率特性（幅频特性）曲线，如图 6.24 所示。测量时，频率间隔越小则测试结果就越准确。

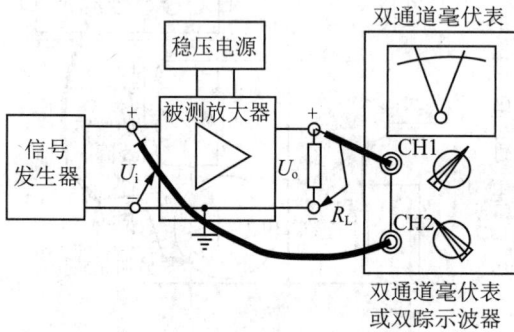

图 6.23 点频法测试连接图

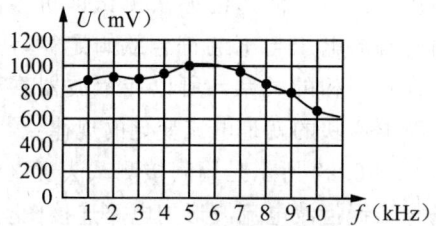

图 6.24 频率特性曲线示意图

点频法的特点：测试设备为常规的测试仪器，仪器设备使用方便，测试原理简单，但测试时间长，工作量大，有时会遗漏被测信号中的某些细节，造成一定的测试误差。

点频法多用于低频电路（如音频放大器、收录机等）的频率特性测试。

(2) 扫频法。

扫频法是使用专用的频率特性测试仪（又叫扫频仪），直接测量并显示出被测电路的频率特性曲线的方法。

扫频仪是将扫频信号源和示波器组合在一起的专用于频率特性测试的专用仪器。工作时，扫频信号源向被测电路提供一个幅度恒定且频率随时间线性、连续变化的信号（称为扫频信号），作为被测电路的输入信号；同时扫频仪的显示器部分将被测电路输出的信号逐点显示出来，完成频率特性测试的过程。

扫频法的测试接线方框图如图 6.25 所示。测试时，用输出电缆将扫频仪输出信号电压加到被

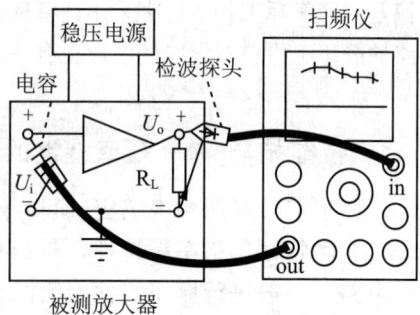

图 6.25 扫频法的测试接线方框图

测电路的输入端，用检波探头将被测电路的输出信号电压送到扫频仪的输入端，在扫频仪的荧光屏上就能显示出被测电路的频率特性曲线。

扫频法的特点：测试简捷、快速、直观、准确。由于扫频信号发生器产生的信号频率间隔很小，几乎是连续变化的，所以不会遗漏被测信号的变化细节，显示的测试曲线是连续无间隔的，测试的准确性高。高频电路一般采用扫频法进行测试。

（3）方波响应测试。

方波响应测试是以脉冲信号发生器作为信号源，输出方波（或矩形波）信号加到被测电路的输入端，用示波器观测被测电路频率特性的方法。图 6.26 所示为方波响应测试接线方框图，该测试使用双踪示波器同时观测和比较输入、输出波形。

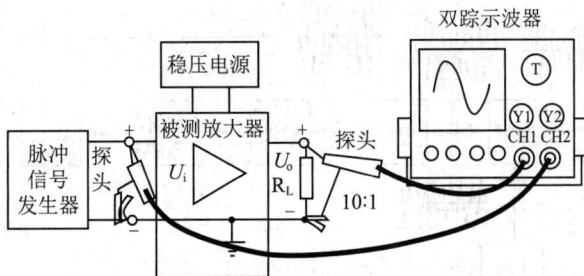

图 6.26   方波响应测试接线方框图

方波响应测试的特点：更直观地观测被测电路的频率响应和被测电路的传输特性，出现失真很容易观测到。

2. 频率特性的调整

频率特性的调整是指对电路中与频率有关的交流参数的调整，使其频率特性曲线符合设计要求的过程。在测试的频率特性曲线没有达到设计要求的情况下，需要调整电路的参数，才能达到频率特性调整的目的。

频率特性的调整基本上与波形的调整相似。只是频率特性的调整既要保证低频段又要保证高频段，还要保证中频段。也就是说，在规定的频率范围内，信号幅度都要达到要求。而电路中的某些参数，对高、中、低频段都会有影响，故调整时应先粗调，后反复细调。所以，调整的过程要复杂一些。

调整时，要根据电路中那些有可能影响频率特性的元器件，如电容、电感或中周等，确定需要调整的元器件参数和调整的方法。如低频段曲线幅度偏低，可能是电路的低频损耗过大或低频增益不够，也可能是反馈电路有问题，还可能是耦合电容的容量不足等。在实际工程中多采用调整反馈深度或耦合电容、旁路电容等方法，来实现频率特性的调整。

对于谐振电路，一般调整谐振回路的参数，如可调电感或谐振电容，保证电路的谐振频率和有效带宽均符合要求。

▶任务四   调试举例

以中夏 S66D 型超外差收音机为例，来说明电子整机产品的调试过程和调试方法。

知识点 6.4.1 超外差收音机的组成及主要技术指标

超外差收音机的作用是：将空中传播的无线电收音机信号接收下来，经高放、变频、中放、检波（还原音频信号）、电压及功率放大后，还原为声音。

1. 超外差收音机的组成及工作过程

超外差收音机由输入接收天线、输入电路、本振电路、混频电路、中放电路、检波电路、前置低频放大电路、功率放大电路和扬声器等部分组成，其组成方框图如图 6.27 所示。

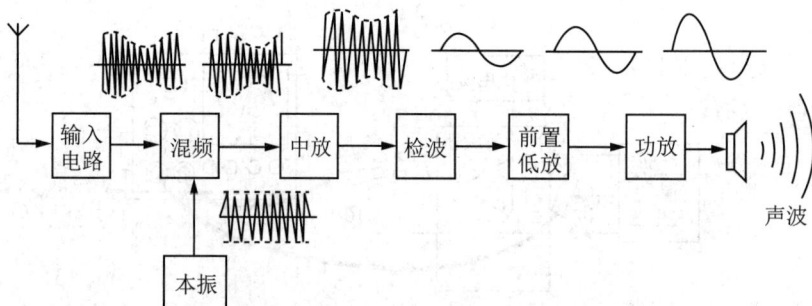

图 6.27 超外差收音机的原理方框图

超外差式收音机的工作过程简述如下。

天线调谐回路（输入回路）接收广播电台发射的高频调幅波信号后，通过变频级（由混频及本振构成）把该信号频率变换成一个较低的、介于音频和高频之间的 465kHz 固定中频调幅信号，此中频调幅信号经中频放大级放大，再经检波级还原出音频信号，然后经过低频前置放大级和低频功率放大级放大得到足够的功率，推动扬声器将音频信号转变为声音。

超外差收音机原理图如图 6.28 所示。

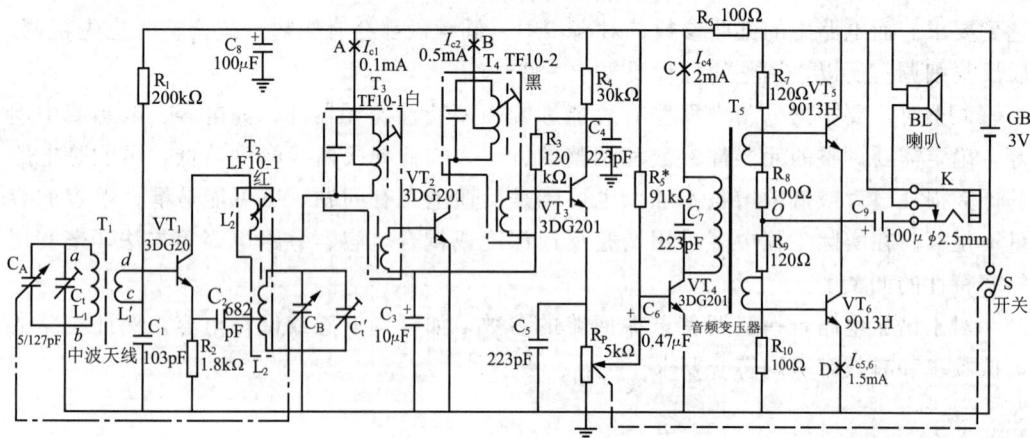

图 6.28 中夏 S66D 型超外差收音机原理图

2. 超外差收音机的主要技术指标

中夏 S66D 型超外差收音机的主要技术指标如下。

(1)频率范围：520～1620kHz。

(2)灵敏度：26dB(600kHz、1000kHz、1400kHz)，优于 4.5mV/m。

(3)中频频率：465kHz±4kHz。

(4)单信号选择性：优于 12dB。

(5)最大有功功率：≥90MW。

超外差收音机的绝大部分元器件都安装在印制电路板上，少量的大型元器件(如喇叭、耳机、电源等)安装在收音机的外机壳上。因而超外差收音机的调试分为两个阶段，先进行印制电路板调试，然后是整机调试。

技能技巧 50　印制电路板调试

印制电路板的调试分为外观检查、静态调试、动态调试。其调试步骤是：先进行外观检查，若无问题，再进行静态调试；静态调试通过后，最后是动态调试。

一、外观检查

外观检查是用目视法，检查印制电路板各元器件及导线的安装是否正确，焊点有无缺陷。具体的有以下几个方面。

(1)查看各级晶体管的型号及安装位置是否正确，特别要注意晶体管顶部的 β 值色标，用于功率放大的两个三极管 VT_5 和 VT_6 是否为配对的 9013 晶体管；各三极管的管脚极性是否安装正确。

(2)有极性电容——电解电容的"＋""－"极性是否安装正确。

(3)输入回路的磁棒线圈是否套反(仅指初、次级分别绕在两骨架上的情况)；中间的位置是否错误；输入、输出变压器是否装错，初、次级是否装反位置；其他元器件是否安装完毕及安装正确；各元器件的金属引脚有无碰撞短接现象。

(4)导线是否全部安装，且安装是否正确，有无短接、短路现象；多股线有无断股或散开现象。

(5)各焊点有无虚焊、漏焊、桥接等现象。

(6)印制电路板上有无安装、焊接时滴落在印制电路板上的锡珠、线头等异物。

二、静态调试

收音机的静态调试主要是指对各级三极管的静态集电极电流 I_c 的调整。通常，超外差收音机各级三极管的静态 I_c 值一般均标在图纸或说明书上。大多数收音机特别是实训用的收音机电路板上会预留测量静态电流的断开点。

图 6.28 所示的中夏 S66D 型超外差收音机的电路板上就分别预留有 A、B、C、D 四个缺口，用于测试高放级(变频级)的静态电流 I_{c1}、中放级的静态电流 I_{c2}、音频电压放大级的静态电流 I_{c4} 和功放级的静态电流 $I_{c5,6}$。电路中没有设置可调电阻，各级静态电流主要靠选择不同放大倍数的三极管或更换电阻来保证，故装配和检测时，各级三极管应按技术文件或说明书要求的管型和色点(β 值)进行安装检测。

227

静态调试步骤如下。

1. 静态的设置

先将双连电容调至无电台的位置或将接收天线线圈的初级或次级两端点短路，以保证电路工作于静态。

2. 各级静态工作点的测试

使用万用表测试、调整各级静态工作点。

(1)变频级 VT_1 的 I_{c1} 调整。

在图 6.28 的 A 缺口处，串入万用表(1mA 挡)，正常时，电流应为 $0.1\sim0.5$mA，若偏差较大，则说 VT_1 的 β 值不符合要求(要求 VT_1 的 β 值为 $50\sim80$ 即色点为绿色)。可更换 VT_1 或调整 R_1 的阻值。

(2)中放级 VT_2 的 I_{c2} 调整。

在图 6.28 的 B 缺口处，串入万用表(1mA 挡)，正常时，电流应为 $0.5\sim0.8$mA，若偏差较大，则说 VT_2 的 β 值不符合要求(要求 VT_2 的 β 值为 $80\sim120$ 即色点为蓝色)。可更换 VT_2 或调整 R_3 或 R_4 的阻值。

VT_3 是检波管，工作于非线性区，I_c 很小，一般为几十微安，它的基极偏置与 VT_2 相同，一般不需单独调试，只要 VT_2 正常，则认为 VT_3 也正常。

(3)低放前置级 VT_4 的 I_{c4} 调整。

在图 6.28 的 C 缺口处，串入万用表(10mA 挡)，正常时，电流应为 2mA 左右，若偏差较大，则说 VT_4 的 β 值不符合要求(要求 VT_4 的 β 值为 $120\sim180$ 即色点为紫色)。可更换 VT_4 或调整 R_5 的阻值。

(4)功放级中点电压的调试。

图 6.28 中的功放中点"O"点(即 C_9 的"＋"极)的电压应为电源电压的一半，即 1.5V。若电压偏离 1.5V 较多，说明 VT_5、VT_6 两管的 β 值相差较大，需要重新选配 β 值、穿透电流 I_{CEO} 等特性一致的晶体管替换 VT_5 和 VT_6。

(5)功放级 VT_5、VT_6 的静态电流 $I_{c5,6}$ 的调试。

在图 6.28 的 D 缺口处，串入万用表(10mA 挡)，正常时，电流应为 $1.5\sim3$mA，若偏差较大，则说 VT_5、VT_6 的 β 值不符合要求(要求 VT_2 的 β 值为 $180\sim270$ 即后缀为 H)。可更换 VT_5、VT_6 或调整 R_7、R_8 或 R_9、R_{10} 的阻值。功放级的静态电流和中点电压应统筹考虑，必须有两项参数同时满足要求。

三、动态调试

收音机的动态调试包括：波形的调试(包括低频放大部分的最大输出功率、额定输出功率、电压增益、失真度)和幅频特性(中频调整)的调试。

1. 低频放大部分的最大输出功率的调试

一般超外差收音机的低频放大部分包括低频前置电压放大器和低频功率放大器。低频放大部分的调试接线方法如图 6.29 所示。将音频信号发生器输出端连接到收音机的低频放大部分 VT_4 的输入端，即音量电位器 R_P 两端，音量电位器置于最大音量位置；收音机的输出终端(喇叭端)连接双通道音频毫伏表(可同时测试低频放大电路输入、输出信号的大小)和示波器。

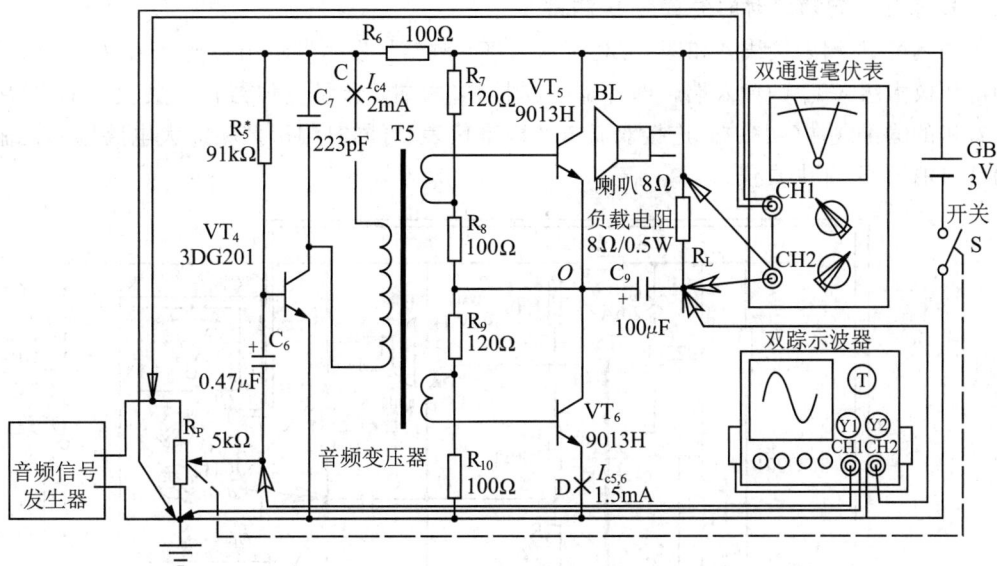

图 6.29　低频放大部分的调试接线方法

调试方法如下。

用电阻负载代替喇叭，接通被测收音机电源。将音频信号发生器的输出频率调到 1kHz，输出信号幅度由几毫伏开始，逐渐增大，同时观察跨接在喇叭输出端的音频毫伏表和示波器的状态，当示波器显示的电压波形即将出现饱和失真时（在刚出现饱和失真后，再调小一点音频信号发生器的输出信号幅度，使示波器显示的电压波形正好不失真），这时，音频毫伏表显示的电压值即为最大输出电压值 U_{Omax}，再根据 $P_{\text{Omax}} = \dfrac{U_{\text{Omax}}^2}{R}$ 就可以换算成最大输出功率 P_{Omax}。

2. 电压增益的测试

在额定输出功率 P_{o} 的情况下，音频放大部分输出端（即喇叭两端）的输出电压 U_{o} 和音频放大部分输入端（即音频信号发生器输出端）输入电压 U_{i} 之比，即为音频放大部分总增益 $A_{U_{\text{o}}}$。

$$A_{U_{\text{o}}} = \frac{U_{\text{o}}}{U_{\text{i}}}$$

额定输出电压 U_{o} 可根据额定输出功率 P_{o} 和喇叭的阻抗值 R_{L} 进行换算获得。

$$U_{\text{o}} = \sqrt{P_{\text{o}} \times R_{\text{L}}}$$

调试方法如下。

根据图 6.29 所示连接图，将音频信号发生器的输出频率调为 1kHz，同时调节音频信号发生器的输出信号幅度，使收音机输出端（即喇叭或电阻负载两端）的输出电压为额定输出电压 U_{o}（即 0.98V）；这时用毫伏表测出此时音频信号发生器输出端的信号电压 U_{i}，则音频电压放大电路的增益 $A_{U_{\text{o}}}$ 按下式计算，即

$$A_{U_{\text{o}}} = \frac{U_{\text{o}}}{U_{\text{i}}}$$

3. 输出额定功率时的失真度 D 测试

失真度 D 测试接线图如图 6.30 所示。将音频信号发生器输出端连接到收音机的低频电压放大级 VT$_4$ 的输入端，即音量电位器 R$_P$ 两端，音量电位器置于最大音量位置；收音机的输出终端(喇叭端)连接双通道音频毫伏表(可同时测试低频放大电路输入、输出信号的大小)和失真仪。

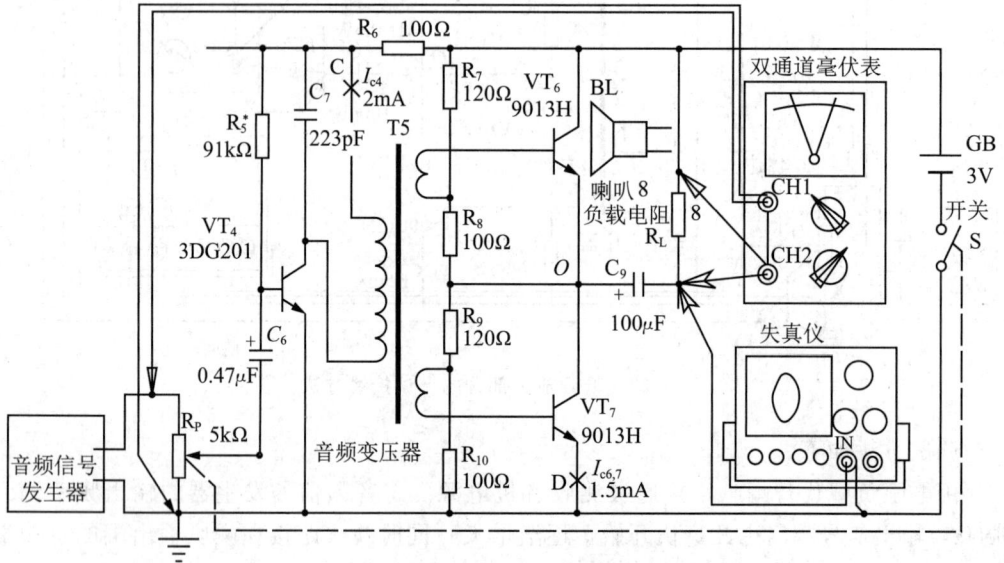

图 6.30 低频放大部分的失真度 D 测试接线图

失真度的测试方法如下。

将音频信号发生器的输出频率调节为 1kHz，调节音频信号发生器的输出信号幅度，使收音机输出端(喇叭或电阻负载两端)的输出电压 U。为 0.98V。保持 U。不变，用失真度仪测出输出端的失真度，即为额定功率时的失真度。

如果需要考虑信号源本身的失真的影响，就需要用失真度仪分别测出输入端失真度(信号源的失真度)D$_i$ 和输出端的失真度 D。，则被测电路的失真度 D 为

$$D = \sqrt{D_o^2 - D_i^2}$$

4. 中频调整

中频调整又称校中周，即调整各中频变压器(中周)的谐振回路，使各中频变压器统一调谐为 465kHz。

常用的中频调整方法有四种：用高频信号发生器调整中频、用中频图示仪调整中频、用一台正常收音机代替 465kHz 信号调整中频、利用电台广播调整中频。

(1)用高频信号发生器调整中频。

高频信号发生器调整中频是一种最常用的方法，使用的仪器有：高频信号发生器、音频毫伏表或示波器、直流稳压电源或电池。有时可以不要音频毫伏表和示波器，改用万用表测量整机电流和直接听喇叭声音(音量调小些)来判断谐振峰点。电路调试时的接线方法如图 6.31 所示。

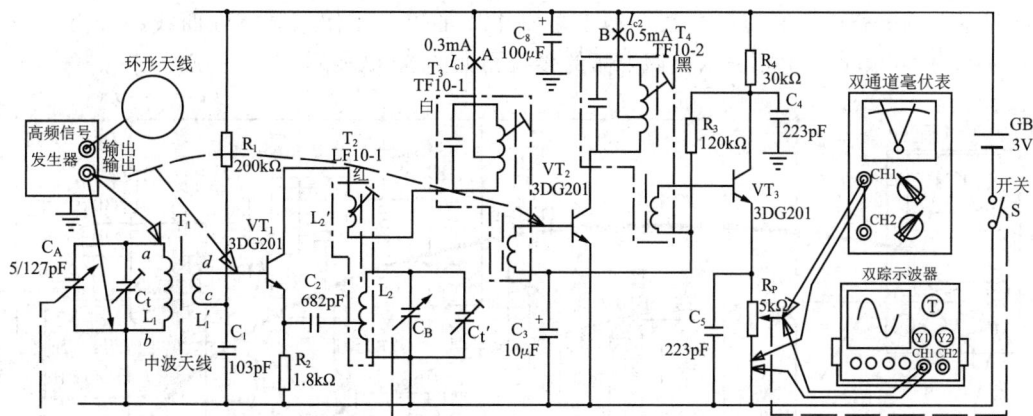

图 6.31　用高频信号发生器调整中频的接线图

高频信号发生器调整中频的方法及步骤如下。

①将收音机调台指示调在中波段低端约 530～750kHz 无电台处，音量电位器开足，如果此时有广播台的干扰，应把频率调偏些，避开干扰。

②将高频信号发生器的输出频率调到 465kHz，调制度为 30%，调制信号选 400Hz 或 1000Hz，用输出电缆(也可以用环形天线)将高频信号输入到收音机的天线，从小到大慢慢调节高频信号发生器输出信号的幅度，直至收音机喇叭里能听到 400Hz 或 1000Hz 的音频声，毫伏表指示值增大或示波器显示 400Hz 或 1000Hz 的正弦波波形。

③用无感的小旋具(如有机玻璃或胶木等非金属材料制成)按从后级到前级($T_4 \rightarrow T_3$)的次序逐级旋转中频变压器的磁帽，调整磁芯到收音机输出最大的峰点上(喇叭声音最大、毫伏表指示值最大或示波器波形幅度最大)。

④减小高频信号发生器输出信号的幅度，重复步骤③。

⑤重复步骤④，直至中周磁芯再调会使收音机输出下降，即已调至最佳位置。此时中频调整完毕。

中频调整过程可能遇到的问题及处理方法说明如下。

中频调整时，若出现 465kHz 的调幅信号输入后，收音机喇叭里无音频声(毫伏表无指示、示波器无波形显示)的现象，这可能是因为中频变压器的槽路频率偏移太大造成的。这时可调节高频信号发生器的输出频率，使喇叭中听到音频声，由此找到中周实际的谐振点(偏离了 465kHz)；然后将高频信号发生器的输出频率逐步向 465kHz 调近，同时逐步逐级调中周，直至调准在 465kHz 为止。如果中频变压器已全部调乱，也可将 465kHz 的调幅信号分别由各中放级和变频级(如图 6.31 中 VT$_2$，VT$_1$)的基级依次送入(如图 6.31 中的虚线所示)，由后级向前级逐级调整。

如果调节某中频变压器时，输出无明显变化，多半是由于中频变压器有局部短路造成的。但是若越旋进螺帽音量越大，但旋到底仍然还不能调到最佳状态，则可能是并联的槽路电容容量过小或失效，也可能是中周线圈断开，这时应考虑更换中周。

调整中频时特别应注意的一点是输入信号应尽量小些，这样各级晶体管不至于进入饱和工作状态，调谐时的峰点明显。

(2)用中频图示仪调整中频。

中频图示仪实际上是扫频仪的一种，属于频率较低的扫频仪。其测试原理是：测

试观察中频电路的幅频特性曲线，通过调整中周的磁芯，使幅频特性曲线的峰点对应的频率为 465kHz。中频图示仪调中频的接线图如图 6.32 所示。

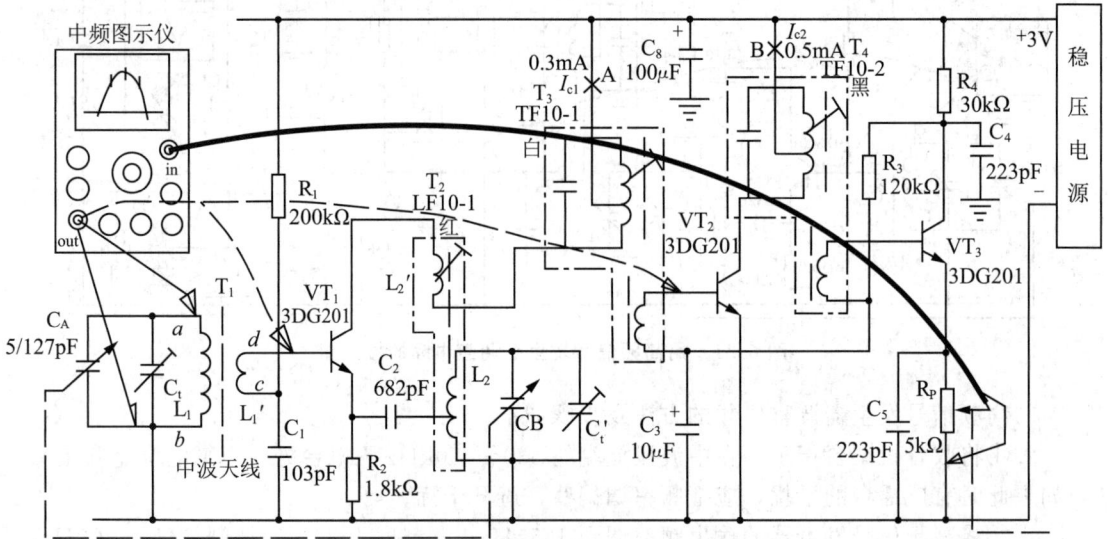

图 6.32　中频图示仪调中频的接线图

用中频图示仪调整中频的方法和步骤如下。

调试中频时，将中频图示仪输出中心频率调为 465kHz 的扫频信号，收音机的中频变压器调准在 f 频率上，则收音机中放电路对频率为 f 的信号增益最大，输出也就最大。中频图示仪屏幕上显示的曲线幅度最高的点对应的频率也就是 f。调试时，只要使曲线的最高点移至频率为 465kHz 即说明中频调整好了。

中频图示仪调整中频的特点：能直观地看到被测电路的谐振频率，使调整更有目的性，能快速、准确地调准中频。特别对已调乱中频的电路或中频变压器的槽路频率偏移太大的情况，更加有效。

（3）用一台正常收音机代替 465kHz 信号调整中频。

在没有高频信号发生器的情况下，可以用一台正常的收音机代替 465kHz 信号调整中频。其调整中频的接线图如图 6.33 所示。

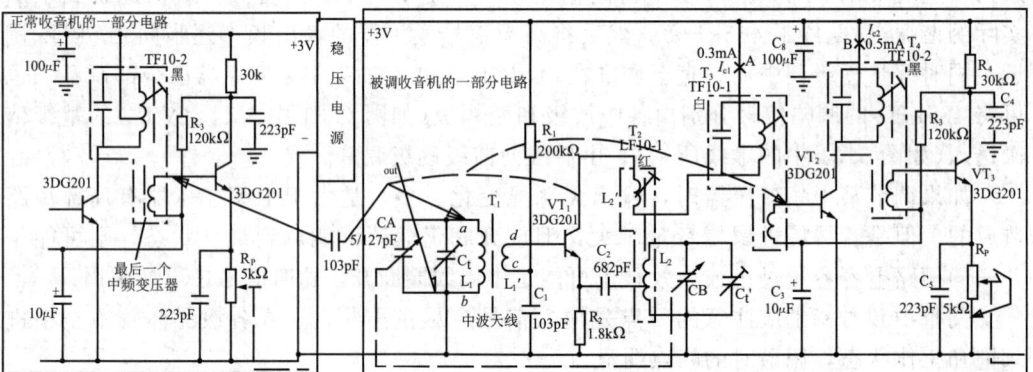

图 6.33　用一台正常收音机代替 465kHz 中频信号调整中频的接线图

用一台正常收音机代替 465kHz 信号调整中频的方法和步骤如下。

将正常的收音机调准到某一广播电台位置，使其收到电台的信号，然后在它最后一个中频变压器的次级（二次侧），通过一个 $0.01\mu F$（103pF）的电容器引出中频信号，接到被调收音机的输入端（两收音机的地线应相连），或靠近被测收音机磁棒天线，使被调收音机接收到中频信号，后面的调整方法步骤即和用高频信号发生器调中频的方法步骤中的③～⑤相同。（减小输入的中频信号幅度的方法是将中频信号引出线与被测收音机磁棒天线的距离拉远。）

（4）利用电台广播调整中频。

在没有高频信号发生器的情况下，可以用中波段低频端某广播电台的信号代替高频信号发生器辐射的中频信号，来调整中频。

调整方法步骤如下。

①调双连，使收音机在中波低频端如 530～750kHz 范围内收到某广播电台的信号，调节音量，使喇叭声音尽量小，但保证清晰即可。

②用无感的小旋具（如有机玻璃或胶木等非金属材料制成）按从后级到前级（$T_4 \rightarrow T_3$）的次序逐级旋转中频变压器的磁帽，调整磁芯到收音机喇叭声音最大（毫伏表指示值最大或示波器波形幅度最大）。

③调小音量，重复步骤②。

④重复步骤③，直至中周磁芯再调会使收音机输出下降，即已调至最佳位置。此时中频调整完毕。

技能技巧 51　整机调试

整机调试是在印制电路板调试完成后的最终阶段调试。超外差收音机的整机调试，包括外观检查、开口试听、中频复调和外差跟踪统调（校准频率刻度和调整补偿）等内容。整机调试的步骤如图 6.34 所示。

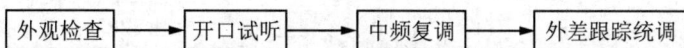

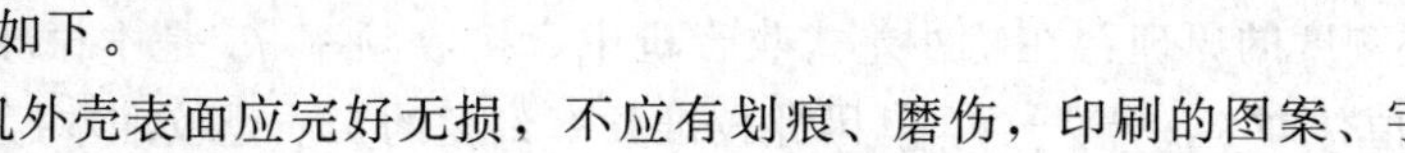

外观检查 → 开口试听 → 中频复调 → 外差跟踪统调

图 6.34　整机调试的步骤

一、外观检查

外观检查是用目视法观察收音机的外观状态，查看收音机是否有明显的缺陷。主要检查的内容如下。

（1）收音机外壳表面应完好无损，不应有划痕、磨伤，印刷的图案、字迹应清晰完整，标牌及指示板应粘贴到位、牢固。

（2）检查磁棒、双连及调谐盘、音量电位器及转盘等在印制电路板上的安装是否到位、牢固和可靠；检查调谐盘及音量电位器转盘是否有卡死或调节不灵的现象；检查印制电路板、喇叭及网罩、电池簧片等安装在收音机外壳上是否到位、牢固和可靠。

（3）检查、整理各元器件及导线，排除元器件裸线相碰之处，清除滴落在收音机内的锡珠、线头等异物。

二、开口试听

开口试听就是打开收音机电源，开大音量，调节调谐盘，使收音机接收到电台的信号，试听声音的大小和音质；通过调试调谐盘，检查收音机能接收到哪些电台，还有哪些该收到的电台没有收到，收到哪些电台的声音好坏情况等。

因为整机调试是在印制电路板调试完成后进行的，若试听收不到任何电台的信号时，应检查总装是否正确，特别注意电池引线、喇叭引线和天线线圈等是否连接正确、牢固，电池的电力是否充足。

三、中频复调

虽然印制电路板的中频已经调整合格，但总装后，因电路板与喇叭、电源及各引线的相对位置可能造成中频发生变化。所以，总装完成后，要对整机进行中频复调，以保证中频处于最佳状态。复调的方法同印制电路板的中频调试方法相同。

四、外差跟踪统调

外差跟踪统调包括校准频率刻度和调整补偿。它是通过调节本振回路和输入回路的本振线圈和双联电容，使本振回路的频率始终比输入回路频率高 465kHz（一个固定的中频）。

1. 跟踪统调的内容和目的

调幅收音机的中波段频率范围设计在 $520 \sim 1620kHz$ 的范围内（国标为 $525 \sim 1605kHz$）。其中，800kHz 以下称为低频端，1200kHz 以上称为高频端，$800 \sim 1200kHz$ 的位置称为中频端。

跟踪统调的目的：将收音机接收的频率范围规范到设计的波段频率方位上。未统调过的或调乱了的收音机其频率范围往往不准，有频率范围偏高的（如 $800 \sim 1900kHz$），也有频率范围偏低（如 $400 \sim 1500kHz$），也可能高端频率范围不足（如 $520 \sim 1500kHz$），也可能低端频率范围不足（如 $600 \sim 1620kHz$）等情况，所以必须进行统调。

跟踪统调的内容：外差跟踪统调包括校准频率刻度（频率范围调整）和调整补偿两个方面。

（1）校准频率刻度。

校准频率刻度的目的：使收音机在整个波段范围内都能正常收听各电台，指针所指出的频率刻度也和接收到的电台频率一致。

校准频率刻度的原理：在超外差式收音机中，接收频率 f_s 是本振频率 $f_本$ 与中频频率 $f_中$ 的差值，即 $f_s = f_本 - f_中$，因此校准频率刻度的实质是校准本振频率和中频频率之差。由于 $f_中 = 465kHz$，是固定不变的，所以通过改变本振频率 $f_本$ 来调整接收频率 f_s。

校准频率刻度的具体操作：如图 6.28 所示，在不调节双连可变电容的情况下，改变本振回路中振荡线圈 T_2 的电感量（可以较明显地改变低端振荡频率）和微调电容器 C_t' 的容量（可以较明显地改变高端的本振频率）来校准频率刻度。即校准频率刻度时，低端应调整振荡线圈的磁芯，高端应调整振荡回路的微调电容。一般低、高端频率刻度指示准确后，中间误差不大。但高、低端是会相互影响的，即调 T_2 的磁芯主要影响低端频率，但高端频率也会发生少量变化，同样调 C_t' 时低端频率也会发生少量的变化。故高、低端频率刻度校准要反复两三次，才能保证高、低端频率刻度同时校准合格。

（2）调整补偿。

调整补偿是指调整天线调谐回路，使天线调谐回路谐振在外来信号的频率上，这样才能使收音机整机的接收灵敏度、选择性良好。

调整补偿的目的是：使天线调谐回路适应本振回路的跟踪点，从而使整机接收灵敏度、均匀性以及选择性达到最佳。调整补偿是在校准频率刻度之后进行的。

调整补偿的操作：如图6.28所示，在接收频率的低频端，调节输入回路线圈在磁棒上的位置；在接收频率的高频端，调节输入调谐回路的微调电容 C_t，就可以实现本振和天线回路低端和高端的同步。在设计本振回路和输入回路时，要求它们在中间频率（如中波 1000kHz）处也同样达到同步，所以在收音机整个波段范围内有三点同步（高端、中端、低端），所以也称三点同步或三点统调。

本振回路和天线调谐回路调好后，调节双联电容（选台调节旋钮），就可以使这两个回路的频率在设计的频率范围内同步连续变化，频率差值保持为 465kHz，保持良好跟踪，实现调谐选台。

2. 统调的方法、步骤

收音机基本上能收听，中频已调准，就可以开始统调。

统调的方法有：用高频信号发生器进行统调、利用接收外来广播台进行统调、利用专门发射的调幅信号进行统调以及利用统调仪进行统调。这里只介绍用高频信号发生器进行统调和利用接收外来广播台进行统调的一般步骤和方法。

（1）用高频信号发生器进行统调的一般步骤和方法。

用高频信号发生器进行统调是最常用的统调方法，使用的仪器和电路接线方法如图6.30所示。调整方法及步骤如下。

①低端频率刻度校准统调。

a. 将收音机调台指示调在中波段低端约 600kHz 无电台处，音量电位器开足，如果此时有广播台的干扰，应把频率调偏些，避开干扰。

b. 将高频信号发生器的输出频率调到 600kHz（与被调收音机刻度所指示的频率相同），调制度为 30%，调制信号选 400Hz 或 1000Hz，用环形天线（也可以用输出电缆靠近被调收音机的磁棒线圈）将高频信号发射到收音机的天线，调节高频信号发生器输出信号的幅度约为 100mV。

c. 用无感的小旋具调节振荡线圈（如 T_2）的磁帽，使收音机输出最大（喇叭声音最大、毫伏表指示值最大或示波器波形幅度最大）。

d. 减小高频信号发生器输出信号的幅度，重复步骤 c。

e. 重复步骤 d，直至振荡线圈磁芯再调会使收音机输出下降，即已调至最佳位置。

②高端频率刻度校准统调。

a. 将收音机调台指示调在中波段高端约 1500kHz 无电台处，音量电位器开足，如果此时有广播台的干扰，应把频率调偏些，避开干扰。

b. 将高频信号发生器的输出频率调到 1500kHz（与被调收音机刻度所指示的频率

相同），调制度为 30％，调制信号选 400Hz 或 1000Hz，用环形天线（也可以用输出电缆靠近被调收音机的磁棒线圈）将高频信号发射到收音机的天线，调节高频信号发生器输出信号的幅度约为 100mV。

c. 用无感的小旋具调节振荡回路的微调电容 C'_t，使收音机输出最大（喇叭声音最大、毫伏表指示值最大或示波器波形幅度最大）。

d. 减小高频信号发生器输出信号的幅度，重复步骤 c。

e. 重复步骤 d，直至微调电容 C'_t 再调会使收音机输出下降，即已调至最佳位置。

③中端频率刻度校准检查。

a. 将收音机调台指示调在中波段高端约 1000kHz 无电台处，音量电位器开足，如果此时有广播台的干扰，应把频率调偏些，避开干扰。

b. 将高频信号发生器的输出频率调到 1000kHz（与被调收音机刻度所指示的频率相同），调制度为 30％，调制信号选 400Hz 或 1000Hz，用环形天线（也可以用输出电缆靠近被调收音机的磁棒线圈）将高频信号发射到收音机的天线，调节高频信号发生器输出信号的幅度约为 100mV。

c. 微调高频信号发生器的输出频率，使收音机输出最大（喇叭声音最大、毫伏表指示值最大或示波器波形幅度最大）。看高频信号发生器输出的实际频率与收音机频率刻度指示值是否基本一致，若两者相差太大，应重调低端和高端的统调。

重复①～③两三次，使高、低端频率刻度同时校准合格。

④低端频率补偿调整（调输入回路的电感）。

a. 将收音机调台指示调在中波段低端约 600kHz 无电台处，音量电位器开足，如果此时有广播台的干扰，应把频率调偏些，避开干扰。

b. 将高频信号发生器的输出频率调到 600kHz（上一步被调收音机刻度所指示的频率），调制度为 30％，调制信号选 400Hz 或 1000Hz，用环形天线（也可以用输出电缆靠近被调收音机的磁棒线圈）将高频信号发射到收音机的天线，调节高频信号发生器输出信号的幅度约为 100mV。

c. 用无感的小旋具调节天线线圈在磁棒上的位置，使收音机输出最大（喇叭声音最大、毫伏表指示值最大或示波器波形幅度最大）。

d. 减小高频信号发生器输出信号的幅度，重复步骤 c。

e. 重复步骤 d，直至天线线圈的位置再调会使收音机输出下降，即已调至最佳位置。

⑤高端频率补偿调整（调输入回路的微调电容 C_t）

a. 将收音机调台指示调在中波段高端约 1500kHz 无电台处，音量电位器开足，如果此时有广播台的干扰，应把频率调偏些，避开干扰。

b. 将高频信号发生器的输出频率调到 1500kHz（上一步被调收音机刻度所指示的频率），调制度为 30％，调制信号选 400Hz 或 1000Hz，用环形天线（也可以用输出电缆靠近被调收音机的磁棒线圈）将高频信号发射到收音机的天线，调节高频信号发生器输出信号的幅度约为 100mV。

c. 用无感的小旋具调节输入回路的微调电容 C_t，使收音机输出最大（喇叭声音最大、毫伏表指示值最大或示波器波形幅度最大）。

d.　减小高频信号发生器输出信号的幅度，重复步骤 c。

e.　重复步骤 d，直至微调电容 C_t 再调会使收音机输出下降，即已调至最佳位置。

重复④⑤两三次，使高、低端频率补偿同时校准合格。

⑥跟踪点的检查。

校核跟踪是否良好，可以用铜铁棒来检验。铜铁棒是在一根长绝缘棒上一端装一个闭合铜头、另一端装一段磁芯（如一段磁性天线棒）作为铁头。检查时，把指针调到统调的低端或高端的频率位置上，用铜铁棒的铜头靠近磁性天线，若此时输出增大，叫做铜升，说明输入回路谐振频率比外来电台频率低了，应减小谐振回路线圈电感量，即需要将线圈从磁棒里向外拉一点，使之不产生铜升为止。接着，再将铜铁棒的铁头靠近磁性天线，若此时输出增大为铁升，说明输入回路的谐振频率比外来电台频率高了，应增大谐振回路线圈电感量，即需要将天线线圈向磁棒中心位置移动，直到铜铁棒两头分别靠近天线时，输出均有所减小，说明输入回路谐振点正好在外来电台的频率上，即跟踪良好。低、高端检验好后，再检查一下中间统调点的跟踪，可能有点偏差，通常失谐不大时视为合格。

（2）用接收外来广播电台进行统调的一般步骤和方法。

①校准频率刻度时，先在低端接收一个电台，核对被调收音机指示的频率刻度，记下来；接着将频率刻度指示调至高端，接收一个高端频率的电台，也核对一下指针指示的频率刻度，记下来。

②分析上述记录的低、高端频率刻度指示情况，进行校准。例如，低端偏高（指示值大于所接收电台的频率时），应减小本振回路振荡线圈的电感量，即将其磁芯旋出；低端偏低，则旋进磁芯。高端偏高，应减小本振回路微调电容器的容量；高端偏低，应增大其电容量。若整个频率刻度都是偏高或偏低时，应先调整振荡线圈的磁芯，然后再根据实际情况进行调整。

③由于低端校准和高端校准是相互有影响的，因此，校准时应由低端到高端反复调整多次，直至高低两端基本调准为止，另外，还要注意检查指针的起点位置是否对准。

④当低、高端频率刻度指示调准后，在中间 1000kHz 左右收听一个电台来核对一下频率刻度，一般不会有多少误差。如果偏差较大，应着重检查双联电容器和微调电容器是否良好，指针的起始位置是否与双联电容器容量最大位置一致。一般收音机低端、中端和高端有三点校准了频率刻度后，其他频率位置的刻度也基本准确，这也就是一般常讲的三点统调。

⑤频率刻度初步校准后，开始调整输入回路，即调补偿。调补偿和校准频率刻度一样，也是在低端和高端各选一个电台，低端时移动天线线圈在磁棒上的位置，高端时调节天线回路的微调电容，使喇叭发出的声音达到最响。这样低、高端就初步调同步了。由于低端和高端调整也会相互牵制，因此也要反复调整几次。调输入回路对振荡频率略有影响（特别是高端影响较大）。所以调整输入回路后，应再回过头来微调频率刻度校准，并且可能要反复校准和调整几次。

⑥跟踪点的检查，校核跟踪是否良好，可以用铜铁棒来检验。

3. 统调的注意事项

统调时应注意以下两点。

(1)输入信号要小,整机要装配齐备,特别是喇叭应装在设计位置上。

(2)中波统调点的频率为 600kHz、1000kHz、1500kHz。利用接收外来电台信号进行统调时,选这三点频率附近的已知电台,以保证整机灵敏度的均匀性。短波的两端统调点为刻度线始端和终端 10％、20％处。

技能技巧 52　电子整机性能检测

电子整机装配调试完毕之后,需要根据电子整机的设计文件(或说明书)的性能指标要求,对电子整机的各项电性能和声性能参数进行全面检测,才能定量地评价其质量的好坏。

超外差收音机的主要性能指标为:最大有用功率、频率范围、中频频率、噪限灵敏度、单信号选择性。

1. 最大有用功率

最大有用功率也称最大不失真功率,是收音机失真度为 10％时(或该收音机规定的失真度时)的输出功率值。

最大不失真功率的检测:测试电路如图 6.35 所示,用高频信号发生器设置频率为 1000kHz、调制频率为 1000Hz、场强为 10mV/m、调制度为 60％的高频信号,从收音机的输入回路中输入;用失真度仪测量收音机负载(喇叭)上电压的谐波失真度,同时调节收音机音量控制器,当失真度等于 10％时,测出收音机的输出电压,即可算出最大有用功率。

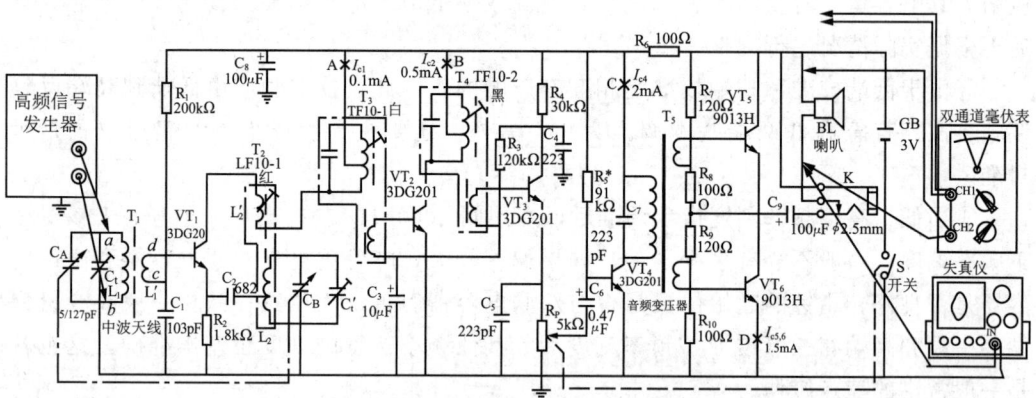

图 6.35　最大不失真功率测试电路

2. 频率范围

频率范围检测连接图如图 6.36 所示。将收音机音量调至最大,高频信号发生器设置为调制度 30％、调制频率为 1000Hz 的高频调幅信号,从输入回路输入。调节高频信号的幅度和频率,使收音机的输出不大于不失真功率标称值 90mW。当收音机指针先后位于波段最低端(起始位置)和最高端(终止位置)时,高频信号发生器相对应的频率，即为频率范围。本收音机指标要求频率范围为 $523\sim1620\text{kHz}$，即最低端不大于 523kHz，最高端不小于 1620kHz。

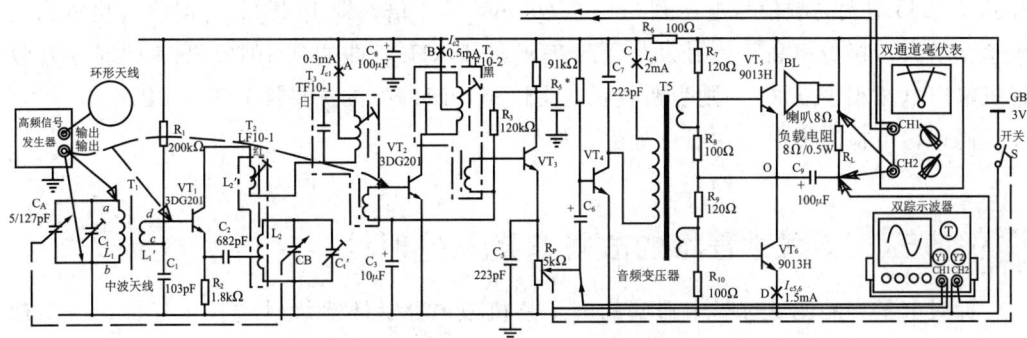

图 6.36　频率范围检测连接图

3. 中频频率

中频频率的连接图同图 6.35。用高频信号发生器从天线输入频率为 465kHz、调制度为 30%、调制频率为 1000Hz 的高频调幅信号，收音机调台指针调在波段频率最低位置，音量调至最大位置。调节输入的高频信号强度，使收音机输出音频信号功率不大于不失真功率标称值 90MW；再细调高频信号发生器的频率，当收音机输出电压表指示最大时，高频信号发生器所指示的频率即为被调收音机的中频频率。

本收音机指标要求在 $(465\pm4)\text{kHz}$ 之内。

4. 噪限灵敏度

此项电参数是要保证收音机在广播信号场强为 4.5mV/m 的情况下，收音机输出的有用信号电压与噪声电压之比大于 20。

高频信号发生器输出电压为 900mV、频率为 1000kHz、调幅度为 30%、调制频率 1000Hz 的信号，经单圈环形天线送至被调收音机(环形天线距离收音机磁棒天线的中心 60cm，并在其侧面)。根据等效场强 E_2 计算公式为

$$E_2=\frac{U}{20}$$

式中，E_2 为被测收音机磁棒天线处的等效场强，单位为 mV/m；

U 为高频信号发生器的输出电压，单位为 V。

此时场强即为 4.5mV/m。将收音机调台指针置于 1000kHz 处，微调高频信号发生器输出信号频率，使收音机输出电压最大，然后降低收音机音量，使输出电压为 0.3V，再将调制信号去掉，此时输出电压急剧下降，若电压表指示值小于 0.015V(15mV)，收音机的噪限灵敏度便达到了指标要求的 26dB。

同理，可以检测 600kHz 和 1500kHz 两点的灵敏度。

5. 单信号选择性

收音机的选择性用输入信号失谐 $\pm10\text{kHz}$ 时灵敏度的降落程度来衡量。若收音机调谐时的灵敏度为 E_1，失谐 10kHz 时的灵敏度为 E_2，则选择性为

$$20\lg\frac{E_2}{E_1}(\text{dB})$$

单信号选择性的测量方法与灵敏度测量相同,即为:将收音机调台指针拨到1000kHz处,高频信号发生器输出信号与测量灵敏度时一样,使收音机输出电压达到0.3V,然后增大高频信号电压到360mV(90mV的4倍,即12dB),此时收音机输出电压急剧增大。接着将高频信号发生器频率增加10kHz,即调到1010kHz,此时,若收音机输出电压小于0.3V,则表明收音机失谐+10kHz处的选择性大于12dB。

同理,可检测失谐-10kHz处的选择性。

▶ 任务五　调试过程中的故障查找及处理

针对电子产品调试过程中遇到的电子整机或电路达不到设计的技术指标,或出现冒烟、异常声响、烧保险丝、元器件烧坏等异常情况时,就必须及时对电子整机及其电路进行故障查找、分析、修整和处理,使电子产品最终达到设计要求。

知识点6.5.1　调试过程中的故障特点和故障现象

1. 故障特点

在电子产品调试中,出现的故障机均为新装配的整机产品或是新产品样机等。因此,所遇到的故障有其固有的特点。只有找出这些故障特点,才能缩小故障范围,及时地找出故障的位置,从而快捷、有效地查找和排除故障。

整机调试中产生的故障往往以焊接和装配故障为主,一般都是机内故障,基本上不存在机外故障或使用不当造成的人为故障;对于新产品样机,则可能存在特有的设计缺陷、元器件参数不合理或分布参数造成的故障。

2. 故障现象

电子产品调试过程中,常见的故障有:元器件安装错误的故障、焊接故障、连接导线的故障、装配故障、元器件失效、样机特有的故障。

(1)元器件安装错误的故障。

新装配的电子整机易出现元器件安装错误的现象,常见的有:元器件位置安装错误,集成电路块装反,二极管、三极管的引脚极性装错,电解电容的引脚极性装反,元件漏装等。

元器件安装错误会造成装错的元器件及其相关的元器件烧坏、印制电路板烧坏、电路无法正常工作。

(2)焊接故障。

电子整机安装中常出现的焊接故障有:漏焊、虚焊、错焊、桥接等。

焊接故障会造成整机电路无法工作、信号时有时无、接触不良、整机电路性能达不到设计要求,出现桥接短接故障时还有可能烧坏印制电路板及元器件。

(3)连接导线的故障。

连接导线的故障主要表现为:导线连接位置错误、导线漏焊、导线烫伤,多股芯线部分折断等。

连接导线的故障会造成电路信号无法连通，或电路短路故障，或接触电阻增大、电路工作电流减少、整机达不到技术要求。

(4)装配故障。

装配的常见故障有：机械安装位置不当、错位、卡死等。

装配故障会造成调节不方便、接触不良、产品无法使用等故障。

(5)元器件失效。

电子整机在出厂前要经过老化试验，这时一些不合格的元器件会出现早期老化现象。如过冷、过热时，早期老化的元器件性能变化大，老化试验后集成电路损坏、三极管击穿或元器件参数达不到要求等。

元器件失效的故障会造成电路工作不正常。

(6)样机特有的故障。

样机设计试制性阶段的产品，有可能出现电路设计不当、元器件参数选择不合理等样机特有的故障现象，会造成电子整机电路达不到设计的技术参数要求。

对于样机特有的这类故障，应及时查找原因，及时整改，并将整改结果写成样机调试报告，供设计、生产部门参考。

技能技巧 53　故障查找方法

电子产品调试过程中遇到故障时，需要有一定的方法和手段，快速查找故障的原因和具体部位，便于及时排除故障。故障查找的方法有很多，常用的方法有观察法、测量法、替换法、信号注入法、加热与冷却法、计算机智能检测法。

具体应用时，要针对故障现象和具体的检测对象，交叉、灵活地运用其中的一种或几种方法，以达到快速、准确、有效查找故障的目的。

1. 观察法

观察法是指不依靠测试仪器，仅通过人体感觉器官(如眼、耳、鼻、手等)的直观感觉(看、听、闻、摸)，来查找电路故障的方法。这是一种快捷、方便、安全的故障查找方法，往往作为故障查找的第一步。

观察法分为静态观察法和动态观察法两种。

(1)静态观察法。

静态观察法也称为不通电观察法，是指在电子产品没有通电时，通过目视和手触摸进行查找故障的方法。

使用静态观察法查找故障时，要根据故障现象初步确定故障的范围，有次序、有重点地仔细观察，便于快速、准确地查找故障点。

静态观察法的步骤是：先外后内，循序渐进。

静态观察法通常可以查找到一些较粗糙、明显的故障现象，如焊接故障(如漏焊、桥接、错焊或焊点松脱等)，导线接头断开，元器件漏装、错装，电容漏液或炸裂，接插件松脱，电源接点生锈等故障，电子产品的外表有无碰伤，按键、插口电线电缆有无损坏，保险是否烧断等。对于试验电路或样机，可以结合电原理图检查元器件有无装错、接线有无连错、元器件参数是否符合设计要求、IC管脚有无插错方向或折弯等故障。

（2）动态观察法。

动态观察法亦称为通电观察法，它是指电子产品通电后，运用人的视觉、嗅觉、听觉、触觉检查线路故障。当静态观察未发现异常时，可进一步用动态观察法。

动态观察法的操作要领是：通电后，运用"眼看、耳听、鼻闻、手摸、震动"的一套完整、协调的观察方法检查线路故障。眼要看：电路或电子产品内有无打火、冒烟等现象；耳要听：有无异常声响；鼻要闻：机内有无烧焦、烧糊的异味；手要触摸：电路元器件、集成电路等是否发烫（注意：高压、大电流电路须防触电、防烫伤）；有时还要摇振电路板、接插件或元器件等，观察有无松动、接触不良等现象。发现异常情况要立即断电，排除故障。

通电观察法有时还可借助于一些电子测试仪器（如电流表、电压表、示波器等），监视电路状态，进一步确定故障原因及确切部位。

2. 测量法

测量法是使用电子测量仪器测试电路的相关电参数，并与产品技术文件提供的参数作比较，判断故障的一种方法。

测量的电参数主要有：电阻、电压、电流、波形或数字电路的逻辑工作状态。测量法是故障查找中使用最广泛、最有效的方法。

（1）电阻测量法。

电阻参数可以反映各种电子元器件和电路的基本特征。通过测量电阻，可以准确地确定开关、接插件、导线、印制电路板导电图形的通断及电阻是否变质、电容是否短路、电感线圈是否断路等，是一种非常有效而且快捷的故障查找方法。但对晶体管、集成电路以及电路单元来说，一般不能简单地用电阻的测量结果来直接判定故障，需要对比分析或兼用其他方法进行。

电阻参数的测量一般使用万用表。

电阻参数的测量分为"在线"测量和"离线"测量两种方式。

①"在线"测量是指被测元器件没有从电路中断开，而直接测量其阻值的方法。因而其测量结果需要考虑被测元器件受其他并联支路的影响，通常测量的结果会小于标称值。

"在线"测量的特点：操作方便快捷，不需拆焊印制电路板，对电路的损伤小。

②"离线"测量是指将被测元器件从电路或印制电路板上拆焊下来，再进行独立测量的方法。"离线"测量方法操作较麻烦，但测量的结果准确、可靠。

（2）电压测量法。

电压测量法是通电检测手段中最基本、最常用也是最方便的方法。它是对有关电路的各点电压进行测量，并将测量值与标准值进行比较、判断，来确定故障的位置及原因。电压的标准值可以通过电子产品说明书或一些维修资料获取，也可对比正常工作的同种电路获得各点参考电压值。偏离正常电压较多的部位或元器件，可能就是故障所在。

电压测量法可分为交流电压测量和直流电压测量两种形式。

①直流电压的测量。首先是测量供电电源输出端电压是否正常；然后测量各单元电路及电路关键点的电压，如放大电路输出端电压，外接部件电源端等处的电压是否正常；最后测量电路主要元器件（如晶体管、集成电路）各管脚电压是否正常。

②交流电压的测量。由于指针式万用表只能测量频率为 $45\sim2000\text{Hz}$ 的正弦波交流电，数字式万用表只能测量频率为 $45\sim500\text{Hz}$ 的正弦波电压，且测量的示值均为有效值，超过测量频率范围或测量非正弦波时，测量结果会出现很大的偏差，测量数据都不正确。故测量交流电压时，对 50Hz 的交流电压可选择普通万用表进行测量，而测量非正弦波或较高频率的交流电压信号时，可使用示波器进行检测。

（3）电流测量法。

测量电路或元器件中的电流，将测量值与标准值进行比较、判断，确定故障的位置及原因。测量值偏离标准值较大的部位，往往是故障所在。

电流的测量分为直接测量和间接测量两种方法。

①直接测量法是将电流表直接串接在欲检测的回路测得电流值的方法。对于整机总电流的测量，一般是通过将电流表接到开关上（开关处于断开状态）的方式进行测量，如图 6.37 所示。

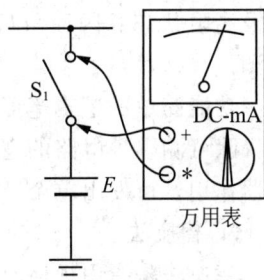

图 6.37　直接测量法测量整机电流

电流直接测量法具有直观、准确的优点，但测量时，往往需要将原线路断开或脱焊元器件引脚后才能进行测量，因而操作不方便。

②间接测量法是采用先测电压，然后换算成电流的方法。如图 6.38 所示，若要测量三极管 VT 上的集电极电流 I_c，首先需要测量 R_c 两端的电压 U_{R_c}，然后用 $\dfrac{U_{R_c}}{R_c}$ 将其换算成电流 I_c。

间接测量法的特点是快捷方便，电路板及元器件不易损坏，但测量会有误差，如果所选测量点的元器件有故障则不容易准确判断。

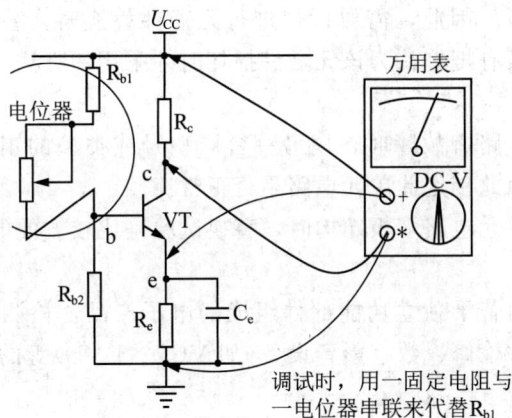

图 6.38　间接测量法

（4）波形测量法。

波形测量法是使用示波器测量、观察电路交流状态下各点的波形及其参数（如幅值、周期、前后沿、相位等）来判断故障的方法。波形测量法是最直观、最有效的故障检测方法。

如图 6.39 所示为电视机扫描电路的标准波形图，如果测得各点的波形形状或幅度没有达标或相差较大，则说明故障可能就发生在该电路上。

图 6.39　电视机扫描电路的标准波形图

（5）逻辑状态的测试。

对数字电路而言，只需判断电路各部位的逻辑状态，即可确定电路工作是否正常。数字逻辑主要有高低两种电平状态，另外还有脉冲串及高阻状态。因而可以使用逻辑笔进行电路检测。

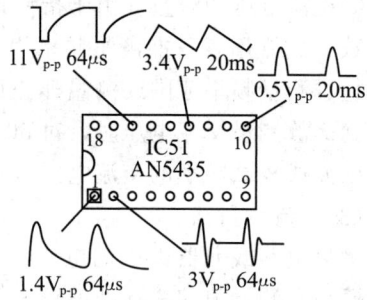

功能简单的逻辑笔可测量单种电路(TTL 或 CMOS)的逻辑状态；功能较全的逻辑笔，除可测多种电路的逻辑状态，还可定量测量脉冲的个数。有些还具有脉冲信号发生器作用，可发出单个脉冲或连续脉冲供检测电路使用。

3. 替换法

替换法是指用规格及性能良好的、同一类型的正常元器件或单元电路或部件，代替可能产生故障的部分，从而判断故障所在或缩小故障范围的一种检测方法。这是电路调试、检修中，最常用、最有效的方法之一。

实际应用中，按替换的对象不同，可有三种方式，即元器件替换、单元电路替换和部件替换。

（1）元器件替换。

元器件替换的方法主要用在带插接件(座)的 IC、开关、继电器等的电路元器件中。其余的电路元器件做替换时需要对被替换的元件进行拆焊，操作比较麻烦且容易损坏周边电路或印制电路板。因此，需要拆焊进行元器件替换时，替换法往往是在其他检测方法难以判别，且较有把握认为该元器件损坏时才采用的方法。

（2）单元电路替换。

当怀疑某一单元电路有故障时，用另一台同型号或类型的正常电路，替换待查机器的相应单元电路，由此判定此单元电路是否正常。

当电子设备采用单元电路多板结构时，替换试验是比较方便的。

（3）部件替换。

对于较为复杂且由若干独立功能部件组成的电子产品，检测时可以采用部件替换方法。如计算机的硬件检修、数字影音设备（如 VCD、DVD）等的检修，基本上是采取板卡级替换法。

采用替换法时应注意，每次进行替换组件时，都要断开电源，禁止带电进行替换操作，避免造成电路的其他部位损坏。

4. 信号注入法

信号注入法就是指从信号处理电路的各级输入端，输入已知的外加测试信号，通过终端指示器（如指示仪表、扬声器、显示器等）或检测仪器来判断电路工作状态，从而找出电路故障的检测方法。

信号注入法适合检修各种本身不带信号产生电路、无自激振荡性质的放大电路以及信号产生电路有故障的信号处理电路，如各种收音机、录音机、电视机公共通道及视放电路、电视机伴音电路等。

具体检测时，信号可以从前级逐级向后级注入检查，也可以从后级逐级向前级注入检查，也可以从中间开始，从而将故障范围缩小在注入点之前、或是注入点之后。

图 6.40 所示是一个使用信号注入法检测超外差式收音机的框图，检测的注入信号有两种：检波器之前的注入信号为调幅或调频高频信号，检波器之后的注入信号为音频信号。

通常检测收音机电路时，先从 A 点或 A_1 点注入信号，以此来判别故障是在音频电路，还是在检波电路之前的高中频电路。然后采用反向信号注入法，即按照从 $A_3 \rightarrow A_2 \rightarrow A_1 \rightarrow A$ 的顺序，将一定频率和幅度的音频信号从 A_3 开始注入电路，逐渐向前推移，即在 A_3、A_2、A_1、A 等测试点注入信号，并通过扬声器或耳机逐步监听不同点注入信号后，声音的有无、大小及音质的好坏，找出电路的故障点。如果音频电路部分正常，就要用调幅信号源，按照从 $B_4 \rightarrow B_3 \rightarrow B_2 \rightarrow B_1 \rightarrow B$ 的顺序，依次向前对电路注入信号，通过扬声器或耳机的监听情况，找出故障点。

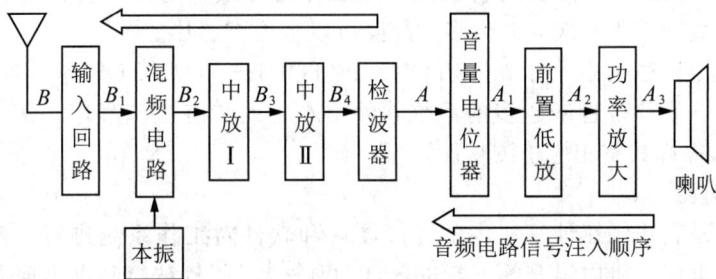

图 6.40　超外差式收音机信号注入法检测框图

5. 加热与冷却法

（1）加热法。

加热法是用加热后的电烙铁靠近被怀疑的元器件，使故障提前出现，来判断故障的原因与部位的方法。加热法特别适合于刚开机工作正常，工作一段时间后才出现故障的整机检修。

当加热某元器件时，原工作正常的整机或电路出现故障，则说明故障原因可能是因为该元器件工作一段时间后，温度升高使电路不能正常工作。

（2）冷却法。

冷却法与加热法相反，是用无水酒精对被怀疑的元器件进行冷却降温，使故障消失，来判断故障的原因与部位的方法。冷却法特别适合于开机工作很短一段时间（几十秒或几分钟）内，就出现故障的整机检修。

当发现某元器件的温升异常时，可以用无水酒精对其进行冷却降温，若原工作不正常的整机或电路变为工作正常，或故障明显减轻，则说明故障原因可能是因为该元器件工作一段时间后，温度异常升高使电路不能正常工作。

（3）使用加热法与冷却法应注意的事项。

①该方法主要用于检查"时间性"故障（指故障的出现与时间有一定的关系）和元器件温升异常的故障。应用时，要特别注意掌握好时间和温度，否则容易使故障扩大。

②该方法操作过程中，电路已通电工作，酒精又是易燃品，应特别注意安全。

③该方法只能初步判断出故障的大概部位和表面原因，故还应采用其他方法进一步检查和分析，找出故障的根源。

6. 计算机智能自动检测法

计算机智能自动检测法，是利用计算机强大的数据处理能力并结合现代传感器技术，完成对电路检测的自动化和智能化。以下几种是目前常见的计算机检测方法。

（1）开机自检。

这是一种初级检测方法。利用计算机 ROM 中固化的通电自检程序（POST，Power-on Self Test）对计算机内部各种硬件、外设及接口等设备进行检测，另外还能自动测试机内硬件和软件的配置情况，当检出错误（故障）时，进行声响和屏幕提示。

这种检测方法只能检测出电路出现故障，但一般情况下不能确定故障具体的部位，也不能按操作者意愿进行深入测试。

（2）检测诊断程序。

这是一种专门利用计算机运行检测诊断程序的方法，由操作者设置和选择测试的目标、内容和故障报告方式，对大多数故障可以定位至芯片。

这一类专用程序很多，如 NORTON、PCTOOLS、QAPLUS 等，随着版本升级，功能越来越强。另外，越来越多的系统软件中本身也带有检测程序，例如：Windows 以及 DOS6.X 等都具有相应检测功能。

（3）智能监测。

这种方法是利用装在计算机内的专门硬件和软件对工作系统进行监测（如对 CPU 的温度、工作电压、机内温升等不断进行自动测试），一旦被检测点出现异常，智能监测系统就立即报警并显示报警信息，以便于用户采取措施，保证机器正常运转。这种智能监测方式在一定范围内还可自动采取措施消除故障隐患，如机内温度过高，自动增加风扇转速强迫降温，甚至强制机器"休眠"，而在机内温度较低时降低风扇转速或停转，以节能和降低噪声。

知识点 6.5.2 调试过程中的故障处理步骤

调试过程中如果出现故障，首先要观察、了解故障现象；其次分析故障的原因，测试、判断故障发生的部位；再次进行故障排除；最后完成对电子整机的各项性能和功能的复查、检验，写出维修总结并归档。

故障处理的流程如图 6.41 所示。

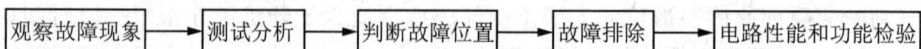

观察故障现象 → 测试分析 → 判断故障位置 → 故障排除 → 电路性能和功能检验

图 6.41 故障处理流程图

1. 观察故障现象

观察故障现象就是对出现故障的电路或电子整机产品，查看故障产生的直接部位、观察故障现象，粗略判断故障产生的大致范围。

观察故障现象可以在不通电和通电两种情况下进行。

对于新安装的电路，首先要在不通电的情况下，认真检查电路是否有元器件用错、元器件引脚接错、元器件松动或脱焊、元器件损坏、插件接触不良、导线断线等问题出现。查找时可借助万用表。

若在不通电观察时未发现问题，则可进行通电观察。此时注意力要集中，通电后手不要离开电源开关，采取看、听、摸、摇的方法进行查找。即通电时，看：电路有无打火、冒烟、放电现象；听：有无爆破声、打火声；闻：有无焦味、放电臭氧味；摸：集成块、晶体管、电阻、变压器等有无过热表现；摇：电路板、接插件或元器件等有无接触不良等表现。若有异常现象，应记住故障点并马上断开电源。

2. 测试分析与判断故障位置

故障出现后，重要的工作是查找出故障的部位和产生的原因，这是排除故障的关键。

有些故障可以通过观察直接找出故障点，并直接排除故障，如焊接故障（桥焊、漏焊等）、导线连接脱落或松动、装配故障。但大多数故障必须根据故障现象，结合电路原理、并使用测试仪器（如万用表、示波器、扫频仪等），进行测试、分析后，才能找出故障的原因和故障部位。例如，稳压电源的保险管突然烧断，就不一定是简单的保险管的问题，有可能是后续电路短路、过载，或后续电路及元器件出现故障造成的保险管烧断，这就需要通过测试分析，判断出真正的故障原因，找出故障点。

3. 故障排除

故障原因和故障的部位找到后，排除故障就很简单了。排除故障不能只求功能恢复，还要求全部的性能都达到技术要求；更不能不加分析，不把故障的根源找出来，就盲目更换元器件，只排除表面的故障，不彻底完全地排除故障，使产品隐藏着故障出厂。

排除故障时，要细心、耐心。对于简单的故障，如虚焊、漏焊、断线等，可直接修复处理；对于已损坏的元器件做更换后，要仔细检查一遍更换的元器件及电路，确认无误后再通电检验，直至电路所有的性能指标均达到设计要求。

4. 电路性能和功能检验

故障排除后，一定要对电路各项功能和性能进行全部的检验。通常的做法是：故障排除后，应使用测试仪器对电子整机的性能、指标进行重新调试和检验。调试和检验的项目和要求与新装配出的产品相同，不能认为有些项目检修前已经调试和检验过了，就不需重调再检。

实训 13　万用表的安装与调试

一、实训目的

1. 了解电子整机产品制作的基本过程；
2. 学会识读电子产品原理图和装配工艺过程的各种图表，熟悉万用表的工作原理；
3. 掌握元器件、导线及焊片的焊装要求和技巧；
4. 掌握电子整机的机械装配要求和技巧；
5. 熟练掌握常用焊接、装配工具的使用方法；
6. 学会万用表的调试和故障检修。

二、实训线路和器材

1. 实训线路

本实训选用多挡旋鼓开关型的 500 型模拟式万用表作为实训案例。该 500 型万用

表是由表头、转换开关、测量电路、刻度盘、表壳、表棒等部分组成，其电原理图和
装配图如图 6.42、图 6.43 所示。

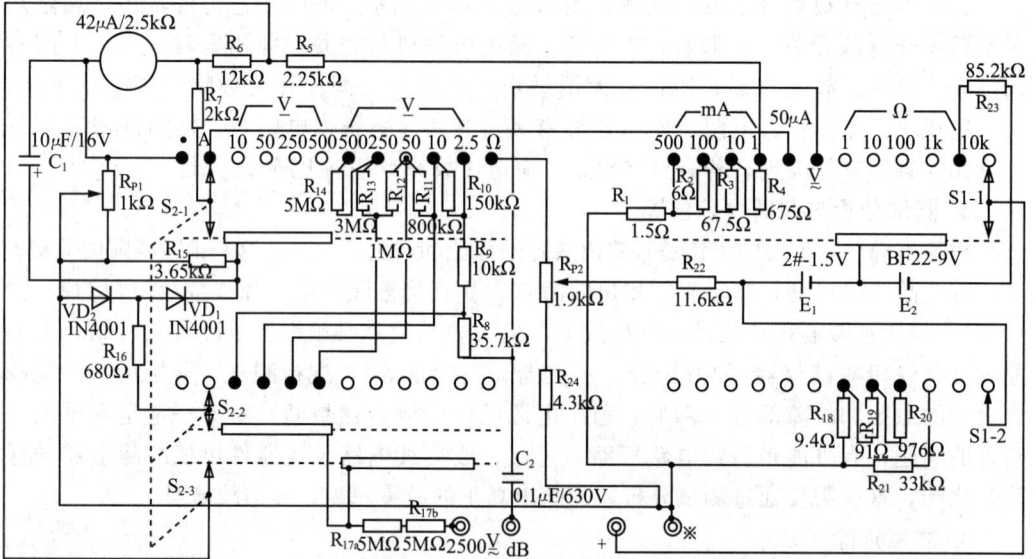

图 6.42　500 型万用表电原理图

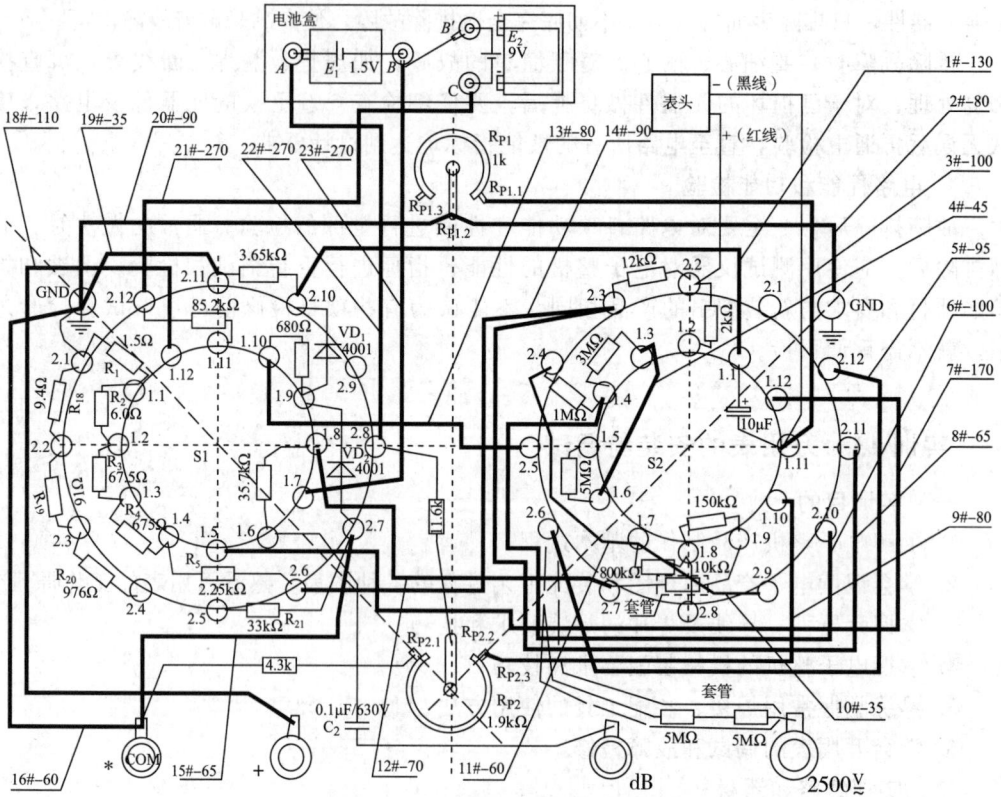

图 6.43　500 型万用表装配图

2. 材料清单

购置多挡旋鼓开关型的 500 型万用表整机套件,包括图纸、技术文件或产品说明书等;松香、焊锡、无水酒精等。

3. 工具

万用表 1 台,电烙铁 1 把,烙铁架 1 个,斜口钳(或剪刀)、尖嘴钳、镊子、大小(一字、十字)螺丝刀各 1 把。

4. 测试仪器

万用表校准仪。

三、实训步骤及内容

1. 领取万用表整机套件,并进行原材料清点。

2. 识别与检测各元器件及材料。

3. 读图。看懂原理图和装配图。

(1)从原理图中,将电流挡、电压挡、电阻挡、交流整流电路、调节电路分离出来,并分析各元件的作用及对各挡的影响。

(2)对照图 6.42 的原理图,对图 6.43 的装配图进行识读,了解装配图与原理图的关系。

4. 装配。

万用表的装配包括电气装配和机械装配两大类。从整机的结构来看,装配分为:面板的装配、印制电路板的装配、整机装配。装配的步骤通常是先进行电气装配,再进行机械装配。

(1)电气装配。

电气装配包括:元器件的安装、焊接,导线的处理、连接。

电气装配要求如下。

①各元件要排列整齐、平整、美观,不要装错位置,同一类型的元器件安装的高度、方向一致。

②注意二极管的极性、位置,不要装反极性。

③注意电解电容的正、负极,不要装反极性。

④元器件引脚要尽可能短,元件尽可能靠近开关体,位置不得超出开关焊片的外沿。

⑤导线的端头尽可能短,绝缘层尽可能靠近焊片,但又不能烫伤导线的绝缘层。

⑥焊点要求:焊料均匀、饱满,表面无杂质、光滑,无拉尖等。

(2)机械装配。

机械装配包括:表头的安装、电路板的固定、插孔(共四个)的装配、"Ω"调零电位器的装配、功能转换开关 S_1 和 S_2 的装配、电池盒的装配、塑料手提环的装配等。

机械装配中,下列几个方面值得注意。

①万用表的表头是高精度、高灵敏度的磁电机构,表头出厂时已经经过了专门检测,因而安装时,不要拆卸表头,只需将表头固定在面板上,并连接导线即可。

②功能转换开关是选择测量种类及量程的部件,安装时,一定要将开关触片与印制电路板的开关连接点对齐紧固,否则易出现转换调节不灵敏或失控的现象;且固定

开关时，一定要垫上内齿垫片，避免使用时功能转换开关松动。

③插孔由多个小部件装配而成，各小部件的安装位置布局如图 6.44 所示。

5. 总装自检。所有元件导线装焊完后，应对照装配图认真全面地进行自检。

（1）直流电压挡自检。在万用表正式调试前，可将万用表选择在直流 2.5V 挡，先测量 2♯干电池的电压，看其指示值是否在 1.5V 附近。可以通过调试 W_1，使万用表指示在 1.5V 附近（一般新电池的端电压在 1.6V 左右）。若指示值相差太大，或无指示、指针反偏等，说明万用表有故障，应仔细检查。

（2）电阻挡自检。万用表装上电池，将万用表选择在电阻挡，将两表笔短路，调节"Ω"调零钮，看能否使表针指在"Ω"零位（表针满偏）。各电阻挡分别试一试。若各电阻挡均不能"Ω"调零，或某电阻挡不能"Ω"调零，说明万用表有故障，应仔细检查。

插孔杆 500K

插孔胶木套 500J1

前面板

插孔胶木垫圈 500J2

插孔焊片 500H

铜质内齿垫片 06

铜质六角螺母 M6

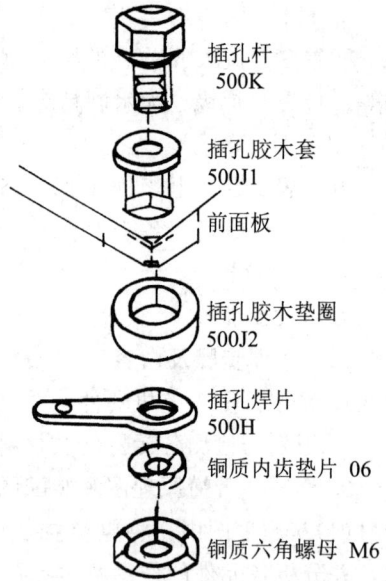

图 6.44 插孔安装位置布局

6. 万用表调试。万用表的调试原理是比较法，即用被调万用表去测量一个已知的电压、电流或电阻，使其指示的值与已知的值相同。

（1）调试电流：将新装配的万用表与标准表串接到电路中测试电流，调整新装配的万用表，使两表测得的电流值相同。

（2）调试电压：将新装配的万用表与标准表并联后，同时测量同一个电压，调整新装配的万用表，使两表测得的电压值相同。

（3）调试电阻：用新装配的万用表去测量已知阻值的电阻器，调整新装配的万用表，使其测量的电阻数据与已知阻值相同。

7. 万用表的故障分析与检修。根据安装、调试的过程，针对出现的故障，运用本教材"技能技巧 53 故障查找方法"进行故障查找与分析，并排除故障。

四、实训课时

课堂时数：8 学时；课外时数：6 学时；共计：14 学时。

五、实训报告要求

1. 万用表装配的步骤、方法。

2. 万用表装配中，使用的各种图表的名称及其作用。

3. 万用表调试的内容、步骤；调试中的故障现象及如何排除的。

实训 14 超外差式收音机的安装与调试

一、实训目的

1. 掌握超外差式收音机的装配与调试方法；

2. 学会工程资料及技术数据的收集、整理、汇编的方法；了解工程总结报告的编写要求和步骤；

3. 学会识读电子产品原理图和装配工艺过程的各种图表，学会综合分析问题的方法，提高解决实际工程问题的综合能力。

二、实训线路和器材

1. 实训线路

本实训项目使用了 S66D 型超外差式收音机作为实训案例。S66D 型超外差式收音机的电路方框图如图 6.45 所示，电路原理图如图 6.46 所示。

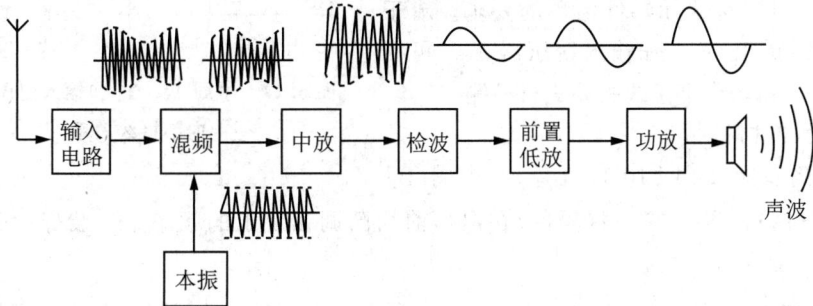

图 6.45　S66D 型超外差式收音机的电路方框图

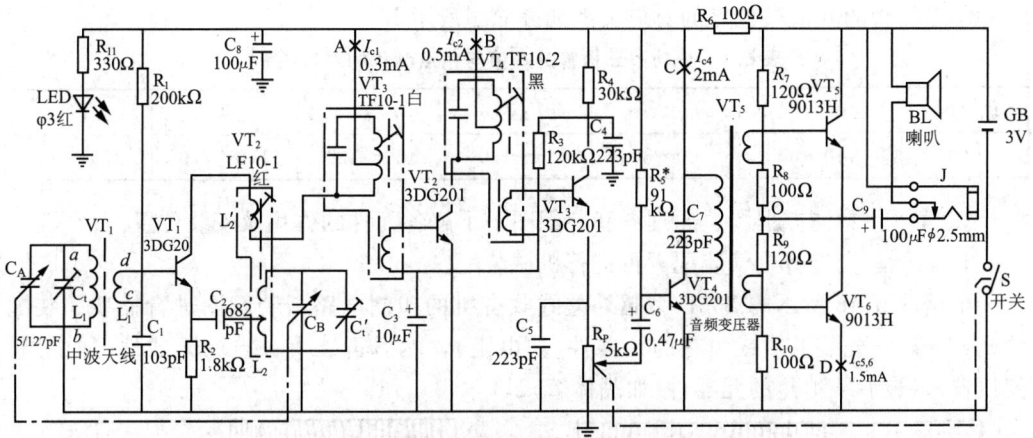

图 6.46　S66D 型超外差式收音机的电路原理图

超外差式收音机的工作过程简述如下。

天线调谐回路(输入回路)接收广播电台发射的无线电高频调幅波信号后，通过变频级(混频和本振电路构成)把高频调幅波信号频率变换成一个较低的 465kHz 固定中频(介于音频和高频之间)调幅信号，该信号由中频放大级放大后，经检波级还原出音频信号，然后经过低频前置放大级和低频功率放大级放大得到足够的功率，由此推动扬声器(喇叭)将音频信号转变为声音。

2. 材料

S66D 型超外差式晶体管收音机套件，技术文件或产品说明书；焊锡、松香、无水酒精等。

3. 工具和仪器

万用表1台，示波器1台，高频信号发生器和低频信号发生器各1台，电烙铁1

把，烙铁架1个，斜口钳(或剪刀)、尖嘴钳、镊子、大小(一字、十字)螺丝刀各1把。

三、实训步骤及内容

1. 领取 S66D 型超外差式收音机整机套件，并进行原材料清点。

2. 识别与检测各元器件及材料。

(1)外观检验。要求元器件外观完整无损，标识清晰，引线没有锈蚀和断脚现象。

(2)参数检查。用万用表对元器件进行测量，各元器件要符合元器件清单的要求。对于多引脚的中周 T_3、T_4 和输入变压器 T_5，可根据图 6.47 所示的内部接线关系进行检测。

(3)元器件说明。

(a) 中周T3、T4　　　(b) 变压器T5

图 6.47　中周 T_3、T_4 和输入变压器 T_5 内部接线关系

①振荡线圈 T_2-LF10-1(红色)、中周 T_3-TF10-1(白色)和 T_4-TF10-2(黑色)在出厂前均已调在规定的频率上，装好后只需微调甚至不调，请不要调乱。

②T_5 为输入变压器，线圈骨架上有凸点标记的为初级，印制电路板上也有圆点作为标记。

③三极管的 β 值与色点的对应关系如表 6.1 所示。

表 6.1　小功率三极管的 β 值与色点颜色的对应关系

色点颜色	黄	绿	蓝	紫	灰	白
β 值	40~50	50~80	80~120	120~180	180~270	270~400

3. 读图。看懂方框图、原理图和装配图；了解各元件的作用及安装位置。

4. 装配。先进行电气装配，再进行机械装配。

根据图 6.48 所示的 S66D 型超外差式收音机的印制电路板装配图进行插装。装配原则：安装时先装低矮或耐热的元器件(如电阻)，然后再装大一点的元器件(如中周、变压器)，最后装怕热的元器件(如晶体管)。

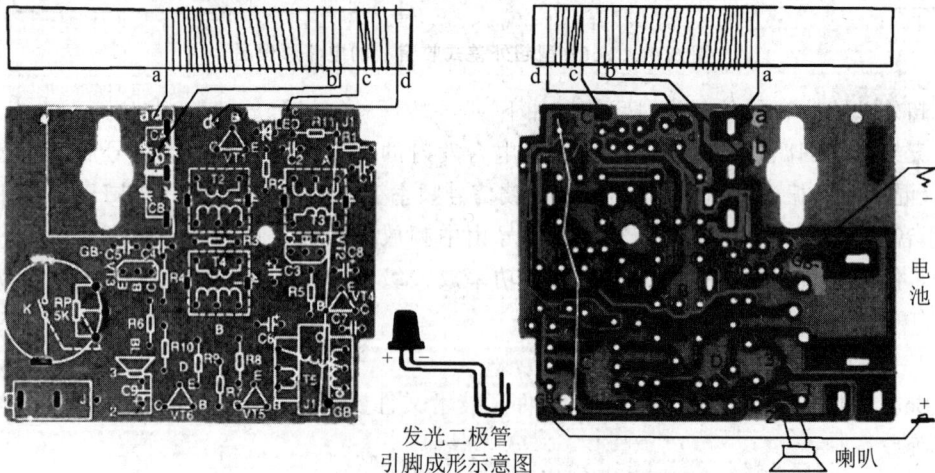

发光二极管
引脚成形示意图

电池

喇叭

图 6.48　S66D 型超外差式收音机的印制电路板装配图

安装要求如下。

（1）电阻、瓷片电容的安装要求。

电阻、瓷片电容的安装均采用立式安装，同一种类型的元器件其安装高度、弯曲形状要求一致。先插装，再焊接，最后是引脚剪切。

（2）中频变压器（以下简称中周）的安装。

中周应紧贴印制电路板安装，中周装配不歪斜。中周外壳引脚必须焊接，应保证其屏蔽作用及导线连接作用。

收音机电路板上的元器件高度以不超过中周高度为准，否则会影响收音机后盖的安装。

（3）电解电容器的安装。

电解电容器采用紧贴电路板立式的安装方式，安装后不能影响后盖的安装，安装时注意正、负极性不能插反。

（4）输入变压器的安装

输入变压器 T_5 有 6 个引脚，分两列对称分布，插装时要注意方向，变压器线圈骨架上有凸点标记的一侧为初级，印制电路板上也有圆点作为对应侧的标记。输入变压器采用紧贴电路板安装、焊接。

（5）开关电位器的安装。

开关电位器 R_P 的安装应使其与电路板平行，保证安装完毕可以灵活方便地进行调节。

（6）三极管的安装。

S66D 型超外差式收音机共有 6 个三极管，其中 $VT_1 \sim VT_4$ 为 3DG201（或 9014 型）属于高频小功率三极管，虽然型号相同，但放大倍数（β 值）要求不同，故装配时应按要求将对应色点的三极管插装到相应位置，不能混淆。VT_5、VT_6 为 9013 型属于中功率配套的三极管，请不要与 $VT_1 \sim VT_4$ 混淆，插装时注意极性，三极管的插装高度要统一。

（7）双连及磁棒支架的安装。

将磁棒支架和双连一起安装到电路板上，用双连将磁棒支架片压住，再用两个 M2.5×5 螺钉将双连固定牢固，用斜口钳将高出焊接面的三个引脚剪掉，只留 1mm，然后焊接，安装位置如图 6.48 所示。

（8）磁棒线圈的安装。

①将线圈的 4 根引线头直接用电烙铁配合松香焊锡丝来回摩擦几次即可自动镀上锡。

②将磁棒线圈套在磁棒上后插入磁棒支架。

③将线圈四个线头 a、b、c、d 分别对应搭焊在印制电路板的铜箔面上的 a、b、c、d 四个焊盘上。

④整理好引线，在磁棒与支架间滴上 303-1 胶水，要求线圈搪锡头全部埋入焊点，线圈管拉至磁棒末端，引线不凌乱，磁棒与支架胶粘牢靠。

⑤由于调谐用的双连拨盘安装时离电路板很近，所以应剪去在双连拨盘圆周内的高出部分的焊接物，避免安装或调谐双连时出现安装困难。

(9)耳机插座的安装。

先将插座的靠尾部下面一个焊片往下从根部弯曲 90°插在电路板上，然后再用剪下来的一个引脚一端插在靠尾部上端的孔内，另一端插在电路板对应的 J 孔内，焊接时速度要快一点，以免烫坏插座的塑料部分。

(10)发光二极管的装配。

将发光二极管按照图 6.49 所示的形状弯曲成型，并注意其正、负极性。然后，直接插到电路板的相应位置(从元器件面插入)，焊接两焊盘。

发光二极管
引脚成形示意图

图 6.49 发光二极管的管脚成型图

(11)电位器拨盘和双连调谐盘(拨盘)的安装。

用 M1.6×5 螺钉将电位器拨盘紧固于电位器的调节轴上，安装时先将拨盘上的槽口对准电位装轴，然后将螺钉旋紧。

双连拨盘的安装要注意拨盘正面的指示条应指示在刻度板的刻度范围内，其余要求同电位器拨盘，只是使用的螺钉为 M2.5×5。

(12)喇叭的安装。

先将喇叭安放到前盖内喇叭安装位后，再用电烙铁将周围的三个塑料桩子靠近喇叭边缘烫下去把喇叭压紧以免喇叭松动。将一红一黑两根导线剥头上锡后，红线的一端焊接在喇叭的"＋"接线焊片上，另一端搭焊在电路板铜箔面的"3"焊盘上；黑线的一端焊接在喇叭的"－"接线焊片上，另一端搭焊在电路板铜箔面的"2"焊盘上。

(13)电源正、负极夹片和弹簧片的安装。

将红导线剥头上锡后，一端搭焊在电池的正极夹片上，另一端搭焊在电路板铜箔面的"GB＋"焊盘上；将黑导线剥头上锡后，一端搭焊在电池的负极夹片上，另一端搭焊在电路板铜箔面的"GB－"焊盘上。然后将电池的正、负极夹片插装到前盖内的电池片安装模槽内，同时将电池的正、负连接弹簧装于前盖内相应的安装模槽内。注意正、负极片的搭配关系，应保证电池安装时正、负极的正确对接。

正、负极夹片的焊点边缘与夹片的边缘间距须大于 1mm，以免插入外壳时卡住。

5. 调试。

(1)印制电路板(基板)的调试。

①外观检查。有无错装、漏装、装配歪斜、元器件引脚碰撞的情况，焊接有无漏焊、桥接、松动的情况，引线是否完全连接、有无烫伤露芯线、多股芯线有无断股等现象。

②静态调试。即各级静态工作点的调试，包括对照收音机说明书，借助于万用表调试高放级 I_{c1}、中放级 I_{c2}、音频放大级 I_{c4}、功放级 $I_{c5,6}$ 及整机静态电流。

③动态调试。借助示波器、高频信号发生器、低频信号发生器、稳压电源等设备调试低频放大部分的最大输出功率、额定输出功率时的总增益，以及失真度的调试、中频调整等。

(2)整机调试。

整机调试是在印制电路板调试完成后进行的调试。超外差式收音机的整机调试，包括外观检查、结构调整、开口试听、中频复调和外差跟踪统调(校准频率刻度和调整补偿)等内容。

收音机的调试可借助万用表、示波器、高频信号发生器、低频信号发生器、稳压电源等测试仪器以及无感起子、镊子、螺丝刀等工具完成。

收音机的整机调试方法、步骤可参考本教材"技能技巧51 整机调试"的内容。

调试合格后，用 $\phi 2 \times 5$ 的自攻螺钉将电路板紧固于前盖内。

(3)整机全性能测试。

测试以下性能：中频频率、频率范围、噪限灵敏度、单信号选择性、最大有用功率。

6.收音机常见故障分析与排除。参照本教材"技能技巧53 故障查找方法"中介绍的方法，对收音机安装、调试中出现的故障进行查找与分析、判断与排除。

四、实训课时

课堂时数：8学时；课外时数：6学时；共计：14学时。

五、实训报告要求

1.超外差式收音机由哪几个部分组成，各部分有何作用？

2.超外差式收音机的安装步骤、方法。

3.安装与调试收音机的过程中遇到什么问题？如何解决的？

实训 15　集成可调式直流稳压电源的设计、制作与调试

一、实训目的

1.了解直流稳压电源的组成结构；

2.学会设计、制作直流稳压电源的印制电路板；

3.熟练掌握集成可调式直流稳压电路的安装、制作方法；

4.掌握直流输出电压大小的调试方法。

二、实训线路与器件

1.实训线路

直流稳压电源是将 220V、50Hz 的交流电压转换为稳定直流电的装置，其构成框图如图 6.50 所示。

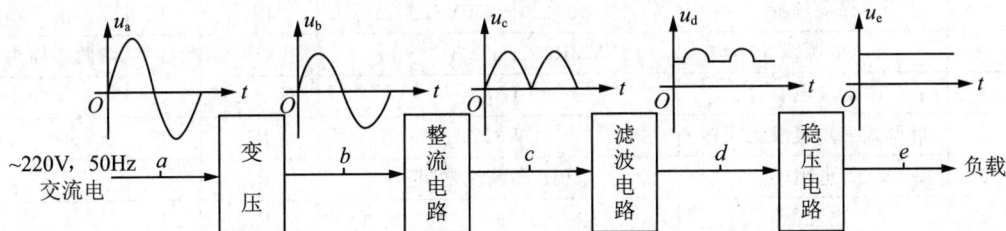

图 6.50　直流稳压电源构成框图

集成可调式直流稳压电源电路原理图如图 6.51 所示，该电路采用桥式整流、电容滤波的形式，其稳压部分采用了由 W317 可调式三端集成稳压器构成的稳压电路。三端式集成稳压器电路可以实现直流电压输出稳定、输出电压在一定范围内连续可调、

工作安全可靠的目的。

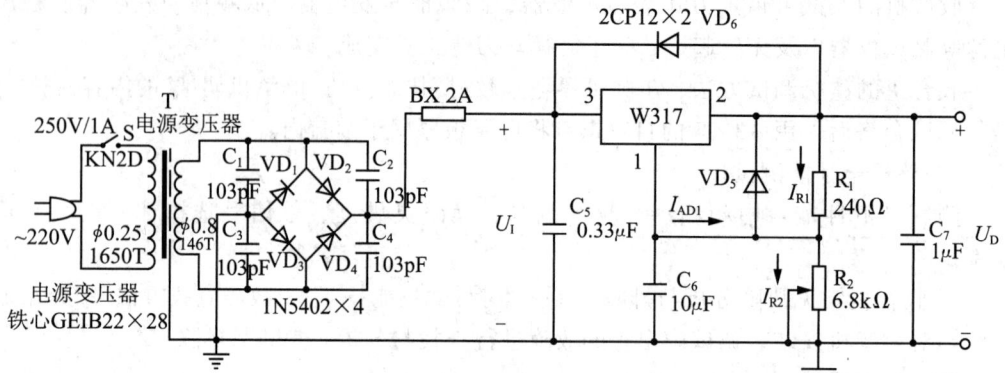

图 6.51　集成可调式直流稳压电源电路原理图

2. 技术、安装要求

(1)图 6.51 所示的集成可调式直流稳压电源电路中，稳压的最大输入电压必须满足 $U_I \leqslant 40\text{V}$ 的条件。

(2)电阻 R_1 两端的电压作为该电路的基准电压，接在集成稳压器 W317 的输出端 2 和调整端 1 之间。

(3)调节可变电阻 R_2，可以使输出电压在一定范围内连续可调。

(4)VD_5 和 VD_6 为保护二极管，用以防止稳压输入短路($U_I=0$)或稳压输出短路($U_o=0$)时，可能造成的 W317 稳压器的损坏。

3. 元器件清单

稳压电源的元器件清单如表 6.2 所示。

表 6.2　集成可调式直流稳压电源元器件清单

序号	名　　称	规格型号	代　号	数量	备　注
1	电源变压器	GEIB22×28－220V/19.5V	T	1	
2	整流二极管	1N5402(2A、100V)	$VD_1 \sim VD_4$	4	
3	电源开关	AC250V/1A	S	1	
4	保险丝座	$\phi 3 \times 20$	BX	1	
5	保险丝管	$\phi 3 \times 20 - 250V/2A$	BX	1	
6	电源线	AVVR2×18/0.3　－2m		1	带两芯插头
7	滤波电容	103pF	$C_1 \sim C_4$	4	
8	可调式三端集成稳压器	W317	IC	1	
9	电阻	240Ω(高精度电阻)	R_1	1	
10	电位器	6K8	R_2	1	
11	二极管	2CP12	VD_5，VD_6	2	
12	电容器	0.33μF/100V	C_5	1	
13	电容器	1μF/100V	C_7	1	
14	电容器	10μF/100V	C_6	1	

4. 材料清单

单面覆铜板 1 块，松香、焊锡、无水酒精、油漆、三氯化铁、铅笔、复写纸、软毛刷、小刀、钻头等若干。

5. 设备及工具

电脑 1 台，万用表 1 台，电烙铁 1 把，烙铁架 1 个，小型台式钻床或手电钻，斜口钳、尖嘴钳、镊子、大小（一字、十字）螺丝刀各 1 把，鸭嘴笔、尺、腐蚀用的容器、竹夹、小钢锯等。

三、训练步骤及内容

1. 熟悉图 6.50、图 6.51 所示的直流稳压电源构成框图和集成可调式直流稳压电源电路原理及组成特点。

2. 清点、识别各种元器件，借助万用表检测元器件的好坏，并将检测结果记录在表 6.3 中。

3. 使用电脑用 Proteus 软件设计直流稳压电源的印制电路板。

4. 手工自制直流稳压电源的印制电路板。

5. 使用尖嘴钳、镊子等工具，对元器件整形，并将元器件插装在印制电路板上，装配、焊接。

6. 借助万用表，检测稳压电源电路的功能，并调试输出电压的可调范围。

表 6.3　集成可调式直流稳压电源元器件检测表

检测项目		技术参数	质量好坏	备注
元器件名称	二极管			
	电阻			
	电位器			
	保险丝管			
	电源变压器			
	电容			
	电解电容			

四、实训课时

课堂参考时数：6 学时；课外时数：4 学时；共计：10 学时。

五、实训报告要求

1. 简述稳压原理，计算输出电压的可调范围。

2. 当桥式整流二极管中的一个二极管被击穿或断路时，稳压电源的输出电压发生什么变化？

3. 装配过程中遇到什么问题，如何解决？

实训 16　气体烟雾报警电路的设计、制作与调试

一、实训目的

1. 了解气体烟雾报警电路的组成结构和工作原理；

2. 学会设计、制作声光控开关电路的印制电路板；

3. 熟练掌握气体烟雾报警电路的安装、制作方法；

4. 了解气敏元件的工作性质，熟悉气敏元件的使用方法；

5. 学会调节气体烟雾报警电路的灵敏度和报警声音。

二、实训线路与器材

1. 实训电路及工作原理

气体烟雾报警器电路如图 6.52 所示。该电路主要由直流稳压电源、气体传感器及报警电路三部分构成。其中，采用半导体气敏元件 QM 作为传感器，实现"气→电"转换，555 时基电路组成触发电路和报警音响电路。由于气敏元件 QM 工作时要求其工作电压稳定，所以利用 7805 三端集成稳压器对气敏元件 QM 加热灯丝进行稳压，使报警能稳定地工作在 180～260V 的电压范围内。

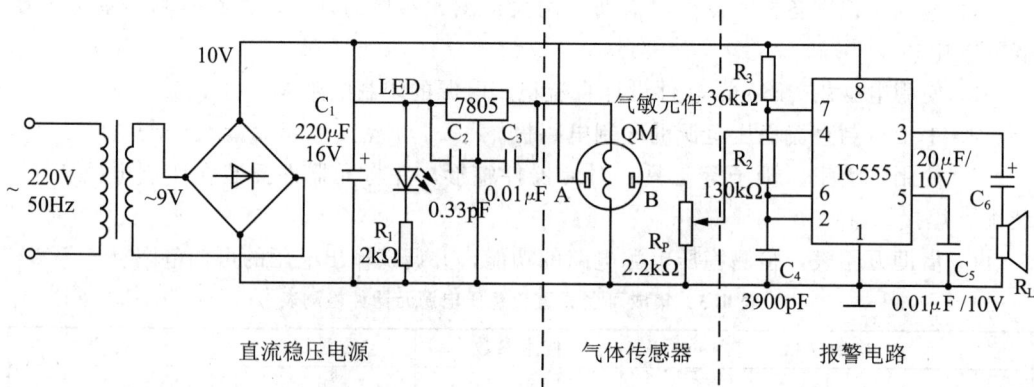

图 6.52　气体烟雾报警器电路

工作原理：当气敏传感器 QM 接触到可燃气体时，其阻值降低，使 555 时基电路复位端 4 端的电位上升，当 4 端的电位达到集成块 1/3 工作电压时，555 时基电路的 3 脚输出信号，喇叭就发出报警信号。

2. 元器件清单

气体烟雾报警器电路元器件清单如表 6.4 所示。

表 6.4　气体烟雾报警器电路元器件清单

序号	名　称	规格型号	代号	数量	备　注
1	电源变压器	220V/9V，>5W	T	1	电源变压器
2	二极管	IN4001		4	整流二极管
3	电解电容	220μF/16V	C_1	1	
4	电解电容	0.33μF/10V	C_2	1	
5	电解电容	0.01μF/10V	C_3	1	
6	电解电容	3900pF	C_4	1	
7	电解电容	0.01μF/10V	C_5	1	
8	电解电容	20μF/10V	C_6	1	
9	发光二极管	$d=3\text{mm}$	LED	1	

续表

序号	名　　称	规格型号	代号	数量	备　　注
10	电阻	2kΩ	R_1	1	1/8W 碳膜电阻
11	电阻	130kΩ	R_2	1	1/8W 碳膜电阻
12	电阻	36kΩ	R_3	1	1/8W 碳膜电阻
13	电位器	2.2kΩ	R_P	1	
14	气敏元件(传感器)	QM-N5，或 MQ211	QM	1	适用于天然气、煤气、液化气、汽油、一氧化碳、氢气、烷类、醇类、醚类挥发气体，以及火灾形成之前的烟雾报警
15	三端集成稳压器		7805	1	
16	555 时基电路		IC555	1	
17	喇叭	8Ω	R_L	1	

3. 材料清单

单面覆铜板 1 块，松香、焊锡、无水酒精、油漆、三氯化铁、铅笔、复写纸、软毛刷、小刀、钻头等若干。

4. 设备及工具

电脑 1 台，万用表 1 台，电烙铁 1 把，烙铁架 1 个，小型台式钻床或手电钻，斜口钳、尖嘴钳、镊子、大小(一字、十字)螺丝刀各 1 把，鸭嘴笔、尺、腐蚀用的容器、竹夹、小钢锯等。

三、训练步骤及内容

1. 熟悉图 6.52 所示的气体烟雾报警器电路的组成结构。

2. 清点、识别各种元器件，借助万用表检测元器件的好坏。

3. 使用电脑用 Proteus 软件设计气体烟雾报警器电路的印制电路板。

4. 手工自制气体烟雾报警器电路的印制电路板。

5. 使用尖嘴钳、镊子等工具，对元器件整形，并将元器件插装在印制电路板上，装配、焊接。

6. 性能检测调试：接通电源，预热 3 分钟左右，调节 R_P 使报警器进入报警临界状态，从天然气、煤气、液化气、汽油、一氧化碳、氢气、烷类、醇类、醚类挥发气体，以及火灾烟雾气体中选择几种气体接近气敏元件，测试气体烟雾报警器发出报警声的状况(灵敏度、报警声音大小)。

四、实训课时

课堂参考时数：6 学时；课外时数：2 学时；共计：8 学时。

五、实训报告要求

1. R_P 的大小对报警电路的工作有何影响？

2. 报警的灵敏度时间是多少？

3. 改变 C_5 或 C_6 的大小，对报警电路的工作有何影响？

本项目归纳总结

1. 调试是保证电子产品整机功能和品质的重要环节。由于电子产品是由许多元器件组成的，而各元器件性能参数的离散性、电路设计的近似性，以及生产过程中的随机因素的影响，使得装配完成之后的电子产品通常达不到设计规定的功能和性能指标，因而电子整机装配完毕后必须进行调试。

2. 调试包括调整和测试两个部分。通过调整和测试，电子产品的功能、技术指标和性能才能达到预期的目标。

3. 在电子产品调试之前，应做好技术文件的收集、测试仪器仪表的准备、调试场地的布置、调试方案的制订。

4. 为了保护调试人员的人身安全，防止测量仪器设备和被测电路及产品的损坏，在调试过程中，应严格遵守操作安全规程，注意调试工作中制定的安全措施。调试工作中的安全措施主要有供电安全和操作安全。

5. 示波器是一种特殊的电压表，是一种常用的电子测试仪器。它可用于测量被测信号的波形并直观地显示出来，由此观测到被测信号的变化情况以及信号的幅度、周期、频率、相位以及是否失真等情况。

6. 信号发生器是能够提供一定标准和技术要求的信号的电子仪器，在电子测量中常用作标准信号源，在电路实验和设备检测中具有十分广泛的应用。

7. 电子整机常规的调试内容包括：电气部分调试和机械部分调试。其中电气部分调试包括通电前的检查、通电调试和整机调试三个部分。首先进行通电前的检查，其次进行通电调试，最后进行整机调试。

8. 静态调试包括静态的测试与调整。通过静态调试，可以使电路正常工作，有时也能判断电路的故障所在。

模拟电路的静态测试就是测量电路的静态直流工作点（即电路的直流电压和直流电流）；数字电路的静态测试就是输入端设置成符合要求的高（或低）电平，测量电路各点的电位值及逻辑关系等。

常用测试仪表包括：万用表、直流电流表、直流电压表。

9. 动态测试主要是测试电路的信号波形电路的频率特性，以及电路相关点的动态范围、失真情况等。

动态调整是指调整电路的动态特性参数，即通过调整电路的交流通路元器件（如电容、电感等），使电路相关点的交流信号的波形、幅度、频率等参数达到设计要求。

10. 电子产品调试过程中，往往会遇到一些故障，造成产品达不到设计的技术指标或是电路无法正常工作。因此，整机调试过程中，必须对整机进行故障的查找、分析和处理，使电子产品最终达到设计要求。

11. 整机调试中产生的故障往往以焊接和装配故障为主，一般都是机内故障，基本上不存在机外故障或使用不当造成的人为故障；对于新产品样机，则可能存在特有的设计缺陷、元器件参数不合理或分布参数造成的故障。

12. 故障查找的方法有很多，常用的方法有：观察法、测量法、替换法、信号注入法、加热与冷却法、计算机智能监测法等。具体应用时，要针对故障现象和具体的检测对象，交叉、灵活地运用其中的一种或几种方法，以达到快速、准确、有效查找故障的目的。

自我测试 6

6.1　电子产品为什么要进行调试？

6.2　什么是调整？什么是测试？它们之间有什么关系？

6.3　电子整机和样机有什么区别？

6.4　调试工作中应特别注意的安全措施有哪些？

6.5　为什么说"断开电源开关不等于断电"？"不通电不等于不带电"？

6.6　示波器与万用表测量电压有什么不同？

6.7　信号发生器有何作用？函数信号发生器可以输出什么波形信号、有何作用？

6.8　整机电路调试分为哪几个阶段？其调试步骤为何？

6.9　通电调试包括哪几方面？按什么顺序进行调试？

6.10　什么是静态调试？静态调试中常用的测试仪器有哪些？

6.11　什么是动态调试？动态调试有何作用？

6.12　测试频率特性的常用方法有哪几种？各有何特点？

6.13　超外差式收音机由哪几部分组成？画出组成方框图。超外差式收音机有何作用？

6.14　超外差式收音机的静态是调试什么内容？通常使用什么仪器对超外差式收音机的静态进行调试？

6.15　超外差式收音机的动态通常需要调试什么参数？

6.16　什么是中频调整？常用的中频调整方法有哪几种？

6.17　电子整机调试过程中的故障有何特点？

6.18　电子整机调试过程中的主要故障有哪些？

6.19　故障的查找常采用哪些方法？

6.20　静态观察法和动态观察法有什么不同？

6.21　什么是替换法？它有哪三种方式？

6.22　什么是信号注入法？适用于什么场合？

6.23　加热与冷却的故障查找法一般用于什么场合？

6.24　简述整机调试过程中的故障处理流程。

项目七　电子整机的检验与防护

>>> **项目背景**

　　2022 年 8 月 19 日，世界职业技术教育发展大会在天津开幕。习近平总书记向世界职业技术教育发展大会致贺信指出："职业教育与经济社会发展紧密相连，对促进就业创业、助力经济社会发展、增进人民福祉具有重要意义。""理论＋实践"的教学，是加强优化职业教育必不可少的途径。电子整机的检验与防护是电子制造业中的最后关口，关乎电子产品质量及使用寿命，影响人民的福祉指数，因此学习掌握电子整机的检验与防护技能不可小觑。

>>> **项目任务**

　　了解电子产品技术文件的内涵及分类，熟悉电子产品的质量管理和质量标准，熟悉电子产品检验的概念和流程，掌握检验的方法，熟悉并掌握电子产品的防护方法及技术要求。培养学生掌握良好的质量控制过程及质量管理方法，具备综合应用所学知识分析解决电子产品质量检验过程中的实际问题的能力。

>>> **项目任务分解**

　　1. 技术文件的特点、分类及管理；

　　2. 电子产品的特点及生产标准；

　　3. 电子产品的开发与试制；

　　4. ISO 9000 与 GB/T 19000 质量管理与质量标准；

　　5. 电子产品检验的方法、检验阶段及检验内容；

　　6. 电子整机产品的防护。

>>> **项目教学导航**

　　结合实训 13～16 熟悉电子整机套件的安装过程，了解、读懂电子产品技术文件的内涵，熟悉电子产品的质量管理和质量标准的内容，学习电子产品检验的概念及流程，完成电子产品的采购检验、过程检验、整机检验三个检验过程，由此了解电子元器件及产品的防护方法及技术要求。通过完成实训 17，将电子产品的文件内容、产品质量管理及产品的检验、防护等一系列电子整机检验与防护的相关知识融为一体地进行理解、吸收，对电子产品的制作工艺过程形成一个完整、清晰的概念。

▶**任务一　电子产品的技术文件**

　　在电子产品开发、设计、制作的过程中，形成的反映电子产品功能、性能、构造特点及测试试验要求的图样和说明性文件，统称为电子产品的技术文件。

技术文件是电子产品设计、试制、生产、使用和维修的基本理论依据。在从事电子产品规模生产的制造业，产品技术文件具有生产法规的效力，必须执行统一的严格标准，实行严明的规范管理，不允许生产者有个人的随意性。技术文件的完备性、权威性和一致性是不容置疑的。

知识点 7.1.1　技术文件的特点与分类

电子产品项目确定后，首先就要根据技术工作要求形成技术文件。与项目相关的各种图纸、技术表格、文字资料等，构成技术文件。

1. 技术文件的分类

技术文件常见的分类方法如下。

(1)按制造业中的技术来分，可分为设计文件和工艺文件两大类。

(2)在非制造业领域里，按电子技术图表本身特性来分，可分为工程性图表和说明性图表两大类。前者是为产品的设计、生产而用的，具有明显的"工程"特性；后者是用于非生产目的，如技术交流、技术说明、专业教学、技术培训等方面，它有较大的"随意性"和"灵活性"，可以随着电子技术的发展，不断有新的名词、符号和代号出现。

2. 技术文件的特点

(1)标准严格。

电子产品的技术文件必须标准化。标准化是确保产品质量、实现科学管理、提高经济效益的基础，是信息传递、交流的纽带，是产品进入国际市场的重要保证。

我国电子行业的标准目前分为三级，即国家标准(GB)、专业(部)标准(ZB)和企业标准。

电子产品的技术文件要求全面、严格地执行国家标准，要用规范的"工程语言(包括各种图形、符号、记号、表达形式等)"描述电子产品的设计内容和设计思想，指导生产过程。电子产品文件标准是依据国家有关的标准制定的，如电气制图应符合国家标准 GB 6988.4—2008《电气制图》的有关规定，电气图用图形符号应符合国家标准 GB 4728—2000《电气图用图形符号》的有关规定，电气设备用图形符号应符合国家标准 GB 5465.1—2009《电气设备用图形符号》的有关规定等。

(2)格式严谨。

按照国家标准，工程技术图具有严谨的格式，包括图样编号、图幅、图栏、图幅分区等，其中图幅、图栏等采用与机械图兼容的格式，便于技术文件存档和成册。

(3)管理规范。

电子产品的技术文件由技术管理部门进行管理，涉及文件的审核、签署、更改、保密等方面都由企业规章制度约束和规范。技术文件中涉及核心技术的资料，特别是工艺文件是一个企业的技术资产，对技术文件进行管理和不同级别的保密是企业自我保护的必要措施。

知识点 7.1.2　设计文件

设计文件是产品在研究、设计、试制和生产实践过程中积累而形成的图纸及技术

资料，是指导生产的原始文件。它规定了产品的组成形式、结构尺寸、原理以及在制造、验收、使用、维护和修理过程中所必需的技术数据和说明，是组织产品生产的基本依据。

1. 设计文件的分类

设计文件一般包括各种图纸（如电路原理图、装配图、接线图等）、文字和表格、功能说明书、元器件清单等，常用的分类方法如下。

（1）按设计文件的内容分类。

按设计文件所表达的内容，设计文件可分为以下几种。

①图纸。用于说明产品加工和装配要求的各种图纸，如装配图、零件图、外形图等。

②简略图。以图形符号为主绘制，用于说明产品电气装配连接，各种原理和其他示意性内容的设计文件，如电原理图、方框图、接线图等。

③文字和表格。以文字和表格的方式，说明产品的技术要求和组成情况的设计文件，如技术说明书、技术条件、明细表、汇总表等。

（2）按形成的过程分类。

①试制文件，指设计性试制过程中所编制的各种文件。

②生产文件，指设计成型的电子产品进行大批量生产（包括生产性试制）所用的设计性文件。

（3）按绘制过程和使用特征分类。

①草图。设计产品时所绘制的原始图样，是供生产和设计部门使用的一种临时性的设计文件。草图可用徒手方式绘制。

②原图。供描绘底图用的设计文件图样。

③底图。作为确定产品及其组成部分的基本凭证图样，它是用以复制复印图的设计文件。

④载有图样的媒体。用载有完整独立的功能程序的媒体（如计算机用的磁盘、光盘等），装载设计图样和文件。

2. 设计文件的编制原则

设计文件是在满足组织生产和使用要求的前提下进行编制的，编制的程序为：先编制技术任务书，再编制技术文字设计，最后进行工程图纸设计。

知识点 7.1.3　工艺文件

工艺文件是企业组织生产、指导工人操作和用于生产、工艺管理等的各种技术文件的总称。它是电子产品加工、装配、检验的技术依据，也是企业组织生产、产品经济核算、质量控制和工人加工产品的主要依据。

工艺文件也是指导生产的文件，它是根据设计文件提出的加工方法，实现设计图纸上的产品要求，并以工艺规程和整机工艺文件图纸指导生产，是生产管理的主要依据。

1. 工艺文件分类

工艺文件分为工艺管理文件和工艺规程两大类。

(1)工艺管理文件。

工艺管理文件是企业科学地组织生产和控制工艺工作的技术文件,它规定了产品的生产条件、工艺线路、工艺流程、工艺装置、工具设备、调试和检验仪器、材料消耗定额和工时消耗定额等。主要包含的内容有工艺文件目录、工艺路线表、材料消耗工艺定额明细表、配套明细表、专用及标准工艺装配表等。

(2)工艺规程。

工艺规程是规定产品和零件的制造工艺过程和操作方法等的工艺文件,主要包括过程卡片、工艺卡片和工艺守则等,是工艺文件的主要部分。

过程卡片规定了电子产品的全部工艺路线、使用的工艺设备、工艺流程和各道工序的名称等,供生产管理人员和调度员使用。

工艺卡片和工艺守则包括制造电子产品的操作规程、加工的工艺类别,以及产品的作业指导书等。常见的工艺卡片包括机械加工工艺卡、电气装配工艺卡、扎线工艺卡、油漆涂覆工艺卡等。

2. 工艺文件的编制

工艺文件要根据产品的生产性质、生产类型、产品的复杂程度、重要程度及生产的组织形式等进行编制。工艺文件应以图为主,做到通俗易读、便于操作,必要时可加注简单的文字说明。

编制的工艺文件应满足以下要求。

(1)电子工艺文件应根据生产产品的具体情况,按照一定的规范和格式完成编制,并按一定的规范和格式要求汇编成册,符合中华人民共和国电子行业标准 SJ/T 10324—1992 对工艺文件的成套性要求。

(2)工艺文件中使用的名称、符号、编号、图号、材料、元器件代号等,要符合国标或部标规定,并有效地使用工装具、专用工具、测试仪器设备。书写要规范、整齐,图形要按比例准确绘制。

(3)编制关键工序及重要零部件的工艺规程时,应详细写出各工艺过程中的工序要求、注意事项、所使用的各种仪器设备工具的型号和使用方法。

(4)工艺文件的编号要求。工艺文件的编号是工艺文件的代号,简称"文件代号"。它由四个部分组成:企业区分代号、该工艺文件的编制对象(设计文件)的十进制分类编号、工艺文件的简号以及区分号,如图 7.1 所示。

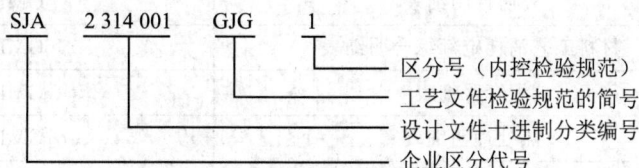

图 7.1 工艺文件的编号

第一部分——企业区分代号:由大写的汉语拼音字母组成,用以区分编制文件的单位,图中的"SJA"即是上海电子计算机厂的代号。

第二部分——设计文件的十进制数分类编号。

第三部分——工艺文件的简号：由大写的汉语拼音字母组成，用以区分编制同一产品的不同种类的工艺文件，图中的"GJG"的意思是"工艺文件检验规范"的简号。常用的工艺文件简号规定如表 7.1 所示。

表 7.1　常用的工艺文件简号规定

序号	工艺文件名称	简号	字母含义
1	工艺文件目录	GML	工目录
2	工艺路线表	GLB	工路表
3	工艺过程卡	GGK	工过卡
4	元器件工艺表	GYB	工元表
5	导线及扎线加工表	GZB	工扎表
6	各类明细表	GMB	工明表
7	装配工艺过程卡	GZP	工装配
8	工艺说明及简图	GSM	工说明
9	塑料压制件工艺卡	GSK	工塑卡
10	电镀及化学镀工艺卡	GDK	工镀卡
11	电化涂覆工艺卡	GQK	工涂卡
12	热处理工艺卡	GRK	工热卡
13	包装工艺卡	GBZ	工包装
14	调试工艺	GTS	工调试
15	检验规范	GJG	工检规
16	测试工艺	GCS	工测试

第四部分——区分号：当同一简号的工艺文件有两种或两种以上时，用数字标注脚号的方法来区分，如表 7.2 所示为工艺文件中不同的明细表，用数字标注来区分，如 GMB3 为"关键件明细表"，GMB8 为"涂覆明细表"。

表 7.2　工艺文件用各类明细表

序号	工艺文件各类明细表	简　号
1	材料消耗工艺定额汇总表	GMB1
2	工艺装备综合明细表	GMB2
3	关键件明细表	GMB3
4	外协件明细表	GMB4
5	材料工艺消耗定额综合明细表	GMB5
6	配套明细表	GMB6
7	热处理明细表	GMB7
8	涂覆明细表	GMB8
9	工位器具明细表	GMB9
10	工量器件明细表	GMB10
11	仪器仪表明细表	GMB11

3. 工艺文件的成册要求

工艺文件必须完整、齐全，汇编成册。其成册后，应便于查阅、检查、更改、归档。

完整、成套的工艺文件应包含：封面、明细表、装配工艺过程卡、工艺说明及简图、导线及线扎加工表、检验卡。

(1)封面。

工艺文件封面装在成册的工艺文件的最表面部分。封面内容应包含产品类型、产品名称、产品图号、本册内容以及工艺文件的总册数、本册工艺文件的总页数、在全套工艺文件中的序号、批准日期等。

(2)工艺文件明细表。

工艺文件明细表是工艺文件的目录。成册时，应装在工艺文件的封面之后。明细表中包含：零部整件图号、零部整件名称、文件代号、文件名称、页码等内容。

(3)材料配套明细表。

材料配套明细表给出了产品生产中所需要的材料名称、型号规格及数量等。

(4)装配工艺过程卡。

装配工艺过程卡又称工艺作业指导卡，它反映了电子整机装配过程中，装配准备、装联、调试、检验、包装入库等各道工序的工艺流程。它是完成产品的部件、整机的机械性装配和电气连接装配的指导性工艺文件。

(5)工艺说明及简图。

工艺说明及简图用来编制在其他格式上难以表达清楚的、重要的和复杂的工艺。它用简图、流程图、表格及文字形式进行说明。

(6)导线及线扎加工表。

导线及线扎加工表为整机产品、分机、部件等进行系统的内部电路连接，提供各类相应的导线、扎线、排线等的材料和加工要求。

(7)检验卡。

检验卡提供电子产品生产制作过程中所需的检验工序，它包括：检验内容、检验方法、检验的技术要求及检验使用的仪器设备等内容。

▶任务二　电子产品的质量管理和质量标准

知识点 7.2.1　电子产品的生产标准

1. 标准与标准化

标准是人们从事标准化活动的理论总结，是对标准化本质特征的概括。我国国家标准 GB 3935.1—1996 对标准和标准化作了如下的规定。

(1)标准是衡量事物的准则，是对重复性事物和概念所做的统一规定。是以科学、技术和实践经验的综合成果为基础，由主管部门批准，作为共同遵守的准则和依据。

(2)为适应科学发展和合理组织生产的需要，在产品质量、品种规格、零件部件通用等方面规定的统一技术标准，叫作标准化。

（3）标准和标准化二者是密切联系的。进行标准化工作首先必须制定、发布和实施标准，标准是标准化活动的结果，也是进行标准化工作的依据，是标准化工作的具体内容。标准化的效果如何，也只有在标准被贯彻实施之后，才能表现出来，它取决于标准本身的质量和被贯彻的状况。所以，标准是标准化活动的核心，而标准化活动则是孕育标准的摇篮。

2. 电子产品生产中的标准化

标准化是组织现代化生产的重要手段，是科学管理的主要组成部分。为达到标准化的目的，电子产品生产中必须使用统一标准的零部件，采用与国际接轨的质量标准。

标准化的具体做法归纳起来有以下 5 种。

（1）简化法。

简化法是标准化最基本的方法。它是指通过简化电子产品的品种、规格、参数，以及安装方法、试验方法和检测方法等，达到简化设计、简化生产、简化管理、方便使用、提高产品质量、降低成本，实现专业化、自动化生产的目的。

通过简化，可以提高电子产品、零部件以及元器件等的互换性、通用性，促进它们的组合化与优化的实现。

（2）互换性。

互换性是实现标准化的基础。它是指电子产品或零件、部件、构件之间在尺寸、功能上能够彼此互相替换的性能。

（3）通用性。

通用性是指在互换性的基础上，最大限度地扩大同一产品（包括零件、部件、构件）使用范围的一种标准化形式。

（4）组合化。

组合化是指用不同组件进行组合构成电子产品的方法，是创造新产品的过程。组合是标准化的具体应用，只有标准化的产品，才能进行组合。

（5）优选法。

优选法是指经过对现有同类产品的分析、比较，从多种可行性方案中选取具有最佳功能产品的过程，也叫优化过程。在标准化的活动中，自始至终都贯穿着优化的思想。

3. 标准的分级

对标准进行分级可以使标准更好地贯彻实施，也有利于加强对标准的管理和维护。

根据标准的适用范围，标准可以划分为国际标准、区域标准、国家标准、行业标准、地方标准和企业标准等不同的层次。

标准也分为强制性标准和推荐性标准两种。强制性标准是指必须执行的标准；推荐性标准是指鼓励企业自愿采用的标准。

（1）国际标准。

国际标准是指由国际标准化组织确认并制定发布的标准，在全球范围内适用。国际标准化组织有多种，如国际标准化组织（ISO）、国际电工委员会（IEC）、国际电信联盟（ITU）、世界知识产权组织（WIPO）等。

（2）区域标准。

区域标准又称为地区标准，是指由区域性国家或标准化团体所制定发布的标准，该标准在制定这些标准的区域国家适用。区域性标准化团体包括：CEN——欧洲标准化委员会、ASAC——亚洲标准咨询委员会、ARSO——非洲地区标准化组织、CENELEC——欧洲电工标准化委员会、EBU——欧洲广播联盟等。

（3）国家标准。

国家标准是指由国家的官方标准化机构或国家政府授权的有关机构批准、发布，在全国范围内统一和适用的标准。我国国家标准由国务院标准化行政主管部门（国家质量技术监督检验检疫总局）编制、发布的标准，适合我国范围内使用。

按标准的约束性，我国国家标准划分为两类：一类是强制性标准，其代号为"GB"（"国标"的拼音首字母）；另一类是推荐性国家标准，其代号为"GB/T"（"T"为"推"的拼音首字母）。还有一种标准称为国家标准指导性技术文件（GB/Z），是为仍处于技术发展过程中的标准化工作提供指南或信息，供科研、设计、生产、使用和管理等有关人员参考使用而制定的标准文件。

（4）行业标准。

行业标准是由我国各主管部、委（局）批准发布，在该部门范围内统一使用的标准。如机械、电子、建筑、化工、冶金、轻工、纺织、交通、能源、农业、林业、水利等行业都制定有行业标准。

行业标准也分为强制性标准和推荐性标准两种。

通常，行业标准的技术要求高于国家标准。

（5）地方标准。

地方标准是在没有国家标准和行业标准，而又需要在省、自治区、直辖市范围内统一工业产品的安全、卫生要求所制定的地方标准。地方标准由省、自治区、直辖市标准化行政主管部门制定，并报国务院标准化行政主管部门和国务院有关行政主管部门备案，在公布国家标准或者行业标准之后，该地方标准即应废止。

地方标准一般低于国家标准。

（6）企业标准。

企业标准是指企业自己制定的产品标准，是企业组织生产、经营活动的依据。企业标准应报当地政府标准化行政主管部门和有关行政主管部门备案。企业标准仅在该企业内部适用。

通常，企业标准的技术要求高于行业标准。

4. 电子产品生产的管理标准

电子产品生产的管理标准是运用标准化的方法，对企业中具有科学依据而经实践证明行之有效的各种管理内容、管理流程、管理责权、管理办法和管理凭证等所制定的标准。

电子产品生产的管理标准包括经营管理标准、技术管理标准、生产管理标准、质量管理标准、设备管理标准等。

（1）经营管理标准主要是指对企业经营方针、经营决策以及各项经营管理制度等高层决策性管理所制定的标准。

（2）技术管理标准是指对企业的全部技术活动所制定的各项管理标准的总称，包括产品开发与管理制度、产品设计管理、产品质量控制管理等。

（3）生产管理标准主要是对生产过程、生产能力及整个生产中，各种物资的消耗等制定的管理标准，包括生产过程管理标准、生产能力管理标准、物量标准和物资消耗标准。

（4）质量管理标准是对控制产品质量的各种技术等所制定的标准，是企业标准化管理的重要组成部分，是产品预期性能的保证。

（5）设备管理标准是指为保证设备正常生产能力和精度所制定的标准。

此外，管理标准还包括劳动管理标准、物资管理标准、销售管理标准等。

知识点 7.2.2　电子新产品的开发与试制

电子新产品是指过去从未试制或生产过的产品，或指其性能、结构、技术特征等方面与老产品有明显区别或提高的产品。新产品可以是对产品的全新发明创造，也可以是对现有产品的改进或创新。

1. 新产品的分类

新产品通常分为以下几类。

（1）全新产品。

全新产品是指应用新原理、新技术、新工艺设计制造出来的全新产品。

（2）改进、换代新产品。

改进、换代新产品是指对原产品进行结构、性能等方面进行改进或对产品某些功能方面进行创新的产品。

（3）仿制新产品。

仿制新产品是指对市场上出现的新产品进行局部改进和创新，但基本原理和结构是仿制的。

2. 开发新产品的意义

（1）开发新产品是衡量国家科学技术水平和经济发展水平的重要标志，是不断提高人民物质、文化生活水平的基本途径。随着社会的不断进步和发展，人们的消费需求也在不断地变化，开发新产品才能适应市场日益提高的需要。

（2）开发新产品是提升企业经济效益、提高企业竞争能力的重要保证。只有不断创新，开发新产品，争取在市场上占据领先地位，才能增强企业竞争力，提高企业的经济效益。

3. 开发新产品的策略

企业要根据市场需求、竞争动态和企业自身的能力，制定新产品开发的策略。这样才有可能充分利用现有的技术力量，在最短的时间内，成功开发新产品，同时降低开发成本，提高产品的性价比，快速占领产品市场。

常用的新产品开发策略有如下几种。

（1）对现有产品的改造。

依靠现有的设备和技术力量，对现有产品进行改进。如手机产品，可以在提高手机的速度、增加手机的存储量等方面对产品进行改进。

该策略的特点是开发费用低，取得成功的把握大，但只适用于较小的改进。

（2）增加产品的花色品种。

对现有产品开发具有不同功效的、多样化的新产品。如微波炉可以只有加温功能，也可以既有加温又有烧烤功能；可以是机械操作的，也可以是利用电脑板操作的；可以采用不锈钢内胆，也可以采用陶瓷内胆等。

增加产品的花色品种可以满足不同年龄、不同层次、不同爱好或不同需求的人们对电子产品的选择要求。

（3）仿制。

仿制是在消化吸收产品的结构、原理、功能的基础上，进行创新改造出新的产品，而不是简单的抄袭。

仿制竞争者的新产品，是国内、外常用的一种产品开发策略。仿制新产品可以大大缩短开发时间，节省开发经费，且开发新产品的成功率很高。

（4）新产品的研制开发。

企业组织相关的技术力量，采用新工艺、新理论、新材料、新器件，有计划地研究设计、创造开发出新产品。

新产品的研制开发的策略使新产品抢先占据市场，扩大企业的知名度，先期利润高，但开发研制的时间长、研制费用高，且要防止盗版给企业带来的不利影响。

4. 新产品的试制

新产品的试制是按照一定的技术模式，实现产品的具体化和样品化的过程，是为实现产品大批量投产而进行的一种准备性和实验性工作，同时是对产品设计加工方案的可行性和实际操作性的一种真实检验。

新产品从研究到生产的整个过程可划分为预先研究阶段、设计性试制阶段和生产性试制三个阶段。

（1）预先研究阶段。

预先研究工作的任务：从技术、规格、结构、特征等角度出发，分析比较国内外同类产品，将先进的技术、材料和器件应用于产品的设计，为确定设计任务书、选择最佳设计方案创造条件。

预先研究阶段的工作，一般按拟定研究方案、试验研究两道程序进行。

①拟定研究方案的主要工作内容：搜集国内外有关的技术文献、情报资料，必要时调查研究实际使用中的技术要求，编制研究任务书，拟定研究方案，提出专题研究课题，明确其主要技术要求，审查批准研究任务书和研究方案。

拟定研究方案的目的：为了明确预先研究的目的，确定研究工作的方向和途径。

②试验研究的主要内容：对已确定的研究课题，进行理论分析、计算，探讨解决问题的途径，减少盲目性；对设计制造试验研究需用的零件、部件、整件、必要的专用设备和仪器，展开试验研究工作；记录和分析试验的过程与结果，整理试验研究的各种原始数据并全面分析，编写预先研究工作报告，包括具备整理成册的各种试验数据记录、各项专题的试验研究报告等原始资料。

试验研究的目的：解决关键技术课题，得出准确的数据和结论。

（2）设计性试制阶段。

设计性试制阶段的任务：根据批准的设计任务书，进行产品设计，编制产品设计文件和必要的工艺文件，制造出样机，并通过对样机的全面试验，检查鉴定产品的性能，从而确定产品设计与关键工艺。

凡自行设计或测绘试制的产品，一般都要经过设计性试制阶段。

设计性试制阶段的工作程序一般分为五个阶段。

①论证产品设计方案，确定试制产品的目的、要求及主要的技术性能指标，批准下达设计任务书。其主要工作内容：搜集国内外相关产品的设计、试制、生产的情报资料及样品，调研使用的需求情况及实际使用中的战术、技术要求和经验，确定试制产品目标以及会同使用部门编制设计任务书草案；同时提出产品设计方案，论证主要技术指标，批准下达设计任务书。

②确定产品的试制方案。其主要工作内容：进行理论计算，按计算结果，对产品或整个体系的各个部分的分配参数进行必要的试验，落实设计方案，提出线路、结构、工艺技术关键的解决方案，再按图纸管理制度编制初步设计文件，对需用的人力、物力进行概算。

③进行技术设计和样机制造。根据对技术指标的修正意见并考虑生产时的数量，进一步调整分配各部分的参数，拟定标准化综合要求，编制技术设计文件，对结构设计进行工艺性审查，制订工艺方案。

④现场试验与鉴定。通过现场试验，检查产品是否符合设计任务书规定的主要性能指标与使用要求；通过试验编写技术说明书，组织鉴定，对能否设计定型作出结论。

⑤归纳总结。设计性试制工作结束时，应撰写出新产品设计方案的论证报告、初步设计文件、技术设计文件（包括产品的设计工作图纸及技术条件）、产品的工艺方案及必要的工艺文件（包括必要的专用工艺装置、设备）；并将各种试验的原始资料、试验方法与规程整理成册，撰写出产品结构的工艺性审查报告、标准化审查报告、产品的技术经济分析报告、样机及现场试验报告和具备产品需用的原材料、协作配套件及外购件汇总表等。

（3）生产性试制阶段。

产品的设计性试制阶段完成后，可进入小批量的生产性试制阶段。

生产性试制阶段的任务：补充编制工艺文件，设计制造生产所需用的工艺装置和设备，通过一定批量产品的生产，全面考验技术文件的正确性，进一步稳定和改进工艺，做好组织生产定型鉴定，为大批量生产做好生产技术的组织和准备工作。

生产性试制工作结束时应提交以下物品和文件。

①标准样机与样件。

②修改成型的产品设计文件及工艺文件。

③能满足成批生产需要的工艺装置、专用设备及其设计图纸。

④初步确定成批生产时的流水线和劳动组织。

⑤提交产品的成本概算。

（4）新产品的鉴定和定型。

①电子产品的鉴定。它是指从技术和经济两方面对产品进行全面鉴定，即通过对

产品功能、成本的分析、对产品投资和利润目标的分析，以及对产品社会效益的评价，来鉴定判断该产品全面投产后的效益和发展前景。

对产品的审查鉴定一般应邀请使用部门、研究设计单位和有关单位的代表参加。重要产品的鉴定结论应报上级机关批准。

②电子产品的定型。新产品定型的标准：具备生产条件、生产工艺经过了考验、试制生产的产品符合技术条件且性能稳定、生产与验收的各种技术文件完备。

知识点 7.2.3　ISO 9000 质量管理和质量标准

在经济全球化的今天，要使我国的电子产品走向世界，这不仅要求有雄厚的技术力量和技术能力，而且还要有一套与世界接轨的、先进的质量管理和质量标准体系。当前电子产品执行的质量管理和质量标准体系是每一个电子工作者必须了解的知识。

1. ISO 的概念

ISO(International Standardization Organization)是一个国际标准化组织，是非政府机构(但在联合国的控制之下)。该组织成立于 1947 年 2 月，其成员来自世界上 100 多个国家的国家标准化团体。

ISO 组织机构的职责：负责制定除电工产品以外的国际标准，目前已经制定了一万多项国际技术和管理标准。ISO 与 450 个国际和区域的组织在标准化方面有联系，特别是与国际电工委员会(IEC)、国际电信联盟(ITU)等有密切联系。

2. ISO 9000 质量标准的产生

随着电子制造业的飞速发展，电子产品的全球贸易竞争日益加剧，为了向用户提供满意的产品和服务，提高产品和企业的竞争力，各国都在积极推进全面质量管理。

国际标准化组织(ISO)为满足国际经济交往中质量保证的客观需要，在总结各国质量保证制度经验的基础上，经过近十年的努力，于 1987 年 3 月首次发布了 ISO 9000 质量管理和质量保证标准系列。

3. ISO 9000 质量管理和质量标准的组成

ISO 9000 是一个获得广泛接受和认可的质量管理标准。它提供了一个对企业进行评价的方法。分别对企业的诚实度、质量、工作效率和市场竞争力进行评价。ISO 9000 质量管理和质量保证系列由以下 5 个标准组成。

(1)ISO 9000—1987《质量管理和质量保证标准——选择和使用指南》。

(2)ISO 9001—1987《质量体系——设计/开发、生产、安装和服务的质量保证模式》。

(3)ISO 9002—1987《质量体系——生产和安装的质量保证模式》。

(4)ISO 9003—1987《质量体系——最终检验和试验的质量保证模式》。

(5)ISO 9004—1987《质量管理和质量体系要素——指南》。

其中，ISO 9000 是为该标准的选择和使用提供原则指导；它阐述了应用本标准系列时必须共同采用的术语、质量工作目的、质量体系类别、质量体系环境，运用本标准系列的程序和步骤等。ISO 9001、ISO 9002 和 ISO 9003 是一组三项质量保证模式；它是在合同环境下，供需双方通用的外部质量保证要求文件。ISO 9004 是指导企业内部建立质量体系的文件，它阐述了质量体系的原则、结构和要素。

ISO 9000 标准系列具有科学性、系统性、实践性和指导性的特点，所以，一经问世就受到许多国家和地区的关注。ISO 9000 系列最初阶段有成员国 56 个，到目前为止，已经有 150 多个国家和地区采用了这套标准系列或等同的标准系列，并广泛用于工业、经济和政府的管理领域。与此衔接的是，有 50 多个国家同时建立了质量体系认证制度，世界各国质量管理体系审核员注册的互认和质量体系认证互认制度也在广泛范围内得以建立和实施。

4. 建立并实施 ISO 9000 质量标准的意义

ISO 9000 质量管理体系是全球公认的系统化和程序化的国际标准管理模式，建立并实施 ISO 9000 质量管理体系有以下几个方面的意义。

(1)有利于投资环境的进一步改善，提升环境质量。实施 ISO 9000 标准有利于创新观念、创新体制、创新管理、创新服务，有利于我国在经济、管理等多方面与国际管理接轨，提高我国与国际综合竞争能力。

(2)有利于统一和规范服务与管理行为，提高综合服务管理水平。引入 ISO 9000 标准，能有效地将服务与管理规范化、标准化，充分体现工作的职责要求，进而更为有效地进行监督检查，简化工作程序，提高工作效率，提升服务水平。

(3)有利于完善行政管理机制，提高部门之间工作的协调性。ISO 9000 标准的实施将管理部门的职责与权限进行明确、清晰的界定，并在部门之间和跨部门的工作上设置明显的操作性强的接口，使各项工作开展起来责权明确、步骤顺畅，有效防止令出多门、推诿扯皮等不良作风。

(4)有利于实事求是地对部门、个人的业绩进行考核。ISO 9000 标准将建立起完整的、可回溯的、可跟踪的质量管理记录，并对顾客(服务对象)的满意度作出准确的评价。真实反映部门、个人的工作业绩，在此基础上对单位、个人作出准确、客观、公正的评判。

知识点 7.2.4 GB/T 19000 质量标准

1. GB/T 19000 质量标准

由于我国市场经济的迅速发展和国际贸易的增加，以及关贸总协定(世贸组织)的申请与加入，我国经济已全面置身于国际市场大环境中，质量管理同国际惯例接轨已成为发展经济的重要内容。为此，国家技术监督局 1992 年 10 月发布文件，决定采用等同 ISO 9000 的质量标准系列，即 GB/T 19000 质量管理和质量保证标准系列，以提高我国企业的管理效能，加速与国际惯例接轨，促进我国电子工业的快速发展。

GB/T 19000 标准系列由 5 项标准组成。

(1)GB/T 19000《质量管理和质量保证标准——选择和使用指南》，与 ISO 9000 对应。

(2)GB/T 19001《质量体系——设计/开发、生产、安装和服务的质量保证模式》，与 ISO 9001 对应。

(3)GB/T 19002《质量体系——生产和安装的质量保证模式》，与 ISO 9002 对应。

(4)GB/T 19003《质量体系——最终检验和试验的质量保证模式》，与 ISO 9003 对应。

(5)GB/T 19004《质量管理和质量体系要素——指南》，与 ISO 9004 对应。

这 5 项标准适用于产品开发、制造和使用单位，对各行业都有指导作用。所以，大力推行 GB/T 19000 标准系列，积极开展认证工作，提高企业管理水平，增强产品竞争能力，打破技术贸易壁垒，使我国电子工业与国际接轨，跻身于国际市场，都具有十分重要的意义，也是我国企业最主要的中心工作。

2. 实施 GB/T 19000 质量标准系列的意义

实施 GB/T 19000 标准系列，可以促进我国的质量管理体系向国际标准靠拢，对参与国际经济活动、消除贸易技术壁垒、提高组织的管理水平等各方面，都能起到良好的促进作用。概括起来，实施 GB/T 19000 质量标准系列，有以下几方面的主要的作用和意义。

(1)有利于我国投资环境的进一步改善，提高质量管理水平。

(2)有利于质量管理与国际规范接轨，提高我国的企业管理水平和产品竞争力。

(3)有利于产品质量的提高。

(4)有利于保证消费者的合法权益。

▶任务三　电子产品的检验

检验就是指质量检查和验收。电子产品的检验主要是依据国际标准、国家标准、行业标准、企业标准等公认的质量标准，对电子产品进行必要的检查和验收，作出产品是否合格的判定。

电子产品检验是现代电子企业生产中必不可少的质量监控手段，主要起到对电子产品生产的过程控制、质量把关、判定产品的合格性等作用。

知识点 7.3.1　检验的概念和流程

1. 检验的概念

电子产品的检验就是通过观察和判断，结合测量、试验对电子产品进行的符合性评价。检验与测量、测试有着本质的不同。

(1)测量。

使用仪器仪表或量具等，对被测产品的技术参数进行客观的测量。一般只要测量报告，不一定要评价评定的结论，作为供其他人员进行分析判断的客观依据。

(2)测试。

使用仪器仪表对被测产品的技术参数进行测量，将测试结果与给定的技术参数进行比较，再经过调整—测试—再调整—再测试……这样的循环过程，最终使产品的技术参数达到给定的要求。

(3)检验。

检验是对产品进行品质、数量、质量等方面的检查验收，由此确定被测产品是否达到预期要求、是否合格。可以通过目视检查、测量、测试、对比等措施，对检验物品作出符合或不符合的评价评定等。

2. 检验的流程

产品的检验应执行自检、互检和专职检验相结合的三级检验制度。其操作流程为：

先自检、再互检、最后专职检验。

（1）自检。

自检是操作人员根据本工序工艺指导卡的要求，对自己组装的电路或零部件的装接质量进行检查，对错误的装接、不合格的装接及时地调整和更换，避免流入下道工序。

（2）互检。

互检是下道工序对上道工序的检验。操作人员在进行本工序操作前，对上道工序的装接质量进行检查。若检查出问题则反馈给上道工序人员，无问题就可以进行本工序的操作。

（3）专职检验。

专职检验是由专门的检验人员，对照检验标准，对功能单元部件或整机进行综合检验的过程。

知识点 7.3.2　检验的方法

为了保证电子产品的质量，检验工作贯穿于整个生产过程中。

1. 检验的方法

检验的方法主要包括全检和抽检。

（1）全检。

全检又称为全数检验，是指对所有产品 100％进行逐个检验。根据检验结果对被检的单件产品作出合格与否的判定。全检的主要优点是能够最大限度地降低电子产品的不合格率。

（2）抽检。

抽检又称为抽样检验，是根据数理统计的原则所预先制定的抽样方案，从交验批中抽出部分样品进行检验。根据这部分样品的检验结果，按照抽样方案的判断规则，判定整批电子产品的质量水平，从而得出该批次电子产品是否合格的结论。

抽样方案是按照国家标准 GB 2828《逐批检查计数抽样程序及抽样表》和 GB 2829《周期检查计数抽样程序及抽样表》制定的。

2. 检验方法确定的原则及使用

检验方法确定的原则是既要保证电子产品的合格率，又要兼顾考虑电子产品的成本价格。

采用全检还是抽检，一般是根据电子产品的生产要求、特点及生产阶段的情况来确定的。

在电子产品装配过程之中的检验和整机装配完成后进行入库前的检验一般采取全检的检验方式。采购检验和整机出库时的检验一般采取抽检的检验方式。

知识点 7.3.3　检验的三个阶段

检验贯穿于电子产品的整个生产过程中，检验工作分为三个阶段进行，即采购检验、过程检验、整机检验。

1. 采购检验

采购检验是指对购进的原材料、元器件、零部件及外协件等物料在入库、装配前进行的检验。采购检验的目的是筛选出表面损伤、变形的元器件及几何尺寸不符合装配要求的物件，剔除运输过程中或存放后可能出现的变质损坏、有缺陷或不合格物料，保证装配前物料的完全合格率。

2. 过程检验

过程检验是指对生产过程中的各道工序或对半成品及成品进行的检验。检验合格的原材料、元器件、零部件及外协件，在整机装配过程中，可能会由于元器件的允许偏差、装配工艺及过程的随机因素等，导致电子制作中的半成品及成品不能完全符合质量要求。因此，过程检验是产品检验不可缺少的环节。

电子行业中的过程检验主要有焊接检验、单元电路板调试检验、整机装联及调试检验等。过程检验采用"自检、互检和专职检验"相结合的方式进行。

3. 整机检验

整机检验是指电子产品经过总装、调试合格之后，检查电子产品是否达到预定功能要求和技术指标。整机检验，应按照电子产品标准或电子产品技术条件，由企业的专门机构规定的内容进行。整机检验采取多级、多重复检的方式进行。

整机检验的内容主要包括对电子产品的外观、结构、功能、主要技术指标、安全性、兼容性等方面的检验，还包括对产品进行考验和环境试验。

知识点 7.3.4　电子产品的外观检验

外观检验是指用视查法对整机的外观、包装、附件等进行检验的过程。

外观检验的主要内容如下。

(1)电子产品的外观及外包装是否清洁、完好，有无损伤和污染，标志、铭牌及装饰件是否齐全、清晰。

(2)电子产品的机械装配部分是否齐全，有无破损、断裂、变形、锈蚀的现象，机械调节是否灵活，控制开关是否操作正确、到位。

(3)电子产品的附件、连接件等是否齐全、完好，且符合装配和包装要求。

知识点 7.3.5　电子产品的性能检验

性能检验是指按电子产品技术指标和国家或行业有关标准，对电子整机产品的电气性能、安全性能和机械性能方面进行的性能检查，由此确定电子产品是否合格。

1. 电气性能检验

电子整机产品的电气性能检验，是指按电子产品技术指标和国家或行业有关标准，选择符合标准要求的仪器、设备，采用符合标准要求的测试方法对电子整机产品的各项电气性能参数进行测试，并将测试的结果与规定的标准参数比较，从而确定被检整机是否合格。

电气性能的检验包括直流性能参数的检验和交流指标参数的检验。

2. 安全性能检验

电子整机产品的安全性能检验，主要依据是国家标准 GB 8898《电网电源供电的家用和类似一般用途的电子及有关设备的安全要求》或产品的技术要求进行试验，得出该电子整机产品的安全性能是否得到要求。

电子整机产品的安全性能试验主要包括电涌试验、湿热处理、绝缘电阻和抗电强度等。

绝缘电阻的检测，一般采用摇表进行测试。其测试一般在电源插头与机壳或电源开关之间进行。常用的摇表有 500V 和 1000V 两种。

抗电强度又称为耐压，一般用耐压测试仪进行测试。抗电强度的测试一般在电源插头与机壳或电源开关之间进行，其耐压要求有 500V，1000V，1500V，2000V······5000V 等级别。耐压测试仪能输出可调的高压，还带有定时和报警装置。当被测处的抗电强度达不到要求时，将会出现漏电或击穿、打火等现象，电压会下跌，同时报警装置报警。

3. 机械性能进行测试

机械性能的检验项目主要包括：面板操作机构及旋钮按键等操作的灵活性、可靠性检验和整机机械结构及零部件的安装紧固性检验。

知识点 7.3.6　电子产品的环境试验和寿命试验

1. 环境试验

环境试验是评价、分析环境对电子产品性能影响的试验，是检验电子产品对各种环境条件的适应能力。环境试验的主要内容：温度试验、气压与湿度试验、机械试验、特殊试验。

(1)温度试验。

温度试验分为高温试验、低温试验和温度变化试验三种，它是检验产品在高、中、低不同的温度情况下，电子产品的工作是否正常、性能指标是否有偏差、外观是否有损坏等。

(2)气压与湿度试验。

气压与湿度试验是检验产品在潮热或低气压的情况下，电子产品的工作是否正常、性能指标是否有偏差、外观是否发生变形、是否有锈蚀的现象等。

(3)机械试验。

机械试验也称为振动试验，它是检验电子产品在受到振动、冲击、碰撞、摇摆、离心力等机械力作用时，电子产品的元器件、零部件、整机及其连接部分是否产生松动、工作是否正常、性能指标是否有偏差、外观是否发生变形损坏等不良现象。

(4)特殊试验。

特殊试验是针对特殊环境条件下使用的电子产品的专项试验，如对海底探测仪、太空飞船设施等的特殊试验。

2. 寿命试验

寿命试验是考察电子产品寿命规律性的试验，是电子产品最后阶段的试验。它是用电子产品的失效率和使用寿命等指标参数来表述的。

寿命试验分为工作寿命试验和存储寿命试验两种。按文件要求，通常是在室温条件下对产品连续工作或存储的时间测试试验，可以检验出产品的可靠性、失效率和平均使用寿命。

▶任务四　电子整机产品的防护

电子产品在生产、使用、运输、贮存过程中，会受到各种环境因素的影响，这些环境因素有可能会干扰电子产品的正常工作，严重时会影响电子产品的工作可靠性和使用寿命。因此，了解影响电子产品的环境因素，有针对性地对电子产品采取防护措施，可以提高电子整机产品的工作稳定性，延长其使用寿命。

影响电子产品工作的主要环境因素包括：温度、湿度、霉菌、盐雾、雷电等。

知识点 7.4.1　温度对电子产品的影响及防护

1. 温度对电子产品的影响

环境温度的变化会造成材料的物理性能的变化、元器件电参数的变化、电子产品整机性能的变化等。高温环境会加速塑料、橡胶材料的老化，使得元器件性能变差甚至损坏，导致整机出现故障；低温和极低温又能使导线和电缆的外层绝缘物发生龟裂。因而温度的异常变化可能会出现电子产品的工作不稳定，外观出现变形、损坏等现象。

2. 极端温度的防护

环境温度对电子产品的防护主要考虑低温状态和高温状态的防护。

(1)高温状态的防护。

电子产品在高温环境下工作时，由于电子元器件的散热，使电子产品及其周围的环境温度不断升高，易造成电子产品内部的元器件在极限状态工作或超过极限工作，导致电子产品的使用性能变差、使用寿命缩短。在炎热的夏季，室外运行的电子产品，温度上升导致电子产品工作不稳定、使用寿命缩短的现象尤为严重。因而在高温的极端条件下使用电子产品一定要注意及时对电子产品降温，以保证子产品的工作性能稳定，延长其使用寿命。

降温最好的办法是散热。电子产品常用的散热方式有：元器件加装散热片散热、电子整机外壳打孔散热、自然散热、强迫通风散热(如电脑主机及 CPU 加装风扇散热)、液体冷却散热(如大型变压器的散热)、蒸发制冷(如冰箱制冷)等；对精密电子产品，应保持在空调恒温的状态下工作。

(2)低温状态的防护。

在低温或室外环境下工作的电子产品，其连接导线、塑封元器件及塑料外壳易发生龟裂、变形、性能变差、电子产品损坏等故障，因而使用时要注意进行保温(或适当加温)处理。

保温常用的办法：采取整体防护结构和密封式结构，保持电子产品内部的温度，或采用外加保温层的方法保持电子产品的工作温度。

知识点 7.4.2　湿度对电子产品的影响及防护

1. 湿度对电子产品的影响

湿度大，称为潮湿；湿度小，称为干燥。过于潮湿和过于干燥的环境对电子产品的工作都会造成不利影响。

潮湿会在元器件、材料表面凝聚水雾，使这些元器件、材料吸水，降低元器件及材料的机械强度和耐压强度，造成元器件性能的变化，如电阻值减小、损耗增加，电容漏电、短路或击穿，绝缘性能下降，半导体器件的性能变差等故障。潮湿的空气还会引起电子产品表面的保护层起泡，甚至脱落，使其失去保护作用。

干燥的空气容易产生静电，静电放电时，会产生高电压和瞬间的大电流，使电子元器件的性能变坏甚至失效，半导体器件击穿，也会干扰电子产品的正常工作。

2. 湿度的防护

湿度的防护包括潮湿防护和静电防护。

(1)防潮湿措施。

防潮湿措施主要有：憎水处理、浸渍、灌封、密封、通电加热。

①憎水处理和浸渍防潮。经过憎水处理和浸渍后的材料不吸水，从而提高元器件的防潮湿性能。

②灌封防潮。灌封是在元器件本身或元器件与外壳之间的空隙处，灌入热熔状态的树脂、橡胶等有机绝缘材料，冷却后自行凝固封闭，形成一个与外界完全隔绝的独立的整体，使元器件、零部件达到防潮的目的；同时灌封处理后，可提高元器件的抗震能力。这一类处理的元器件有密封插头、小型变压器、中周等。

③密封防潮。密封是将元器件、零部件、单元电路或整机安装在密不透气的密封盒里，防止潮气的侵入，这是一种长期防潮的最有效的方法。密封措施不仅可以防潮，而且还可以防水、防霉、防盐雾、防灰尘等。密封的防护功能好，但造价高、结构和工艺复杂。

④通电加热驱潮。在潮湿的季节，定期对电子产品通电，使电子产品在工作时自动升温(加热)驱潮。

(2)静电防护。

在电子产品的设计和制造过程中，注意做好屏蔽设计，并进行良好的接地，防止静电的积累，也就消除了静电对电子产品的危害。

知识点 7.4.3　霉菌对电子产品的影响及防护

1. 霉菌对电子产品的影响

霉菌属于细菌的一种，在湿热条件下繁殖极快。霉菌可以生长在土壤里，或在多种非金属材料、有机物、无机物的表面生长，很容易随空气侵入电子设备。

霉菌会降低和破坏材料的绝缘电阻、耐压强度和机械强度，严重时可使材料腐烂脆裂。例如，霉菌会腐蚀玻璃的表面，使之变得不透明；会腐蚀金属或金属镀层，使之表面污染甚至腐烂；会腐蚀绝缘材料，使其电阻率下降；腐蚀电子电路，使其频率特性等发生严重变化，影响电子整机设备的正常工作。此外，霉菌的侵蚀，还会破坏元件和电子整机的外观，以及对人身造成毒害等。

2. 霉菌的防护

霉菌是在温暖潮湿条件下通过酶的作用进行繁殖的，在湿度低于65％的干燥条件下，或温度低于10℃时，霉菌就不会生长。故密封、干燥、低温，可以防止霉菌侵入，可以阻止霉菌生长。

使用防霉材料或防霉剂，可以增强抗霉性能，但防霉剂具有一定的毒性、气味难闻，因而不能经常使用。

知识点 7.4.4　盐雾对电子产品的影响及防护

1. 盐雾对电子产品的影响

海水与潮湿的大气结合，形成带盐分的雾状气体（雾滴），亦称为盐雾。盐雾只存在于海上和沿海地区离海岸线较近的大气中。

盐雾的危害主要：对金属和金属镀层产生强烈的腐蚀，使其表面产生锈腐现象，造成电子产品内部的零部件、元器件表面上形成固体结晶盐粒，导致其导电性能改变，绝缘性能下降，出现短路、漏电的现象，故障率上升，电子产品的使用可靠性下降；细小的盐粒破坏产品的机械性能，加速机械磨损，缩短使用寿命。

2. 盐雾的防护

盐雾防护的主要方法：对金属零部件进行表面镀层处理。选用适当的镀层种类、一定的镀层厚度对产品进行电镀处理，或采用密封、喷漆等表面处理等防护措施，就可以降低潮湿、盐雾和霉菌对电子产品的侵害。

知识点 7.4.5　雷电对电子产品的影响及防护

1. 雷电对电子产品的影响

雷电是自然界中的一种常见的电荷放电现象，常伴随着强烈的闪光和巨大的声响。当云层之间、云际之间、云空之间、云地之间的电场强度达到击穿强度时，它们之间就会形成导电通道，发生雷电现象。

雷电的危害主要表现：在雷电天气，雷电会以直击雷、感应雷、高电位引入与雷电反击的形式串入电子设备，使电子元器件击穿，导致电子设备无法正常工作，甚至完全损坏电子设备。

2. 雷电的防护

雷电防护主要采取如下措施。

（1）对于非必须使用的、需电力网供电的电子产品，在强雷电来临时，应及时断开电子设备的电源（拔掉插头，而并非只关开关），暂时不使用电子设备，如家用电子设备（空调、电视等）、电脑等，避免雷电通过电力线串入电子设备，造成击坏电器的损失。

（2）对于可以用电池供电的电子产品，在强雷电来临时，也最好不使用，如手机、

电话等，避免雷电通过信号通道(有线或无线)串入电子设备，造成电器的击坏或带给使用者更大的伤害。

(3)对于必须长期、不间断使用的电子产品，必须对该电子设备所在建筑连接好防雷装置，对该设备做好接地，并连接避雷器、引流线、屏蔽设备。

知识点 7.4.6　电子产品的抗干扰措施

电子产品使用时，其内部和外界都充满了各种电磁波信号，为保证电子产品的良好工作状态，在电子产品设计、装配中，除了保证电子产品具有可靠的电气连接、机械连接以及具有良好的性能指标外，还必须考虑外界电磁干扰对电子产品性能和工作的影响，考虑电子产品在使用过程中的抗干扰能力，以及电子产品对外界的辐射影响。

要提高电子产品的抗干扰能力，必须了解干扰的途径与危害，才能找到电子产品的抗干扰措施。

1. 电磁波对电子产品的影响

电磁波的噪声和干扰对电子产品的性能和指标影响极大，轻则使电子设备的信号失真、降低设备的性能指标，重则淹没有用信号、影响电路的正常工作，甚至击穿电子设备中的元器件及损坏电子设备，造成严重的工作事故及危害。

2. 干扰的途径与危害

电磁波可以通过有线(传导)或无线(辐射)的方式干扰电子设备，如有线的方式可以通过天线、电源线、信号线路、电路等多种途径来影响电子产品；无线的方式是指通过空间辐射来影响电子产品工作。电磁波干扰可以以电场、磁场、电磁场的形式侵入电路，对电子产品的元器件及电路造成危害。

造成干扰的原因和危害现象一般表现为以下几种。

(1)元器件质量不好、虚焊、接插件接触不良、导线焊接不当、屏蔽体接地不良，会造成电路信号时有时无的软故障，这类故障有时很难查找排除。

(2)当电路布局工艺不合理时，电路的导线、元器件的分布电容和分布电感等产生的寄生耦合，会造成电路内部自激、信号减弱或频率偏移的干扰。

(3)自然干扰源对电子产品工作的影响。雷击、闪电、空间电磁波的强烈辐射(太阳黑子、宇宙射线、流星雨……)等现象出现时，会产生强烈的电磁辐射，造成电子电路的信号受到强烈的干扰，导致电子设备工作不正常、短时中断的现象，严重时会损坏电子设备产品。

(4)人为干扰源对电子产品的影响。人为干扰源主要指的是工业干扰，电焊、继电器吸合或断开动作、电气设备的启动与关闭等，都会对电子设备造成电磁波干扰。

(5)信号的相互干扰。空中的无线电波在传递过程中，会通过线路、元器件侵入电子产品，由于频率信号的不同，侵入的无线电信号会干扰电子产品的工作，造成接收的信号产生噪声，甚至淹没有用信号。

(6)静电干扰。静电是静态电荷，是由于摩擦、电磁感应等原因产生的。静电产生的火花放电会击穿电子元器件，特别是 MOS 器件；静电会使电子电路无法正常工作，严重时甚至会引发火灾或引起爆炸。

3. 电子产品的抗干扰措施

避免干扰通常采用三种方式：一是消除干扰源；二是阻断干扰途径；三是分离有用信号和干扰信号。

电子产品中常采用屏蔽、退耦、滤波、接地措施进行抗电磁波干扰。

（1）屏蔽。

屏蔽是利用金属网、金属罩等金属体，把电磁场限制在一定的空间或把电磁场强度削弱到一定的数量级，使金属体内外的电磁辐射、干扰大大降低，以此破坏干扰途径，排除干扰。具体采取的屏蔽措施如下。

①消除信号传递中的干扰。使用同轴电缆、屏蔽线进行信号传输，目的也是利用屏蔽原理，去破坏干扰途径，排除干扰。具体操作时，利用其中心导线传递信号、将屏蔽网层良好接地，就起到良好的屏蔽、去干扰的作用，在高频电路或微信号的情况下，这种屏蔽效果尤其见效。

②消除工频干扰。电网电压中的工频干扰会通过电源变压器初、次级线圈之间的分布电容耦合到整流后的直流电源中，对电子产品的各级电路造成工频干扰，影响电路的正常工作。在这种情况下，可使用有屏蔽层的变压器，且将屏蔽层接地，并连接到电路的公共接地端，即可消除工频干扰，如图 7.2 所示。

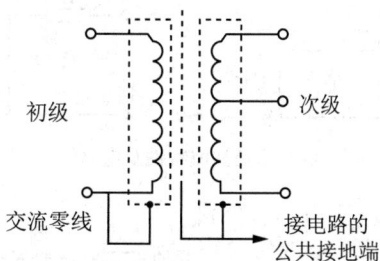

图 7.2　变压器的屏蔽层接地消除工频干扰

③消除静电干扰。静电屏蔽最简单又最可靠的办法是用导线将电子产品设备接地，避免在电子产品设备上积累静电电荷，从根源上消除静电干扰。

有时为了取得较好的屏蔽效果，可采用多层屏蔽的方法。

（2）退耦。

退耦是在直流电源供电线路上加接滤波电路，使叠加在直流电源电压上的干扰信号通过电源滤波电路(称退耦电路)去除掉，阻断干扰的途径，保证电源电压的稳定性，避免电源波动对电路造成的低频干扰。

电源退耦电路常采用 RC 退耦电路，如图 7.3 所示。通常，退耦电容 C 和退耦电阻 R 值越大，去干扰能力越强，但电阻大也会消耗电源的能量，导致电源电压下降。因而实际操作中，往往选择大电容做耦合电容(一般在 $5\sim50\mu\text{F}$)，这样的退耦效果较好，对电路工作的影响小。

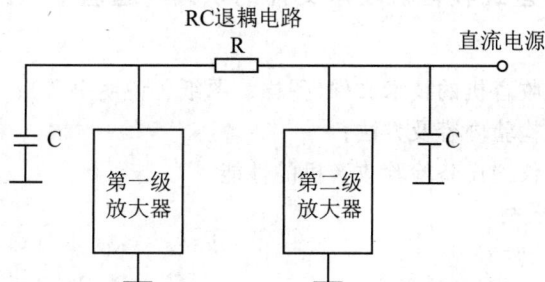

图 7.3　直流电源的退耦电路

（3）滤波。

对于电路中混进的与有用信号不同频率的干扰，通常是采用选频电路挑选出有用信号的频率，再利用滤波电路进一步滤除干扰的频率信号。

根据滤波器滤除和保留信号的工作范围，滤波器分为：低通滤波器、高通滤波器、带通滤波器、带阻滤波器四种。它们各自的通带范围如下。

低通滤波器的通带范围是：$f \leqslant f_0$；

高通滤波器的通带范围是：$f \geqslant f_0$；

带通滤波器的通带范围是：$f_1 \leqslant f \leqslant f_2$；

带阻滤波器的通带范围是：$f \leqslant f_1$ 或 $f \geqslant f_2$。

一些滤波器的理想频率特性及电路如图 7.4 所示。

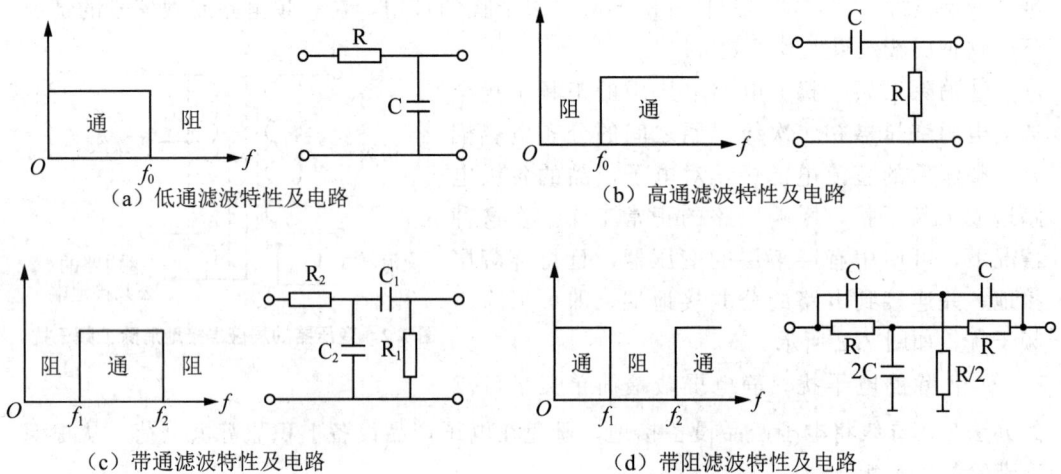

（a）低通滤波特性及电路　　　　　　　　　（b）高通滤波特性及电路

（c）带通滤波特性及电路　　　　　　　　　（d）带阻滤波特性及电路

图 7.4　一些滤波器的理想频率特性及电路

（4）接地。

每一个电子电路都有接地，根据接地方式可分为单点接地和多点接地。合理设置接地点(电路的公共接地端)是抑制噪声和防止干扰的最重要的措施之一。理想的接地，应使各级电路的电流都经地线形成回路，流经地线的各级电路的电流互不影响。

此外，对于小信号和高灵敏度的放大电路，还应注意选用低噪声的电阻、二极管及三极管等元器件，避免元器件自身所产生的噪声干扰。

实训 17　超外差式收音机技术文件的识读与检验

一、实训目的

1. 识读超外差式收音机的技术文件(图样、图纸、说明书等)；
2. 归纳收音机的检验内容及方法；
3. 学会使用电子仪器设备检验收音机的性能。

二、实训仪器和器材

1. 仪器设备及工具

万用表、示波器、高频信号发生器、低频信号发生器、扫频仪等仪器各 1 台；一字、十字螺丝刀、无感起子、镊子、20～35W 的电烙铁、烙铁架等工具各 1 个。

2. 材料

超外差式收音机及其技术文件一套，焊锡、松香，连接导线。

三、实训内容与步骤

1. 查看超外差式收音机的所有技术文件，了解超外差式收音机技术文件的种类、特点、作用及文件名称。将识读超外差式收音机技术文件的结果记录在表 7.3 中。

2. 借助万用表，检查收音机各级直流工作电压的大小及各级静态电流、整机电流的大小。检测静态工作点时，注意将收音机调到无电台的状态进行。将检测结果记录在表 7.4 中。

3. 借助示波器、扫频仪、信号发生器，检测收音机的频率范围、音量大小。将检测结果记录在表 7.4 中。

表 7.3　超外差式收音机技术文件的种类、作用

序　号	技术文件的名称	作　　用	备　　注

表 7.4　超外差式收音机的检验结果

检　测　项　目		检　测　结　果	备　　注
静态电压	变频级基极电压 V_B		
	中放级基极电压 V_B		
	前置低放基极电压 V_B		
	功放级中点电压 V_o		
静态电流	变频级电流 I_{c_1}		
	中放级电流 I_{c_2}		
	前置低放电流 I_{c_4}		
	功放级电流 $I_{c_{5,6}}$		
	整机电流 I		
电台的名称、频率	电台的名称	电台的中心频率	
频率范围			
最大不失真输出功率			

四、实训课时

课堂参考时数：2～4 学时。课外还要加强训练。

五、实训报告

1. 如何检验收音机的收听质量(包括收听的频率范围、音质等)?

2. 收音机的技术文件有哪些品种?它们对收音机的制作和检验有何作用?

3. 收音机的技术文件对收音机的制作和检验有何作用?

本项目归纳总结

1. 反映电子产品功能、性能、构造特点及测试试验要求的图样和说明性文件,统称为电子产品的技术文件。它是电子产品设计、试制、生产、使用和维修的基本理论依据。

2. 技术文件具有标准严格、格式严谨、管理规范的特点。

3. 设计文件是产品在研究、设计、试制和生产实践过程中积累而形成的图样及技术资料,是指导生产的原始文件。它规定了产品的组成形式、结构尺寸、原理以及在制造、验收、使用、维护和修理过程中所必需的技术数据和说明,是组织产品生产的基本依据。

4. 工艺文件是企业组织生产、指导工人操作和用于生产、工艺管理等的各种技术文件的总称。它是电子产品加工、装配、检验的技术依据,也是企业组织生产、产品经济核算、质量控制和工人加工产品的主要依据。

5. 电子产品生产标准化的具体做法:简化法、互换性、通用性、组合化和优选法。

6. 根据标准的适用范围,可以划分为国际标准、区域标准、国家标准、行业标准、地方标准和企业标准。

标准也分为强制性标准和推荐性标准两种。强制性标准是指"必须执行"的标准;推荐性标准是指鼓励企业自愿采用的标准。

7. 电子新产品是指过去从未试制或生产过的产品,或指其性能、结构、技术特征等方面与老产品有明显区别或提高的产品。

常用的新产品开发策略:对现有产品的改造、增加产品的花色品种、仿制和新产品的研制开发。

8. 新产品从研究到生产的整个过程可划分为:预先研究阶段、设计性试制阶段和生产性试制三个阶段。

9. ISO 是一个国际标准化组织,负责制定除电工产品以外的国际标准。ISO 9000 质量管理体系是全球公认的系统化和程序化的国际标准管理模式,ISO 9000 质量管理和质量保证标准系列包括以下 5 个标准。

ISO 9000—1987《质量管理和质量保证标准——选择和使用指南》;

ISO 9001—1987《质量体系——设计/开发、生产、安装和服务的质量保证模式》;

ISO 9002—1987《质量体系——生产和安装的质量保证模式》;

ISO 9003—1987《质量体系——最终检验和试验的质量保证模式》;

ISO 9004—1987《质量管理和质量体系要素——指南》。

10. 建立并实施 ISO 9000 质量管理体系,有利于提升环境质量,有利于综合服务管理水平,有利于完善行政管理机制、提高部门之间工作的协调性,有利于实事求是地对部门、个人的业绩进行考核。

11. GB/T 19000 标准系列是我国使用的质量管理和质量保证标准系列，等同于 ISO 9000 标准系列。实施 GB/T 19000 质量标准系列，有利于我国的质量管理与国际规范接轨，提高我国的企业管理水平和产品竞争力，有利于产品质量的提高，有利于保证消费者的合法权益。

12. 电子产品检验是现代电子企业生产中必不可少的质量监控手段，主要起到对电子产品生产的过程控制、质量把关、合格性判定等的保障作用。

13. 电子产品的检验就是通过观察和判断，结合测量、试验对电子产品进行的符合性评价。产品的检验应执行自检、互检和专职检验相结合的三级检验制度。

14. 电子产品的检验方法主要包括：全检和抽检。

全检又称为全数检验，是指对所有产品 100% 进行逐个检验。

抽检是根据数理统计的原则所预先制定的抽样方案，从交验批中抽出部分样品进行检验。

15. 在电子产品的整个生产过程中，检验工作分为采购检验、过程检验、整机检验三个阶段。在电子产品装配过程之中的检验和整机装配完成后进行入库前的检验一般采取全检的检验方式。采购检验和整机出库时的检验一般采取抽检的检验方式。

16. 影响电子产品工作的主要环境因素包括温度、湿度、霉菌、盐雾、雷击等。这些环境因素有可能会干扰电子产品的正常工作，严重时会影响电子产品的工作可靠性和使用寿命。

17. 电磁波的噪声和干扰对电子产品的性能和指标影响极大，轻则使电子设备的信号失真、降低设备的性能指标，重则淹没有用信号、影响电路的正常工作，甚至击穿电子设备中的元器件及损坏电子设备，造成严重的工作事故及危害。

18. 避免干扰通常采用三种方式：一是消除干扰源；二是阻断干扰途径；三是分离有用信号和干扰信号。

常用的抗干扰措施是屏蔽、退耦、选频、滤波和设置合理的接地点。

自我测试 7

7.1　什么是技术文件？有何作用？

7.2　什么是设计文件？有何作用？

7.3　什么是工艺文件？有何作用？

7.4　工艺文件为什么要成册？完整的工艺文件应包含哪些内容？

7.5　标准和标准化有什么关系？

7.6　说明强制性标准和推荐性标准的区别。

7.7　说明新产品的含义，为什么要开发新产品？

7.8　开发新产品有哪些策略？

7.9　什么是 ISO？其工作职责是什么？

7.10　什么是 ISO 9000？它由哪几部分构成？各部分有何作用？

7.11　建立和实施 ISO 9000 质量管理体系有何意义？

7.12 什么是 GB/T 19000 质量标准体系？它与 ISO 9000 有何关系？为什么要实施 GB/T 19000 质量标准体系？

7.13 为什么要进行电子产品检验？

7.14 产品检验的"三检原则"是什么？其"三检"之间有什么关系？

7.15 什么是全检和抽检？各适用于什么场合？

7.16 电子产品的性能检验包括哪些方面？环境试验和寿命试验有何意义？

7.17 为什么要进行电子产品的防护？影响电子产品的主要环境因素有哪些？

7.18 极端温度对电子产品有什么危害？如何防护？

7.19 潮湿对电子产品有什么危害？如何防护？

7.20 什么是霉菌？霉菌对电子产品有什么危害？

7.21 盐雾出现在什么场合？盐雾对电子产品有什么危害？如何防护？

7.22 雷电对电子产品有什么危害？如何防护？

7.23 电磁波对电子产品有什么影响？其干扰电子产品的主要途径有哪些？

7.24 电子产品是如何进行抗电磁波干扰的？

自我测试参考答案

自我测试 1

1.1 指针式万用表与数字式万用表测试电路参数的不同之处主要表现在三个方面。

(1)表笔与表内电池的连接极性：数字式万用表的红表笔接表内电池的正极，黑表笔接表内电池的负极；指针式万用表的红表笔接表内电池的负极，黑表笔接表内电池的正极。所以测试二极管、三极管等有源器件时，要注意它们的极性判别和表棒与内电池的连接极性。

(2)指示、读数：数字式万用表可以直接从显示屏上读出被测量的数据，而不需要进行数据换算，但数字万用表有时测量的数据稳定性不高，难以读出稳定、准确的数据；指针式万用表的测试数据必须经过换算才能得到最终结果，但显示的测试数据稳定。

(3)电阻的调试过程：数字式万用表测试电阻时，只需调到电阻挡后直接测试被测量的电阻值；指针式万用表测试电阻时，必须先进行欧姆调零，且每变换一次欧姆挡的倍率，都必须重新进行欧姆调零。

1.2 使用模拟式万用表测试电路的电流应按以下流程操作。

(1)选择合适的量程。将调节功能转换开关拨到小于但最接近测量值的电流量程，这时的读数比较准确。

(2)测量操作。测量直流电流时，将模拟式万用表串接在被测电路中，即将被测电路断开，红表笔接被测电路的高电位端，黑表笔接被测量电路的低电位端进行测量。

(3)读数。根据刻度盘上标有"mA"符号的刻度线上指针所指数字，读出刻度示值，并结合功能转换开关所指的量程值，刻度盘上的最大刻度值(即电流满刻度偏转值)，读取并计算出被测直流电流的大小为

$$被测直流电流 = \frac{刻度示值}{满刻度偏转值} \times 量程$$

1.3 使用数字式万用表测试某一电路的电压时，显示屏出现"−15V"时，意味着被测试的电压极性连接错误，即红表笔接到了电路的低电位端、黑表笔接到了电路的高电位端。

1.4 测试时，数字式万用表的显示屏出现"1"的字样，表明已超过量程范围，须将量程开关转至较高挡位上。

1.5 使用指针式万用表测量电阻时，可以从以下几个方面来提高测量精度。

(1)测量之前，进行欧姆调零；

(2)选择合适的电阻挡位，使测量时万用表的指针读数指示在刻度盘中间1/3的位置范围；

（3）测量电阻时，用左手握持电阻（手不同时触及电阻的两金属引脚），右手用握筷子的姿势握住表笔的绝缘端，将表笔的金属杆与电阻的引脚良好接触；

（4）读数时，视线应与表盘垂直，即实际指针与刻度盘上的镜中指针重合，进行读数取值。

1.6　螺丝刀多用于紧固或拆卸螺钉。在元器件检测时，螺丝刀用于可调元件（如调整微调电阻、可变电容、中周等）调节范围的辅助测试。

常用的螺丝刀有一字形、十字形两大类，又分为手动、自动、电动和风动等形式。

1.7　无感起子用于调整高频谐振回路中的电感与电容的大小。使用无感起子，可避免由于金属体及人体感应现象对高频回路产生影响，确保高频电路顺利、准确地调整。

无感起子，是用非磁性材料（如有机玻璃、尼龙棒、塑料或胶木等非金属材料）制成的，频率较高时，应选用尼龙棒制成的无感旋具；频率较低时，可选用头部镶有不锈钢片的无感旋具。

1.8　在电路中，电阻主要有分压、分流、负载（能量转换）等作用，用于稳定、调节、控制电路中电压或电流的大小。

固定电阻的主要性能参数包括：标称阻值、允许偏差、额定功率和温度系数等。

可变电阻的主要性能参数包括：标称阻值、额定功率和滑动噪声。

1.9

编　　号	标称电阻值	允许偏差	识别方法
（1）	5100Ω	±10%	直标法
（2）	47Ω	±5%	直标法
（3）	3900Ω	±20%	文字符号法
（4）	$6.8×10^6$ Ω	±5%	文字符号法
（5）	821Ω	±1%	色标法
（6）	$1.8×10^6$ Ω	±10%	数码法
（7）	$24×10^9$ Ω	±5%	数码法
（8）	560kΩ	±10%	色标法
（9）	1.5Ω	±20%	文字符号法

1.10　固定电阻的常见故障：断路、老化。

检测方法：（1）外观检查。查看电阻引脚有无脱落及松动的现象，有无烧焦、异味，从外表排除电阻的断路故障。（2）在路检测。首先断开电路中的电源，并将被检测的电阻从电路中焊下来（至少焊开一个头），然后再进行测量，若测量值远远大于标称值，则可判断该电阻出现断路或严重老化现象，即电阻器已损坏。（3）断路检测。将电阻从电路中断开用万用表检测电阻值的大小。若测量的电阻值基本等于标称值，说明该电阻正常；若测量的电阻值远大于标称值，说明该电阻已老化、损坏；若测量的电阻值趋于无穷大，说明该电阻已断路。

1.11　五环电阻的精度更高。

1.12 电位器有三个引脚，其中两个引脚是固定端，另一个引脚是滑动端。电位器主要用于电子产品的使用调节，是方便用户使用设置的。

用万用表测量可变电阻两个固定引脚之间的阻值，若测量值基本等于标称值，说明电位器是好的；缓慢调节可变电阻的滑动端，测量滑动端和某一固定端之间的阻值，指针平稳滑动，说明电位器是好的。

用万用表测量可变电阻两个固定引脚之间的阻值，若测量值远大于或远小于标称值，说明元件出现接触不良、磨损严重的故障；缓慢调节可变电阻的滑动端，测量滑动端和某一固定端之间的阻值，若出现表针跳动的情况，说明元件出现接触不良的故障；若滑动端和固定端之间的阻值远大于标称值，或为无穷大，说明元件内部有断路现象。

1.13 电位器和微调电阻的不同点表现为：

(1)从外形结构看，微调电阻的体积小，阻值的调节需要使用工具(螺丝刀)进行；电位器的体积相对来说更大些，滑动端带有手柄，使用时可根据需要直接用手调节；

(2)从作用功能上来说，微调电阻一般是在电路的调试阶段进行电路参数的调整，一旦电子产品调整定形后，微调电阻就无须再调整了；电位器主要用于电子产品的使用调节，是方便用户使用设置的，如收音机的音量电位器等。

1.14 电容在电路中主要起耦合、旁路、隔直、调谐回路、滤波、移相、延时等作用，其在电路中的使用频率仅次于电阻。

电容的主要性能参数包括：标称容量、允许偏差、额定工作电压与击穿电压、绝缘电阻等。

1.15 使用指针式万用表测量≥5000pF 的电容器时，正常的电容器会出现万用表指针有一个先快速右摆、然后慢慢左摆最后停下来过程，最终万用表指针所指即为电容的绝缘电阻，通常电阻读数很大(电阻值趋近于无穷大)。

测量电容时，若万用表的指针不摆动(电阻值趋于无穷大)，说明电容已断路；若万用表指针向右摆动至零欧姆后，指针不再复原，说明电容被击穿；若万用表指针向右摆动后，指针有少量复原(电阻值较小)，说明电容有漏电现象，指针稳定后的读数即为电容的漏电电阻值。

1.16 电解电容器是一种有极性的电容，连接时，电解电容器的"＋"极接电路的高电位端，"－"极接电路的低电位端。电解电容器的容量大，但耐压相对无极性电容的低、绝缘电阻相对更小。

1.17

编 号	标称容量	允许偏差	识别方法
(1)	5.6×10^{-9} F	±20%	文字符号法
(2)	0.1μF	±10%	数码法
(3)	2.2pF	±20%	文字符号法
(4)	5.1pF	±10%	数码法
(5)	0.68μF	±5%	文字符号法
(6)	0.033	±5%	数码法

1.18 电感的主要故障是断路或短路。通常使用万用表测量电感线圈的电阻来判

断电感或变压器的好坏。若测量的线圈电阻远大于标称阻值或趋于无穷大，说明电感或变压器断路；若测得线圈的电阻远小于标称阻值，说明线圈或变压器内部有短路故障。

1.19　使用指针式万用表检测二极管两个方向的电阻。若两次阻值相差很大，说明该二极管性能良好，且以测量电阻小的那次表笔接法为准，与黑表笔连接的是二极管的正极，与红表笔连接的是二极管的负极。

如果两次测量的阻值都很小，说明二极管已经击穿；如果两次测量的阻值都很大，说明二极管内部已经断路；两次测量的阻值相差不大，说明二极管性能欠佳。在这些情况下，二极管就不能使用了。

1.20　稳压二极管工作在反向击穿区。

稳压二极管的极性与性能好坏的测量与普通二极管的测量方法相似，不同之处在于：当使用指针式万用表的 R×1k 挡测量二极管时，测得其反向电阻是很大的，此时，将万用表转换到 R×10k 挡，如果出现万用表指针向右偏转较大角度，即反向电阻值减小很多的情况，则该二极管为稳压二极管；如果反向电阻基本不变，说明该二极管是普通二极管，而不是稳压二极管。

1.21　发光二极管 LED 是一种将电能转换成光能的特殊二极管，是一种新型的冷光源，常用于电子设备的电平指示、模拟显示等场合。它常用砷化镓、磷化镓等化合物半导体制成。

由于发光二极管也具有单向导电性，其正、反向电阻均比普通二极管大得多，因而测量时要使用万用表的 R×10k 挡检测。

1.22　光电二极管的检测方法与普通二极管基本相同。不同之处是：有光照和无光照两种情况下，其反向电阻相差很大；若测量结果相差不大，说明该光电二极管已损坏或该二极管不是光电二极管。

1.23　桥堆是由 4 只二极管构成的桥式电路，桥堆主要在电源电路中作整流用。

1.24　桥堆的常见故障有：开路故障和击穿故障。

检测方法：选用万用表测量桥堆相邻的两个引脚间二极管的正、反向电阻。由于桥堆有 4 对相邻的引脚，即要测量 4 次正、反向电阻。在上述测量中，若有一次或一次以上出现开路(阻值为无穷大)或短路(阻值为零)的情况，则认为该桥堆已损坏。

1.25　选用指针式万用表的 R×100 或 R×1k 欧姆挡检测三极管的引脚极性。操作时先找出三极管的基极 B 并判断三极管的管型，然后区分集电极 C 和发射极 E。

(1)基极 B 及三极管管型的判断。测量时，先假定一个基极引脚，将红表笔接在假定的基极上，黑表笔分别依次接到其余两个电极上，测出的电阻值都很大(或都很小)；然后将表笔对换，即黑表笔接在假定的基极上，红表笔分别依次接到其余两个电极上，测出的电阻值都很小(或都很大)。若满足这个条件，说明假定的基极是正确的，而且该三极管为 NPN 管(对应上述括号中测试结果的是 PNP 管)。如果得不到上述结果，那假定就是错误的，必须换一个电极为假定的基极进行重新测试，直到满足条件为止。

(2)集电极 C 和发射极 E 的区分。在测试完三极管的基极和管型后，先假设一个引脚为集电极 C，另一个引脚为发射极 E；在 C、B 之间接上人体电阻，并将黑表笔接 C 极，红表笔接 E 极，测量出 C、E 之间的等效电阻，记录下来；然后按前一次对 C、E

相反的假设，再测量一次。比较两次测量结果，以电阻小的那一次为假设正确。

1.26　检测过程中，若测得三极管任意一个 PN 结的正、反向电阻都是无穷大，说明三极管内部出现断路现象；若测得三极管的任意一个 PN 结的正、反向电阻都很小，说明三极管有击穿现象，该三极管不能使用；若测得三极管任意一个 PN 结的正、反向电阻相差不大，说明该三极管的性能变差，已不能使用。

1.27　集成电路 IC 是将半导体器件、电阻、小电容以及电路的连接导线都集成在一块半导体硅片上，是具有一定电路功能的电子器件。它具有体积小、重量轻、性能好、可靠性高、损耗小、成本低、使用寿命长等优点。

1.28　常用的集成电路芯片检测方法有：电阻检测法、电压检测法、波形检测法和替代法等。其中电阻检测法是一种断电检测的方法，电压检测法和波形检测法属于通电检测法。

（1）电阻检测法。用万用表测量集成电路芯片各引脚对接地引脚的正、反向电阻，并与参考资料或与另一块同类型的、好的集成电路比较，从而判断该集成电路的好坏。

（2）电压检测法。使用万用表的直流电压挡，测量集成电路芯片各引脚对地的电压，将测出的结果与该集成电路芯片参考资料所提供的标准电压值进行比较，从而判断是该集成电路芯片有问题，还是集成电路芯片的外围电路有问题。

（3）波形检测法。集成电路芯片通电后，从集成电路的输入端输入一个标准信号，再用示波器检测集成电路输出端的输出信号是否正常，若有输入而无输出，一般可判断为该集成电路损坏。

（4）替代法。用一块好的、同类型的集成电路芯片替代可能出现问题的集成电路芯片，然后通电测试的方法。该方法的特点是：直接、见效快；但拆焊麻烦，且易损坏集成电路和电路板。

若集成电路芯片采用先安装集成电路插座、再插入集成电路的安装方式时，替代法就成为最简便而快速的检测方法了。

1.29　表面安装元器件（SMT 元器件）又称为贴片元器件，或称片状元器件，它是一种无引线或有极短引线的小型标准化的元器件。

表面安装元器件具有尺寸小、体积小、重量轻、集成度高、装配密度大、成本低、可靠性高、高频特性好、抗震性能好、工作可靠性高、生产成本低、易于实现自动化和大批量生产等特点。

1.30　LED 数码管由 7 个数码引脚和 1 个小数点引脚。这些数码发光段分别用字母 a、b、c、d、e、f、g 来表示，小数点用字母 dp 表示。

七段数码显示器有共阴极和共阳极两种连接方式。

1.31　在电子设备中，开关是起电路的接通、断开或转换作用的。

对于机械开关，主要是使用万用表检测开关的绝缘电阻和接触电阻。若测得绝缘电阻小于几百千欧时，说明此开关存在漏电现象；若测得接触电阻大于 0.5Ω，说明该开关存在接触不良的故障。

对于电磁开关，主要是使用万用表的欧姆挡对开关的线圈、开关的绝缘电阻和接触电阻进行测量。继电器的线圈电阻一般在几十欧至几千欧，其绝缘电阻和接触电阻值与机械开关基本相同。将测量结果与标准值进行比较，即可判断出继电器的好坏。

对电子开关的检测，主要是通过检测二极管的单向导电性和三极管的好坏来初步判断电子开关的好坏。

1.32　接插件是用来在电路模块之间（如线路板与线路板之间、器件与电路板之间等）进行电气连接的元器件，是电子产品中用于电气连接的常用器件。

1.33　熔断器是一种用在交直流线路和设备中，出现短路和过载时，起保护线路和设备作用的元件。

通常使用万用表的 R×1Ω 挡测量熔断器两端的电阻值。正常时，熔断器两端的电阻值应为零欧；若电阻值很大，趋于无穷大，则说明熔断器已损坏，不能再使用。

1.34　电声器件是指能够在电信号和声音信号之间相互转化的元件。

常用的电声器件有：扬声器、耳机、传声器等。其中扬声器、耳机的作用是：将电信号转化为声音信号；传声器的作用是：将声音信号转化为与之对应的电信号。

自我测试 2

2.1　电子产品中的焊接是指将导线、元器件引脚与印制电路板连接在一起的过程。

焊接主要要满足机械连接和电气连接两个目的要求，其中，机械连接是起固定作用，而电气连接是起电气导通的作用。

2.2　完成锡焊并保证焊接质量，应同时满足：被焊金属具有良好的可焊性、被焊件表面清洁、合适的焊料及焊剂、合适的焊接温度和焊接时间。

2.3　锡铅合金焊料是指将铅与锡按不同的比例组合构成的焊料。

当铅 Pb、锡 Sn 的比例为 Pb38.1％、Sn61.9％组成合金时，其铅锡合金称为共晶焊锡，它的熔点最低，只有 182℃，是铅锡焊料中性能最好的一种。在实际应用中一般将含锡 60％、含铅 40％的焊锡就称为共晶焊锡。

共晶焊锡具有熔点低、熔点和凝固点一致好、焊接强度高、流动性好、抗氧化性好、机械强度高、导电性能好、焊点质量高等优点。

2.4　焊膏是将指将合金焊料加工成一定粉末状颗粒的，并拌以糊状助焊剂构成的，具有一定流动性的糊状焊接材料。它是表面安装技术中再流焊工艺所必需的焊接材料。

2.5　无铅焊料是指以锡为主体，添加其他金属材料（如银 Ag、锌 Zn、铜 Cu、铋 Bi、铟 In、锑 Sb 等）制成的焊接材料。所谓无铅焊料，并非完全没有铅的成分，而是要求无铅焊料中铅的含量必须低于 0.1％。

无铅焊料的主要缺陷表现在：熔点高，延伸率较差，浸润性差，可焊性不高，成本高。

2.6　助焊剂在焊接过程中能去除被焊金属表面的氧化物，防止焊接时被焊金属和焊料再次出现氧化，并降低焊料表面的张力，提高焊料的流动性，有助于焊接，使焊点易于成形，保护电路板及铜箔表面不受损伤，有利于提高焊点的质量。

使用松香类助焊剂应注意：①松香类焊剂反复加热使用后会发黑（碳化），这时的松香不但没有助焊作用，而且还会降低焊点的质量；②在温度达到 60℃时，松香的绝缘性能会下降，松香易结晶，稳定性变差，且焊接后的残留物对发热元器件有较大的危害(影响散热)；③存放时间过长的松香不宜使用，因为松香的成分会发生变化，活性变差，助焊效果也就变差，影响焊接质量。

2.7 在完成焊接操作后，使用清洗剂可以清洗焊点周围存在残余焊剂、油污、汗渍、多余的金属物等杂质，避免这些杂质对焊点造成的腐蚀、伤害从而导致绝缘电阻下降、电路短路或接触不良等故障。

阻焊剂是一种耐高温的涂料，常用在印制电路板上，其作用是保护印制电路板和电子元器件，防止桥接、短路等现象发生，节省焊料，使印制电路板的板面显得整洁美观。

2.8 电烙铁主要由烙铁芯、烙铁头和手柄三个部分组成。其中烙铁芯是电烙铁的发热部分，烙铁芯内的电热丝通电后，将电能转换成热能，并传递给烙铁头；烙铁头是储热部分，它储存烙铁芯传来的热量，并将热量传给被焊工件，对焊接点部位的金属加热，同时熔化焊锡，完成焊接任务；手柄是手持操作部分，起隔热、绝缘作用。

2.9 从结构上看，内热式电烙铁的发热部分(烙铁芯)安装于烙铁头内部，其热量由内向外散发。外热式电烙铁的烙铁头安装在烙铁芯的里面，即产生热能的烙铁芯在烙铁头外面，其热量由外向内渗透。

内热式电烙铁的热效率高，烙铁头升温快，相同功率时的温度高、体积小、重量轻；但使用过程中温度集中，容易导致烙铁头被氧化、烧死。外热式电烙铁的工作温度平稳，焊接时不易烫坏元器件，使用寿命长；但其体积大，热效率低。

2.10 使用电烙铁应注意以下几点。

①电烙铁加热使用时，不能用力敲击、甩动，否则易使烙铁头变形、损伤；烙铁头上的焊锡过多时，可用布擦掉，切勿甩动，以免飞出的高温焊料危及人身、物品安全；

②电烙铁加热或暂时停焊时，应把烙铁头支放在烙铁架上，可避免烫坏其他物品，注意电源线不可搭在烙铁头上，以防烫坏绝缘层而发生触电事故或短路事故；

③电烙铁较长时间不用时，要把烙铁的电源关掉，长时间在高温下会加速烙铁头的氧化，影响焊接性能，烙铁芯的电阻丝也容易烧坏，降低电烙铁的使用寿命；

④使用结束后，应及时切断电源，待烙铁头冷却后，用干净的湿布清洁烙铁头，并将电烙铁收回工具箱。

2.11 电烙铁好坏的检测可以采用目测检查和使用万用表的欧姆挡检测相结合的方法进行。

目测检查主要是查看电源线有无松动和烫破露芯线、烙铁头有无氧化或松动、固定螺丝有无松动脱落现象。

若目测没有问题，但电烙铁通电后不发热或升温不高时，可用万用表测试电源插头两个端的电阻。正常时，测试的电阻值应该在几百欧姆；若测试电源插头两端的电阻为无穷大时，有可能出现电源插头的接头断开、烙铁芯内的电阻丝与电源线断开或烙铁芯内部的电阻丝断开等故障；若测试的电阻值在几百欧姆，但温度不高，则要检查烙铁头是否氧化，烙铁头是否拉出；若测试的电阻值为零，说明带电烙铁内部出现短路故障，此时一定要排除短路故障后才能通电使用，否则易造成一连串的短路，损

坏电源电路。

2.12 吸锡电烙铁具有加热、吸锡两种功能。吸锡电烙铁用于拆卸电路板上的元器件。

2.13 烙铁架用于存放松香或焊锡等焊接材料，以及搁置电烙铁。

2.14 电热风枪由控制台和电热风吹枪组成。

电热风枪是专门用于焊装或拆卸表面贴装元器件的专用焊接工具。

2.15 手工焊接印制电路板上的元器件，需要采取笔握法来握持电烙铁。

2.16 五步焊接操作法的工作步骤是：准备、加热、加焊料、撤离焊料、移开烙铁。

三步焊接操作法的工作步骤是：准备、同时加热被焊件和焊料、同时移开焊料和烙铁头。

2.17 当焊接出现错误、元器件损坏或进行调试维修电子产品时，就要进行拆焊。

分点拆焊法是指对需要拆卸的元器件，一个引脚一个引脚地逐个进行拆卸的方法。是最基本又最常用的拆焊方法。当元件的引脚不多，且每个引线可相对活动的元器件可用该方法进行拆焊。

集中拆焊法是指，一次性拆卸一个元器件的所有引脚的方法。当需要拆焊的元件引脚不多，且焊点之间的距离很近时，可采用集中拆焊法。

2.18 当被拆焊的元器件可能需要多次更换，或已经拆焊过时，可采用断线拆焊法。断线拆焊法是一种过渡的拆卸元器件的方法，当更换的元器件确定不用再更换时，还需用其他的拆焊方法最后固定更换新的元器件。

当需要拆卸大面积、多焊点的电路时，可借助于吸锡材料拆焊。

2.19 合格的焊点是：具有良好的电气连接和机械强度、焊量合适、外形美观等。

焊点常采用目视检查、手触检查和通电检查的方法检查其质量。首先目视检查，其次是手触检查，最后是通电检查。目视检查是指从外观上检查焊点是否有缺陷，焊接质量是否合格。手触检查主要是用手指触摸、轻摇元器件，观察元器件的焊点有无松动、焊接不牢的现象。通电检查可以发现许多微小的缺陷，如用目测观测不到的电路桥接、印制线路的断裂等。

2.20 焊点的常见缺陷有：虚焊、拉尖、桥接、球焊，印制电路板铜箔起翘、焊盘脱落，导线焊接不当。

使用合格的焊料、焊剂；焊接前做好被焊件的表面清洁工作；采用正确的焊接方法。

2.21 无铅焊接技术是指使用无铅焊料、无铅元器件、无铅材料和无铅焊接工具设备制作电子产品的工艺过程。

由于铅及其化合物含有损伤人类的神经系统、造血系统和消化系统的重金属毒物，会影响儿童的生长发育、神经行为和语言行为，导致人类易患呆滞、高血压、贫血、生殖功能障碍等疾病；铅浓度过大，还可能致癌，并对土壤、空气和水资源均产生污染。使用无铅焊接技术，可以减少铅及其化合物对人类和环境造成的污染与伤害。

2.22 无铅焊接目前存在的主要问题是：电子元器件的耐高温性能要好、可焊性好；PCB板要求耐高温、焊接后不变形、不脱落，致使PCB板的制作工艺复杂、制作成本增加；焊接设备和焊接工具的加热能力和加热效率高，其制作材料的耐高温性好，无铅焊接材料的可焊性和抗氧化性能好。

自我测试 3

3.1 电子产品制作中常用的图纸有：方框图、电原理图、装配图及印制电路板组装图。

3.2 电原理图是详细说明电子元器件相互之间、电子元器件与单元电路之间、产品组件之间的连接关系，以及电路各部分电气工作原理的图形。它是电子产品设计、安装、测试、维修的依据。

电原理图的识读方法：结合原理方框图，从信号的输入端按信号流程，一个单元一个单元电路地熟悉，一直到信号的输出端，由此了解电路的构成特点和技术指标，掌握电路的连接情况，从而分析出该电子产品的工作原理。

3.3 印制电路板组装图是用来表示各种元器件在实际电路板上的具体方位、大小以及各元器件与印制电路板的连接关系的图样。

印制电路板组装图的识读按下列要求进行。

(1)读懂与之对应的电原理图，找出电原理图中基本构成电路的大型元件及关键元件；

(2)在印制电路板上找出接地端(线)和主要电源端(线)；

(3)根据印制电路板的读图方向，结合电路的大型元件和关键元件在电路中的位置关系及与接地端(线)和电源端(线)的关系，逐步识读印制电路板组装图，了解印制电路板图的结构特点。

3.4 元器件引线的预加工是指元器件成型前的加工处理过程。元器件引线的预加工主要包括引线的校直、表面清洁及搪锡三个过程。

使用尖嘴钳或镊子对歪曲的元器件引线(引脚)进行校直；对分立元器件的引脚，可以用刮刀轻轻刮试引线表面或用细沙纸擦拭引线表面进行清洁，对于扁平封装的集成电路，只能用绘图橡皮轻轻擦拭引脚进行清洁；元器件引线(引脚)做完校直和清洁后，常使用电烙铁对元器件引线(引脚)进行搪锡，可避免元器件引线(引脚)的再次氧化。

3.5 小型元器件安装前，要根据安装位置的特点及技术方面的要求，预先把元器件引线弯曲成一定的形状，以提高装配质量和效率。

元器件成型加工的主要目的是：使元器件能迅速而准确地插入安装孔内，并满足印制电路板的安装要求。

3.6 为了保证安装质量，元器件的引线成型应满足如下技术要求：

(1)引线成型后，元器件本体不应产生破裂，外表面不应有损坏；

(2)引线成型后，元器件引线弯曲的部分不能有裂纹和压痕，引线直径的变形不超过 10%，引线表面镀层剥落长度不大于引线直径的 10%；

(3)引线成型后，卧式安装的元器件参数标记应该向上，立式安装的元器件参数标记应该向外，并注意标记的读数方向应保持一致，便于日后的检查和维修。

3.7 元器件引线成型的方法有：普通工具的手工成型、专用工具(模具)的手工成型和专用设备的成型方法。

普通工具的手工成型是指使用尖嘴钳或镊子等普通工具对元器件引线进行手工成型加工的方法；专用工具(模具)的手工成型是指应用专用工具(模具)手工对元器件引线进行成型的方法；专用设备成型是指使用专用成型设备，如手动、电动或气动成型机对元器件引线进行成型的方法。

3.8 电子产品中的常用线材有：安装导线、电磁线、屏蔽线和同轴电缆、扁平电缆(平排线)、线束。

3.9 用于绕制变压器、电感线圈的线材主要是电磁线。

当需要简便、有效地进行多路导线连接时，多采用扁平电缆进行连接。扁平电缆可用于插座间的连接、印制电路板之间的连接及各种信息传递的输入/输出柔性连接。

3.10 导线加工中，斜口钳主要用于剪切导线，尤其适用于剪掉焊接点上网绕导线后多余的线头以及剪切绝缘套管、尼龙扎线卡等。剥线钳用于剥掉直径 3mm 及以下的塑胶线、蜡克线等线材的端头表面绝缘层。镊子主要用于夹持细小的导线，防止连接时导线的移动；导线塑料胶绝缘层的端头遇热要收缩，在焊点尚未完全冷却时，用镊子夹住塑胶绝缘层向前推动，可使塑胶绝缘层恢复到收缩前的位置。电烙铁对金属导线进行搪锡处理，避免导线再次氧化。

3.11 普通绝缘导线的加工分为剪裁、剥头、捻头(多股线)、搪锡、清洗和印标记等几个过程。捻头是针对多股芯线的导线所需完成的工序，单芯线可免去此工序。

3.12 搪锡又称为上锡，一般是指对捻紧端头的多股芯线进行浸涂焊料的过程。搪锡是为了防止已捻头的芯线散开及氧化，并提高导线的可焊性，减少导线端连接的虚焊、假焊的故障，在导线完成剥头、捻头之后，要立即对导线进行搪锡处理。

3.13 同轴电缆与屏蔽线的结构基本相同，都是用于传送电信号的特殊导线，都有静电(高电压)屏蔽、电磁屏蔽和磁屏蔽作用。不同之处在于：

(1)使用的材料不同，电性能不同；

(2)传送电信号的频率不同，屏蔽线主要用于 1MHz 以下频率的信号连接，而同轴电缆主要用于传送高频电信号；

(3)同轴电缆只有单根芯线，而常用的屏蔽线有单芯、双芯、三芯。

3.14 常用的线把扎制的方法有软线束扎制和硬线束扎制。

软线束扎制是指用多股导线、屏蔽线、套管及接线连接器等按导线功能进行分组，将功能相同的线用套管套在一起、而无须绑扎的走线处理过程。软线束扎制一般用于电子产品中各功能部件之间的连接。

硬线束扎制是指按电子产品的需要，将多根导线捆扎成固定形状的线束的走线处理过程。硬线束扎制的绑扎必须有走线实样图，多用于固定产品零、部件之间的连接，特别在机柜设备中使用较多。

3.15 覆铜板是指在绝缘基板的一面或两面覆以铜箔，经热压而成的板状材料，它是制作印制电路板的基本材料(基材)。

3.16 印制电路板简称 PCB 板，它由绝缘底板、连接导线和装配焊接电子元器件的焊盘组成，是元器件互连及组装的基板。通过印制电路板可以完成电路的电气连接、元器件的固定和电路的组装，并实现电路的功能，电路板是目前电子产品不可缺少的组成部分。印制电路板起有导电线路和绝缘底板的双重作用。

3.17 印制电路板的主要优点包括：

(1)印制电路板可以免除复杂的人工布线，自动实现电路中各个元器件的电气连接，同时降低电路连接的差错率，简化电子产品的装配、焊接、调试工作，提高劳动生产率，降低电子产品的成本；

(2)印制电路板的布线密度高，缩小了整机体积，有利于电子产品的小型化；

(3)印制电路板采用了标准化设计，因而产品的一致性好，有利于电子产品生产的机械化和自动化，有利于提高电子产品的质量和可靠性。

3.18 印制电路板的设计内容包括：印制电路板上元器件排列的设计、地线的设计、输入输出端的设计、排版连线图的设计。

3.19 不规则排列是指元器件在印制电路板上可以任意方向排列。其特点是可以减少印制导线的长度，减少分布电容和接线电感对电路的影响，减少高频干扰，使电路工作稳定，但元器件的布局没有规则，较凌乱，不便于打孔和装配。这种排列方式适合高频(30MHz以上)电路布局。

坐标排列是指元器件的轴向和印制电路板的四边平行或垂直排列。其特点是，外观整齐美观，便于机械化打孔和装配，但电路中的干扰大，一般适用于低电压、低频率(1MHz以下)的电路中使用。

3.20 手工自制印制电路板常用的方法有描图法、贴图法和刀刻法。

描图法制作印制电路板简单、易行，但由于印制线路、焊盘等图形是靠手工描绘而成，因而往往是描绘的线条粗细不均，走线不平整，焊盘大小、形状不一，描绘质量难以保证。

贴图法的特点：操作简单，贴图的图形形状标准、统一，图形线条整齐、美观，印制电路板制作效果好，但成本高，走向不够灵活。

刀刻法的特点：制作过程相对简单，使用的材料少，但刀刻的技术要求高，除直线外，其他形状的线条、图形难以用刀刻完成。

3.21 描图法自制印制电路板的基本步骤包括：下料、拓图、打孔、描图、腐蚀、去漆膜、清洗和涂助焊剂。

描图完成且描图油漆完全干透后，可使用小刀、直尺等工具对所描线条和焊盘进行修整，使描图更加平整、美观，然后再进行腐蚀。

3.22 为了加快腐蚀反应速度，可以对腐蚀溶液适当加温(但温度也不宜过高，不能将漆膜泡掉，温度在40℃~50℃比较合适)，同时可以用软毛排笔轻轻刷扫板面，但不要用力过猛，避免把漆膜刮掉。

在新制作的印制电路板表面，涂敷一层薄薄的助焊剂，可以防止印制电路板上的铜箔表面氧化、便于后期焊接元器件。

3.23 印制电路板的质量检验主要包括机械加工正确性检验、连通性试验、绝缘电阻的检测、可焊性检测等。一般来说，机械加工正确性检验采用目视检验的方法进行，连通性试验、绝缘电阻和可焊性检测采用仪器检验的方法进行。

目视检验能发现一些包括导线是否完整、焊盘的大小是否合适、焊孔是否在焊盘

中间等明显的表面缺陷。

连通性试验可以查明印制电路板图形是否是连通的。这种试验可借助于万用表。

绝缘电阻的检测是测量印制电路板绝缘部件对外加直流电压所呈现出的一种电阻。在印制电路板电路中，此试验既可以在同一层上的各条导线之间进行，也可以在两个不同层之间进行。

可焊性检测是用来测量元器件连接到印制电路板上时，焊锡对印制图形的附着能力。

自我测试 4

4.1 浸焊是指将插装好元器件的印制电路板浸入有熔融状焊料的锡锅内，一次完成印制电路板上所有焊点的自动焊接过程。

浸焊的特点：操作简单、生产效率较高、无漏焊现象、所需设备简单、适用于批量生产。但多次浸焊后，浸焊槽内焊锡表面会积累大量的氧化物等杂质，易造成虚焊、桥接、拉尖等焊接缺陷，需要进行手工补焊；焊槽温度掌握不当时，会导致印制电路板起翘、变形，元器件损坏，因而影响焊接质量。

4.2 机器浸焊的工艺流程：插装元器件、喷涂焊剂、浸焊、冷却剪脚、检查修补等若干工序。

PCB 板浸入锡炉焊料内，浸入深度为 PCB 板厚度的 $1/2 \sim 2/3$，浸锡时间为 $3 \sim 5s$。

4.3 波峰焊接是指：将熔化的焊料按设计要求喷射成焊料波峰，将插装好元器件的印制电路板与熔化焊料的波峰接触，一次完成印制电路板上所有焊点的焊接过程。

波峰焊中的波峰是利用焊锡槽内的机械泵，源源不断地泵出熔融焊锡，形成一股平稳的焊料波峰与插装好元器件的印制电路板接触，完成焊接过程。

4.4 波峰焊接后，经人工检验印制电路板电路有无焊接缺陷；若有少量缺陷，则用电烙铁进行手工修复；若缺陷较多，则必须查找焊接缺陷的原因，重新焊接。

波峰焊接完并冷却后，应对印制电路板面残留的焊剂、废渣和污物进行清洗，以免日后残留物侵蚀焊点而影响焊点的质量。

4.5 再流焊技术使用了具有一定流动性的糊状焊膏，预先在电路板的焊盘上涂上适量和适当形式的焊锡膏，再把贴片元器件粘在印制电路板预定位置上，然后通过加热使焊膏中的粉末状固体焊料熔化，达到将元器件焊接到印制电路板上的目的。

再流焊技术主要应用于各类表面组装元器件的焊接。

4.6 再流焊的特点是：

(1)焊接的可靠性高，一致性好，节省焊料；

(2)再流焊焊接的元器件不容易移位；

(3)元器件及电路板受到的热冲击小，不易损坏；

(4)无桥接缺陷，焊接质量高。

4.7 表面安装技术 SMT 是把无引线或短引线的表面安装元件(SMC)和表面安装器件(SMD)，直接贴装、焊接到印制电路板或其他基板表面的装配焊接技术。

与传统的通孔插装技术相比，表面安装技术(SMT)具有以下特点：微型化程度高、稳定性能好、高频特性好、有利于自动化生产、提高了生产效率、降低了成本，但表面安装元器件的品种及规格不够齐全，元器件的价格较高，且元器件只适合于小功率电路中使用，维修操作不方便，往往需要借助专门的工具查看参数、标记、进行焊接，由于表面安装元器件与印制电路板的热膨胀系数不一致，受热后，易引起焊接处开裂；组装密度大，散热成为一个较复杂的问题。

4.8 在应用 SMT 的电子产品中，大体分为三种安装方式：完全表面安装、单面混合安装和双面混合安装方式。

完全表面安装方式的特点：工艺简单、组装密度高、电路轻薄，但不适用大功率电路的安装。

混合安装方式的特点：PCB 板的成本低、组装密度更高（双面安装元器件）、适用各种电路（大功率、小功率电路均可）的安装，但焊接工艺上略显复杂。

4.9

表面安装技术 SMT	通孔安装技术 THT
安装 SMC 和 SMD 元器件，元器件体积小，其功率小	安装通孔元器件，元器件体积相对大，大、小功率的元器件均有
PCB 板上没有通孔，其元件面与焊接面同面	PCB 板上有插装元器件的通孔，其元件面与焊接面在两个不同的面上
元器件贴装在 PCB 板上	元器件插装在 PCB 板上
PCB 板的两面都可以安装元器件	只能在 PCB 板的某一面安装元器件。元件放置在元件面，焊接在焊接面完成
一般需要专业设备进行组装	可使用专业设备进行组装，也可以手工组装

4.10 SMT 的焊接质量要求与传统的焊接技术要求基本相同，即要求焊点表面有光泽且平滑，焊料与焊件交接处平滑，无裂纹、针孔、夹渣现象。

4.11 常见的 SMT 焊接缺陷：焊料不足、桥接、焊料堆积过多、漏焊、元件位置偏移、立碑现象。

自我测试 5

5.1 根据电子产品装配的内容、程序的不同，电子产品的装配分为元件级、插件级和系统级的组装级别。

在电子产品装配过程中，先进行元件级组装，再进行插件级组装，最后是系统级组装。在较简单的电子产品装配中，可以把第二级和第三级组装合并完成。

5.2 电子产品装配的主要技术要求包括：装配要符合设计的电气性能要求，保证信号的良好传输，装配应具有足够的机械强度，装配过程中不得损伤电子产品及其零部件，注意电子产品的装配、使用安全。

5.3 电子产品装配的工艺流程因电子产品的复杂程度和特点的不同，装配设备的种类、规模不同，其工艺流程的构成也有所不同，但基本工序大致一样，即包括装配

准备、整机装配、产品调试、检验、装箱出厂这几个主要环节。

5.4　生产流水线的特征：整机产品的安装、调试等工作划分成若干个简单的操作，每一个技术工人完成指定的简单操作。

在流水操作的工序划分时，每位操作者完成指定操作的时间应相等，这个相等的操作时间称为流水节拍。

设置流水节拍，可以把每一位操作人员的工作内容固定，使操作简单、便于记忆，达到减少差错、提高工效、保证产品质量的目的。因而在成批制作电子产品时，基本都采用流水线的生产方式。

5.5　电子产品的总装是指：将构成电子产品整机的各零部件、接插件以及单元功能整件(如各机电元件、印制电路板、底座、面板、机箱外壳等)，按照设计要求，进行装配、连接，组成一个具有一定功能的、完整的电子整机产品的过程。

以整机结构来分，电子整机的装配方式包括整机装配和组合件装配两种。

总装的连接方式分为拆卸的连接和不可拆连接两类。

5.6　无论是机械装配，还是电气装配，电子产品总装的顺序都必须符合以下原则：先轻后重、先小后大、先铆后装、先装后焊、先里后外、先平后高，上道工序不得影响下道工序。

5.7　总装的质量检查应始终坚持自检、互检、专职检验的"三检"原则。其检查程序：先自检，再互检，最后由专职检验人员检验。

5.8　总装检查的内容包括：外观检查、装联的正确性检查和安全性检查。

5.9　连接工艺是指使用电子装配的专用工具，对连接件施加冲击、强压或扭曲等力量，使连接件表面发热，界面分子相互渗透，形成界面化合物结晶体，从而将连接件连接在一起的工艺过程。连接工艺具有节省工时和材料、无污染、成本低的特点。

压接是用于导线之间进行连接的工艺技术。绕接通常用于接线柱子和导线的连接。穿刺通常用于将扁平线缆和接插件进行连接。

5.10　螺纹连接也称为紧固件连接，它是指用螺栓、螺钉、螺母等紧固件，把电子设备中的各种零部件或元器件按设计要求连接起来的工艺技术，是一种广泛使用的可拆卸的固定连接，常用在大型元器件的安装、电路板的固定、电子产品的总装中。

螺纹连接具有结构简单、连接可靠、装拆方便等优点，但在振动或冲击严重的情况下，螺纹容易松动，在安装薄板或易损件时容易产生形变或压裂。

5.11　自攻螺钉用于薄铁板或塑料件的固定连接，其特点是：装配孔不必攻丝，可直接拧入；常用于一些轻、薄的部件或经常拆卸的面板和盖板中，但是不能用于紧固像变压器、铁壳大电容器等相对重量较大的零部件。

5.12　螺栓、螺母的连接是指：螺杆穿过通孔、另一头(或两头)用螺母旋紧固定的连接方式。其连接特点为：连接件的结构简单，连接通孔不带螺纹，被连接件的材料不受限制，装、拆方便，不易损坏连接件。

螺栓连接主要用于厚板零部件的连接，或用于需要经常拆卸、螺纹孔易损坏的连接场合。

5.13　螺钉连接时，其紧固顺序应遵循：交叉对称，分步拧紧的原则。螺钉拆卸的顺序与紧固的原则类似，即交叉对称，分步拆卸。

5.14 有时当电子整机产品进行检验、维修或调试时，会需要对电子整机进行拆卸。

拆卸的内容主要包括：电子整机的外包装拆卸、电子整机外壳的拆卸、印制电路板的拆卸、元器件的拆卸、连接导线及接插件拆卸。

5.15 在电子整机中，元器件的拆卸常借助电烙铁、吸锡器、螺丝刀、镊子、斜口钳等工具完成。

(1)对于印制电路板上的元器件，可使用电烙铁、吸锡器进行拆卸，操作时可借助镊子帮助元器件引脚散热。

(2)对于有螺钉固定在印制电路板上的大型元器件，先使用电烙铁、吸锡器去除焊盘上的焊锡，再使用螺丝刀拆卸固定大型器件的螺钉。

(3)对于需要多次调整、更换的元器件，可采用斜口钳剪切引脚、断开元器件的方法进行拆卸。

(4)对于固定在机箱外壳上的大型元件的拆卸，应先断开连接导线或接插件，再拆卸元器件。

(5)对于有座架的集成电路，可使用集成电路起拔器拆卸集成电路。

5.16 连接件拆卸时，可借助斜口钳或剪刀、电烙铁、吸锡器、螺丝刀等工具完成。

(1)对于焊接的导线，使用电烙铁完成拆卸。

(2)对于绕接、压接或穿刺的导线，使用斜口钳或剪刀直接剪切拆除导线。

(3)对于用螺丝固定的导线，使用螺丝刀完成拆卸。

(4)对于可插、可拔的接插件，可直接用手均衡地拔下接插件；对于较多插孔、且安装较紧密的接插件，可借助于一字螺丝刀轻轻地、多角度地撬动接插件，然后用手拔下接插件。

(5)对于焊接在电路板上的插座，可使用电烙铁、吸锡器加热融化插座引脚、并吸干净熔融状焊料，待插座的各引脚完全与焊盘脱离后，再取下插座。

(6)对于用螺丝连接的插头、插座，使用螺丝刀旋开螺丝，拆卸插头、插座。

自我测试 6

6.1 电子产品是由若干元器件、按照技术文件的要求组装而成的，但是由于电路设计的近似性、各元器件特性参数的离散性（允许误差等），以及实际制作中的不可预见性（如元器件的摆放位置、导线的长短及粗细等，会导致电路及元器件存在不同的分布参数）的影响，使得装配完成之后的电子产品通常达不到设计规定的功能和性能指标，因而电子整机装配完毕后必须进行调试。

6.2 调整是指对电路参数的调整。一般是对电路中可调元器件（如可调电阻、可调电容、可调电感等）进行调整以及对机械部分进行调整，使电路达到预定的功能、技术指标和性能要求。

测试是指对电路的各项技术指标和功能进行测量与试验，并同设计的性能指标进行比较，以确定电路是否合格。

调整和测试合称为调试。调整和测试是相互依赖、相互补充、同时进行的。实际操作中，调整和测试必须多次、反复进行，才能使电子产品的功能、技术指标和性能

达到技术文件的要求。

6.3 样机产品是指电子产品试制阶段的电子整机、各种试验电路、电子工装及其他在"电子制作"中的各种电子线路等，也就是指没有定型的、可能存在一定缺陷的电子整机产品。

电子整机产品是指可批量生产的电子产品，通常经过了样机调试、修改、完善后，获得的成熟的产品。

6.4 调试工作中应特别注意的安全措施主要有：供电安全和操作安全。

6.5 如果电源开关断开地线，则与相线连接的部分仍然带电，因而"断开电源开关不等于断电"。

对大容量高压电容或超高压电容，在断电后仍然储存了电场能量，即使断电数十天，大电容上仍然会带有很高的电压。因而"不通电不等于不带电"。

6.6 万用表只能测量 1kHz 以下的正弦波交流电压或直流电压，显示的交流电压读数为有效值。

示波器是一种特殊的电压表，可用于测量各种不同形状的波形电压并直观地显示出来。通过示波器可以观测到被测电压信号的幅度、周期、频率、相位以及信号的变化情况和失真情况。

6.7 信号发生器是能够提供一定标准和技术要求信号的电子仪器，在电子测量中常用作标准信号源。

函数信号发生器能够产生多种波形，如三角波、锯齿波、矩形波（含方波）、正弦波，具有输出函数信号、调频、调幅、FSK、PSK、猝发、频率扫描等信号的功能，以及具有测频和计数的功能。

6.8 电子整机产品调试分为通电前的检查、通电调试和整机调试三个阶段。通常首先进行通电前的检查，其次是通电调试，最后是整机调试。

6.9 通电调试一般包括通电观察、电源调试、静态调试和动态调试。调试的步骤是：先通电观察，再进行电源调试，然后是静态调试，最后完成动态调试。

6.10 静态的调试包括静态的测试与调整。静态调试可以使电路正常工作，有时也能判断电路的故障所在。

静态测试中，常用测试仪表包括：万用表、直流电流表、直流电压表。

6.11 动态调试包括动态测试和动态调整两部分。

动态调试是指对电路的信号波形及其参数、电路的频率特性以及电路相关点的动态范围、失真情况等进行测试，并通过调整电路的动态特性参数，如电容、电感等，使电路相关点的交流信号的波形、幅度、频率等参数达到设计要求。

6.12 测试频率特性的常用方法：点频法、扫频法和方波响应测试。

点频法的特点：测试设备使用简单、测试原理简单，但测试时间长、测试误差较大，有时会遗漏被测信号中的某些细节，造成测试误差。点频法多用于低频电路的频响测试，如音频放大器、收录机等。

扫频法的特点：测试简捷、快速、直观，由于扫频信号发生器产生的信号频率间隔很小，几乎是连续变化的，所以不会遗漏被测信号的变化细节，显示的测试曲线是连续无间隔的，测试的准确性高。高频电路一般采用扫频法进行测试。

方波响应测试的特点：更直观地观测被测电路的频率响应和被测电路的传输特性，出现失真很易观测。

6.13 超外差式收音机由输入接收天线、输入电路、本振电路、混频电路、中放电路、检波电路、前置低频放大电路、功率放大电路和扬声器等部分组成，其组成方框图如下图所示。

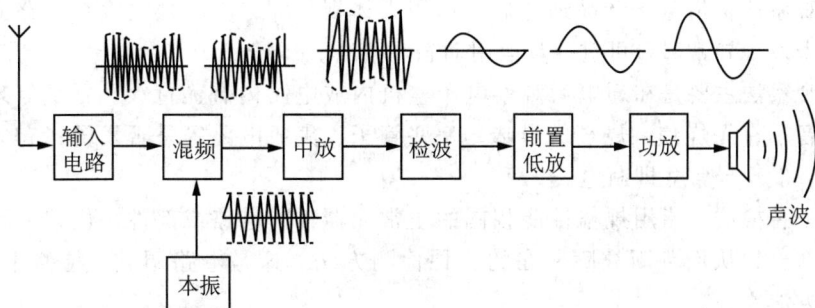

超外差式收音机的作用：将空中传播的无线电收音机信号接收下来，经高放、变频、中放、还原音频信号、电压及功率放大后，还原为声音。

6.14 超外差式收音机的静态是调试各级静态工作点，包括变频级、中放级、低放前置级、功放级、整机等的静态电流及功放级中点的静态电压。

通常使用万用表对超外差收音机的静态进行调试。

6.15 超外差式收音机的动态通常需要进行低频放大部分的最大输出功率、额定输出功率、总增益、失真度和幅频特性等参数的调试。

6.16 中频调整又称校中周，即调整各中频变压器（中周）的谐振回路，使各中频变压器统一调谐为 465kHz。

常用的中频调整方法有四种：用高频信号发生器调整中频、用中频图示仪调整中频、用一台正常收音机代替 465kHz 信号调整中频、利用电台广播调整中频。

6.17 电子整机调试中产生的故障往往以焊接和装配故障为主，一般都是机内故障，基本上不存在机外故障或使用不当造成的人为故障；对于新产品样机，则可能存在特有的设计缺陷、元器件参数不合理或分布参数造成的故障。

6.18 电子产品调试过程中的常见故障：元器件安装错误的故障，包括元器件位置安装错误，集成电路块装反，二极管、三极管的引脚极性装错，电解电容的引脚极性装反，元件漏装等；焊接故障，包括漏焊、虚焊、错焊、桥接等；连接导线的故障主要表现在导线连接错误、导线漏焊、导线烫伤、多股芯线部分折断等；装配故障，包括机械安装位置不当、错位、卡死等；元器件失效以及样机特有的故障。

6.19 故障查找的方法有很多，常用的方法有：观察法、测量法、替换法、信号注入法、加热或冷却法、计算机智能检测法。具体应用时，要针对故障现象和具体的检测对象，交叉、灵活地运用其中的一种或几种方法，以达到快速、准确、有效查找故障的目的。

6.20 静态观察法是指在电子产品没有通电时，通过目视和手触摸进行查找故障的方法。

静态观察法通常可以查找到一些较粗糙、明显的故障现象，如焊接故障（如漏焊、

桥接、错焊或焊点松脱等），导线接头断开，元器件漏装、错装，电容漏液或炸裂，接插件松脱，电源接点生锈等故障，以及电子产品的外表有无碰伤，按键、插口电线电缆有无损坏，保险是否烧断等。对于试验电路或样机，可以结合电原理图检查元器件有无装错、接线有无连错、元器件参数是否符合设计要求、IC 管脚有无插错方向或折弯等故障。

动态观察法是指电子产品通电后，运用人体视、闻、听、触觉检查线路故障。当静态观察未发现异常时，可进一步运用动态观察法。

动态观察法主要是在通电后观察电子整机内或电路内有无打火、冒烟等现象；有无异常声音；有无烧焦、烧煳的异味；一些管子、集成电路等是否发烫；有无接触不良等表现。发现异常立即断电。

6.21 替换法是指用规格性能相同的正常元器件、电路或部件，代替电路中被怀疑的相应部分，从而判断故障所在的一种检测方法。这是电路调试、检修中最常用、最有效的方法之一。

按替换的对象不同，替换法有三种方式，即元器件替换、单元电路替换和部件替换。

6.22 信号注入法就是指从信号处理电路的各级输入端，输入已知的外加测试信号，通过终端指示器（如指示仪表、扬声器、显示器等）或检测仪器来判断电路工作状态，从而找出电路故障的检测方法。

信号注入法适合检修各种本身不带信号产生电路、无自激振荡性质的放大电路以及信号产生电路有故障的信号处理电路。

6.23 加热法是用电烙铁对被怀疑的元器件进行加热，使故障提前出现，来判断故障的原因与部位的方法，特别适用于刚开机工作正常，需工作一段时间后才出现故障的整机的检修。

冷却法与加热法相反，是用酒精对被怀疑的元器件进行冷却降温，使故障消失，来判断故障的原因与部位的方法。特别适用于开机工作很短一段时间（几十秒或几分钟），就出现故障的整机的检修。

6.24 整机调试过程中，故障处理的步骤：首先查找、分析出故障的原因，判断故障发生的部位；其次排除故障；最后对修复的整机的各项功能和性能进行全面检验。

自我测试 7

7.1 在电子产品开发、设计、制作的过程中，形成的反映电子产品功能、性能、构造特点及测试试验要求的图样和说明性文件，统称为电子产品的技术文件。

技术文件是电子产品设计、试制、生产、使用和维修的基本理论依据。在从事电子产品规模生产的制造业，产品技术文件具有生产法规的效力，必须执行统一的严格标准，实行严明的规范管理，不允许生产者有个人的随意性。

7.2 设计文件是产品在研究、设计、试制和生产实践过程中积累而形成的图样及技术资料，是指导生产的原始文件。它规定了产品的组成形式、结构尺寸、原理以及在制造、验收、使用、维护和修理过程中所需的技术数据和说明，是组织产品生产的基本依据。

7.3　工艺文件是企业组织生产、指导工人操作和用于生产、工艺管理等的各种技术文件的总称。它是电子产品加工、装配、检验的技术依据，也是企业组织生产、产品经济核算、质量控制和工人加工产品的主要依据。

工艺文件也是指导生产的文件，它是根据设计文件提出的加工方法，实现设计图纸上的产品要求，并以工艺规程和整机工艺文件图纸指导生产，是生产管理的主要依据。

7.4　工艺文件成册后，有利于查阅、检查、更改、归档和生产指导。

完整、成套的工艺文件应包含：封面、明细表、装配工艺过程卡、工艺说明及简图、导线及线扎加工表、检验卡。

7.5　标准是衡量事物的准则，是对重复性事物和概念所做的统一规定，是大家共同遵守的准则和依据。标准化是在产品质量、品种规格、零件部件通用等方面规定的统一技术标准。

进行标准化工作首先必须制定、发布和实施标准，标准是标准化活动的结果，也是进行标准化工作的依据，更是标准化工作的具体内容。标准化的效果如何，只有在标准被贯彻实施之后，才能表现出来，它取决于标准本身的质量和被贯彻的状况。所以，标准是标准化活动的核心，而标准化活动则是孕育标准的摇篮。

7.6　强制性标准是指"必须执行"的标准；推荐性标准是指鼓励企业自愿采用的标准。

7.7　新产品是指过去从未试制或生产过的产品，或指其性能、结构、技术特征等方面与老产品有明显区别或提高的产品。

开发新产品的能力是衡量国家科学技术水平和经济发展水平的重要标志。开发新产品是不断提高人民物质文化生活水平的基本途径，也是提高企业经济效益、提高企业竞争力的重要保证。

7.8　常用的开发新产品的策略：对现有产品的改造、增加产品的花色品种、仿制和新产品的研制开发。

7.9　ISO 是一个国际标准化组织，该组织成立于 1947 年 2 月，其成员来自世界上100 多个国家的国家标准化团体。

ISO 组织机构的职责：负责制定除电工产品以外的国际标准，目前已经制定了一万多项国际技术和管理标准。

7.10　ISO 9000 是国际质量管理和质量保证标准体系。它由 ISO 9000—1987《质量管理和质量保证标准——选择和使用指南》、ISO 9001—1987《质量体系——设计/开发、生产、安装和服务的质量保证模式》、ISO 9002—1987《质量体系——生产和安装的质量保证模式》、ISO 9003—1987《质量体系——最终检验和试验的质量保证模式》、ISO 9004—1987《质量管理和质量体系要素——指南》五部分组成。

ISO 9000 质量管理和保证体系的作用为：ISO 9001、ISO 9002 和 ISO 9003 是一组三项质量保证模式；它是在合同环境下，供需双方通用的外部质量保证要求文件。ISO 9004 是指导企业内部建立质量体系的文件；它阐述了质量体系的原则、结构和要素。

7.11　ISO 9000 质量管理体系是全球公认的系统化和程序化的国际标准管理模式，

建立并实施 ISO 9000 质量管理体系，有利于提升环境质量，有利于综合服务管理水平，有利于完善行政管理机制，提高部门之间工作的协调性，有利于实事求是的对部门、个人的业绩进行考核。

7.12 GB/T 19000 是我国使用的质量管理和质量保证标准系列，等同于 ISO 9000 标准系列。

GB/T 19000 与 ISO 9000 的关系表现为：

GB/T 19000 等同于 ISO 9000；GB/T 19001 等同于 ISO 9001；GB/T 19002 等同于 ISO 9002；GB/T 19003 等同于 ISO 9003；GB/T 19004 等同于 ISO 9004。

实施 GB/T 19000 质量标准有利于质量管理与国际规范接轨，提高我国的企业管理水平和产品竞争力有利于产品质量的提高，有利于保证消费者的合法权益。

7.13 通过电子产品检验，可以起到对电子产品生产的过程控制、质量把关、判定产品合格性等的作用，它是现代电子企业生产中必不可少的质量监控手段。

7.14 电子产品检验的"三检原则"：自检、互检和专职检验相结合的三级检验制度。三检之间的关系：先自检、再互检、最后专职检验。

7.15 全检又称为全数检验，是指对所有产品 100% 进行逐个检验。抽检又称为抽样检验，是根据数理统计的原则所预先制定的抽样方案，从交验批中抽出部分样品进行检验。

在电子产品装配过程之中和整机装配完成后、进行入库前，一般采取全检的检验方式。采购检验和整机出库时的检验一般采取抽检的检验方式。

7.16 电子产品的性能检验包括对电子整机产品的电气性能、安全性能和机械性能等方面进行测试检查。

环境试验是评价、分析环境对电子产品性能影响的试验，是检验电子产品对各种环境条件的适应能力。

寿命试验是考察电子产品寿命规律性的试验，是产品最后阶段的试验。通过寿命试验，可以检验出电子产品的可靠性、失效率和平均使用寿命。

7.17 电子产品在生产、使用、运输、贮存过程中，会受到各种环境因素的影响，这些环境因素有可能会干扰电子产品的正常工作，严重时会影响电子产品的工作可靠性和使用寿命。因此，了解影响电子产品的环境因素，有针对性地对电子产品采取防护措施，可以提高电子整机产品的工作稳定性，延长其使用寿命。

影响电子产品工作的主要环境因素包括：温度、湿度、霉菌、盐雾、雷电等。

7.18 环境温度的变化会造成材料的物理性能的变化、元器件电参数的变化、电子产品整机性能的变化等。高温环境会加速塑料、橡胶材料的老化，使元器件性能变差甚至损坏，整机出现故障；而低温和极低温又能使导线和电缆的外层绝缘物发生龟裂。因而温度的异常变化可能会造成电子产品的工作不稳定，外观出现变形、损坏等现象。

高温防护的最好办法是散热降温。如元器件加装散热片散热、电子整机外壳打孔散热、自然散热、强迫通风散热、液体冷却散热、蒸发制冷等；对精密电子产品，应保持在空调恒温的状态下工作。

低温防护的最好办法是保温。如采取整体防护结构和密封式结构，保持电子产品内部的温度，或采用外加保温层的方法保持电子产品的工作温度。

7.19 潮湿会在元器件、材料表面凝聚水雾，使这些元器件、材料吸水，降低元器件及材料的机械强度和耐压强度，造成元器件性能的变化，如电阻值增大或减小、损耗增加，电容漏电、短路或击穿，半导体器件的性能变差等故障。潮湿的空气还会引起电子产品表面的保护层起泡，甚至脱落，使其失去保护作用。

采用憎水处理、浸渍、灌封、密封措施，可以提高元器件及电子产品的防潮湿性能；在潮湿的季节，定期对电子产品通电，使电子产品在工作时自动升温(加热)驱潮。

7.20 霉菌属于细菌的一种，在湿热条件下繁殖极快。霉菌可以生长在土壤里，或在多种非金属材料、有机物、无机物的表面生长，很容易随空气侵入电子设备。

霉菌会降低和破坏材料的绝缘电阻、耐压强度和机械强度，严重时可使材料腐烂脆裂。霉菌会腐蚀电子电路，使其频率特性等发生严重变化；会破坏元件和电子整机的外观，影响电子整机设备的正常工作。

7.21 盐雾只存在于海上和沿海地区离海岸线较近的大气中。

盐雾的危害：对金属和金属镀层产生强烈的腐蚀，使其表面产生锈腐现象，造成电子产品内部的零部件、元器件表面上形成固体结晶盐粒，导致其导电性能改变，绝缘性能下降，出现短路、漏电的现象，故障率上升，电子产品的使用可靠性下降，细小的盐粒会破坏产品的机械性能，加速机械磨损，减少使用寿命。

对金属零部件进行表面镀层处理，或采用密封、喷漆等表面处理防护措施，就可以降低盐雾对电子产品的侵害。

7.22 雷电会以直击雷、感应雷、高电位引入与雷电反击的形式串入电子设备，使电子元器件击穿，导致电子设备无法正常工作，甚至完全损坏电子设备。

雷电防护主要采取如下措施。

①对于非必须使用的、需电力网供电的电子产品，在强雷电来临时，应及时断开电子设备的电源(拔掉插头，而并非只关开关)。暂时不使用的电子设备，如家用电子设备(空调、电视等)、电脑等，避免雷电通过电力线串入电子设备，造成击坏电器的损失；

②对于可以用电池供电的电子产品，在强雷电来临时，也最好不使用，如手机、电话等。避免雷电通过信号通道(有线或无线)串入电子设备，造成电器的击坏或带给使用者更大的伤害；

③对于必须长期、不间断使用的电子产品，必须对该电子设备所在建筑连接好防雷装置，对该设备做好接地，并连接避雷器、引流线、屏蔽设备。

7.23 电磁波的噪声和干扰对电子产品的性能和指标影响极大，轻则使电子设备的信号失真、降低设备的性能指标，重则淹没有用信号、影响电路的正常工作，甚至击穿电子设备中的元器件及损坏电子设备，造成严重的工作事故及危害。

电磁波可以以有线(传导)或无线(辐射)的方式干扰电子设备，如有线的方式可以通过天线、电源线、信号线路、电路等多种途径来影响电子产品；无线的方式是指通过空间辐射来影响电子产品工作。

7.24 电子产品中常采用屏蔽、退耦、滤波、接地的措施进行抗电磁波干扰。